Bundesanstalt für Geowissenschaften und Rohstoffe

Handbuch zur Erkundung des Untergrundes von Deponien und Altlasten

Band 7

Bundesanstalt für Geowissenschaften und Rohstoffe

Dieses Methodenhandbuch „Deponieuntergrund" ist im Rahmen des vom Bundesministerium für Bildung, Wissenschaft und Technologie (BMBF) geförderten Forschungsverbundvorhabens „Methoden zur Erkundung und Beschreibung des Untergrundes von Deponien und Altlasten" (Projektträger „Abfallwirtschaft und Altlastensanierung" im Umweltbundesamt; Förderkennzeichen 1460605, 1460605 A, 1460605 B) entstanden.

Die Verantwortung für den Inhalt der Beiträge liegt bei den jeweiligen Autoren.

Springer-Verlag Berlin Heidelberg GmbH

Hildegard Wilken • Klaus Knödel

Handlungsempfehlungen
für die Erkundung der geologischen Barriere bei Deponien und Altlasten

Mit Beiträgen von
Joachim Baumann, Peter-W. Boochs, Harald Burmeier,
Gunter Dörhöfer, Frank Engling, Ulrich Förstner, Joachim Gerth,
Klaus Knödel, Kurt-Heiner Krieger, Thomas Lege, Rolf Mull,
Hansjörg Oeltzschner, Matthias Schreiner und Hildegard Wilken

Mit 68 Abbildungen und 47 Tabellen

Springer

Dr. Hildegard Wilken
Bundesanstalt für Geowissenschaften
und Rohstoffe
Stilleweg 2
30655 Hannover
Jetzt: GeoUm Büro Geowissenschaften & Umwelt GbR
Lauenauer Allee 8
30890 Barsinghausen

Dr. Klaus Knödel
Bundesanstalt für Geowissenschaften
und Rohstoffe
Dienstbereich Berlin
Wilhelmstraße 25-30
13593 Berlin

ISBN 978-3-642-63572-4

Die Deutsche Bibliothek - CIP-Einheitsaufnahme
Handlungsempfehlungen für die Erkundung der geologischen Barriere bei Deponien und Altlasten.
-Berlin; Heidelberg; New York; Barcelona; Hongkong; London; Mailand; Paris; Singapur; Tokio: Springer 1999
(Handbuch zur Erkundung des Untergrundes von Deponien und Altlasten; Bd. 7)
ISBN 978-3-642-63572-4   ISBN 978-3-642-58392-6 (eBook)
DOI 10.1007/978-3-642-58392-6

Dank

Das Bundesministerium für Bildung und Forschung (BMBF) hat in den vergangenen Jahren über seinen Projektträger „Abfallwirtschaft und Altlasten" im Umweltbundesamt im Rahmen des Programms „Umweltforschung und Umwelttechnologie" das Verbundvorhaben „Methoden zur Erkundung und Beschreibung des Untergrundes von Deponien und Altlasten" (Kurztitel „Deponieuntergrund") gefördert. Als ein Ergebnis des Verbundvorhabens wird der Band „Handlungsempfehlungen" des „Handbuchs zur Erkundung des Untergrundes von Deponien und Altlasten" vorgelegt. Der Herausgeber dankt dem BMBF für die Förderung des Vorhabens und des Handbuchs. Zu danken ist Herrn Dr. Hübenthal (BMBF) und den Mitarbeitern des Projektträgers für die fachliche und administrative Betreuung des Verbundvorhabens und des Methodenhandbuchs. Die Ermutigungen, kritischen Fragen und zahlreichen Hinweise durch die Mitarbeiter des Projektträgers und der Fachreferate im Umweltbundesamt haben das Projekt wesentlich vorangebracht.

Der vorliegende Handbuchband ist ein Gemeinschaftswerk von Fachleuten in Firmen, Hochschulen, Forschungsinstituten und Behörden. Die Forschung an den Teststandorten, wo instruktive Beispiele für die Handbücher gewonnen sowie die Methoden nach Kosten und Nutzen bewertet wurden, ist nachhaltig von den zuständigen Geologischen Landesämtern, Kreisbehörden und Deponiebetreibern unterstützt worden. Zu danken ist neben den Autoren allen Fachkollegen und Firmen, die durch Beiträge und Fallbeispiele das Handbuch mitgestaltet haben. Ein besonderer Dank gilt den Revisoren, die in der Liste der Reviewer genannt werden, für die gründliche Durchsicht der Manuskripte und zahlreiche konstruktive Hinweise zu deren Verbesserung.

Frau Ingrid Boller, Frau Susanne Dreyer, Frau Hannelore Groll, Frau Claudia Wießner und Herr Ulfried Wohlfart haben mit Fleiß, Kreativität und Umsicht Text und Abbildungen in die vorliegende Form gebracht. Für ihre mühevolle Arbeit gebührt ihnen der herzliche Dank der Autoren und des Herausgebers.

Inhaltsverzeichnis

Autorenverzeichnis

Dr. Joachim Baumann
Niedersächsisches Landesamt
für Bodenforschung
Stilleweg 2
D-30655 Hannover

Prof. Harald Burmeier
Fachhochschule
Nordostniedersachsen
Fachbereich Bauingenieurwesen
Wasserwirtschaft und
Umwelttechnik
Altlasten / Baubetrieb
Herbert-Meyer-Straße 7
D-29556 Suderburg

Frank Engling
Oberfinanzdirektion Hannover
Waterloostr. 4
D-30169 Hannover

Dr. Joachim Gerth
Technische Universität
Hamburg-Harburg
Arbeitsbereich
Umweltschutztechnik
Eißendorfer Straße 40
D-21073 Hamburg

Dr. Kurt-Heiner Krieger
Niedersächsisches Landesamt
für Bodenforschung
Stilleweg 2
D-30655 Hannover

Peter-W. Boochs
Prof. Dr.-Ing. R. Mull & Partner
GmbH
Osteriede 5
D-30827 Garbsen

Dr. Gunter Dörhöfer
Niedersächsisches Landesamt
für Bodenforschung
Stilleweg 2
D-30655 Hannover

Prof. Dr. Ulrich Förstner
Technische Universität
Hamburg-Harburg
Arbeitsbereich
Umweltschutztechnik
Eißendorfer Straße 40
D-21073 Hamburg

Dr. Klaus Knödel
Bundesanstalt für
Geowissenschaften und Rohstoffe
Dienstbereich Berlin
Wilhelmstr. 25-30
D-13593 Berlin

Dr.-Ing. Thomas Lege
Bundesanstalt für Wasserbau
Kußmaulstr. 17
D-76187 Karlsruhe

Prof. Dr.-Ing. Rolf Mull
Prof. Dr.-Ing. R. Mull & Partner
GmbH
Osteriede 5
D-30827 Garbsen

Prof. Dr. Hansjörg Oeltzschner
Bayerisches Geologisches
Landesamt
Heßstr. 128
D-80979 München
Jetzt: Fischerstr. 11
D-82266 Inning

Dr. Matthias Schreiner
Bundesanstalt für
Geowissenschaften und Rohstoffe
Stilleweg 2
D-30655 Hannover
Jetzt: Hessisches Landesamt für
Bodenforschung
Leberberg 9
D-65193 Wiesbaden

Dr. Hildegard Wilken
Bundesanstalt für
Geowissenschaften und Rohstoffe
Stilleweg 2
D-30655 Hannover
Jetzt: GEOUM Büro
Geowissenschaften & Umwelt
Lauenauer Allee 8
D-30890 Barsinghausen

Reviewerverzeichnis

Hans-Dieter Bähre
Bundesanstalt für
Geowissenschaften und Rohstoffe
Stilleweg 2
D-30655 Hannover

Dr. Gunter Dörhöfer
Niedersächsisches Landesamt für
Bodenforschung
Stilleweg 2
D-30655 Hannover

Prof. Dr.-Ing. Joachim Drescher
Niedersächsisches Landesamt für
Bodenforschung
Stilleweg 2
D-30655 Hannover
Jetzt: Schnepfenweg 2 b
D-30398 Burgwedel

Gerhard Lange
Bundesanstalt für
Geowissenschaften und Rohstoffe
Dienstbereich Berlin
Wilhelmstr. 25-30
D-13593 Berlin

Prof. Dr. Michael Langer
Bundesanstalt für
Geowissenschaften und Rohstoffe
Stilleweg 2
D-30655 Hannover

Prof. Dr. Hansjörg Oeltzschner
Bayerisches Geologisches
Landesamt
Heßstr. 128
D-80979 München
Jetzt: Fischerstr. 11
D-82266 Inning

Dipl.-Ing. Klaus Stief
Umweltbundesamt
Seecktstr. 6 - 10
D-13581 Berlin

Dr. Hartmut Wiedemann
Umweltbundesamt
Bismarckplatz 1
D-14193 Berlin

Dr. Reinhard Wienberg
Labor und Büro Chemie und
Biologie der Altlasten
Gotenstr. 4
D-20097 Hamburg

Dr. Thomas Wippermann
Bundesanstalt für
Geowissenschaften und Rohstoffe
Stilleweg 2
D-30655 Hannover

1 Einleitung

KLAUS KNÖDEL & HILDEGARD WILKEN

Das Bundesministerium für Bildung und Forschung (BMBF) hat in den vergangenen Jahren über seinen Projektträger „Abfallwirtschaft und Altlasten" beim Umweltbundesamt im Rahmen des Programmes „Umweltforschung und Umwelttechnologie" das Verbundvorhaben „Methoden zur Erkundung und Beschreibung des Untergrundes von Deponien und Altlasten" (Kurztitel „Deponieuntergrund") gefördert. Neben der Methodenentwicklung erfolgte die Erprobung effektiver und kostengünstiger Methodenkombinationen an ausgewählten Teststandort-typen. Als ein Ergebnis des Verbundvorhabens legt die BGR ein 7-bändiges Methodenhandbuch vor. Damit wird allen, die in Behörden und Firmen oder in der Wissenschaft an den Problemen des Umweltschutzes arbeiten, ein umfassendes Werk über die ökologisch wirksamen und ökonomisch effizienten Methoden zur Erkundung des Untergrundes von Deponien und Altlasten zur Verfügung gestellt. Erschienen sind 6 Bände mit detaillierten Darstellungen der geowissenschaftlichen Methoden und Werkzeuge von Geofernerkundung, Strömungs- und Transportmodellierung, Geophysik, Geotechnik Hydrogeologie, Tonmineralogie und Bodenphysik sowie Geochemie.

Geofernerkundung

Mit den Methoden der Geofernerkundung (Bd. 1) können Erkenntnisse über die geologische Situation, den heute von Ablagerungen verdeckten Untergrund, die Umweltbelastung und die historische Entwicklung von Deponie- oder Altlaststandorten gewonnen werden. Ein wesentlicher Vorteil ist die Möglichkeit zur schnellen, zeitgleichen und flächenhaften Erfassung beliebiger Geländeabschnitte. Außerdem liefert die Geofernerkundung Ansatzpunkte für die weitere Erkundung mit geophysikalischen, hydro-geologischen und geochemischen Methoden. Dabei sind Satellitenbilder aufgrund ihrer begrenzten Bodenauflösung nur in Einzelfällen anwendbar. Für die Erkundung von Deponie- und Altlaststandorten sind hochauflösende Verfahren erforderlich, die Details eines Geländes sowie strukturelle und stoffliche Inhomogenitäten an der Geländeoberfläche erkennbar machen. Diesen Anforderungen werden gegenwärtig nur Luftbilder und Daten nichtphotographischer Flugzeugsysteme (Scanner) gerecht. Die nichtphotographischen Aufnahmesysteme sind zudem in der Lage, unmittelbar digital weiterverarbeitbare multispektrale Daten vom sichtbaren Bereich des elektromagnetischen Spektrums bis hin zur Thermalstrahlung zu liefern.

Strömungs- und Transportmodellierung

Strömungs- und Transportmodelle (Bd. 2) dienen in erster Linie als Werkzeuge zur hydrogeologischen Erkundung der hydrodynamischen Verhältnisse sowie zur Standortprognose auf der Grundlage des Stofftransportes.

Geophysik

Die Geophysik (Bd. 3) untersucht die Verteilung der physikalischen Parameter in der Erde durch Messungen an der Erdoberfläche ohne Eingriff in den Untergrund (eine Ausnahme bilden geophysikalische Bohrlochmessungen). Geophysikalische Methoden werden eingesetzt, um ein räumliches Modell des Deponieuntergrundes zu entwerfen, Störungszonen nachzuweisen und das regionale Grundwassersystem zu erkunden. Sie bieten darüber hinaus Möglichkeiten, Altlasten und ggf. Kontaminationsfahnen aufzufinden und abzugrenzen, den Deponiekörper zu untersuchen sowie Aussagen über physikalische und lithologische Parameter des Untergrundes zu erhalten. Dafür ist eine Vielzahl geophysikalischer Verfahren eingeführt. Notwendige Voraussetzung für den sinnvollen Einsatz geophysikalischer Methoden ist das Vorhandensein von Kontrasten der physikalischen Materialparameter im Untergrund (Magnetisierung, Dichte, spezifischer elektrischer Widerstand, Dielektrizitätszahl, Aufladefähigkeit, Geschwindigkeit seismischer P- und S-Wellen etc.). Vor geophysikalischen Messungen sollte in jedem Fall abgeschätzt werden, ob die zu erwartenden Anomalien in den Meßgrößen unter Beachtung künstlicher Störungen durch Industrie, Verkehr, Bebauung und Versiegelung einen Einsatz rechtfertigen und welches Verfahren den größten Beitrag zur Lösung der anstehenden Probleme liefert. Gegebenenfalls sind Modellrechnungen und/oder Testmessungen durchzuführen.

Geotechnik Hydrogeologie

Bei der Einrichtung von Abfalldeponien sowie der Bewertung von Altablagerungen, Altdeponien und Altlasten müssen der Aufbau und die Beschaffenheit von Boden und Fels im Untergrund sowie die Grundwasserverhältnisse ausreichend bekannt sein. Im Mittelpunkt geotechnischer und hydrogeologischer Untersuchungen steht das breite Spektrum der „punktweise" ansetzenden Aufschluß- und Testverfahren. Schwerpunkte bilden

Bohrlochuntersuchungen, Pumpversuche und Grundwassermarkierungsexperimente zur Erfassung der lithologisch-hydrogeologischen Eigenschaften des Untergrundes. Diese Arbeiten werden durch Bohrkernuntersuchungen, geologische Kartierungen und von geostatistischer Erkundungsoptimierung ergänzt.

Tonmineralogie und Bodenphysik

Die die Barrierefunktion bestimmenden Stoffeigenschaften des Untergrundes werden maßgeblich von dessen tonmineralogischer und bodenphysikalischer Beschaffenheit bestimmt. Die tonmineralogischen und bodenphysikalischen Verfahren (Bd. 5) gehören damit zu einem zentralen Instrumentarium, um durch Ermittlung der (Ton-)Mineralzusammensetzung sowie der bodenphysikalischen und physikalisch-chemischen Untergrundparameter qualitative und quantitative Aussagen zu den entscheidenden Kriterien Durchlässigkeit und Adsorptionsvermögen zu erhalten. Die bodenmechanische Stabilität bildet neben den Barriereeigenschaften ein weiteres Kriterium für die Eignungsprüfung des Untergrundes.

Geochemie

Stoffflüsse aus Deponien und Altlasten verändern die natürlichen Stoffkonzentrationen in den angrenzenden Untergrundkompartimenten Boden/Gestein, Grundwasser und Bodengas. Die geochemische Untersuchung (Bd. 6) des Untergrundes von Deponien und Altlasten hat das vorrangige Ziel, das komplexe Stoffinventar von Feststoff und Wasser differenziert nach natürlicher (geogener) Grundausstattung und der durch Deponien und Altlasten verursachten Stoffbelastung zu charakterisieren. Eine wesentliche Voraussetzung zum Erkennen von anthropogenen stofflichen Beeinträchtigungen ist die Ermittlung der natürlichen Hintergrundgehalte, wobei die geochemischen Verhältnisse des Standortes und seines Umfeldes zugrundezulegen sind. Der Hauptausbreitungsweg für Stoffe ist der Grundwasserpfad, so daß Untersuchungen zur Beschaffenheit des Grundwassers für den Nachweis und die Überwachung von Schadstoffausträgen das wesentliche Instrument darstellen. Neben den Methoden zur Analyse der Verteilung von Stoffkonzentrationen in Boden/Gestein, Wasser und Bodengas verfügt die Geochemie über spezifische Verfahren zur Simulation von Migrationsprozessen bzw. zur Ermittlung migrationsbestimmender Kennwerte, die damit weitergehende Aussagen erlauben. Die Untersuchungen zur stofflichen Charakterisierung erfolgen in der Regel im Anschluß an die geologische und hydrogeologische Erkundung, deren Ergebnisse die Grundlage für eine gezielte und repräsentative Probennahmestrategie darstellen.

Gegenstand des vorliegenden Bandes HANDLUNGSEMPFEHLUNGEN ist die Erkundung der geologischen Barriere bei Deponieneuanlagen, betriebenen Deponien und Altlasten. Behandelte Themen sind: geowissenschaftliche Standortkriterien, Vorkommen von Barrieregesteinen, generelle Untersuchungsstrategien, die Erkundung von Aufbau und Tragfähigkeit des Untergrundes sowie die der Grundwasserverhältnisse und Grundwasserströmung, der Stoffbestand und das Schadstoffrückhaltevermögen sowie Prognose des Standortverhaltens. Enthalten sind auch Hinweise zur Vergabe und Durchführung von Untersuchungsaufträgen und zum Arbeitsschutz. Dieser Band baut auf den Methodendarstellungen der Bde. 1-6 in Form eines Wegweisers und einer gesamtheitlichen Erkundungsstrategie auf.

Ausgangspunkt der Handlungsempfehlungen zur Standorterkundung ist das Multibarrierenkonzept (Kap. 3). Dieses Konzept für die Planung, die Errichtung, den Betrieb und die Nachsorge beruht auf der Wirkung mehrerer, von einander weitgehend unabhängiger Barrieren, welche eine Deponie sicher und umweltverträglich machen sollen. Eine besondere Stellung nimmt im Multibarrierenkonzept die geologische Barriere ein. Als geologische Barriere wird der bis zum Deponieplanum unter und im weiteren Umfeld einer Deponie anstehende natürliche Untergrund bezeichnet, der aufgrund seiner Eigenschaften und Abmessungen die Schadstoffausbreitung maßgeblich behindert.

Die Erkundung der geologischen Barriere bzw. des Untergrundes von Deponien und Altlasten ist durch die Vielfalt der Standortsituationen und der verfügbaren Untersuchungsmethoden sehr komplex. Das Handbuch soll auf Probleme aufmerksam machen und helfen, eine optimale interdisziplinäre Erkundungsstrategie für den zu untersuchenden Standort zu entwickeln. Die dabei eingesetzten Methoden müssen auf die geologisch-hydrogeologischen Verhältnisse am Standort abgestimmt sein. Zu untersuchen ist nicht nur der Aufbau des Untergrundes unterhalb der Ablagerungsfläche (Deponieuntergrund), sondern auch das Umfeld. Art und Umfang der notwendigen Untersuchungen sind selten vorher zutreffend abzuschätzen und ergeben sich erst im Laufe der Standorterkundung. Um die Erkundungsmethoden wirtschaftlich einzusetzen und einen flexiblen Entscheidungs- und Handlungsspielraum zu gewährleisten, wird deshalb ein stufenweises Vorgehen empfohlen.

Die zentrale Aufgabe für die Geowissenschaften im Bereich der Abfallwirtschaft und Altlasten ist die Erstellung langfristiger Prognosen zum Verhalten von Schadstoffen im Gesamtsystem Schadstoff - Gesteinsuntergrund - Grundwasser. Ein Schwerpunkt der Handlungsempfehlungen ist daher die Vorgehensweise zur Erfassung und Bewertung des Schadstoffrückhaltevermögens (Kap. 4.6). Ausgangspunkt ist eine ausführliche Darstellung der das Schadstoffrückhaltevermögen beeinflussenden Faktoren und Prozesse. Für die Erfassung des Schadstoffrückhaltevermögens und zur Prognose des Standortverhaltens (Kap. 5) sind Kenntnisse der geologischen

Strukturen (Kap. 4.2) und der hydrogeologischen Standortsituation (Kap. 4.4) sowie der physikalischen und chemischen Stoffeigenschaften (Kap. 4.5 und 4.6) erforderlich. Für die Bereitstellung dieser Daten erfolgt der gezielte Einsatz der geophysikalischen Messungen und Fernerkundungsmethoden, der Aufschlußarbeiten durch Bohrungen, Sondierungen und Schürfgruben sowie der vielfältigen Labor- und Feldversuche. Dafür werden in der Regel Aufträge vergeben. Die Ergebnisse bilden die wesentliche Grundlage für die Beurteilung des Standortes und der von ihm ausgehenden Gefahr sowie die daraus abzuleitenden Maßnahmen. Die Qualität der Ergebnisse wird von der Qualität der durchgeführten Leistungen bestimmt. Dieses Handbuch ist ein Beitrag zur Qualitätssicherung, in dem Anforderungen an die Beschreibung von Untersuchungsleistungen genannt werden, und es stellt die Vergabeverfahren (Kap. 6) dar, die den wirtschaftlichen Einsatz der Finanzmittel sichern sollen. Die Zusammenarbeit mit privatwirtschaftlich tätigen Planungsfachleuten, Gutachtern und ausführenden Fachfirmen erfordert den Abschluß eindeutiger Verträge, die mit den Rahmenbedingungen der Gesetze und den besonders von öffentlichen Auftraggebern zu beachtenden Rechtsverordnungen und Verwaltungsanweisungen übereinstimmen müssen.

Zur Beurteilung der von Altlasten oder sonstigen kontaminierten Bereichen ausgehenden Gefährdungen und im Rahmen von Sanierungen sind in der Regel umfangreiche Feldarbeiten erforderlich. Die vorrangige Aufgabe aller an derartigen Erkundungsmaßnahmen Beteiligten muß sein, die bestehenden Risiken zu minimieren und Personal wie auch die Umgebung wirksam zu schützen. Unter Berücksichtigung der aktuellen europäischen Gesetzgebung zum Arbeitsschutz und der Bestimmungen der „Richtlinien für Arbeiten in kontaminierten Bereichen" (ZH 1/183) sind Auftraggeber genauso in der Pflicht, sicherheitstechnische Maßnahmen zu planen und umzusetzen, wie die Auftragnehmer, die die geplanten Maßnahmen zum Arbeits-, Gesundheits- wie auch zum Nachbarschaftsschutz eigenverantwortlich umzusetzen haben (Kap. 7).

Aufbereitet und vermittelt wird das spezielle Wissen, das Fachleute aus unterschiedlichen geowissenschaftlichen Teilgebieten zur Auswahl geeigneter Methoden bzw. Methodenkombinationen, zur Vorbereitung und Durchführung von Untersuchungen oder zur Beurteilung von Untersuchungsergebnissen benötigen. Das Handbuch richtet sich auch an fachfremde Leser, die z. B. durch die allgemeinverständlichen Kapiteleinführungen angesprochen werden. Mit allen Handbuchbänden soll nicht die Beratung durch erfahrene Geowissenschaftler ersetzt, sondern effektiver gestaltet und erleichtert werden.

2 Anwendungsgebiete

HILDEGARD WILKEN

Sickerwässer aus Deponien und Altlasten stellen eine Belastung für den Boden und das Grundwasser dar. Durch detaillierte Untersuchungen über den Aufbau des Untergrundes und die Grundwasserverhältnisse ist möglichst genau zu ermitteln, wie weit und wie schnell sich Schadstoffe ausbreiten können bzw. sich schon ausgebreitet haben.

Die Art der dazu im einzelnen angewandten geowissenschaftlichen Untersuchungsmethoden richtet sich nach folgenden Anwendungsgebieten:

- Standortsuche für Deponieneuanlagen,

- Nachermittlungen und Überwachungen an betriebenen Deponien und Altdeponien bzw. Altablagerungen,

- Gefährdungsabschätzungen und Sanierungsuntersuchungen an Altlasten.

Um die geowissenschaftlichen Untersuchungsmethoden wirtschaftlich einzusetzen, ist in jedem Fall ein stufenweises Vorgehen erforderlich (Kap. 4.1.3). Dieses besteht in der Regel aus den Schritten:

1. orientierende Untersuchungen und
2. detaillierte Untersuchungen.

Dafür werden Methoden der Geofernerkundung, Geophysik, Geotechnik, Hydrogeologie, Geochemie, Tonmineralogie und Bodenphysik eingesetzt. Diese sind in den Bde. 1 - 6 des „Handbuches zur Erkundung des Untergrundes von Deponien und Altlasten" beschrieben worden. Hier soll zunächst auf die Anwendungsgebiete und auf Beurteilungsgrundlagen eingegangen werden, die sich aus den Regelwerken des Bundes und der Länder ergeben.

2.1 Deponieneuanlage

Bei der systematischen Suche nach zukünftigen Deponiestandorten werden diejenigen Flächen ermittelt, die geologisch und hydrogeologisch am besten geeignet sind und zugleich zu den geringsten Beeinträchtigungen anderer Nutzungen führen. Ein Entsorgungsgebiet, d. h. ein Bereich, in dem Abfall zentral gesammelt und deponiert werden soll, wird flächendeckend auf geeignete Standorte untersucht. Die Kriterien für die Auswahl der geeigneten Deponieflächen werden stufenweise verschärft. Auf dem Weg von der orientierenden Untersuchung zur detaillierten Erkundung erfolgt auch die Anwendung schrittweise speziellerer geowissenschaftlicher Methoden.

Bei den Anforderungen an die Standortverhältnisse sind zu unterscheiden: Sonderabfalldeponien, Monodeponien, Siedlungsabfall-/Reststoffdeponien der Klassen I und II.

2.1.1 Gesetzliche Grundlagen und Richtlinien

Die planungsrechtlichen Grundlagen für die Standortauswahl und -sicherung bilden das Kreislaufwirtschafts- und Abfallgesetz (KrW/AbfG 1996) ebenso das Bundesraumordnungsgesetz (ROG 1991) sowie die entsprechenden nachgeordneten Ländergesetze, die aussagen, daß die Standorte von Deponien landesplanerisch abzustimmen und zu sichern sind (Raumordnungsverfahren) und die Deponien im Rahmen eines Planfeststellungsverfahrens der Zulassung bedürfen.

Beide Verfahren haben die Bestimmungen des Umweltverträglichkeitsgesetzes (UVPG 1990) zu berücksichtigen, d. h. daß die raumbedeutsamen Belange des Vorhabens (§ 6a ROG) mit den anderen Belangen der Raumordnung (§ 2 ROG) unter überörtlichen Gesichtspunkten abzustimmen sind bzw. im anlagenbezogenen Planfeststellungsverfahren die Auswirkungen des Vorhabens auf die in § 2 UVPG genannten Schutzgüter, u. a. Boden und Wasser, zu ermitteln, zu beschreiben und zu bewerten sind.

Eine wesentliche Entscheidungsgrundlage in den genannten Verfahren bilden die in den Verwaltungsvorschriften zum Kreislaufwirtschafts- und Abfallgesetz, der TA Abfall (TA Abfall 1991) und der TA Siedlungsabfall (TA Siedlungsabfall 1993), formulierten Kriterien. Neben detaillierten Anforderungen an technische Ausstattung, Betrieb, Überwachung und Nachsorge von Deponien liegt ein Schwerpunkt der in diesen technischen Anleitungen enthaltenen Vorgaben in den geologischen Anforderungen an den Deponiestandort als geologische Barriere in Form von Ausschlußkriterien, Mindestanforderungen und der für die Prüfung der Standorteignung zu berücksichtigenden Aspekte.

Umfang und Methodik der Standorterkundung, die in den Technischen Anleitungen gesetzlich nicht geregelt werden, sind so festzulegen, daß, abhängig von den standortspezifischen Gegebenheiten, eine hinreichend genaue Beschreibung des Untergrundes möglich ist und die im Laufe der Verfahren geforderten Prüfungen und Gutachten zu erarbeiten sind.

Auf dieser Grundlage sind auf Länderebene weitere Regelwerke herausgegeben worden, die in unterschiedlicher Form und Dichte als Standorterlasse (z. B. Niedersachsen, Sachsen-Anhalt) oder Handlungsanweisungen (z. B. Nordrhein-Westfalen, Bayern, Schleswig-Holstein) konkretisierte Standortanfor-

derungen, umfangreiche Kriterienkataloge mit Ausschluß- und Einschränkungs-
kriterien sowie Hinweise zum Vorgehen bei der Standortermittlung enthalten.
Darüber hinaus existieren bei den Genehmigungsbehörden detaillierte
Vorgabenkataloge zu den Raumordnungs- und Planfeststellungsverfahren.

Eine Zusammenstellung der für die Deponiestandorterkundung relevanten
Richtlinien, bezogen auf die Bundesländer, enthält *Tab. 2.1.*

Tabelle 2.1: Gesetzliche Grundlagen und Richtlinien zu den Anforderungen an Deponiestandorte

	Richtlinien	Herausgeber
Bund	Dritte allgemeine Verwaltungsvorschrift zum Abfallgesetz (TA Siedlungsabfall): Technische Anleitung zur Verwertung, Behandlung und sonstigen Entsorgung von Siedlungsabfällen (1993) Zweite allgemeine Verwaltungsvorschrift zum Abfallgesetz (TA Abfall), Teil 1: Technische Anleitung zur Lagerung, chemisch-physikalischen Behandlung, Verbrennung und Ablagerung von besonders überwachungsbedürftigen Abfällen (1990)	
Bayern	Hinweise für die Auswahl von Standorten für Deponien nach der TA Siedlungsabfall und Deponien mit vergleichbaren Anforderungen (Merkblatt 1995)	Bayerisches Staatsministerium für Landesentwicklung und Umweltfragen
Mecklenburg-Vorpommern	Verfahren zur Standortsuche für Deponien in Mecklenburg-Vorpommern (1992)	Wirtschafts-/Umweltministerium des Landes Mecklenburg-Vorpommern
Niedersachsen	Anforderungen an Deponiestandorte für Siedlungsabfälle (Runderlaß 1991) Anforderungen an Siedlungsabfalldeponien in Niedersachsen (Deponiehandbuch 1994)	Niedersächsisches Umweltministerium Niedersächsisches Landesamt für Ökologie
Nordrhein-Westfalen	Merkblatt zur Anwendung der TA Siedlungsabfall bei Deponien (1995) Rahmenkonzept zur Planung von Sonderabfallentsorgungsanlagen (1994)	Landesumweltamt Nordrhein-Westfalen, Ministerium für Umwelt, Raumordnung und Wirtschaft des Landes Nordrhein-Westfalen
Sachsen-Anhalt	Handlungsrichtlinie für die Auswahl von Siedlungsabfalldeponien (Standorterlaß Deponien/Runderlaß 1994)	Ministerium für Umwelt, Naturschutz und Raumordnung/Ministerium für Wirtschaft des Landes Sachsen-Anhalt
Schleswig-Holstein	Untergrundvoraussetzungen für die Zulassung von Deponien für Siedlungsabfälle - geologische Barriere- (Merkblatt A1 1994)	Landesamt für Natur und Umwelt Schleswig-Holstein
Thüringen	Verwaltungsvorschrift über die geordnete Ablagerung von Siedlungsabfällen (Deponiemerkblatt 1994)	Thüringer Ministerium für Umwelt und Landesplanung

2.1.2 Verfahrensablauf

Der Prozeß der Standortsuche für Deponien in einem Planungsraum (Gebietskörperschaft, Entsorgungsraum) gliedert sich grundsätzlich in die 3 Verfahrensschritte

- Auswahlverfahren,

- Raumordnungsverfahren,

- Planfeststellungsverfahren,

die sich auf der Grundlage der gesetzlichen Rahmenbedingungen entwickelt haben und in *Abb. 2.1* schematisch dargestellt sind.

Beim *Auswahlverfahren* erfolgt zuerst die Erfassung und Darstellung der Flächen, die entsprechend den Standortanforderungen geologisch geeignet sind (*Geologische Bestandsaufnahme/Positivkartierung*) und nicht zugleich aufgrund der ausschließenden und einschränkenden Kriterien (*Negativkartierung*) als Standorte für eine Deponie ausscheiden bzw. im weiteren Prozeß einer Abwägung unterliegen. Die Auswahl der geeigneten Standortflächen erfolgt allein anhand von vorliegenden Karten und Unterlagen. Für die geologische Bestandsaufnahme werden geologische Karten und Spezialkarten sowie Bohrverzeichnisse, Spezialliteratur und vorhandene Gutachten herangezogen, um die potentiell geeigneten Barrieregesteine (Kap. 3.3) zu ermitteln.

In einer anschließenden *vergleichenden Standortbewertung* der verbliebenen Gebiete erfolgt auf der Grundlage vorhandener Unterlagen die Vorauswahl einiger Flächen. Der Abwägungsprozeß findet anhand eines umfangreichen Kataloges aus gewichteten Kriterien statt. Das natürliche Schutzpotential des Untergrundes im Sinne der geologischen Barriere stellt darin allerdings nur einen Aspekt in einer Reihe von Kriterien dar, die aus gesetzlichen, landesplanerischen und technischen Vorgaben abgeleitet werden.

Die Standorterkundung im Raumordnungsverfahren besteht in einer geologisch-hydrogeologisch-geotechnischen Eignungsprüfung der ausgewählten Standortflächen sowie einer vergleichenden Raum- und Umweltverträglichkeitsprüfung. Die Raum- und Umweltverträglichkeitsprüfung umfaßt eine Ermittlung und Bewertung der Auswirkungen auf die Umwelt und die Abstimmung mit den Erfordernissen der Landesplanung (räumliche Nutzungsansprüche). Das vorhandene Karten- und Datenmaterial reicht in der Regel für eine Beurteilung nicht aus, so daß in Abhängigkeit von den bereits vorliegenden Erkenntnissen und den jeweiligen Standortgegebenheiten ein geowissenschaftliches Untersuchungsprogramm (Orientierungsuntersuchungen) mit folgenden Untersuchungszielen durchzuführen ist:

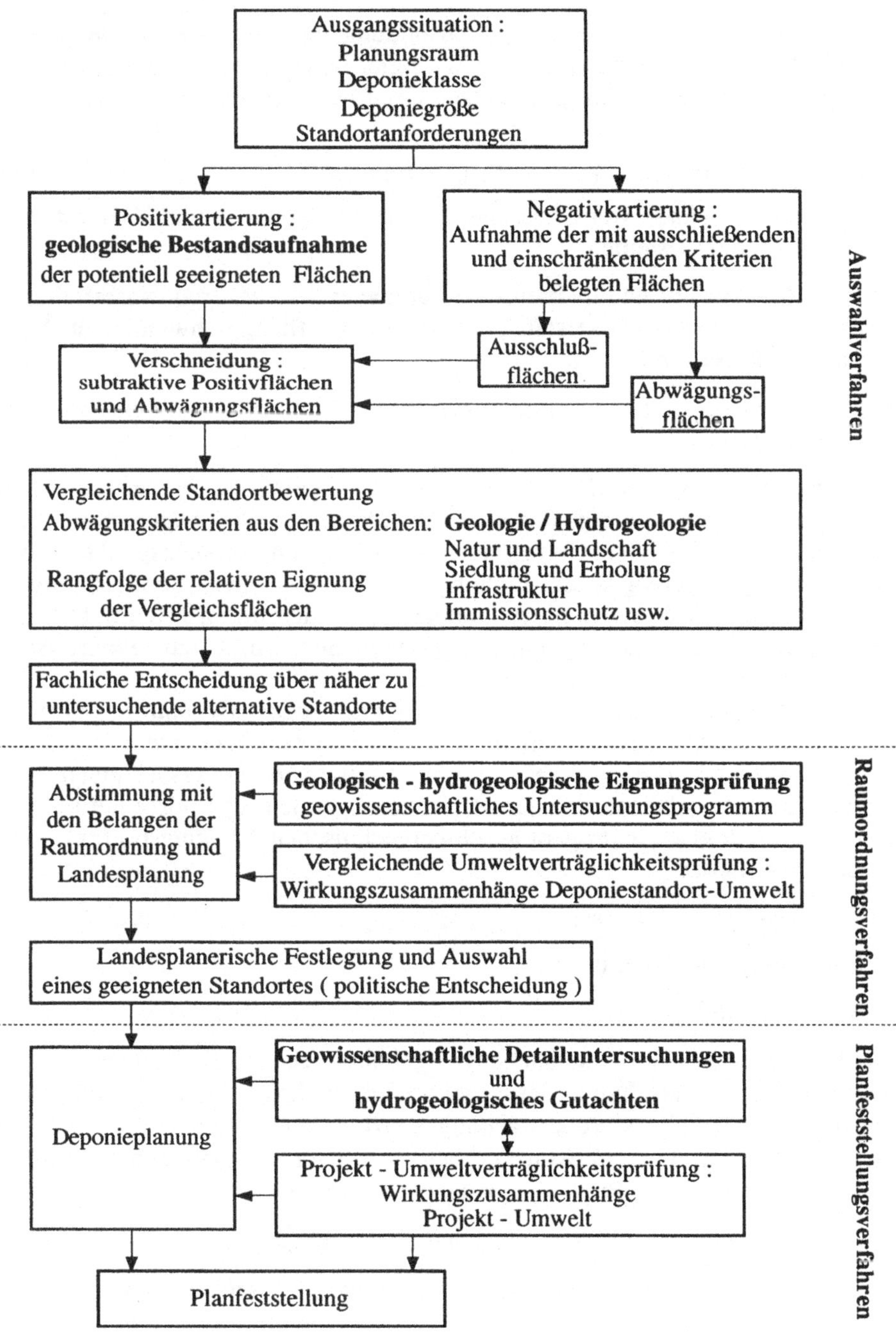

Abb. 2.1: Verfahrensablauf der Standortsuche für Deponieneuanlagen

- Mächtigkeit, Zusammensetzung, Ausbildung und Homogenität der anstehenden Gesteine, Stratigraphie, Lithologie, unterschieden nach hydrogeologisch definierten Einzugsgebieten, Grundwasserleiter, -hemmer, -nichtleiter,

- tektonische Verhältnisse, Erdbebengefährdung,

- Dichtigkeit, Wasserwegsamkeiten, Retentionsverhalten und Adsorptionsvermögen der Gesteine,

- Lage, Mächtigkeit und hydraulische Parameter der/des Grundwasserleiter/s, Angaben zu Grundwasserstand, -fließrichtung, -fließgeschwindigkeit, Vorflutverhältnisse und

- geotechnische Eignung (Tragfähigkeit), Hangrutsch-, Bergsenkungs- und Erdfallgefahr.

Bei der Bewertung der Standortuntersuchungsergebnisse sind insbesondere die Anforderungen an die geologische Barriere zu berücksichtigen (Kap. 3.2). Das Ergebnis des Standortvergleiches unter den Gesichtspunkten der geologisch-hydrogeologischen Eignung sowie der Umwelt- und Raumverträglichkeit ist die Auswahl <u>eines</u> Standortes, für den im nächsten Schritt die detaillierte Standortuntersuchung, Deponieplanung und das Planfeststellungsverfahren durchgeführt werden.

Die *Deponieplanung* und die im *Planfeststellungsverfahren* durchzuführende *Standorteignungsprüfung* sowie *projektbezogene Umweltverträglichkeitsprüfung* (*Projekt-UVP*) macht zusätzliche Untersuchungen zur Verdichtung und Absicherung der bereits vorliegenden Ergebnisse notwendig. Kern der geologisch-hydrogeologisch-geotechnischen Eignungsprüfung sind erneut die Kriterien

- Grundwasserverhältnisse,

- Barriereeigenschaften und

- Standsicherheit (s. o.).

Die hydrogeologischen Untersuchungsergebnisse, ebenso ein Teil der Grundwassermeßstellen aus dem in der Regel umfangreichen Bohrprogramm, gehen ein in das Grundwasserüberwachungskonzept im Rahmen der späteren Beweissicherung. Diesem Konzept liegt ein hydrogeologisches Gutachten zugrunde, das folgende Punkte zu berücksichtigen hat:

- ober- und unterirdisches Grundwassereinzugsgebiet,

- An- und Abstrombereiche der Deponie und der näheren Umgebung,

- Lage der Grundwassermeßstellen,

- Grundwassergleichen (unter Berücksichtigung der zu erwartenden extremen Grundwasserstände),

- Durchlässigkeiten, Abstandsgeschwindigkeiten,

- hydraulische Verbindungen,

- Grundwasserbeschaffenheit und

- hydrologische Verhältnisse.

2.2 Betriebene Deponien

Neben den neuen Deponiestandorten erfordern Standorte von betriebenen Deponien und insbesondere Altdeponien, d. h. Deponien, die zum Zeitpunkt des Inkrafttretens der TA Siedlungsabfall entweder zugelassen waren oder sich im Planfeststellungsverfahren befanden, intensive geowissenschaftliche Untersuchungen.

Neu- und Altdeponien ebenso wie stillgelegte Ablagerungsbereiche (Nachsorge) unterliegen einer regelmäßigen Überwachung, u. a. der Grund-, Oberflächen- und Sickerwasserqualität. Eine Beurteilung der Grundwasserbeschaffenheit bzw. evtl. Belastungen setzt eine genaue Kenntnis der betreffenden geologisch-hydrogeologischen Standortsituation, geeignete Grundwassermeßstellen sowie ein auf die geologisch-hydrogeologischen und deponiespezifischen Gegebenheiten abgestimmtes Untersuchungsprogramm voraus, das in der Regel als Beweissicherungsprogramm einen Bestandteil des Zulassungs- bzw. Planfeststellungsverfahrens (Kap. 2.1) bildet.

Bei Altdeponien sind gezielte Nachermittlungen durchzuführen, um Kenntnislücken im geologischen und hydrogeologischen Umfeld der Deponien und die Gefährdungen, die von diesen Deponien ausgehen, festzustellen. Diese Maßnahmen sind bei der regelmäßigen Grundwasserüberwachung (hydrogeologisches Beweissicherungsverfahren) sowie bei der Planung von Erweiterungsflächen oder Genehmigung von Übergangsdeponien erforderlich. Die auf der gezielten Nachermittlung aufbauende Gefährdungsabschätzung ist eine Voraussetzung für die Planung und Genehmigung der Rekultivierung sowie der Sicherungs-, Sanierungs- und Überwachungsmaßnahmen an stillgelegten Altdeponien.

2.2.1 Gesetzliche Grundlagen und Richtlinien

Die Überwachungspflicht bei Deponien in Form von regelmäßigen Grund-, Oberflächen- und Sickerwasseruntersuchungen ist im Kreislaufwirtschafts- und Abfallgesetz bzw. in der TA Siedlungsabfall (Nr. 10.6.6.2) und TA Abfall (Nr. 9.6.6.1) festgeschrieben sowie im Anhang G der TA Abfall näher ausgeführt. Diese Überwachungsvorschriften betreffen auch stillgelegte Deponien während der sog. Nachsorgephase (TA Siedlungsabfall Nr. 10.7.2,

TA Abfall Nr. 9.7.2). Diese Vorgaben sind auf Länderebene (z. B. Bayern, Hessen, Sachsen-Anhalt) durch Anforderungen u.a. an Ausbau der Grundwassermeßstellen, Probenahme und Untersuchungsumfang ergänzt worden (*Tab. 2.2*).

Weder die TA Siedlungsabfall noch die TA Abfall enthalten nachträgliche Anordnungen bezüglich der Standorte von Altdeponien in Form von Übergangsregelungen (z. B. bei Erweiterungen oder nicht verfüllten Abschnitten). Einige Länder berücksichtigen im Rahmen von Standorterlassen (z. B. Niedersachsen, Sachsen-Anhalt) oder sonstigen Richtlinien diese Fälle, indem insbesondere die technischen Nachbesserungen bei nicht ausreichender Qualität der geologischen Barriere geregelt werden (*Tab. 2.2*).

Tabelle 2.2: Rechtliche Grundlagen und Richtlinien bezüglich Überwachung von Deponien und Übergangsregelungen für Altdeponien

	Richtlinien	Herausgeber
Bund	Anhang G der TA Siedlungsabfall (1993)	
Bayern	Überwachung von Grund-, Oberflächen- und Sickerwässern im Bereich von Abfallentsorgungsanlagen (Merkblatt Nr. 3.6-2 1994)	Bayerisches Landesamt für Wasserwirtschaft
	Auflagenvorschläge für Altdeponien (Vollzug der TA Siedlungsabfall 1994)	Landesamt für Umweltschutz
Hessen	Verordnung über die Eigenkontrolle von oberirdischen Deponien (Deponieeigenkontrollverordnung 1992)	Hessisches Ministerium für Umwelt, Energie und Bundesangelegenheiten
Mecklenburg-Vorpommern	Erlaß zur Umsetzung der Anforderungen nach Ziffer 1.2.3 der TA Siedlungsabfall: Nachrüstung (1995)	Ministerium für Bau, Landesentwicklung und Umwelt des Landes Mecklenburg-Vorpommern
Sachsen-Anhalt	Überwachung von Abfallentsorgungsanlagen nach dem Abfallgesetz und dem Bundesimmissionsgesetz (Runderlaß 1993)	Ministerium für Umwelt und Naturschutz-/Ministerium für Wirtschaft des Landes Sachsen-Anhalt
Niedersachsen	Anforderungen an Siedlungsabfalldeponien in Niedersachsen (Deponiehandbuch 1994)	Niedersächsisches Landesamt für Ökologie
Schleswig-Holstein	Überwachung des Grundwassers (Merkblatt zur Umgebungsüberwachung von Deponien, Teil 1, in Vorbereitung)	Landesamt für Natur und Umwelt des Landes Schleswig-Holstein
Thüringen	Verwaltungsvorschrift über die geordnete Ablagerung von Abfällen (Deponiemerkblatt 1994)	Thüringer Ministerium für Umwelt und Landesplanung

2.3 Altlasten

Altlasten, d. h. Altablagerungen, Altstandorte und ehemalige militärisch genutzte Standorte, sofern von ihnen Gefährdungen für die menschliche Gesundheit oder die Schutzgüter Boden, Wasser, Luft, Fauna und Flora ausgehen oder zu erwarten sind (RSU 1990), stellen ein weiteres Feld für umfangreiche Untergrunderkundungen dar.

Entsprechend der durch die Länder vorgegebenen Systematik zur Behandlung von Altlasten ist für die Beurteilung einer Verdachtsfläche ein stufenweises Vorgehen mit einer engen Verzahnung aufeinanderfolgender Erkundungsschritte und einer jeweils dazwischengeschalteten Bewertung üblich. In der Regel ist die behördliche Aufgabe der Gefahrenermittlung und -abwehr in folgende aufeinander aufbauende Arbeitsschritte unterteilt, in denen die geowissenschaftliche Erkundung und Bewertung der betroffenen Schutzgüter Boden und Wasser einen wesentlichen und im Verlaufe des Verfahrens zunehmenden Anteil einnimmt:

Phase I   -   Erfassung und Erstbewertung,

Phase II   -   Gefährdungsabschätzung:
orientierende Untersuchung mit Gefahrenbeurteilung,
Detailerkundung mit abschließender Gefahrenbeurteilung und Entscheidung über den Handlungsdedarf,

Phase III   -   Sicherung, Sanierung und Überwachung:
Sicherungs-/Sanierungskonzeption,
Sicherungs-/Sanierungsausführung,
Überwachung und Erfolgskontrolle.

2.3.1 Erfassung und Erstbewertung

Ziel der Erfassung ist die Erhebung und Auswertung aller verfügbaren Unterlagen, Daten und Informationen als Grundlage für die üblicherweise schematisierte Erstbewertung (Checklisten, Bewertungsbögen) und Prüfung eines Handlungsbedarfs. Für die in dieser Phase erforderlichen Informationen zum Gefährdungspotential und Standort einschließlich der geologischen und hydrogeologischen Verhältnisse sind Feld- und Laboruntersuchungen in der Regel nicht vorgesehen.

2.3.2 Gefährdungsabschätzung

Auf der Grundlage der Ergebnisse der Erfassung und Erstbewertung erfolgt in Abhängigkeit von dem festgestellten Untersuchungbedarf eine schrittweise Erkundung der Altlast, die in Form von Übersichtsuntersuchungen und später darauf aufbauenden Detailuntersuchungen die Schadstoffbelastung der Bereiche Boden, Wasser und Luft sowie die für die Schadstoffausbreitung relevanten Standortgegebenheiten ermitteln soll.

Die Ergebnisse der hauptsächlich geologischen, hydrogeologischen, geochemischen und bodenkundlichen Feld- und Laboruntersuchungen sollen zu der Gefahrenbeurteilung führen, die im einzelnen Aussagen zur Stoffgefährlichkeit, zum Schadstoffaustrag und, getrennt nach den betroffenen Schutzgütern, zum Schadstoffeintrag in das jeweilige Schutzgut sowie zu Transport, Rückhaltung und Wirkung im Schutzgut beinhaltet. Die Beurteilung der von einer Altlast ausgehenden Gefährdung hängt entscheidend von der Kenntnis der geologischen und hydrogeologischen Standortgegebenheiten sowie des Barrierepotentials des Untergrundes ab, deren Erkundung neben den schadstoffspezifischen Ermittlungen ein Hauptziel der mit der Gefährdungsabschätzung zusammenhängenden Untersuchungen darstellt.

2.3.3 Sicherung, Sanierung und Überwachung

Werden aufgrund der Gefährdungsabschätzung Maßnahmen zur Sicherung, Sanierung oder Gefahrenminderung der Altlast für erforderlich gehalten, ist der Kenntnisstand u. U. durch weitere Boden- und Grundwasseruntersuchungen zur genauen Abgrenzung und zum Ausmaß des kontaminierten Bereiches zu erweitern. Sie stellen eine Grundlage für das Sanierungs-/Sicherungskonzept dar.

Im Falle von Überwachungsmaßnahmen orientieren sich Art, Intensität und Umfang an den bereits durchgeführten Untersuchungen und Erkenntnissen, mit dem Ziel, das Ausbreitungsverhalten zu kontrollieren.

2.3.4 Rechtliche Grundlagen und Richtlinien

Die Altlasten betreffenden Vorschriften sind auf Länderebene uneinheitlich nach verschiedenen Ansatzpunkten und unterschiedlicher Regelungsdichte in den Abfall- (und Altlasten-) Gesetzen bzw. Abfall- und Bodenschutzgesetzen angesiedelt, die allgemeine Rahmenbedingungen (Zuständigkeiten, Verfahren, Altlastenkataster) und Ziele enthalten.

Der Gefährdungspfad Wasser ist darüber hinaus mit dem Wasserrecht abgedeckt (Wasserhaushaltsgesetze). Beim Gefährdungspfad Boden mit seinen vielfältigen Verzweigungen ist eine gesetzliche Regelung über das Bundes-Bodenschutzgesetz (BBodSchG) bzw. z. T. auch auf Länderebene verwirklicht. Im Bundes-Bodenschutzgesetz sowie im Diskussionsentwurf einer Bodenschutz- und Altlastenverordnung sind altlastenrelevante einheitliche Regelungen vorgesehen.

Ausgehend von dieser Gesetzeslage sind im Zuständigkeitsbereich einer Reihe von Bundesländern und übergeordneten Institutionen (RSU 1990, 1995; LAGA 1991) Altlastenprogramme und Handbücher entstanden, die die Behandlung von Altlasten als stufenweise Untersuchungs- und Bewertungsverfahren detailliert darstellen sowie darüber hinaus z. T. umfangreiche Arbeitshilfen und -materialien zur Verfügung stellen (*Tab. 2.3*). Insbesondere im Zusammenhang mit den Untergrunderkundungen sind Hinweise zur Untersuchungsmethodik und zu den zu berücksichtigenden Normen gegeben.

Tabelle 2.3: Rechtliche Grundlagen und Richtlinien zur Altlastenbearbeitung

	Richtlinien	Herausgeber
Baden-Württemberg	Altlasten Handbuch (1988): ● Teil 1: Altlasten-Bewertung ● Teil 2: Untersuchungsgrundlagen Materialien zur Altlastenbearbeitung (22 Bände) Texte und Berichte zur Altlastenbearbeitung	Ministerium für Umwelt und Verkehr des Landes Baden-Württemberg Landesanstalt für Umweltschutz Baden-Württemberg
Bayern	Altlasten-Leitfaden (ALF) für die Behandlung von Altablagerungen und kontaminierten Standorten in Bayern (1991) Altlasten-Handbuch Bayern (in Vorbereitung)	Bayerisches Staatsministerium für Landesentwicklung und Umweltfragen/Staatsministerium des Innern
Hessen	Handbuch Altlasten: ● Band 1: Altlastensanierung in Hessen, Grundsätze ● Band 2: Die Verdachtsflächendatei ● Band 3: Untersuchung altlastenverdächtiger Flächen ● Band 4: Bewertung altlastenverdächtiger Flächen ● Band 5: Sanierung von Altlasten ● Band 6: Überwachung von Altlasten und altlastenverdächtiger Flächen	Hessische Landesanstalt für Umwelt
Niedersachsen	Altlastenhandbuch Niedersachsen: ● Teil 1: Allgemeiner Teil (1993) ● Teil 2: Wissenschaftlich-technische Grundlagen der Erkundung (1997) Materialien zum Altlastenhandbuch: ● Geologische Erkundungsmethoden (1997) ● Berechnungsverfahren und Modelle (1996) ● Hydrologische und hydraulische Erkundungsmethoden (1998)	Niedersächsisches Landesamt für Ökologie /Landesamt für Bodenforschung

Nordrhein-Westfalen	Hinweise zur Ermittlung und Sanierung von Altlasten (1991)	Ministerium für Umwelt, Raumordnung und Landwirtschaft des Landes Nordrhein-Westfalen
	Materialien zur Ermittlung und Sanierung von Altlasten (11 Bände)	Landesumweltamt Nordrhein-Westfalen
Rheinland-Pfalz	Altablagerungen und Altstandorte (Merkblätter Alex 01-04, 1995)	Landesamt für Umwelt und Gewerbeaufsicht Rheinland-Pfalz
	Leitfaden Altlasten auf Konversionsliegenschaften (1995)	Ministerium für Umwelt und Forsten Rheinland-Pfalz
Sachsen	Handbuch zur Altlastenbehandlung (1995ff.) • Teil 1: Grundsätze der Altlastenbehandlung in Sachsen • Teil 2: Verdachtsfallerfassung und formale Erstbewertung • Teil 3: Gefährdungsabschätzung, Pfad und Schutzgut Grundwasser • Teil 4: Gefährdungsabschätzung, Pfad und Schutzgut Boden	Sächsisches Staatsministerium für Umwelt und Landesentwicklung /Landesamt für Umwelt und Geologie
	Materialien zur Altlastenbehandlung	Sächsisches Landesamt für Umwelt und Geologie
Sachsen-Anhalt	Leitfaden zum Altlastenprogramm des Landes Sachsen-Anhalt	Ministerium für Umwelt und Naturschutz des Landes Sachsen-Anhalt
Thüringen	Altlastenleitfaden	Thüringer Ministerium für Landwirtschaft, Naturschutz und Umwelt
	LAGA Informationsschrift „Altablagerungen und Altlasten"	Länderarbeitsgemeinschaft Abfall (LAGA)

Literatur

AbfG/KrWG (1996): Kreislaufwirtschafts- und Abfallgesetz in der Fassung vom 7.10.1996.

BBodSchG: Gesetz zum Schutz des Bodens vom 17.03.1998.

LAGA (1991): LAGA-Informationsschrift Altablagerungen und Altlasten. Länderarbeitsgemeinschaft Abfall (Hrsg.). LAGA-Mitteilungen Nr. 15. Abfallwirtschaft in Forschung und Praxis 37, Schmidt, Berlin.

ROG (1991): Raumordnungsgesetz in der Fassung der Bekanntmachung vom 25.07.1991.

RSU (1990): Sondergutachten Altlasten des Rates von Sachverständigen für Umweltfragen. Deutscher Bundestag, Drucksache 11/6191.

RSU (1995): Altlasten II, Sondergutachten Februar 1995. Der Rat von Sachverständigen für Umweltfragen. Metzler-Poeschel, Stuttgart.

TA Abfall (1991): Zweite Allgemeine Verwaltungsvorschrift zum Abfallgesetz: Technische Anleitung zur Lagerung, chemisch-physikalischen, biologischen Behandlung, Verbrennung und Ablagerung von besonders überwachungsbedürftigen Abfällen, vom 12.03.1991.

TA Siedlungsabfall (1993): Dritte Allgemeine Verwaltungsvorschrift zum Abfallgesetz. Technische Anleitung zur Verwertung, Behandlung und sonstigen Entsorgung von Siedlungsabfällen, in der Fassung vom 14.05.1993.

UVPG (1990): Gesetz über die Umweltverträglichkeitsprüfung vom 12.02.1990.

3 Geowissenschaftliche Standortkriterien

GUNTER DÖRHÖFER, HANSJÖRG OELTZSCHNER, MATTHIAS SCHREINER & HILDEGARD WILKEN

3.1 Multibarrierenkonzept

HILDEGARD WILKEN

Das bei der Neuanlage von Deponien als Stand der Technik anerkannte und in den Technischen Anleitungen Abfall (Abs. 9.1, TA Abfall 1991) und Siedlungsabfall (Abs. 10.1, TA Siedlungsabfall 1993) festgeschriebene Multibarrierenkonzept verlangt, daß mehrere voneinander unabhängige Barrieren den Austrag von Schadstoffen stark behindern sollen. Das Multibarrierenkonzept unterscheidet die 3 Barrieren:

- Standort durch eine „geeignete Standortwahl" bzw. einen „geologisch und hydrogeologisch geeigneten Standort",

- bautechnische Barriere in Form „geeigneter Deponieabdichtungssysteme",

- abfalltechnische Barriere durch „geeignete Einbautechnik und Einhaltung von Zuordnungswerten".

Die abzulagernden Abfälle müssen, um die Funktion einer Barriere erfüllen zu können, eine Reihe von Eigenschaften aufweisen. Dazu gehören ein möglichst geringes Eluierverhalten bzw. eine starke Behinderung der Infiltration und Sickerwasserbildung, eine möglichst geringe Toxizität sowie eine langfristige chemische Stabilität. Bei den Zuordnungswerten spielt neben Grenzwerten für toxische Inhaltsstoffe insbesondere die Festschreibung eines niedrigen Gehaltes an organischen Bestandteilen, ausgedrückt durch den Glühverlust, eine entscheidende Rolle. Solche weitgehend inerten Abfälle können nur durch entsprechende Vorbehandlungsmethoden (z. B. Verbrennung, Vorrotte) erhalten werden.

Im Rahmen der bautechnischen Barriere versprechen nach dem heutigen Standard Kombinationssysteme aus mineralischen Dichtungen und Kunststoff-

dichtungsbahnen v. a. bei der Basisabdichtung die größte Infiltrations-
hemmung. Bei Oberflächenabdichtungen führen Trockenrisse häufig zu einer
Beeinträchtigung. Neuartige Dichtungen (z. B. Asphalt, Kapillarsperren)
können hier in Zukunft Alternativen bieten. Möglichst dauerhaft funktions-
fähige Entwässerungssysteme (Entwässerungsschichten) und ggf. Einrichtungen zur Gasfassung (Gasdränschicht) sind ebenfalls Elemente der bautechnischen Barriere.

Da die Lebensdauer von technischen Einrichtungen system- und material-
bedingt begrenzt ist, kommt der Barriere Standort, d. h. dem natürlichen
geologischen Untergrund, dem die Deponie aufliegt, als einzigem langfristigen Sicherheitselement eine vorrangige Bedeutung zu. Das Schutzpotential dieser *geologischen Barriere* ergibt sich aus dem komplexen Zusam-
menwirken hydraulischer und physikochemischer Gesteinseigenschaften mit
dem Grundwasserregime, dem Grundwasserchemismus und der geologischen
Struktur des Untergrundes. Barrierewirksame Eigenschaften sind gegeben bei

- möglichst geringer Permeabilität (Durchlässigkeit),

- möglichst großer Sorptionsfähigkeit,

- möglichst großer Mächtigkeit und Homogenität sowie

- möglichst großer flächenhafter Ausdehnung.

3.2 Merkmale der geologischen Barriere

HILDEGARD WILKEN & MATTHIAS SCHREINER

Als geologische Barriere wird „der bis zum Deponieplanum unter und im
weiteren Umfeld einer Deponie anstehende natürliche Untergrund bezeichnet,
der aufgrund seiner Eigenschaften und Abmessungen die Schadstoffaus-
breitung maßgeblich behindert" (TA Siedlungsabfall 1993, Abs. 10.3.2), d. h.
ein geologischer Körper mit einem Schutzpotential, der nach Mächtigkeit und
Ausbreitung eine mögliche Schadstoffausbreitung maßgeblich behindert.
Abbildung 3.1 zeigt schematisiert die Anforderungen an die geologische
Barriere. Näher charakterisiert wird das komplexe System „geologische
Barriere" mit Hinweisen bezüglich der Parameter *Durchlässigkeit,
Schadstoffrückhaltepotential, Mächtigkeit, Verbreitung* und *Homogenität*.
Weitere Kriterien zur Standorteignung betreffen die Lage zum Grundwasser,
Wasserwegsamkeit, Wasserwirtschaft sowie Standsicherheit. Es ist das
gesamte Schichtpaket bis zum nächsten Aquifer bzw. nutzbaren Grundwasser-
leiter zu betrachten.

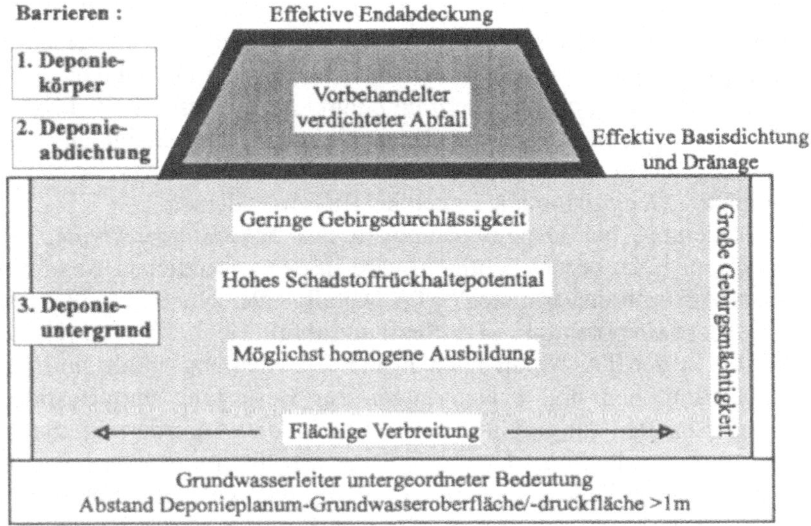

Abb. 3.1: Anforderungen an die geologische Barriere

Ein entscheidendes Kriterium der geologischen Barriere ist eine geringe *Durchlässigkeit*, da die hydraulische Barrierewirkung gering durchlässiger Gesteine eine maßgebliche Behinderung des konvektiven und diffusiven Stofftransportes beinhaltet (Kap. 4.4). Der in der TA Siedlungsabfall angegebene Hinweis auf die DIN 18130 präzisiert die Anforderung „schwach durchlässiges Locker- bzw. Festgestein" auf einen Durchlässigkeitsbeiwert k_f von 10^{-6} - 10^{-8} m/s. Die TA Abfall dagegen gewährt mit einer Forderung von $k_f \leq 10^{-7}$ m/s einen geringeren Spielraum. Die DIN 18130 bezieht sich jedoch auf die Durchlässigkeitsbestimmung im Labor, die an möglichst homogenen, intakten Gesteins- und Bodenproben durchzuführen ist. Diese Durchlässigkeitsbeiwerte sind auf den natürlichen Untergrund in der Regel nicht übertragbar. Klüfte, Störungen und inhomogene Zusammensetzungen von Böden, Locker- und Festgesteinen müssen bei der „Gebirgsdurchlässigkeit" berücksichtigt werden. Außerdem sollte angegeben werden, mit welcher Sicherheit weitere wasserwegsame Zonen (Störungen u. a.) ausgeschlossen werden können (abhängig vom Erkundungsstand). In dichten Gesteinen können auf Klüften oder Störungen Stoffe ausgetragen werden, obwohl der durchschnittliche k_f-Wert $< 10^{-6}$ m/s ist. Ferner ist zu bedenken, daß - v. a. in Sedimentgesteinen - die Durchlässigkeit häufig anisotrop ist (z. B. parallel zur Schichtung größer als quer dazu). In porösen Gesteinen können geringmächtige Tonlagen o. ä. die Gesamtdurchlässigkeit senkrecht zur Schichtung stark vermindern.

Andererseits kann ein Barrieregestein aufgrund seiner Homogenität und Mächtigkeit sowie geeigneter petrographisch-mineralogischer Zusammensetzung gute Abdichtungseigenschaften aufweisen, obwohl das Kriterium

„schwach durchlässig" ($k_f \leq 10^{-6}$ m/s) nicht vordergründig erfüllt ist (z. B. Lößlehm oder Verwitterungsdecken in Mittelgebirgen). Die Durchlässigkeit muß also im Einzelfall betrachtet werden. Über die Durchlässigkeit der geologischen Barriere sind oft nur durch umfangreiche hydraulische Feldversuche zuverlässige Aussagen zu treffen. Ein pauschales Durchlässigkeitskriterium reicht in der Regel nicht aus. Allenfalls kann der Wert $k_f < 10^{-6}$ m/s hinsichtlich der Gebirgsdurchlässigkeit als Richtwert dienen.

Die Forderung, bei Deponieplanungen das *Schadstoffrückhaltepotential* des Untergrundes zu berücksichtigen, wird in den gesetzlichen Regelwerken als „hohes Adsorptionsvermögen" (TA Abfall 1991, Nr. 9.3.2) und „hohes Schadstoffrückhaltepotential" (TA Siedlungsabfall 1993, Nr. 10.3.2) formuliert. Weder in der TA Abfall noch in der TA Siedlungsabfall sind weitergehende Definitionen und Erläuterungen zur Bewertung und Bestimmung dieser Eigenschaften aufgeführt. Indirekt wird die Anforderung durch die Angabe „tonmineralhaltiger Untergrund" ausgefüllt. Im Anhang E der TA Abfall, der auch für die TA Siedlungsabfall gilt, wird gefordert, daß der Anteil ab Feinstkorn ($< 2\ \mu$m) mindestens 20 Gew.-% und der Anteil an Tonmineralen mindestens 10 Gew.-% betragen soll, ohne jedoch qualitative Angaben zum Tonmineralgehalt zu machen. Hierbei wird vorausgesetzt, daß Tonminerale die wesentlichen Sorbenten darstellen. Neuere Untersuchungen zeigen, daß die organische Substanz (Huminstoffe) und kristalline und amorphe Oxide und Hydroxide ebenfalls wesentliche Sorbenten darstellen. Weiterhin gibt es Unterschiede in der Sorptionsfähigkeit der verschiedenen Tonminerale (Smektit, Kaolinit < Illit < Montmorillonit).

Der verwendete Begriff Schadstoffrückhaltepotential beinhaltet mehrere Aspekte (Kap. 4.6 und Bd. 5, Kap. 1.3). Eine möglichst geringe Durchlässigkeit und kleine oder fehlende hydraulische Gradienten gewährleisten, daß der konvektive Schadstofftransport maßgeblich behindert wird. Ebenfalls wichtig ist, daß die effektive Diffusivität aufgrund geeigneter Stoffeigenschaften (Porosität, Porengeometrie) stark eingeschränkt wird. Ein hohes Adsorptionsvermögen, die Rückhaltung der Schadstoffe durch Sorption, Ionenaustausch und Fällung, stellt ein weiteres Element des Rückhaltevermögens dar. Sorptionsvorgänge sind stoff- bzw. stoffgruppenspezifisch zu betrachten und stellen Gleichgewichtsreaktionen dar. Nachdem sich stationäre Zustände eingestellt haben, migrieren Schadstoffe unretardiert. Grundsätzlich wird das Sorptionsvermögen in Gesteinen von Art und Anteil der vorhandenen Feststoffe und den physikalisch-chemischen (Milieu-) Bedingungen bestimmt. Sorptionsvorgänge verlaufen vielfach reversibel, d. h. durch geänderte geochemische Milieubedingungen oder auch hydraulische Änderungen (Strömungsgeschwindigkeit, Druckverhältnisse) kehrt sich der Schadstoffstrom um (von der Gesteinsmatrix in das noch reine Wasser). Das heißt, für eine wirksame Barriere sind stabile Grundwasserströmungsverhältnisse und konstante geochemische Bedingungen zu fordern.

Die das Schadstoffrückhaltepotential bestimmenden Einflußgrößen umfassen damit sowohl die Zusammensetzung und stofflichen Eigenschaften des Untergrundmaterials, die geochemischen Milieubedingungen (Redoxverhalten, pH-Wert) als auch die spezifischen Eigenschaften der Schadstoffe, so daß für eine Bewertung dieses komplexen Zusammenhanges mineralogisch -petrographische und chemische Gesteinsuntersuchungen und Grundwasseranalysen sowie Laborversuche zum Adsorptions- und Diffusionsverhalten bestimmter Stoffgruppen in den betreffenden Gesteinen notwendig sein können. Aufgrund der in Barrieregesteinen in der Regel relativ geringen Grundwassergeschwindigkeiten stehen meist ausreichende Reaktionszeiten zur Einstellung eines Gleichgewichtes zur Verfügung. Weiterhin sollte ein ausreichender Reaktionsraum gegeben sein, in dem die Reaktionsmechanismen wirksam werden können (s. auch Mächtigkeit und Verbreitung).

Einen neu erkannten Rückhaltemechanismus stellt die Matrixdiffusion dar. Dabei wird der Porenraum eines porösen, schwach durchlässigen Gesteins sukzessive mit gelösten Stoffen aus dem Wasser aufgesättigt. Gelöste Stoffe diffundieren dabei aus dem strömenden Grund- oder Kluftwasser in das stagnierende Porenwasser der Gesteinsmatrix bis zum Konzentrationsausgleich. Dadurch werden konservative Stoffe deutlich gegenüber der Fließgeschwindigkeit des Wassers retardiert. In Verbindung mit Sorption resultiert daraus für reaktive Stoffe ein wirksamer Rückhaltemechanismus (MAIER & DÖRHÖFER 1995).

Die *Mächtigkeit* der gering durchlässigen, retardierenden Gesteine soll laut TA Siedlungsabfall „mehrere Meter" betragen. Die TA Abfall verlangt eine Mindestmächtigkeit von 3 m. Eine ausreichend große Mächtigkeit ist eine wichtige Voraussetzung, um die Durchsickerung von Schadstoffen zeitlich hinauszuzögern und zugleich die Filterwirkung zu verbessern. Je länger die Kontaktzeit des schadstoffhaltigen Sickerwassers mit dem zu durchströmenden Gestein und je größer der Reaktionsraum ist, desto stärker werden physikalisch-chemische Prozesse wirksam und können zur Schadstoffixierung bzw. Retardation beitragen. Dies gilt für rein poröse Medien. Bei geklüfteten Gesteinen spielen die Kluftabstände und Kluftweiten neben der Mächtigkeit eine bedeutende Rolle. Die Mächtigkeit ist daher in Zusammenhang mit der Homogenität und den hydraulischen Eigenschaften des Gesteins zu betrachten.

Die barrierewirksamen Gesteine sollen eine flächige, über den Ablagerungsbereich hinausgehende *Verbreitung* aufweisen, um eine laterale Schadstoffbewegung ebenfalls wirksam und langfristig zu behindern und das geologische Umfeld in alle Richtungen abzuschirmen. Die „flächige Verbreitung" wird nicht näher quantifiziert und ist in Abhängigkeit von den gesamtgeologischen Gegebenheiten und der Qualität des Barrieregesteins zu bewerten. Frühere Vorschläge von „50 m außerhalb der Deponie" halten einer objektiven Bewertung nicht stand. Insbesondere auch wegen möglicher Inhomogenitäten im Untergrund ist die Forderung zu stellen, daß in der weiteren Umgebung des Standortes eine natürliche Schutzzone vorhanden sein soll.

TA Siedlungsabfall fordert, daß die geologische Barriere unter dem Ablagerungsbereich möglichst *homogen* ausgebildet sein soll. Ein heterogener Aufbau des Untergrundes führt zu Schwankungen in den Untergrundeigenschaften (z. B. Durchlässigkeit). Diese Schwankungen beeinträchtigen die Repräsentanz von Meßwerten. Solche kleinräumigen Heterogenitäten lassen sich bei hinreichendem Untersuchungsstand durch geostatistische Untersuchungen quantifizieren.

Strukturelle Heterogenitäten in Form von tektonischen Störungen, Klüften, Einlagerungen, Auflockerungen und Faziesübergängen bilden Schwachstellen in der Funktion der geologischen Barriere (bevorzugte Wasserwegsamkeiten). Häufige Schwachstellen bzw. Inhomogenitäten sind auch glazialtektonische Phänomene (z. B. Eiskeile), Verwitterungsbildungen, Rutschhorizonte, quellfähige Tone und Gipse, Schichten mit hohem Porenwasserüberdruck (z. B. in Küstengebieten) und Rinnenstrukturen (z. B. Kiesbänke). Mit geologischem Sachverstand können für derartige Heterogenitäten bekannte Gesteinseinheiten und Regionen als Deponiestandorte bereits im voraus ausgeschlossen werden. Die Bestimmung der Mächtigkeit, Verbreitung und Homogenität stellt besondere Anforderungen an die Erkundung. Durch die Kombination neuer geophysikalischer Verfahren mit herkömmlichen Aufschlußmethoden bieten sich dafür heute verbesserte Möglichkeiten.

Bezüglich der *Lage zum Grundwasser* (TA Siedlungsabfall 1993, Abs. 10.3.3, TA Abfall 1991, Abs. 9.3.3) wird ein Mindestabstand zwischen Grundwasser (höchste zu erwartende Grundwasseroberfläche bzw. Grundwasserdruckfläche bei freiem bzw. gespanntem Grundwasser) und Deponieplanum von 1 m gefordert. Da der Nachweis höchster zu erwartender Wasserstände oft schwierig ist, sind differenzierte hydrogeologische Untersuchungen erforderlich. Weiterhin ist es wichtig, daß die Grundwasserverhältnisse langfristig stabil bleiben.

Die Forderung nach dem Mindestabstand soll einen Anstieg des Grundwassers in die Deponie hinein verhindern, um so den unmittelbaren Stoffaustrag vom Sickerwasser ins Grundwasser sicher auszuschließen. Dagegen ist jedoch nicht in jedem Fall davon auszugehen, daß im Schadensfall im ungesättigten Bereich des Bodenkörpers oberhalb des Grundwasserspiegels schadstoffrückhaltende Mechanismen wirksam werden, denn in der ungesättigten Zone kann die Schadstoffbewegung über präferenzielle Fließwege, Kolloidtransport oder Schadstofftransport in Phase und aufgrund von Dichteunterschieden erfolgen. Unter Umständen kann daher ein Schadstofftransport in der gesättigten Zone bei sehr geringer Fließgeschwindigkeit des Grundwassers geringer sein als in der ungesättigten Zone. Das bedeutet, daß das Kriterium Abstand zum Grundwasser im Einzelfall kritisch zu bewerten ist.

Weiterhin wird als Ausnahmeregelung festgelegt, daß höhere Druckwasserspiegel zulässig sind, wenn nachgewiesen wird, daß das am Grundwasserkreislauf aktiv teilnehmende Grundwasser nicht nachteilig beeinträchtigt wird. Die „aktive Teilnahme von Grundwasser am Grundwasserkreislauf" und das Nachweisverfahren dafür werden nicht spezifiziert. Als Nachweis sind Prognosen zu verstehen.

Bei der in TA Siedlungsabfall (Nr. 10.3.1) und TA Abfall (Nr. 9.3.1) geforderten Standorteignungsprüfung ist weiterhin die *Stabilität* des Untergrundes zu berücksichtigen. In diesem Zusammenhang müssen folgende Aspekte geprüft werden:

- Erdbebengefahr und Aktivität von tektonischen Störungen,

- Gefahr von Hangrutschungen,

- Gefahr von Bergsenkungen und Tagesbrüchen als Folge ehemaligen Bergbaus sowie Erdfällen in Karstgebieten,

- Gefahr von Setzungen verfüllter Tagebaue und sonstiger Restlöcher,

- ausreichende Steifigkeit des Untergrundes gegenüber der Auflast durch einen Deponiekörper.

Im Rahmen der *planerischen Restriktionen* (Ausschluß- und Einschränkungskriterien: TA Siedlungsabfall Nr. 10.3.1 und TA Abfall Nr. 9.3.1) sind u. a. geologische und wasserwirtschaftliche Aspekte betroffen. Die Lage von Deponiestandorten in

- Karstgebieten und Gebieten mit stark klüftigen und besonders wasserwegsamem Untergrund,

- Wasserschutzgebieten und Wasservorranggebieten und

- in Überschwemmungsgebieten

ist nicht oder in besonderen Einzelfällen nur eingeschränkt zu vertreten.

Bei Gebieten mit stark klüftigem und besonders wasserwegsamem Untergrund sollte unterschieden werden zwischen einem Untergrund mit stark wasserwegsamen Trennflächengefügen sowie Lockergesteinen, die besonders wasserwegsam sind (z. B. Kies).

Die hier vor dem Hintergrund der TA Abfall bzw. Siedlungsabfall dargestellten Kriterien eines als Barriere wirksamen geologischen Untergrundes für Deponiestandorte sind ebenfalls anwendbar bei der Beurteilung des Schadstoffausbreitungsverhaltens bei kontaminierten Standorten und Altlasten.

3.3 Vorkommen potentieller Barrieregesteine

HANSJÖRG OELTZSCHNER

Für die Planung zur Anlage einer neuen Deponie ist es im ersten Schritt des Standortsuchverfahrens (Kap. 2.1) erforderlich, die Verbreitung potentieller Barrieregesteine im Planungsraum zu erfassen, um auf dieser Grundlage in den nächsten Verfahrensschritten durch gezielte Untergrunduntersuchungen (Kap. 4) an ausgewählten Standorten die tatsächliche Eignung als geologische Barriere zu ermitteln. Für die Beurteilung des Untergrundes von Altlastverdachtsflächen gilt es ebenfalls, für die Erstbewertung des Gefährdungspotentials die Verbreitung potentieller Barrieregesteine am Standort zu erfassen, bevor ggf. weitergehende Untergrunduntersuchungen durchgeführt werden.

Die im Auftrag der Geologischen Landesämter und der Bundesanstalt für Geowissenschaften und Rohstoffe eingerichtete Ad-hoc-Arbeitsgruppe „Geowissenschaftliche Rahmenkriterien zur Standorterkundung für Deponien" (AD-HOC-AG 1993, 1996) hat eine Übersicht der in Deutschland vorhandenen geologischen Formationen mit potentiellen Barriereeigenschaften erstellt. Merkmale zur Beurteilung der Barriereeigenschaften von Gesteinen sind *Durchlässigkeit, Schadstoffrückhaltevermögen, Mächtigkeit, Verbreitung und Homogenität* (Kap. 3.2).

Nach ihren Durchlässigkeiten werden die Gesteine in Grundwasserleiter und Grundwasserhemmer eingeteilt. Bei Grundwasserleitern sind zu unterscheiden:

- Poren-Grundwasserleiter: Lockergesteine mit Korngrößen vom Sand- bis in den Kies-/Steinbereich,

- Kluft-Grundwasserleiter: Festgesteine, die von Klüften und Spalten durchzogen sind,

- Karst-Grundwasserleiter: vorwiegend Kalk- und Dolomitgesteine, bei denen durch Wasser oder Lösungserscheinungen Klüfte aufgeweitet und Hohlräume geschaffen wurden.

Wegen ihrer Durchlässigkeit können alle Porengrundwasserleiter und verkarsteten, oft auch geklüfteten Festgesteine nicht die Anforderungen einer wirksamen geologischen Barriere erfüllen.

Als potentiell geeigneter Deponieuntergrund sind dagegen die folgenden das Grundwasser nichtleitenden und geringleitenden Gesteine anzusehen:

- Lockergesteine: Tone, Schluffe, Ton-Schluff-Gemische und Mergel,

- Festgesteine mit möglichst geringer Klüftigkeit: Tonsteine (Schluffsteine) und Tonmergelsteine.

Bei den Lockergesteinen können bereits tonmineralhaltige Feinsand-Schluff-gemische die Anforderungen an eine geologische Barriere erfüllen, da sie als Geringleiter bzw. Grundwasserhemmer einzustufen sind. Darüber hinaus können auch „gemischtkörnige Böden" (Definition nach DIN 18196 Lockergesteine mit Korngrößen von Ton- bis in den Steinbereich), z. B. Moränen in Form von Geschiebemergel/-lehm, geringe Durchlässigkeiten ($k_f < 10^{-8}$ m/s) aufweisen. Lößlehme zeigen je nach Grad der Verwitterung und Verdichtung ein unterschiedliches Durchlässigkeitsverhalten von sehr schwach durchlässig bis durchlässig. Auch können Sand-Schluff-Ton-Gemische als Verwitterungsprodukte von Festgesteinen derart ausgebildet sein, daß gute Barrierewirkungen vorhanden sind (OELTZSCHNER 1990).

Bei der Auswahl von Gesteinen mit potentieller Barrierewirkung sind u.a. solche mit günstigem Sorptionsverhalten und hoher Ionenaustauschkapazität von besonderer Bedeutung. In welchem Maß bei der Passage die gelösten (Schad-)Stoffe durch die Bodenmatrix zurückgehalten werden, hängt von der (Tonmineral-)Zusammensetzung des Bodens, dem geochemischen Milieu und der Zusammensetzung des Sickerwassers ab (Kap. 4.6). Aus zahlreichen Untersuchungen (u. a. FICHTEL & OELTZSCHNER 1979, GRIFFIN & SHIMP 1972, SCHNEIDER & GÖTTNER 1991, SCHNEIDER 1992) ist bekannt, daß tonig-schluffige, sogar schluffig-sandige Sedimente je nach Art und Menge der darin enthaltenen Tonminerale ein durchaus wirksames Sorptionsvermögen bzw. eine gute Ionenaustauschkapazität in Hinblick auf die Bindung von Schwermetallionen haben.

Wegen möglicher Inhomogenitäten im Untergrund (tektonische Strukturen, Faziesübergänge etc.) ist aus geowissenschaftlicher Sicht die Forderung zu unterstützen, daß nicht nur im unmittelbaren Umfeld der Deponie, sondern auch in ihrer weiteren Umgebung eine natürliche Schutz-barriere vorhanden sein muß. So können beispielsweise als gute Grund-wasserhemmer wirkende Tonsteine mit geringer bis sehr geringer Gesteins-durchlässigkeit örtlich Wasserwegsamkeiten als Folge feinster oder auch größerer Klüfte aufweisen, wodurch die Gebirgsdurchlässigkeiten in vertikaler, v. a. aber in horizontaler Richtung z. T. erheblich vergrößert sein können. In diesen Fällen vermögen eine entsprechende Verbreitung der potentiellen Barrieregesteine und große Flurabstände die Barrierewirkung zu unterstützen, so daß ein derartiger Untergrund trotzdem als akzeptabel eingestuft werden kann.

Metamorphe und kristalline Gesteine stellen im Sinne der TASi/TA Abfall kein geeignetes Barrieregestein dar, da sie auch bei sehr geringer Klüftigkeit kein nennenswertes Schadstoffrückhaltevermögen in Form von Sorption (Kap. 4.6) aufweisen.

Tabelle *3.1* zeigt die Übersichtsdarstellung der potentiellen Barrierege-steine für die einzelnen Bundesländer, gegliedert nach der geologischen Ein-heit, einer Gesteinsbeschreibung mit ggf. einschränkenden und erweiternden Kriterien sowie der jeweiligen regionalen Verbreitung. Bei der Gesteinsbeschreibung wird der Gesteinstyp mit Haupt- und Nebengemengteilen beschrieben, teilweise ergänzt durch Begriffe zur Gesteinsentstehung. Es sind Lockergesteine, Festgesteine und Verwitterungsbildungen aufgeführt. Bei den Lockergesteinen stellen Ton, Schluff und Mergel die häufigsten Barrieregesteine dar. Attribute wie z. B. kiesig oder kalkig und Begriffe wie z. B. „teilweise" gestatten fallweise eine erweiterte oder einschränkende Differenzierung. Verwitterungsbildungen sind gesondert aufgeführt, weil sie stratigraphisch zwar z. T. den Festgesteinen zugeordnet werden, aber als Lockergesteine anzusprechen sind. Als Verwitterungsbildungen werden Lockergesteine verstanden, die durch physikalische und chemische Prozesse auf dem direkt darunterliegenden Festgestein entstanden und am Ort ihrer Entstehung verblieben sind. Es handelt sich hier im wesentlichen um Substrate aus Ton und Schluff, z. T. werden sie auch als wechselnd tonige Gemenge bezeichnet.

Barrierewirksame Festgesteine sind in erster Linie Tonstein, Tonmergelstein und Schluffstein (Tonschiefer in Hessen und Nordrhein-Westfalen, Sulfatgestein (ausgelaugte Folgen) in Baden-Württemberg). Erläuternde Hinweise wie z. B. „mit Feinsand- und Glimmeranteil" beschreiben Gesteinsausbildungen, die die Barrierewirkung beeinträchtigen können. Sie sind hinsichtlich ihrer flächenhaften Verbreitung zwar von untergeordneter Bedeutung, müssen aber bei Standortuntersuchungen so genau wie möglich erfaßt und beurteilt werden.

Hinweise auf die Ablagerungsbedingungen liegen vor mit Begriffen wie z. B. „marin" oder besonderen Angaben wie z. B. „Bänderton". Tektonische Ergänzungen, insbesondere zur Klüftigkeit, weisen auf Bereiche hin, in denen mit einer gewissen Durchlässigkeit auf Trennflächen gerechnet werden muß.

Tabelle 3.1: Vorkommen potentieller Barrieregesteine in Deutschland, nach Ad-hoc-AG Deponien der Staatlichen Geologischen Dienste (1996:30-45)

Baden-Württemberg

Geologische Einheiten	Gesteinsbeschreibung	Regionale Verbreitung
Quartär		
Holozän / Pleistozän	Lößlehm, schwankender Tongehalt	Hauptsächlich im Norden von Baden-Württemberg (Kraichgau, westlich der Linie Mosbach - Walldürn - Hardheim), Raum Heilbronn
	Ton, schluffig, feinsandig (limnisch)	Oberschwaben
Tertiär		
Obere Süßwassermolasse (Obermiozän)	Schluffiger Ton, Wechselfolge von siltigen Mergeln und Tonen	Oberschwaben, örtlich in Ostwürttemberg; Barriereeigenschaften

Untere Süßwassermolasse (Miozän / Oligizän)	Wechselfolge von bunten Mergeln und Sandsteinen	Oberschwaben zwischen Ulm und Riedlingen
Pechelbronner Schichten (Unteroligozän)	Tonmergelsteine	Oberrheintalgrabenrand bei Rot und Malsch (südlich von Wiesloch)
Bunte Breccie	Tonstein	Örtlich in Ostwürttemberg; Barriereeigenschaften bei nachweislich rein toniger Ausbildung möglich
Jura		
Dogger		
Brauner Jura alpha Opalinuston	Schluffiger Tonstein (blättrig), Tonstein mit Konkretionen	Am Rand der Schwäbischen Alb, Blumberg bis Ellwangen
Lias		
Schwarzer Jura beta Untere und Obere beta-Tone	Tonstein, Tone und Tonmergel, mit Feinsand- und Glimmeranteil	Albvorland, Klettgau bis Ellwangen; in Bereichen mit Mineralwasser- und Grundwasserführung im Liegenden des Schwarzen Jura alpha nur eingeschränkte Barriereeigenschaften
Trias		
Keuper		
Bunte Mergel	Tonstein, Tone und Tonstein, gebietsweise mit dolomitischen und kalkigen Steinmergelbänken	Stromberggebiet; Barriereeigenschaften eingeschränkt, wenn Kieselsandstein zwischen Oberen und Unteren Bunten Mergeln als Grundwasserleiter entwickelt ist
Gipskeuper	Ton, Schluff, Tonstein	Mittelwürttemberg; Eignung nur bei vollständiger Sulfatgesteinsauslaugung bzw. vernachlässigbarer Restmächtigkeit des Gipses
Buntsandstein		
Röt (oberer Muschelkalk)	Tonstein, feine Tone, Tonsteine mit Dolomitbänkchen	Nördliches Baden-Württemberg (Odenwald, Main-Gebiet); Ausbildung und Grundwasserführung des Rötquarzits können die Barriereeigenschaften einschränken
Verwitterungsbildungen		
Auf Tertiär-, Jura- und Triassedimenten	Ton und Schluff (über Ton-, Tonmergel- und Schluffsteinen)	

Bayern

Geologische Einheiten	Gesteinsbeschreibung	Regionale Verbreitung
Quartär		
Pleistozän	Fein- bis Grobschluff, z. T. feinsandig (Lößlehm)	Tertiärhügelland, Mainfranken, Ober- und Mittelfranken, Fränkische Alb (mit Alblehm vermischt)
	Schluff / Feinsand, sehr heterogen (Geschiebelehm, Moräne)	Alpenvorland
	Schluffiger Ton, kalkig (Seeton)	Alpenvorland
Tertiär		
Obere Süßwassermolasse	Mergel, stark kalkig, schluffig-feinsandig, z. T. mit Braunkohle (limnisch)	Südbayern (Molasse in Bayerisch-Unterschwaben, Raum nördlich von Regensburg)
Obere Meeresmolasse hauptsächlich Neuhofener Schichten und Blättermergel (Unteres und Mittleres Ottnang)	Tonige und feinsandige Schluffe, kalkig	Niederbayerische Molasse
Untere Meeresmolasse und Untere Süßwassermolasse Tonmergelschichten, Bändermergel, Fischschiefer, Cyrenenmergel (Lattorf bis Aquitan)	Tone und Schluffe	Nur in der gefalteten Molasse am Alpenrand ausstreichend (und im tieferen Untergrund der Molasse anstehend)
Riestone und - mergel	Schluffige Tone und Mergel	Nördlinger Ries
Kreide		
Cardienton (Oberkreide)	Schluffig-sandige Tone (in Rinnen abgelagert)	Oberpfalz (Amberg)
Turon, Coniac, Santon und Campan	Tonmergel	Im tieferen Untergrund der Ostmolasse
Jura		
Lias		
Posidonienschiefer	Schluffige Tone bis tonige Schluffe	Mittel- und Nordbayern (unterhalb des Albtraufs ausstreichend)
Amaltheenton	Dto.	Dto.
Dogger		
Opalinuston	Dto.	Dto.

Trias		
Keuper		
Rhät	Schluffige Tone bis tonige Schluffe	Vorland der Fränkischen Alb
Feuerletten	Dto.	Franken, Oberpfalz
Lehrbergschichten	Dto.	Dto.
Estherienschichten	Dto. mit Gips und Steinmergellagen	Dto.
Myophorienschichten	Dto.	Dto.
Buntsandstein		
Röt	Schluffige Tone mit Gipslinsen und -schnüren	Unterfranken
Perm		
Zechstein		
Bröckelschiefer	Schluffige bis feinsandige Tone	Unterfranken

Berlin und Brandenburg

Geologische Einheiten	Gesteinsbeschreibung	Regionale Verbreitung
Quartär		
Pleistozän		
Weichsel-Glazial	Ton, schluffig, sandig, kiesig, steinig (Geschiebemergel / -lehm)	Berliner Raum bis Mecklenburg-Vorpommern
Eem-Interglazial	Ton (limnisch)	Berliner Raum, Südostbrandenburg
Saale-Glazial	Ton, schluffig, sandig, kiesig, steinig (Geschiebemergel / -lehm)	Südliches und westliches Brandenburg
	Ton (glazilimnisch)	Nordostbrandenburg

Hamburg und Schleswig-Holstein

Geologische Einheiten	Gesteinsbeschreibung	Regionale Verbreitung
Quartär		
Holozän	Ton, Schluff, lagenweise feinsandig oder humos (Klei)	Marschgebiete der Nordseeküste und der Elbe
Pleistozän	Ton, schluffig, sandig, kiesig, steinig (Geschiebemergel / -lehm)	Geest (Altmoränen), östliches Hügelland (Jungmoränen)
	Schluff, lagenweise tonig oder feinsandig (Beckensedimente)	Östliches Hügelland

Tertiär		
Miozän	Schluff, tonig, feinsandig (Glimmerton)	Hamburg, Kreis Herzogtum Lauenburg
Perm		
Rotliegendes	Ton, schluffig	Südlich Elmshorn

Hessen

Geologische Einheiten	Gesteinsbeschreibung	Regionale Verbreitung
Quartär		
Pleistozän	Schluff, tonig, feinsandig (Lößlehm)	Rheinisches Schiefergebirge, Westerwald, Vogelsberg, Untermaingebiet, nördliche Hessische Senke
Tertiär		
	Verschiedene Tone (marin, brackisch)	Rhein-Main-Gebiet, Raum Kassel - Vogelsberg, Westerwald; nur örtlich
Trias		
Buntsandstein		
Röt	Ton-, Schluffstein	Mittel- und Nordhessen, östlicher Odenwald
Perm		
Rotliegendes	Ton-, Schluffstein,	Südlich vom Vogelsberg; nur örtlich
Karbon		
	Tonschiefer (wenig geklüftet)	Ostrand Rheinisches Schiefergebirge; nur örtlich
Devon		
	Tonschiefer (wenig geklüftet)	Rheinisches Schiefergebirge; nur örtlich
Verwitterungsbildungen		
	Wechselnd tonige Gemenge	S. unter Trias, Perm, Karbon, Devon; außerdem: örtlich über Basaltserien von Vogelsberg und Westerwald sowie in Nordhessen

Mecklenburg-Vorpommern

Geologische Einheiten	Gesteinsbeschreibung	Regionale Verbreitung
Quartär		
Pleistozän		

Weichsel 2 / 3	Ton, schluffig, sandig, kiesig, steinig (Geschiebemergel / -lehm)	Flächenhaft verbreitet nördlich der Pommerschen Haupteisrandlage bzw. des pommerschen maximalen Eisvorstoßes in Nordwest-Mecklenburg
	Schluff, tonig-feinsandig (glazilimnisch)	Einzelvorkommen im oben genannten Verbreitungsgebiet
Weichsel 1 - 2	Dto.	Größere Vorkommen im Raum Gadebusch, bei Brüel (Wariner Becken), im Bereich der „Oberen Seen" (Plau, Mirow, ...)
Quartär		
Pleistozän		
Weichsel 1	Ton, schluffig, sandig, kiesig, steinig (Geschiebemergel / -lehm)	Flächenhaft verbreitet im Raum Röbel, Lübz, Schwerin, Gadebusch, Zarenthin
Saale 2 (Warthe)	Dto.	Flächenhaft verbreitet im Raum Wittenburg-Hagenow und östlich von Grabow bei Ludwigslust
Tertiär		
	Schluffe und Tone (limnisch, vorwiegend Schollen im Pleistozän)	Einzelvorkommen in Südwest-Mecklenburg, Friedland und Löcknitz
Jura		
	Ton (Schollen im Pleistozän)	Einzelvorkommen; nur die Tonlagerstätte Grimmen ist von der Fläche her geeignet

Niedersachsen und Bremen

Geologische Einheiten	Gesteinsbeschreibung	Regionale Verbreitung
Quartär		
Holozän	Ton, Schluff, z. T. organisch, z.T. sandig (Marschen-Klei, Auelehm)	Nordsee-Küstenregion, Mündungsbereich und Unterlauf von Ems, Weser, Elbe
Pleistozän	Sand, schluffig, tonig, kiesig (Geschiebemergel / -lehm)	Flächenhaft in ganz Niedersachsen nördlich der Mittelgebirge
Saale Kaltzeit	Schluff, tonig, feinsandig (Beckenablagerung)	Einzelvorkommen in ganz Niedersachsen
	Schluff, feinsandig, tonig (Löß, Lößlehm)	Flächenhaft in Südniedersachsen

Elster-Kaltzeit Lauenburger Schichten	Ton und Schluff, z. T. auch sandig (Beckenablagerung)	Flächenhaft im Raum Emden - Oldenburg - Bremen, Einzelvorkommen im Flachland auch weiter südlich und weiter westlich
Tertiär		
Pliozän	Ton, Schluff, z. T. mit Einlagerungen feinkörniger Sande	Östlich des Sollings, südlich Bad Gandersheim
Miozän	Ton, Schluff, lokal auch Mergelstein	Westliche Lüneburger Heide bei Tostedt, im Raum Fürstenau und Neuenkirchen (Oldenburg)
Oligozän		
Rupelton (Septarienton)	Ton, z. T. sandig	Einzelvorkommen u.a. Grafschaft Bentheim, Vechta, Walsrode, östlich von Braunschweig, Eschershausen, südwestlich von Göttingen
Tertiär		
Eozän	Ton, z. T. auch sandig	Nordöstlich Bad Bentheim
Paläozän	Überwiegend Ton	Westlich Nienburg/Weser
Kreide		
Alb	Tonstein	Südöstlich Hannover; westlich und südlich Peine
Apt	Tonstein	Nördlich Hildesheim; westlich Peine
	Tonstein, schluffig-feinsandig, Tonmergelstein mit Lagen von Toneisensteingeoden	Südlich Bad Bentheim
Barrême	Tonstein, Schluffstein mit Lagen von Toneisensteingeoden	Raum Hannover - Peine
Hauterive	Tonstein	Nördlich Hannover, nordöstlich von Minden / Westfalen
	Tonstein (z. T. feinsandig), Tonmergelstein	Bereich Gildehaus / Bad Bentheim
Valangin	Tonstein, Schluffstein	Südwestlich und südlich des Steinhuder Meeres (bis Minden/Westfalen)
	Tonstein, schluffig-feinsandig, Tonmergelstein mit Lagen von Toneisensteingeoden	Südlich Bad Bentheim
Keuper	Wechsellagerungen von Tonstein, Tonmergelstein, Mergelstein	Raum Osnabrück; Weserbergland, Raum Braunschweig - Wolfsburg - Helmstedt; Raum Göttingen, Leinetal

Muschelkalk		
Mittlerer Muschelkalk	Mergelstein, dolomitisiert	Raum Osnabrück; südwestlich Königslutter (Elm); Raum Göttingen; östlich Hannoversch-Münden
Buntsandstein		
Oberer Buntsandstein	Tonstein (z. T. mergelig), Schluffstein	Elm; bei Bad Salzdetfurth; Südseite des Hils; Raum Göttingen zwischen Leine und Weser, Göttinger Wald
Unterer Buntsandstein	Schluffstein, tonig mit Einlagerungen von Sandstein	Südliches Harzvorland (Raum Osterode - Herzberg - Duderstadt), Eichsfeld

Nordrhein-Westfalen

Geologische Einheiten	Gesteinsbeschribung	Regionale Verbreitung
Quartär		
Pleistozän	Ton, Schluff, sandig, steinig, teilweise kalkig (Geschiebemergel / -lehm)	Münsterländer Bucht und Randgebiete
Tegelenton	Ton	Raum westlich von Viersen
Tertiär		
Pliozän		
Reuver- und Rotton	Ton	Westlich von Mönchengladbach, Raum Brüggen, Geilenkirchen
Miozän		
Glimmerton	Ton	Raum Bocholt
Oligozän	Ton, z. T. schluffig bis sandig	Südliche Niederrheinische Bucht; auch Raum südlich und westlich von Bonn; westliches Münsterland im Raum Vreden
Kreide		
Oberkreide		
Emschermergel	Tonmergel, schwach schluffig bis sandig	Südwestliches Münsterland, Raum Lippstadt-Paderborn
Coniac	Tonstein, Tonmergelstein	Raum Vreden - Ahaus
Unterkreide		
Alb - Barrême	Tonstein, Tonmergelstein, teilweise schluffig und feinsandig	Wiehengebirge und nördliches Vorland; Gebiet zwischen Vreden, Ochtrup und Ahaus
Jura		

Dogger		
Unterer Dogger	Ton, Tonstein	Raum Tecklenburg - Westerkappeln
Lias	Ton, Tonstein, Tonmergelstein	Raum nördlich von Bielefeld, südliches Wiehengebirgsvorland
Trias		
Keuper		
Rhät	Ton, Tonstein, teilweise schluffig, sandig	Lippisches Bergland, südliches Wiehengebirgsvorland
Karbon		
Oberkarbon		
Arnsberger Schichten	Tonstein, Schluffstein, teilweise sandig	Nördliches Sauerland
Verwitterungsbildungen		
auf Unterkarbon	Ton und Schluff, teilweise sandig	Rheinisches Schiefergebirge, nur örtlich
auf Unterdevon (Ems)	Ton, teilweise schluffig	Südliches Sauerland und Siegerland, nur örtlich

Rheinland-Pfalz

Geologische Einheiten	Gesteinsbeschreibung	Regionale Verbreitung
Quartär		
	Schluff und Ton	Einzelvorkommen im Oberrheingraben
Tertiär		
Oligozän		
Oligozän / z. T. Miozän	Ton, bereichsweise mit Sand- und geringmächtigen Braunkohlelagen	Westerwald (Raum Westerburg, Montabaur, Höhr-Grenzhausen)
Rupelton, Schleichsand, Cyrenenmergel, Süßwasserschichten, Untere Cerithienschichten	Ton, Tonmergel, Mergel, z. T. schluffig bis schwach feinsandig, teilweise bituminös; Tonstein, Mergelstein	Mainzer Becken
Eozän - Oligozän	Ton, bereichsweise mit mächtigeren Braunkohleflözen und Tonmergel	Randbereiche des Neuwieder Beckens
	Ton, bereichsweise mit Braunkohleflözen und Sand-Kies-Linsen	Ringener Becken

Eozän	Ton, z. T. stark sandig, kiesig	Speicher, Binsfeld (Bitburger Trias-Mulde)
Verwitterungsbildungen		
Oberflächennahe Verwitterungszone des Rotliegend (Kusel-, Lebach- und Nahe-Gruppen)	Ton und Schluff, wechselnd sandig	Einzelvorkommen in der Nordpfalz
Tiefgründige authochthone Verwitterungszone devonischer Schiefer	Ton	Einzelvorkommen in Westerwald, Eifel, Taunus, Hunsrück

Saarland

Geologische Einheiten	Gesteinsbeschreibung	Regionale Verbreitung
Trias		
Muschelkalk		
Mittlerer Muschelkalk, unterer Teil	Bunte Tone	Bliesgau und Saargau
Keuper		
Lettenkohle	Bunte Tone	Bliesgau und Saargau
Perm		
Rotliegendes		
Mittlere Lebacher Schichten	Tonige Partien	Prims-Mulde, Nahe-Mulde
Karbon		
Oberkarbon		
Ottweiler Gruppe (Dilsburg Schichten)	Tonige Partien	Saarbrücker Sattel

Sachsen

Geologische Einheiten	Gesteinsbeschreibung	Regionale Verbreitung
Quartär		
Holozän	Schluff, schwach tonig, z. T. feinsandig und humos (Niederungs- und Auenlehme)	Lokale Verbreitung in der Oberlausitz
Pleistozän		

Weichsel-Glazial	Schluff, teils tonig, teils sandig, teils kiesig (Gehänge- / Lößlehm)	Lokale Verbreitung in Vorerzgebirgischer Senke zwischen Werdau, Crimmitschau und Waldenburg; Verbreitung im Lausitzer Bergland und Lausitzer Gefilde zwischen Bautzen - Ostritz - Herrnhut; in Teilen des Nordwestsächsischen Vulkanitkomplexes zwischen Grimma - Oschatz - Rochlitz
	Schluff, teilweise tonig, feinsandig (Löß / Lößlehm)	Mittelsächsisches Lößhügelland, Meissen - Döbeln - Lommatzsch; lokale Verbreitung in der Oberlausitz
Saale- und Elster-Glazial	Schluff, tonig, sandig, kiesig, mit regellosen Sandlinsen (Grundmoränen)	Örtlich in der Lausitz; flächenhaft im Bereich des Weißelsterbeckens zwischen Delitzsch und Altenburg; örtlich im Nordwestsächsischen Vulkanitkomplex
	Schluff, z.T. tonig, sandig (glazilimnisch)	Relativ große Verbreitung im Leipziger Raum, örtlich in der Oberlausitz
Tertiär		
Miozän	Ton, Schluff	Örtlich in der östlichen und südöstlichen Oberlausitz
Miozän bis Oberoligozän		
Bitterfelder Decktonkomplex	Ton, z. T. schluffig	Nordwestsachsen, besonders im Raum südöstlich von Leipzig
Kreide		
Oberkreide	Tonschluff-, Mergelstein (Pläner)	Örtlich südwestlich von Pirna
Perm		
Zechstein		
Bunte Letten	Schluffstein, feinsandig	Örtlich westlicher Randbereich des Mügelner Beckens, südlich von Oschatz, Raum Geithain
Rotliegendes		
Leukersdorfer Folge	Schluffsteine und Tonsteine in Wechsellagerung mit Sandsteinen und Konglomeraten	Vorerzgebirgische Senke

Härtensdorfer Folge	Schluffsteine und Tonsteine in Wechsellagerung mit Sandsteinen und Konglomeraten	Nördlich und nordwestlich von Wildenfels
	Schluffsteine und Tonsteine in Wechsellagerung mit Sandsteinen und Konglomeraten	Örtlich im Döhlener Becken
Niederhäslich-Schweinsdorfer Folge		
Känozoische / Mesozoische Verwitterungsbildungen	Ton; Ton, schluffig (Basaltzersatz)	Oberlausitz, südlich von Görlitz
	Ton (Bentonite)	Südöstliche Oberlausitz
	Ton, schluffig, sandig (Kaolin)	Nordwestsächsischer Vulkanitkomplex südwestlich von Oschatz; örtlich in der nördlichen Oberlausitz
	Tone bis Schluffe (Tonschiefer- / Tonsteinzersatz)	Nördlich und westlich von Görlitz, örtlich im Vogtland und südwestlich von Grimma
	Schluff, tonig, sandig, steinig (Diabas- und Tuffitzersatz)	Örtlich im Vogtland
	Schluff, tonig, sandig, steinig (Phyllitzersatz)	Z. B. Schiefermantel des Granulitgebirges, nur örtlich

Sachsen-Anhalt

Geologische Einheiten	Gesteinsbeschreibung	Regionale Verbreitung
Quartär		
Holozän	Lößlehm (in Ausnahmefällen)	Vorrangig im Süden Sachsen-Anhalts
Pleistozän		
Weichselkaltzeit	Lößlehm (in Ausnahmefällen)	Vorrangig im Süden Sachsen-Anhalts
Saale-II-Kaltzeit	Geschiebelehm / -mergel, Beckenton, (Grundmoräne)	Altmark, „Ostelbien", Gebietsstreifen von Köthen / Wolfen bis östlich von Weißenfels
Saale-I-Kaltzeit	Dto.	Dto.
Elster-Kaltzeit	Dto.	Im Südwesten Sachsen-Anhalts („Randpleistozän")

Tertiär		Ungegliedertes Tertiär in der Regel nur in lokalen Becken in größerer Mächtigkeit vorhanden, lithofaziell stark gegliedert
Oligozän		
Rupelton (Mitteloligozän)	Ton, Schluff, lokal Feinsande	Zwischen Haldensleben und Wolmirstedt, nördlich von Köthen, Leitzkauer Gebiet
Kreide		
Campan		
Untere Isenburg-Schichten	Tonmergelstein mit Kalksandsteinbänken (lokal Kluftgrundwasserleiter)	Subherzyn
Blankenburg-Schichten	Ton- bzw. Schluffstein, z. T. schwach sandig (lokal schwache Klüftung)	Dto.
Santon		
Salzberg-Schichten	Ton- bzw. Tonmergelstein, Kalksandsteinlagen	Dto.
Coniac		
Graue Mergel	Ton- bzw. Schluffstein, z. T. feinsandig (Feinsand, schluffig)	Dto.
Jura		
Lias		
Toarc bis Obersinemur, Posidonienschiefer bis Ziphuston	Tonstein-Schluffstein-Komplex	Westliche Magdeburger Börde, südlich Großes Bruch, nordwestlich Aschersleben
Hettange, Psilonoten-Schichten	Ton- bzw. Schluffstein, Tonmergelstein mit Feinsandsteinlagen (Tonsteinhorizonte weitgehend aushaltend)	Dto.
Trias		
Keuper		
Rhät, Gipskeuper, Lettenkeuper	Tonsteine, Schluffsteine, Tonmergelsteine	Diese Gesteine sind *in der Regel* nach TA Abfall und TA Siedlungsabfall *nicht* oder nur mit technischer Nachbesserung *geeignet*. Bei regional geringen Standortalternativen (z. B. im Landkreis) sollte bei flächigem Ausstreichen der genannten Gesteine im *Einzelfall* deren Eignung für Deponien geprüft werden

Buntsandstein		
Röt, Calvördefolge	Dto.	Dto.
Perm		
Zechstein		
Bröckelschiefer	Dto.	Dto.
Verwitterungsbildungen		
über Kreide-, Jura- und Trias-Sedimenten	Tone und Schluffe	

Thüringen

Geologische Einheiten	Gesteinsbeschreibung	Regionale Verbreitung
Quartär		
Pleistozän	Generell bindige Sedimente entsprechender Mächtigkeit (umgelagerter Löß / Schwemmlehm, Bändertone, Geschiebemergel)	Ostthüringen; Werratal; Mittelthüringen: zentrales Thüringer Becken; Ostthüringen: Weißelsterbecken
Tertiär		
Eozän - Oligozän	Tone (Liegendes der Braunkohleflöze)	Ostthüringen: Weißelsterbecken
Jura		
Lias		
	Tone	Westthüringen: Creuzburger Graben (örtlich)
Trias		
Keuper		
Rote Wand und Bunte Mergel (Mittlerer Keuper)	Tonsteine ohne Gips	Mittelthüringen: Zentrales Thüringer Becken
Myophorienschichten, Estherienschichten	Dto.	Südthüringen: Grabfeldmulde
Buntsandstein		
Pelitrötfolge (Oberer Buntsandstein)	Tonsteine	Ostthüringen: Gebiet Mittlere Saale; Mittelthüringen: Südrand der Hainleite; Westthüringen: Eichsfeldscholle Südthüringen: Werratal, Südwestteil des Südthüringer Triasgebietes
Perm		
Zechstein		

Bröckelschiefer und Oberer Zechstein	Tonsteine	Ostthüringen: Orlagau
Karbon		
Dinant		
Bordenschiefer	Tonschiefer (wenig geklüftet)	Ostthüringen: Ostthüringisches Schiefergebirge, Ziegenrücker und Mehltheuerer Synklinorium
Ordovizium		
Gräfenthaler Gruppe Lederschiefer	Tonschiefer (abhängig von der tektonischen Beanspruchung - außer Randbereiche zum Silur)	Ostthüringen: Ostthüringisches Schiefergebirge, Bergaer Antiklinorium, Schwarzburger Antiklinorium
Schwarzburger Gruppe	Siltschiefer	Ostthüringen: Ostthüringer Schiefergebirge
Phycodenschiefer, Dachschiefer	Tonschiefer, Phyllite	Ostthüringen: Schwarzburger und Bergaer Antiklinorium
Weißelster-Folge	Phyllite	Ostthüringen: Bergaer Antiklinorium (örtlich)
Kambrium		
Goldisthaler Gruppe	Tonschiefer (abhängig von der tektonischen Beanspruchung)	Ostthüringen: Schwarzburger Antiklinorium; Südthüringen: Schleuse-Horst
Präkambrium		
Jungproterozoikum	Tonschiefer (abhängig von der tektonischen Beanspruchung, bei geringer Klüftung)	Ostthüringen: Schwarzburger Antiklinorium
Verwitterungs- / Zersatzbildungen		
Besonders Röt und Keuper	Tone, Schluffe (Tonsteinzersatz / tonige Verwitterungsbildungen)	Ostthüringen: Gebiet Mittlere Saale; Mittelthüringen: Südrand der Hainleite; Westthüringen: Eichsfeld; Südthüringen: Werratal, Südwestteil des Südthüringer Triasgebietes
Karbon (Dinant), Ordovizium, Kambrium	Tone, Schluffe (Tonschiefer- / Phyllitzersatz)	Ostthüringen: Ostthüringisches Schiefergebirge, besonders Ziegenrücker und Mehltheuerer Synklinorium, lokal im Schwarzburger und Bergaer Anitklinorium / Schleuse-Horst
	Schluffe, sandig (Diabas- und Tuffitzersatz)	Ostthüringen: Thüringer Vogtland, lokal im Bergaer Antiklinorium

Die in den tabellarischen Übersichten aufgeführten Gesteine können nicht als endgültig barrierewirksam angesehen werden. Die Auflistung ist jedoch als eine Orientierungshilfe zu sehen. Die aufgeführten geologischen Einheiten mit potentiellem Barrierevermögen können dazu beitragen, bei planerischen Vorhaben und der Bewertung des Gefährdungspotentials von Altlasten und Altlastverdachtsflächen das wahrscheinliche Schutzpotential abzuschätzen. Bei der Standortauswahl für Deponien kann das Augenmerk von vornherein auf „Positivflächen" mit voraussichtlich guten Barriereeigenschaften gerichtet werden, so daß u. U. größere Gebiete nicht näher betrachtet werden müssen. Selbstverständlich wird für eine Detailplanung oder endgültige Gefahrenbeurteilung stets eine geologisch-hydrogeologisch-geochemische Detailuntersuchung erforderlich sein, um die tatsächliche Eignung bzw. das Rückhaltepotential des Standortes nachzuweisen (Kap. 4).

Literatur

AD-HOC-ARBEITSGRUPPE DER GEOLOGISCHEN LANDESÄMTER (GLÄ) UND DER BUNDESANSTALT FÜR GEOWISSENSCHAFTEN UND ROHSTOFFE (BGR) (1993): Geowissenschaftliche Rahmenkriterien zur Standorterkundung für Deponien. Abschlußbericht, unveröffentlicht, Krefeld.

AD-HOC-ARBEITSGRUPPE DER GEOLOGISCHEN LANDESÄMTER (GLÄ) UND DER BUNDESANSTALT FÜR GEOWISSENSCHAFTEN UND ROHSTOFFE (BGR) (1996): Geowissenschaftliche Rahmenkriterien zur Standorterkundung für Deponien. Abschlußbericht, Hannover/München.

AD-HOC-ARBEITSGRUPPE DEPONIEN DER STAATLICHEN GEOLOGISCHEN DIENSTE (1996): Geowissenschaftliche Rahmenkriterien zur Standorterkundung für Deponien. Geol. Jb. **G 4**, Hannover.

TA ABFALL (1991): Zweite Allgemeine Verwaltungsvorschrift zum Abfallgesetz: Technische Anleitung zur Lagerung, chemisch-physikalischen, biologischen Behandlung, Verbrennung und Ablagerung von besonders überwachungsbedürftigen Abfällen, in der Fassung vom 12. 03. 1991.

TA SIEDLUNGSABFALL (1993): Dritte Allgemeine Verwaltungsvorschrift zum Abfallgesetz. Technische Anleitung zur Verwertung, Behandlung und sonstigen Entsorgung von Siedlungsabfällen, in der Fassung vom 14. 05. 1993.

OELTZSCHNER, H. (1990): Vorschläge der Geologischen Landesämter und der Bundesanstalt für Geowissenschaften und Rohstoffe (BGR) für Anforderungen an die „Geologische Barriere" im Deponiekonzept. Z. dt. geol. Ges. **141**, 215-224.

FICHTEL, K. & OELTZSCHNER, H. (1979): Die Reinigungswirkung von Lockersedimenten auf Sickerwässer aus Schlackendeponien. Schriftenreihe Abfallwirtschaft 6, Bayerisches Landesamt für Umweltschutz, München.

GRIFFIN, R. A. & SHIMP, N. F. (1972): Leachate migration through selected clays. Proceed. Research Symp. Rutgers Univ. New Brunswick, N. J., Hrsg. Girelli & Cirello, Dept. of Environm. Sc. Cook College, Rutgers Univ., New Brunswick N. J.

SCHNEIDER, G. & GÖTTNER, J. (1991): Schadstoffe in mineralischen Deponieabdichtungen und natürlichen Tonschichten. Geol. Jb., C **58**, Hannover.

SCHNEIDER, W. (1992): Untersuchungen an einer ca. 10 Jahre alten feinkornmineralischen Dichtungsschicht einer Hausmülldeponie. Veröffentl. Grundbauinstitut der LGA Bayern, H. **65**, 117-155, Eigenverlag LGA Nürnberg.

3.4 Karten potentieller Barrieregesteine

GUNTER DÖRHÖFER & HILDEGARD WILKEN

Der Begriff „*potentielle Barrieregesteine*" geht zurück auf DÖRHÖFER, et al. (1991), wo die Verbreitung derartiger Gesteine flächendeckend für Niedersachsen im Maßstab 1:200 000 dargestellt wurde. Mit dem Zusatz „potentiell" soll zum Ausdruck gebracht werden, daß bestimmte Gesteine zwar eine grundsätzliche Eignung für die Ablagerung von Abfällen bzw. als geologische Barriere besitzen, diese aber im Einzelnen erst noch bestätigt bzw. ermittelt werden muß. Die Eignung ist nicht nur von den geowissenschaftlichen Eigenschaften des betrachteten Untergrundes abhängig, sondern muß auch die Eigenschaften der Abfallstoffe und der von ihnen ausgehenden Sickerlösungen bzw. der zu betrachtenden Schadstoffe berücksichtigen.

Als potentielle Barrieregesteine werden solche Gesteine angesprochen, die eine Vielzahl positiver Eigenschaften zur Behinderung bzw. Rückhaltung von Schadstoffen aufweisen, wie sie im einzelnen in Kap. 3.2 und 4.6 beschrieben werden. Die Auswahl potentieller Barrieregesteine und deren Darstellung auf Karten kann daher nur solche Gesteine umfassen, die einerseits den Stofftransport von der Menge her behindern, andererseits aufgrund ihrer physiko-chemischen Eigenschaften Schadstoffe aus dem wäßrigen System herausnehmen bzw. gegenüber diesem zurückhalten. Die Behinderung des Mengentransportes von in Wasser gelösten Stoffen wird wesentlich durch den Parameter „Durchlässigkeit", die Stoffminderung bzw. -rückhaltung bei der Passage im wesentlichen durch die Gehalte an Tonmineralen und organischem Kohlenstoff gesteuert. Bei der Erstellung spezieller Karten müssen daher Gesteine, die diese Eigenschaften aufweisen, auf der Grundlage der nach Kartier- und/ oder Bohrbefunden vorliegenden Informationen herausgearbeitet und - nach Möglichkeit nach weiteren Differenzierungsmerkmalen abgestuft - dargestellt werden.

Für die regionale Planung ist die Nutzung kleinmaßstäblicher Karten (etwa 1:200 000 bis 1:500 000) oftmals ausreichend. Beispiele für derartige Spezialkarten sind in einzelnen Bundesländern (z. B. Baden-Württemberg, Niedersachsen, Rheinland-Pfalz, Sachsen-Anhalt und Schleswig-Holstein) im Zuge von Suchverfahren für Sonderabfalldeponien oder Siedlungsabfalldeponien

(DÖRHÖFER, et al. 1991) erarbeitet worden. Für die Detailbeurteilung eines Standortes sind in der Regel Karten erforderlich, die in größeren (Planungs-) Maßstäben (1:10 000 bis 1:50 000) die genaueren Grenzen der Verbreitung von Ausstrichflächen und genauere Angaben zur Mächtigkeit und Gesteinsausbildung enthalten.

Eine *Übersicht über Kartenwerke*, die derzeit in Deutschland zur Planung von Standortsuchen für Deponien sowie die Erfassung potentieller Barrieregesteine herangezogen werden können, wird in Ad-Hoc-AG Deponien der Staatlichen Geologischen Dienste (1996:48-51) gegeben. Dabei handelt es sich im wesentlichen um allgemeine geologische (Übersichts-)Karten, geologische Spezialkarten aus unterschiedlichen Bereichen, die für diese Fragestellung wichtige Informationen enthalten, und die o. g. kleinmaßstäblichen Karten zu potentiellen Barrieregesteinen bzw. zur Deponiestandortsuche. Großmaßstäbliche Karten, die speziell für die Standortsuche für Deponien erarbeitet wurden, liegen nur aus Niedersachsen vor. Dort wurden bereits 1986 Spezialkarten (Maßstab 1:25 000) der Verbreitung gering durchlässiger toniger Gesteine der Unterkreide veröffentlicht (Niedersächsisches Landesamt für Bodenforschung, 1986). Darauf aufbauend wurde seit 1995 ein digitales Kartenwerk aufgebaut, das als „Karte der potentiellen Barrieregesteine in Niedersachsen 1:50 000" (PBK 50) die Flächendaten zur Eignung bzw. Wirksamkeit von geologischen Schichteinheiten zusammenfaßt. Dieses Kartenwerk stellt die Verbreitung oberflächennaher Schichten dar, die aufgrund ihrer geringen Korngrößen (Ton, Schluff) und Mineralzusammensetzung (Gehalt an Tonmineralen) erwarten lassen, daß geringe Durchlässigkeiten vorliegen. Grundsätzlich baut die Karte auf den Aussagen der geologischen Grundkarte GK25 auf, die allerdings nur eine Aussagetiefe von 2 m besitzt und daher nur eingeschränkt für die Beurteilung der Mächtigkeit herangezogen werden kann. Während im Festgestein aufgrund der meist weitgehend bekannten Mächtigkeiten der einzelnen Schichten auf deren Mächtigkeit am betrachteten Standort geschlossen werden kann, sind im Lockergestein - insbesondere bei glazigener Überprägung - Aussagen zur Mächtigkeit nur mit sehr großen Unsicherheiten zu treffen. Deshalb müssen für die Erstellung der Verbreitungskarten von Barrieregesteinen zusätzlich die Aussagen der verfügbaren Bohrungen herangezogen werden. Diese Angaben führen zu einer Modifizierung der geologischen Ursprungskarte, die dadurch eine größere Aussagekraft gewinnt.

Generell sollten die Flächeninformationen zur Verbreitung der Barrieregesteine durch Angaben zu ihren Barriereeigenschaften ergänzt werden. Für diesen Zweck sind die Geographischen Informationssysteme (GIS) besonders geeignet, da sie zusätzlich die beliebige Attributierung über ein gekoppeltes Datenbanksystem gestatten. Auf diese Weise können jedem als Fläche ausgewiesenen Barrieregestein die verfügbaren Meßdaten aus Gelände- und Laboruntersuchungen zugeordnet werden. Derartige Daten sind insbesondere:

- Durchlässigkeitswerte aus Bohrlochtests, Pumpversuchen oder Laboruntersuchungen,

- Laborbefunde zum Mineralgehalt,

- Laborbefunde zur Kationen- und Anionenaustauschkapazität sowie

- Scher- und Standsicherheitsparameter aus Laboruntersuchungen.

Literatur

AD-HOC-ARBEITSGRUPPE DEPONIEN DER STAATLICHEN GEOLOGISCHEN DIENSTE (1996): Geowissenschaftliche Rahmenkriterien zur Standorterkundung für Deponien.- Geol. Jb. G 4, Hannover.

DÖRHÖFER, G., ASCH, K. & SIEBERT, H. (1991): Verbreitung potentieller Barrieregesteine für die Anlage von Siedlungsabfalldeponien in Niedersachsen. Deponien, Niedersächsisches Umweltministerium/Niedersächsisches Landesamt für Bodenforschung, Hannover.

DÖRHÖFER, G., SIEBERT, H. & ASCH, K. (1993): Die Standortsuche für Deponien - Anforderungen und Umsetzungen. Forschungs- und Sitzungsberichte Akademie für Raumforschung und Landesplanung „Aspekte einer raum- und umweltverträglichen Abfallentsorgung", Teil II, Hannover.

MAIER, J. & DÖRHÖFER, G. (1995): Feld- und Laboruntersuchungen zum Stofftransport in grundwasserführenden, geklüfteten Tongesteinen. Forschungsbericht (unveröff.) zum Forschungsverbundvorhaben „Deponieuntergrund", Niedersächsisches Landesamt für Bodenforschung, Hannover.

NIEDERSÄCHSISCHES LANDESAMT FÜR BODENFORSCHUNG (1986): Geowissenschaftliche Vorsorgeuntersuchungen zur Standortfindung für die Ablagerung von Sonderabfällen. Teil I und Teil II, Hannover.

4 Methoden zur Erkundung und Beschreibung des Untergrundes

JOACHIM BAUMANN, GUNTER DÖRHÖFER, ULRICH FÖRSTNER, JOACHIM GERTH, KLAUS KNÖDEL, KURT-HEINER KRIEGER, MATTHIAS SCHREINER & HILDEGARD WILKEN

4.1 Generelle Erkundungsstrategien

KLAUS KNÖDEL, MATTHIAS SCHREINER & HILDEGARD WILKEN

Bei der Erkundung des Untergrundes von Deponien und Altlasten begegnet man komplexen Standortgegebenheiten mit individuellen topographischen, naturräumlichen, geologischen und stofflichen Eigenschaften, die eine Einzelfallbearbeitung erfordern. Knappes Budget, langwierige Verwaltungsvorgänge und enge Termine bilden den üblichen Rahmen für eine Tätigkeit, die durch hohe Qualitätsansprüche und hohe Verantwortung gekennzeichnet ist. Zusätzlich sind oft

- der Leistungsumfang schwer abgrenzbar,

- die Anforderungsprofile an die Experten unklar,

- Normen und Richtlinien teilweise nicht vorhanden,

- der Untergrund heterogen,

- das Gefährdungspotential unbekannt und die Schadstoffausbreitung stark heterogen,

- die Stofftransportvorgänge vielfältig und insbesondere für die wasserungesättigte Zone wenig erforscht,

- eine Schadstoffmobilisierung durch Aufschlußtätigkeiten möglich,

- Meß- und Analysenergebnisse insbesondere durch Probenahmefehler nicht reproduzierbar sowie

- das zu erkundende Gelände (teilweise) unzugänglich.

Es werden andererseits hohe Anforderungen gestellt an

- die Auflösung von Untergrundstrukturen,

- die Genauigkeit der Daten,

- die Zuverlässigkeit der aus den Erkundungsdaten abgeleiteten Prognosen,

- die Wirtschaftlichkeit der empfohlenen Maßnahmen und

- den Arbeitsschutz.

Um den Schwierigkeiten und Anforderungen gerecht zu werden, sind auf die Standortverhältnisse abgestimmte

- Methodenkombinationen,

- Qualitätssicherungskonzepte sowie

- Betriebspläne

auszuarbeiten. Die bei der Standorterkundung von Deponien und Altlasten übliche Aufgabenverteilung zwischen Aufsichtsbehörde, Auftraggeber und Auftragnehmer ist der *Tab. 4.1* zu entnehmen.

Art und Umfang der notwendigen Untersuchungen sind selten vorher zutreffend abzuschätzen und ergeben sich erst im Laufe der Standorterkundung. Um die Erkundungsmethoden wirtschaftlich einzusetzen und einen flexiblen Entscheidungs- und Handlungsspielraum zu gewährleisten, wird deshalb ein *stufenweises Vorgehen* empfohlen. Für die Planung eines Erkundungsprogramms eignet sich grundsätzlich eine Aufteilung in die Schritte

- Bestandsaufnahme,

- orientierende Voruntersuchungen,

- detaillierte Hauptuntersuchungen,

- ergänzende und spezielle Untersuchungen.

Nach jeder Phase sind die Kenntnisse zusammenzufassen, zu bewerten, zu dokumentieren und mit den Anforderungen bzw. Ausgangspunkten zu vergleichen sowie daraus weitergehende Maßnahmen abzuleiten. Die Auswahl der in den jeweiligen Erkundungsphasen geeigneten Untersuchungsmethoden richtet sich nach

- dem Ziel der Untersuchung,

- Art und Umfang der Informationen, die mit der Untersuchungsmethode erhalten werden,

- Wirtschaftlichkeit,

- den zu berücksichtigenden Normen und Richtlinien sowie der

- Vergleichbarkeit der Ergebnisse (Qualitätssicherung, Zuverlässigkeit).

Tabelle 4.1: Aufgabenverteilung bei der Standortuntersuchung

	Aufgaben
Aufsichtsbehörde (z. B. Bezirksregierung)	• Anordnung einer Untersuchung • Prüfung der Untersuchungsergebnisse • Ggf. weitere Anordnungen
Auftraggeber (Deponiebetreiber, Landkreise, Firmen etc.)	Projektleitung • Festlegung von Untersuchungszielen und -phase • Auftragsvergabe (Kap. 6) • Termin- und Kostenplanung • Bereitstellung vorhandener Informationen, Daten, Gutachten, Lageplänen etc. • Auftragskontrolle • Leistungsabnahme, ggf. Nachkalkulation • Bewertung der Ergebnisse und Entscheidung über weiteres Vorgehen • Ggf. Berichterstattung an die Aufsichtsbehörde
Auftragnehmer, ggf. Unterauftragnehmer (Ingenieurbüros, Labors, Fach- und Bohrfirmen etc.)	Planung und Durchführung der wissenschaftlich-technischen Erkundung • Erstellung des Untersuchungskonzeptes (Festlegung von Untersuchungsparametern, Methoden, Genauigkeit und Qualitätssicherung; ggf. Berücksichtigung des Arbeitsschutzes) • Zeit- und Kostenkalkulation • Angebotsabgabe • Aufstellung von Betriebsplänen • Einholung aller Genehmigungen • Durchführung der Feldarbeiten • Ggf. Vergabe und Überwachung von Fremdleistungen • Auswertung, Interpretation und Berichterstattung • Leistungsnachweis und Abrechnung

Bei der Planung und Durchführung der Erkundungsarbeiten ist zu unterscheiden zwischen Standorten für Deponieneuanlagen, bei denen der Schwerpunkt der Erkundung in der Prüfung der Barriereeigenschaften liegt (Kap. 3), sowie betriebenen Deponien und Altlasten, bei denen es darum geht, das Gefährdungspotential unter den gegebenen Standortsituationen zu ermitteln. Zu den jeweiligen Verfahrensabläufen und den vorhandenen behördlichen Richtlinien s. Kap. 2. Die in diesen Handlungsempfehlungen beschriebenen Untersuchungsmöglichkeiten setzen dort ein, wo die Erstbewertung einer Altlast bzw. der erste Schritt des Standortsuchverfahrens, die Abgrenzung von Positivflächen, bereits vollzogen ist und orientierende bzw. detaillierte Untergrunduntersuchungen als erforderlich angesehen werden bzw. den nächsten Schritt des Verfahrens darstellen. Im Rahmen der Erstbewertungen sind allgemeine Einflußmerkmale erhoben, bereits verfügbare Daten, Gutachten und Informationen hinsichtlich der geologischen Verhältnisse und des Gefährdungspotentials ausgewertet und daraus der Informationsbedarf und die Untersuchungsziele definiert worden.

4.1.1 Nutzung der Methodenhandbücher bei den Erkundungsarbeiten

Die für die Standorterkundung von Deponien und Altlasten anwendbaren Methoden und Verfahren sind in 6 Bänden des *Handbuches zur Erkundung des Untergrundes von Deponien und Altlasten* beschrieben, aufgeteilt in die Bereiche Geofernerkundung, Geophysik, Geotechnik/Hydrogeologie, Tonmineralogie und Bodenphysik, Geochemie sowie Strömungs- und Transportmodellierung. Bei der Darstellung der einzelnen Methoden, Verfahren und Untersuchungsstrategien sind in der Regel folgende Aspekte berücksichtigt:

- Prinzip der Methode und Grundlagen,

- Anwendungsmöglichkeiten,

- allgemeine Randbedingungen,

- Versuchsanordnung, erforderliche Ausrüstung und Versuchsdurchführung bzw. Vorgehensweise,

- Qualitätssicherung,

- Ergebnisse und deren Bearbeitung, Darstellung, Interpretation sowie Meßgenauigkeit,

- Beurteilung der Methode:
  - technischer, personeller und zeitlicher Aufwand,
  - Möglichkeiten und Grenzen,
  - Vor- und Nachteile,

- Anwendungsbeispiele,

- Normen und Richtlinien, weiterführende Literatur.

Die im Kap. 4.2 angegebene Matrix verknüpft die für geowissenschaftliche Standortbeurteilungen möglichen Untersuchungsparameter und Kriterien mit der Vielzahl der Methoden aus den unterschiedlichen Bereichen, um für umfassende Standorterkundungen die Breite der wissenschaftlich-technischen Möglichkeiten aufzuzeigen. Für ein Untersuchungskriterium sind häufig mehrere Methoden oder Methodenkombinationen möglich, deren jeweilige Eignung bzw. Angemessenheit von Standortsituation, Randbedingungen und Genauigkeit der Ergebnisse sowie Aufwand und Kosten abhängig ist.

Ein Überblick über den Inhalt der Methodenhandbuchbände

- Bd. 1 Geofernerkundung,
- Bd. 2 Strömungs- und Transportmodellierung,
- Bd. 3 Geophysik,
- Bd. 4 Geotechnik/Hydrogeologie,
- Bd. 5 Tonmineralogie und Bodenphysik,
- Bd. 6 Geochemie

wird im Kap. 1 gegeben.

4.1.2 Fragenkatalog zur Vorbereitung der Erkundungsarbeiten

Der folgende Fragenkatalog (*Tab. 4.2*) soll auf Rahmenbedingungen und Probleme aufmerksam machen, die Einfluß auf die Auswahl der Untersuchungsmethoden bzw. Planung des Untersuchungskonzeptes haben. Die Fragen sind im Vorfeld der Planung zu klären, so daß eine optimale Erkundungsstrategie für den zu untersuchenden Standort in Abstimmung mit den Anwendungsmöglichkeiten der entsprechenden Methoden erarbeitet werden kann. Als Beispiele dafür sollen genannt werden:

- Ist die Größe des Untersuchungsgebietes (Frage 10) sehr groß, so sind zunächst luftgestützte Verfahren (Geofernerkundung und Aerogeophysik) einzusetzen. Das trifft auch zu, wenn die Zugänglichkeit des Gebietes (Frage 31-33) nicht gegeben ist. Einschränkungen ergeben sich für einige Fernerkundungsverfahren durch dichten Bewuchs (Frage 30). Bewuchs ermöglicht hingegen die Kartierung von Schadstoffbelastungen über Vegetationsschäden.

- Die Versiegelung von Flächen (Frage 23 und 24) schließt den Einsatz bestimmter geophysikalischer Verfahren (z. B. Gleichstromgeoelektrik) aus oder macht ihn unwirtschaftlich. Bei der Bodenprobenahme ist in solchen Fällen mit wesentlich höheren Kosten zu rechnen.

Der folgende Fragenkatalog kann wegen der Individualität der Untersuchungsfälle nur eine Auswahl von planungsrelevanten Fragen auflisten. Im konkreten Untersuchungsfall kommt es schließlich auf die Erfahrungen des Bearbeiters an.

Tabelle 4.2: Fragenkatalog zur Vorbereitung der Erkundungsarbeiten

Nr.	Frage	Fallunterscheidungen	Hinweise
1	Art der Aufgabe?	• Standorterkundung für Deponieneuanlage • Nacherkundung einer betriebenen Deponie • Gefährdungsabschätzung einer Altablagerung/-eines Altstandortes	Zu Verfahrensablauf und behördlichen Vorgaben s. Kap. 2
2	Deponieklasse bzw. Art des abgelagerten Materials?	• Deponieklasse I • Deponieklasse II • Sonderabfalldeponie • Unbelasteter Bodenaushub, natürliche Gesteine, Mineralstoffe • Siedlungsabfälle: Hausmüll und hausmüllähnliche Gewerbeabfälle • Gewerbe- und Industrieabfälle	Zu den Kriterien und speziellen Anforderungen bezüglich des Untergrundes siehe TA Abfall bzw. TA Siedlungsabfall

3	Form der Ablagerung?	• Aufhaldung • Hangschüttung • Verfüllung eines Steinbruchs • Verfüllung einer Kiesgrube • Verfüllung eines Tonabbaus • Verfüllung eines Braunkohlentagebaurestloches • Polderdeponie	
4	Welche Untersuchungsphase?	*Deponieneuanlage* • Auswahlverfahren • Standortvorerkundung • Standorteignungsprüfung *Altlasten* • Erfassung und Erstbewertung • Orientierende Untersuchung • Detailerkundung • Sicherung, Sanierung und Überwachung	Zu Verfahrensablauf und Richtlinien s. Kap. 2
5	Wie dringlich ist der Handlungsbedarf?		
6	Welche Vorkenntnisse und Voruntersuchungen liegen vor?	• Luftbilder • Topographische und thematische Karten • Bohrdaten • Untersuchungsergebnisse • Gutachten • Planungsunterlagen • Etc.	Mögliche Quellen: • Fachämter (Geologische Dienste, Umwelt-, Wasserwirtschafts-, Bergämter) • Kreis-, Stadt- und Gemeindeverwaltungen • Landesvermessungsämter • Private und öffentliche Archive • Geländebegehungen • Befragung von Zeitzeugen
7	Welches Schadstoffspektrum liegt vor?	• Deponietyp, Altablagerungen • Typ des Altstandortes • Klärschlamm • Rüstungsaltlast • Intensivlandwirtschaft	Das Schadstoffspektrum kann über eine historische Recherche (Abfallinventar, Nutzung, branchenspezifische Stoffe etc.) ermittelt werden; s. auch entsprechende Materialien zu branchen- und prozeßspezifischen Emissionen sowie deponiespezifischen Inhaltsstoffen
8	Art der Schadstoffe?	• Wasserlösliche Stoffe • Gasförmige und flüchtige Stoffe • Anorganische Stoffe • Organische Stoffe • Toxische, kanzerogene, mutagene Stoffe • Kampfmittel, Explosivstoffe • Radioaktive Stoffe	Die Untersuchungsstrategie ist auf die Ausbreitungsmechanismen der Schadstoffarten abzustimmen. Je nach Stoffart sind entsprechende Arbeitsschutzmaßnahmen erforderlich (Kap. 7)

9	Ablagerungszeitraum bei betriebenen Deponien und Altablagerungen?		Einfluß auf Ausbreitung und den Metabolismus der Schadstoffe sowie die chemischen Milieubedingungen
10	Wie groß ist das zu untersuchende Objekt?		
11	Welche Tiefenbereiche müssen erkundet werden?	• Oberfläche • ≤ 50 m • > 50 m	
12	Wie ist die geologische Situation im Erkundungstiefenbereich?	• Lockergesteine • Festgesteine • Festgesteine mit Lockergesteinsüberdeckung bzw. Verwitterungszone	Aus geologischer Voruntersuchung (s. Kap. 4.2.1 bzw. Bd. 4)
13	Art der Gesteine?	• Granit, Basalt • Metamorphe Gesteine • Tonstein, Tonschiefer • Sandstein • Karbonate (Kalkstein) • Ton • Torf, Mudden • Geschiebemergel • Sand, Kies	Aus geologischer Voruntersuchung (s. Kap. 4.2.1 bzw. Bd. 4)
14	Wie groß ist der Abstand zum Grundwasser?	• <3 m • 3 - 10 m • 10 - 30 m • > 30 m	Hydrogeologischer Standorttyp
15	Liegt das Untersuchungsgebiet in einer Grundwasserschutzzone?		
16	Gewässer im Untersuchungsgebiet?	• Flüsse • Bäche • Quellen • Stehende Gewässer (Seen, Teiche, Tümpel) • Kanäle, Gräben	
17	Wie sind die klimatischen Bedingungen?	• Mittlere Jahrestemperatur • Tiefe der Bodengefrierens • Niederschlagsmenge	Bedeutung für die Grundwasserneubildung und die Verwitterung

18	Gibt es alten Bergbau?		Alter Bergbau schafft mit seinen Hohlräumen Wasserwegsamkeiten. Auch die mit dem alten Bergbau einhergehenden Senkungserscheinungen schaffen Wasserwegsamkeiten für die Schadstoffausbreitung
19	Sind Karsterscheinungen im Untersuchungsgebiet bekannt?		Zu erwarten sind Klüfte und Hohlräume als Wegsamkeiten für die Schadstoffausbreitung und Senkungserscheinungen
20	Gibt es Dolinen oder Anzeichen von Senkungen?		Kann oft aus topographischen und geologischen Karten sowie Luftbildern entnommen werden
21	Gibt es Setzungserscheinungen auf der Deponie bzw. Altablagerung?		Der Grad der Kompaktion einer Deponie bzw. Altablagerung ist ein wesentlicher Parameter für die Prognose
22	Sind Teile des Untersuchungsgebietes bebaut?	• Gebäude • Fundamente und Keller • Unterirdische Bauwerke (z. B. Bunker, Fabrikationsanlagen)	
23	Sind Teile des Untersuchungsgebietes versiegelt?	• Keine Versiegelung • Asphalt, Beton ohne Armierung, Schotterung • Beton mit Armierung	Asphalt, Beton und Schotterung kann einige geophysikalische Methoden und die Probenahme stören
24	Grad der Bebauung oder Versiegelung?		
25	Wie sieht die Umgebung des Untersuchungsgebietes aus?	• Natürlich • Ländlich • Vorstädtisch • Städtisch • Industriegebiet • Militärgebiet	
26	Gibt es unterirdische Tanks?	• Metalltanks • Nichtmetalltanks (Kunststofftanks)	
27	Welche ober- und unterirdischen Leitungen gibt es im Untersuchungsgebiet oder im nahen Umfeld?	• Elektrizität • Wasser- und Abwasser • Telefon • Gas- und Ölpipelines	Die Leitungspläne sind oft ungenau und spiegeln den Planungsstand wider; ggf. Vorerkundung mit Kabel- und Leitungssuchgeräten

28	Gibt es eine Deponieabdichtung?	• Basisabdichtung – Kunststoff – Bindiges Material – Beide Materialien • Oberflächenabdichtung – Kunststoff – Bindiges Material – Beide Materialien	
29	Werden Teile des Untersuchungsgebietes landwirtschaftlich genutzt?		Zeit für die Arbeiten so legen, daß Flurschäden vermieden werden
30	Wie ist der Bewuchs?	• Wiese oder Acker • Einzelne Büsche • Wald • Gärten	
31	Zugänglichkeit des Untersuchungsgebietes?	• Befahrbar mit Normalfahrzeugen (PKW, LKW) • Befahrbar mit Geländefahrzeugen • Befahrbar mit Bohrgeräten • Begehbar • Unbegehbar	Entscheidend für die Zugänglichkeit sind: Wegenetz, Straßenanbindung, Bewuchs, Zäune und Hangneigung. Gründe dafür, daß ein Gebiet nicht befahrbar oder begehbar ist, können auch Kampfmittel, Explosiv- und radioaktive Stoffe sein
32	Wie groß ist der unbefahrbare Anteil des Untersuchungsgebietes?		
33	Wie groß ist der unbegehbare Anteil des Untersuchungsgebietes?		
34	Wie groß ist der Vermessungsaufwand?		Wird bestimmt durch die Dichte des Meßnetzes, die Sichtverhältnisse (Bewuchs, Bebauung und Relief) und durch die Entfernung zu topographischen Bezugspunkten
35	Wie groß sind die Reliefunterschiede im Untersuchungsgebiet?	• $\leq$ 1m • 1 - 3 m • Bis 10 m • $>$ 10 m	Bei einigen geophysikalischen Verfahren müssen die Meßergebnisse für eine korrekte Interpretation einer topographischen Korrektur unterzogen werden

36	Gibt es Radio-, Fernseh-, Mobilfunk- oder Radarsender in einem Bereich von 2 km um das Untersuchungsgebiet?		Einige geophysikalische Methoden können durch Sender gestört werden. Beachten Sie in diesem Zusammenhang auch Flughäfen, Polizeistationen, Mobilfunkstationen und andere nichtkommerzielle Sender
37	Gibt es akustische Störquellen im Untersuchungsgebiet oder in der Umgebung?	• Stark befahrene Straßen • Eisenbahnlinien • Flughäfen • Industrieanlagen • Baustellen	Einige geophysikalische Methoden können durch akustische Störquellen beeinträchtigt werden
38	Gibt es metallische Objekte im Untersuchungsgebiet?	• Zäune • Stahlgittermasten • Metalltanks • Rohrleitungen • Metallische Bohrlochverrohrungen	Metallische Objekte stören magnetische (ferromagnetische Objekte) und elektromagnetische Messungen. Entscheidend ist die Masse und die Entfernung der Objekte
39	Sind Vorbereitungen für die Feldarbeiten erforderlich?	• Genehmigungen • Vermessungen • Regulierung von Flurschäden • Etc.	Hinweise zur Vorbereitung der Feldarbeiten (einschließlich Rechtsgrundlage für die Arbeiten, Einholen von Genehmigungen mit Checkliste, Regulierung von Flurschäden und zu den notwendigen Vermessungsarbeiten) können Bd. 3, Kap. 2 entnommen werden

4.1.3 Stufenweises Vorgehen bei der Erkundung

Bei der Standorterkundung für Deponien und der Bearbeitung von Verdachtsflächen, von denen eine Gefahr für die Schutzgüter Boden, Wasser und Luft ausgehen kann, ist das stufenweise Vorgehen in Untersuchungsphasen, ausgehend von der Bestandsaufnahme und anschließender Erkundung mit eingeschränktem Aufwand und darauf aufbauender detaillierter Erkundung Stand der Technik.

Jeder Deponie- oder Altlaststandort befindet sich in einem regionalen Grundwassersystem mit einer Größe von mehreren Quadratkilometern, das in der Übersicht erkundet werden muß. Der Standort selbst ist mit einem engmaschigen Netz zu untersuchen. Für die Erkundung des Untergrundes von Altlasten (und neu anzulegenden Deponien) ist hauptsächlich der Tiefenbereich bis 50 m relevant. Für die Beschreibung des regionalen Grundwassersystems müssen vielfach auch Tiefen bis 300 m einbezogen werden.

Unabhängig von der jeweiligen Untersuchungsphase hat es sich bei der Standortuntersuchung grundsätzlich bewährt, erst die Flächenaufnahmen mit

- geologischer Kartierung,

- Geofernerkundung und

- geophysikalischer Vermessung

durchzuführen. Die Geofernerkundung bietet sich insbesondere bei großflächigen Objekten an. Nach den Flächenaufnahmeverfahren kann die punktweise Erkundung gezielt angesetzt werden:

- Schürfe,

- Sondierungen,

- Bohrungen und Bohrkernaufnahmen sowie

- Auf- oder Ausbau des Netzes von Grundwassermeßstellen sowie nachgeordnete geophysikalische und hydraulische Bohrlochuntersuchungen.

Aufbauend auf den punktuellen Erkundungsmaßnahmen und der gezielten Gewinnung von Grundwasser-, Boden- und Gesteinsproben erfolgen im nächsten Schritt die Laborversuche zur Ermittlung der physikalischen, petrographischen, mineralogischen und physikalisch-chemischen Gesteinsparameter sowie chemischen Stoffgehalte. Gegebenenfalls schließen sich spezielle Laborversuche zur Ermittlung von Migrationsparametern und detaillierte Untersuchungen zum Gefüge an. Bei umfangreichem und komplexem Datenmaterial können auch statistische oder geostatistische Verfahren als Interpretationshilfen herangezogen werden.

Zu allen diesen Erkundungsschritten gibt es methodische Beispiele in Bd. 8, Fallbeispiele, aus denen Hinweise zu Aufwand und Nutzen der durchgeführten Untersuchungen entnommen und auf andere Standorte übertragen werden können. Die Beratung durch erfahrene Fachleute soll dadurch jedoch nicht ersetzt werden.

4.1.4 Zuverlässigkeit der Aussagen (Sicherheitskonzept)

Für eine weitgehend objektive Beurteilung eines Standortes ist die strenge methodische Trennung der Untersuchung und Charakterisierung des Standortes einerseits und von der Evaluierung (Prognose, Risikoanalyse) andererseits sehr wichtig. Insofern ist beispielsweise ein Schadstofftransportmodell nicht das Endergebnis einer Standortbeurteilung, sondern lediglich ein Szenario, dessen Aussagesicherheit (Wahrscheinlichkeit) durch Analysen, bzw. durch halbquantitative Sicherheitsbetrachtungen zu bestimmen ist. Die Aussagesicherheit (im Englischen bezeichnenderweise Unsicherheit

= uncertainty genannt) hängt ihrerseits von 3 Typen der „Unsicherheiten" ab (MANN 1993):

- Typ I: Fehlerhafte Messungen (zufällig oder systematisch) und Unge-nauigkeiten des jeweiligen Meßverfahrens (Fehlergrenzen, Bestimmungsgrenzen) (s. Handbücher Bd. 1 - 6, einzelne Methoden),

- Typ II: Natürliche Streuung der Parameter, die in der Geologie auch räumlich variiert (Heterogenität), Treffsicherheit bzw. Repräsentativität der gefundenen Werte (s. Bd. 4, Kap. 13),

- Typ III: Unwägbarkeiten infolge unvollständiger Kenntnisse und notwendiger Vereinfachung der Modelle; Fehleinschätzungen von Zusammenhängen oder Gewichten einzelner Parameter; Rechenfehler.

Während sich Unsicherheiten vom Typ I und II mit Hilfe der Statistik quantifizieren lassen, sind bei Typ III theoretisch gesehen nur qualitative Angaben möglich. Aus der Praxis kann man jedoch Abschätzungen der Fehlerwahrscheinlichkeiten vornehmen, z.B. durch Vergleichsmodelle und Validierung (s. Bd. 2) und durch fuzzy sets („Methode der unscharfen Mengen") (FANG & CHEN 1990, KACEWICZ 1991, GANOULIS 1994).

Eine unabhängige Betrachtung der Aussagesicherheit gehört in jeder Erkundungsphase zur Qualitätssicherung (LANGER 1995).

Literatur

FANG, J. H. & CHEN, H. C. (1990): Uncertainties are better handled by fuzzy arithmetics. Bull. Am. Assoc. Petrol. Geol. **74**, 1228-1233.

GANOULIS, G. J. (1994): Engineering risk analysis - Probabilities and fuzzy sets. VCH, Weinheim NewYork Basel Cambridge Tokio.

KACEWICZ, M. (1991): Shape prediction with a fuzzy uncertainty measure. Math. Geol. **23**, 289-295.

LANGER, M. (1995): Engineering geology and waste disposal. Scientific report an recommendations of the IAEG commission No. 14. IAEG Bull. **51**, 5-29, Paris.

MANN, C. J. (1993): Uncertainty in geology. In: DAVIS, J. C. & HERZFELD, U.C. (Hrsg.) Computers in geology - 25 years of progress; 241-253, Oxford Univ. Press.

RAMSAY, L. (1995): Quality trade-offs in site investigations: Advantages of using test methods instead of laboratory analyses. In: VAN DEN BRINK, W. J., BOSMANN, R. & ARENDT, F. (eds.) Contaminated soil 1995, 113-123, Kluwer Academic Publishers.

4.2 Aufbau des Untergrundes

MATTHIAS SCHREINER, KLAUS KNÖDEL & HILDEGARD WILKEN

Ziel der Arbeiten ist die Erkundung des Aufbaus und der Wirksamkeit der geologischen Barriere (Kap. 3.2) im Untergrund von Deponie- und Altablagerungsstandorten. Dabei sind folgende Elemente zu beachten:

- lithologische, biostratigraphische und petrographische Gliederung,

- Struktur, Lagerungsverhältnisse und Tektonik,

- geogene Veränderlichkeiten (Karst, Erdbebengefährdung, Senkungserscheinungen etc.),

- anthropogene Veränderungen (Bergbau, Bauwerke, Steinbrüche, Kiesgruben, Tonabbaue etc.).

Zur Erkundung und Charakterisierung der geologischen Barriere ist ein detailliertes geowissenschaftliches Untersuchungsprogramm erforderlich. Die dabei eingesetzten Methoden müssen auf die geologisch-hydrogeologischen Verhältnisse am Standort abgestimmt sein. Zu untersuchen ist nicht nur der Aufbau des Untergrundes unterhalb der Ablagerungsfläche (*Deponieuntergrund*), sondern auch das Umfeld.

Als *geologisches Umfeld* wird der Bereich um eine Deponie/Altablagerung bezeichnet, der von möglichen Schadstoffausträgen über den Boden-, Wasser- und Luftpfad mit einer von Null verschiedenen Wahrscheinlichkeit verändert und dessen Schadstoffrückhaltevermögen in Anspruch genommen werden könnte. Dazu gehört auch der Teil des regionalen Grundwassersystems, der eine mögliche Schadstoffbelastung beeinflußt bzw. in dem die Schadstoffbelastung durch Verdünnung und andere Vorgänge bis zu den Grenz- oder Hintergrundwerten vermindert wird. Die laterale und vertikale Ausdehnung dieses Bereiches wird, abhängig von der Standortsituation, durch Plausibilitätsbetrachtungen und Erfahrung festgelegt. Anhaltswerte werden in Kap. 4.1.3 angegeben.

Relevant für die Erkundung ist der Tiefenbereich von der Geländeoberfläche bis 50 m Tiefe. Darüber hinaus ist oft der Tiefenbereich bis 300 m Tiefe zum Verständnis der Strukturen (regionale Stratigraphie und Tektonik) sowie für das regionale Grundwassersystem zu beachten.

Bei der Erkundung des Aufbaus des Deponieuntergrundes sowie des geologischen Umfeldes ist ein stufenweises Vorgehen angeraten:

- Phase I: Orientierende Untersuchungen,
- Phase II : Detaillierte Untersuchungen.

4.2.1 Orientierende Untersuchungen

Der Planung des geowissenschaftlichen Erkundungsprogramms für einen Deponie- oder Altlaststandort muß zunächst eine Bestandsaufnahme der geologischen Situation (Zusammenstellung der relevanten Unterlagen und Erstbewertung) vorausgehen. Die meisten Informationen dazu sind Archivmaterial zu entnehmen. An erster Stelle stehen

- topographische Karten (insbesondere die TK 25 - früher „Meßtischblätter" genannt[1] sowie die in Ostdeutschland verbreitete TK 10).

Diese (auch ältere Ausgaben) und äquivalente Kartenwerke sowie digitale Karten werden von den Landesvermessungsämtern herausgegeben. In den neuen Bundesländern ergeben sich Probleme durch die Existenz zweier Kartensysteme (s. Bd. 4, Kap. 2). Die Landesvermessungsämter verfügen auch über die wichtigen Archive für

- Luftbilder.

Seit den 50er Jahren werden etwa alle 5 Jahre neue Luftbildserien zur Aktualisierung der topographischen Landesaufnahme hergestellt. Dadurch und mit Hilfe spezieller, z.B. militärischer und historischer Luftaufnahmen (Quellen s. Bd. 1), in eingeschränktem Maße auch mit Satellitenbildern, lassen sich topographische Veränderungen besonders gut feststellen: z. B. verfüllte Steinbrüche und Gruben, bebaute Halden, alte Flußläufe, Kanäle, Gräben und Dränagen, ehemalige Gebäude, Industrieanlagen und Bahngleise (ausführliche Angaben s. Bd. 1). Die

- Befragung von Zeitzeugen

liefert vielfach wertvolle Zusatzinformationen.

Die Geologischen Dienste der Bundesländer führen folgende Unterlagen:

- geologische Karten (insbesondere GK 25 mit Erläuterungen und GÜK 200 bis 500), z. T. digital,

- bodenkundliche Karten (insbesondere BK 25, BK 50 und BÜK 200), z.T. digital,

- hydrogeologische Karten (Übersichtskarten und insbesondere Karten der geologischen Landesaufnahme 1 : 50 000),

- ingenieurgeologische Karten 1 : 25 000 bis 1 : 50 000,

---

[1] Die Zahlen 25, 50, 200 stehen für die Maßstäbe 1 : 25 000, 1 : 50 000, 1: 200 000 usw.; TK = topographische Karte; GK = geologische Karte; BK = Bodenkarte; GÜK = geologische Übersichtskarte usw.

• Baugrundkarten verschiedener Maßstäbe,

• Schichtenverzeichnisse, Aufschlußbeschreibungen und Manuskriptkarten, Streckenaufnahmen für Straßenbauten, ingenieurgeologische Aufnahmen für Brückenbauwerke, Tunnel u. ä.,

• Berichte und Gutachten sowie Spezialliteratur.

Die geologische Spezialkarte GK 25 mit Erläuterungen ist in Deutschland nahezu flächendeckend vorhanden. Einige Regionen weisen noch Lücken auf. Der Bearbeitungsstand ist sehr unterschiedlich. Viele der bereits 60 - 100 Jahre alten Blätter wurden im Zuge der geologischen Landesaufnahme noch nicht neu bearbeitet. Ihr Informationsgehalt beschränkt sich in der Regel auf die „klassische Geologie" mit Hinweisen auf Rohstoffvorkommen. Die Angaben über den tektonischen Bau des Untergrundes entsprechen häufig nicht mehr den heutigen Vorstellungen, ebenso die Einteilung der Lockergesteine des Quartärs (besonders im Flachland). Die GK 25 - etwa der letzten 30 Jahre - zeichnen sich durch vielfältige und z. T. sehr ausführliche ingenieurgeologische, bodenmechanische, hydrogeologische und bodenkundliche Informationen aus. Oft enthalten die Erläuterungshefte Spezialkarten zu diesen Fachgebieten und Bohrprofile (weitere Angaben dazu in Bd. 4, Kap. 2).

Außer den amtlichen Kartenwerken enthalten z. B. die vom Verlag Bornträger herausgegebene *Sammlung Geologischer Führer* (> 40 Bde.) sowie *geowissenschaftliche, bautechnische und rohstoffwirtschaftliche Fachzeitschriften* häufig nützliche regionale und lokale geologische Darstellungen. Diese Beiträge sind in Dokumentationssystemen erfaßt (u. a. GEOFIZ der Bundesanstalt für Geowissenschaften und Rohstoffe - BGR, Hannover; *Geotechnical Abstracts* bei der Bundesanstalt für Straßenwesen - BASt, Bergisch Gladbach).

Daten zu Geographie, Topographie, Bodenformen, Geologie und weitere „Naturdaten" sind in zunehmendem Maße in digitaler Form in Geographischen Informationssystemen (GIS), verschiedenen Geodatenbanken der Länder und des Bundes (Bodeninformationssystem BIS) abgelegt. Für die Erstellung digitaler Karten wird in Deutschland das *Amtliche Topographische Kartographische Informationssytem* (ATKIS) verwendet, dessen Daten mit Spezialprogrammen, z. B. ARCINFO, weiterverarbeitet werden können.

Die Datenbeschaffung in Archiven kann mit erheblichem Zeitaufwand verbunden sein. Die praktisch stets verfügbaren TK 25 und GK 25 liefern jedoch in vielen Fällen schon genügend Informationen über den Aufbau des Untergrundes, die Grundwassersituation und hydrologisch relevanten Tatsachen, um mit der Planung der Erkundungsmaßnahmen oder sogar mit ihrer Ausführung beginnen zu können. Angaben zu den Informationsquellen können der *Tab. 4.3* entnommen werden.

Tabelle 4.3: Informationsquellen für die Beschreibung der geologischen Situation eines Standortes; ausführlichere Angaben zu den Informationsquellen stehen an den in der letzten Spalte angegebenen Stellen des Handbuches „Deponieuntergrund" (Band-Nr. römische Zahlen, Kapitel arabische Zahlen)

Merkmale		Informationsquellen	Band, Kapitel
1.	Landschaftstyp (Marsch, Hochfläche, Talaue, etc.)	Kleinmaßstäbliche topographische Karten	IV, 2.1
2.	Morphologie (eben, geneigt, Hanglage, starkes Relief, NN-Höhen, etc.)	TK 25 und größer; GIS; ATKIS Luftbilder	I, IV, 2.1, 2.2
3.	Gewässernetz; Quellen	TK 25 und größer; GIS; ATKIS; Luftbilder; Geländebegehung	I, IV, 2.1, 2.2, 2.6
4.	Beschaffenheit des Oberbodens (feucht, anmoorig, trocken, tiefgründig, Aufschüttungen, etc.)	TK 25, GK 25; Luftbilder; spezielle Fernerkundung; bodenkundliche Karten; BIS; Geländebegehung	I, 2.1, 2.2, 2.5, 2.6, 2.7
5.	Regionale Geologie (z. B. Schieferhülle des Granulitgebirges, Wachsenburggraben, Elbe-Urstromtal, etc.)	GK 25; geologische Spezialliteratur; Archive der Geologischen Dienste; GEOFIZ	IV, 2.1
6.	Lokale geologische Stuktur (z.B. Hochscholle in der Randverwerfung, grabenartige Senke, Geestrücken, etc.)	S. Punkt 5	IV, 2.1
7.	Schichtenfolge (Boden-/Gesteinsarten und ihre stratigraphische Zuordnung)	S. Punkt 5; zusätzlich Bohrprofile, Manuskriptkarten, Streckengutachten (diese auch bei Bauämtern, Landesverwaltungsämtern, öffentlichen und privaten Projektträgern größerer Bauvorhaben), ggf. zusätzlich Geländebegehung	IV, 2.1, 2.3

	Merkmale	Informationsquellen	Band, Kapitel
8.	Tektonische Elemente (Einfallen und Ausbildung der Schichtflächen; Falten-achsen; Raumlage, Häufigkeit und Ausbildung der Schieferungs- und Kluftflächen, Verwerfungen)	S. Punkt 7; zusätzlich Aufschlußbegehung; Luftbilder	I, IV, 2.1, 2.3,
9.	Tieferer Untergrund (z.B. Salzstock; mächtige eintönige Gesteinsserien)	S. Punkt 5; Oberbergämter	IV, 2.1
10.	Grundwasservorkommen; Grundwassernutzung; lang-jährige Wasserstände des Grundwassers und der Oberflächengewässer	S. Punkt 5; wasserwirtschaftliche Verwaltungen und regionale Verbände; Bauverwaltungen, Versorgungsunternehmen	II, IV, 2.1, 2.6
11.	Verkarstung (Oberflächen-/Tiefenkarst)	S. Punkt 5; ggf. zusätzlich Luftbilder	I, IV, 2.1, 2.6, 2.7
12.	Erdbebengefährdung	S. Punkt 5, besonders BGR; DIN 4149; Erdbebenwarten; Geophysikalische Institute	IV, 2.1, 2.7
13.	Bergbauliche Aktivitäten; Bergsenkungen; Setzungsbeobachtungen	S. Punkt 5; Bergämter; Berg-sicherung Schneeberg und Ilfeld bzw. Nachfolgeeinrichtungen (östl. Bundesländer) Bauver-waltungen; alte TK 25; Luftbilder	I, IV, 2.1, 2.2, 2.7

Umfangreiche geophysikalische Ergebnisse liegen durch die Landesauf-nahme, die Lagerstättenerkundung auf Erdöl und Erdgas, Braunkohle, Uran und andere Rohstoffe sowie aus der Grundwassererkundung und von ingenieurgeophysikalischen Arbeiten vor. Dabei ist die Datendichte und die Zugänglichkeit der Daten (Eigentumsrechte) in den alten und neuen Bundesländern unterschiedlich. Ausgangspunkt war in beiden Teilen Deutschlands die „Reichsaufnahme" bis 1945 mit Karten für magnetische und Schweranomalien sowie refraktionsseismische Messungen.

Alte Bundesländer

Als Ergebnisse der Landesaufnahme stehen zur Verfügung:

- BGR (1976): Karte der Anomalien der Totalintensität des erdmagnetischen Feldes der Bundesrepublik Deutschland 1 : 500 000,

- PLAUMANN, S. (1983, 1991, 1995): Schwerekarte der Bundesrepublik Deutschland 1 : 500 000. NLfB, Hannover,

- regionalseismische Ergebnisse, z. B. DEKORP,

- magnetische, gravimetrische und geoelektrische Spezialuntersuchungen.

Anfragen sind zu richten an die Geowissenschaftlichen Gemeinschaftsaufgaben (GGA), Hannover und die Geologischen Landesämter (GLÄ) der Bundesländer. Umfangreiche seismische Ergebnisse aus der Kohlenwasserstoffprospektion liegen bei den Erdölfirmen vor. Eine Auswertung dieses Materials enthält der von der BGR im Rahmen eines BMFT-/BMBF-Vorhabens erstellte „Geotektonische Atlas von NW - Deutschland" mit Tiefenlinienplänen ausgewählter geologischer Horizonte 1 : 100 000 in zahlreichen Einzelblättern:

- KOCKEL, F. et al. (1985): Geotektonischer Atlas von NW - Deutschland. Unveröff. Abschlußbericht, BGR, Archiv-Nr. 98 866, Hannover.

- KOCKEL, F. et al. (1996): Geotektonischer Atlas von NW - Deutschland 1 : 300 000. BGR, Hannover. (Über den Vertrieb der BGR erhältlich.)

Neue Bundesländer

Für die neuen Bundesländer liegen sehr viel mehr geophysikalische Daten und zusammenfassende Ergebnisberichte vor als für die alten Bundesländer. Da die Explorationsziele für den Süd- und Nordteil der ehemaligen DDR unterschiedlich waren (Nordteil: überwiegend Kohlenwasserstofferkundung, Südteil: überwiegend mineralische Rohstoffe), findet sich diese Einteilung auch in zusammenfassenden Ergebnisberichten wieder. Als Grenze zwischen beiden Regionen wurde die Mitteldeutsche Hauptlinie (Hauptabbruch) definiert. Andere Erkundungsziele waren die Braunkohle Mitteldeutschlands und der Lausitz sowie die Uranprospektion der SDAG Wismut. Beispiele sind:

- Regionales Kartenwerk der Reflexionsseismik. Mächtigkeitskarten der Reflexionshorizonte vom Zechstein bis zum Quartär 1 : 100 000, 200 000 und 1 : 500 000.

- LINDNER, H. & SCHEIBE, R. (1977): Magnetische Karte der DDR 1 : 500 000.

- LEHMANN, M. et al. (1971/1980): ΔZ / ΔT - Isanomalen Südteil der DDR 1 : 200 000.

- LEHMANN, M. et al. (1979): ΔZ / ΔT - Isanomalen Südteil der DDR, Metallogenetische Karte Erzgebirge - Vogtland 1 : 100 000.

- RÖLLIG, G. et al. (1990): Abschlußbericht Vergleichende Bewertung der Rohstofführung in den Grundgebirgseinheiten im Südteil der DDR. UWG, Berlin. Zusammenfassender Bericht mit zahlreichen Karten. Enthalten sind auch geochemische Ergebnisse.

- LINDNER, H. et al. (1989): Zusammenfassende geophysikalische Karten - Südteil der DDR. VEB Geophysik, Leipzig.

- EICHNER, M. et al. (1980): Kartierung von Tiefenlagen der Pleistozänbasis. Zusammenfassende Darstellung der Ergebnisse der Seismik, Gravimetrie und Magnetik. VEB Geophysik, Leipzig.

- EICHNER, M. et al. (1980): Rayonierung Südteil der DDR. Geophysikalisch - geologische Rayonierung und Interpretation der Schwerekarte und magnetischen Karten sowie daraus abgeleiteter Transformationskarten. VEB Geophysik, Leipzig.

- KLEE, H. & RÖDER, M. (1989): Gravimetrie/Aeromagnetik Zittau-Süd. Gravimetrische Spezialmessungen zur Strukturerkundung im Prätertiär und zur Präzisierung der Lagerungsverhältnisse im Tertiär und Quartär im Gebiet des Zittauer Beckens. Bericht im Sachgebiet Braunkohle. VEB Geophysik, Leipzig.

Das umfangreiche Datenmaterial und das Berichtsarchiv des ehemaligen VEB Geophysik wird im Auftrag der Geologischen Landesämter der neuen Bundesländer von Geophysik GGD, Leipzig verwaltet. Die Rechte an den Daten aus der Nicht - Kohlenwasserstoff - Exploration liegen bei den Geologischen Landesämtern. Die Eigentumsrechte an dem sehr umfangreichen Datenmaterial aus der Kohlenwasserstoffprospektion in der ehemaligen DDR liegen bei Erdöl und Erdgas, Gommern.

Tabelle 4.4: Datendichte

Methode	Nordteil Datendichte bzw. Meßpunktabstand	Südteil Datendichte bzw. Meßpunktabstand
Magnetik	500 m	5 - 1 000 m (a,b)
Gravimetrie	1 200 - 1 500 m (a) 250 - 2000 m (b)	500 - 1 500 m (a) 100 - 500 m (b) 25 - 200 m (c)
Reflexionsseismik	0,2 - 1,0 km/km^2 20 - 100 m (d) 50 - 320 m (e)	

(a) Regionalmessungen, (b) Übersichts- / Spezialvermessungen, (c) Braunkohlenerkundung, (d) Geophongruppenabstand, (e) Schußpunktabstand

Neben der Nutzung der Originalberichte können durch ein den heutigen rechentechnischen Möglichkeiten entsprechendes Reprozessing der Meßdaten bzw. eine der angestrebten Nutzung angepaßte Datenaufbereitung ggf. mit Verdichtungs- oder Ergänzungsmessungen eine deutliche Verbesserung gegenüber der Erstbearbeitung erreicht und wertvolle Informationen erschlossen werden. Ein Beispiel dazu ist in Kap. 4.4.2 des Bd. 8, Fallbeispiele enthalten. Mit einem Reprozessing von Meßergebnissen aus der seismischen Prospektion auf Erdöl und Erdgas konnten u. a. Informationen zu pleistozänen Rinnenstrukturen, der Oberfläche Oligozän (Rupelton) und zur Tertiärbasis erhalten werden. Die neuen Möglichkeiten der Signalbearbeitung sowie zusätzliche dynamische und statische Korrekturverbesserungen bei der Nachbearbeitung führen zu einer deutlichen Qualitätsverbesserung.

Zusätzlich sind *Geländebegehungen* für die Planung unerläßlich, weil

- erst die unmittelbare Wahrnehmung eine wirklichkeitsgetreue Vorstellung vom Planungsgebiet vermittelt,

- die vorhandenen Daten aktuell überprüft und Veränderungen durch Baumaßnahmen o. ä. erkannt werden müssen und

- Fachleute vor Ort erfahrungsgemäß oft wichtige neue Aspekte feststellen.

Orientierende Untersuchungen können auch Feldarbeiten einschließen, die der „Orientierung" für die Detailuntersuchungen dienen. Es gelten die in Kap. 4.1 dargestellten generellen Untersuchungsstrategien. Entscheidungen über Art und Umfang weiterer Maßnahmen werden auf der Grundlage der Ergebnisse der orientierenden Untersuchungen getroffen.

4.2.2 Detaillierte Untersuchungen

Detaillierte Untersuchungen beinhalten eine Verdichtung der Untersuchungen aus den vorangehenden Phasen und sind u. a. auf folgende Erkundungsziele gerichtet:

Lithologische, biostratigraphische und petrographische Gliederung

- Laterale Abgrenzung lithologischer Einheiten (flächenhafte laterale Verbreitung der geologischen Barriere),

- vertikale Abgrenzung lithologischer Einheiten (vertikale Verbreitung der geologischen Barriere),

- Bestimmung der Teufe und Mächtigkeit von Grundwasserleitern und Stauern,

- Ermittlung der lithologischen, petrophysikalischen und hydraulischen Eigenschaften lithologischer Einheiten,

- Bestimmung der Homogenität von Gesteinspaketen.

Struktur, Lagerungsverhältnisse und Tektonik

- Erkundung regionaler geologischer Strukturen,

- Erkundung lokaler geologischer Strukturen,

- Bestimmung des Verlaufs (Einfallens und Streichens) von Schichten,

- Kartierung von Erosionsrinnen (in Abhängigkeit von Rinnenfüllung),

- Ermittlung der Festgesteinsoberkante unter Lockergestein sowie der Mächtigkeit der Verwitterungsschicht,

- Lokalisierung von Verwerfungen, Störungen, Kluft- und Auflockerungszonen im Festgestein,

- Nachweis von Lagerungsstörungen und Wasserwegsamkeiten in Lockergesteinen.

Geogene Veränderlichkeiten

- Beurteilung der Erdbebengefährdung und Aktivität von tektonischen Störungen,

- Einschätzung der Gefahr von Hangrutschungen,

- Prüfung auf Gefahr von Bergsenkungen und Tagesbrüchen als Folge ehemaligen Bergbaus sowie Erdfällen in Karstgebieten,

- Erkundung von Setzungen verfüllter Tagebaue und sonstiger Restlöcher.

Anthropogene Veränderungen

- Auffinden von verdeckten Altablagerungen und Altstandorten,

- Erkundung anthropogener Strukturen unter Deponien und Altablagerungen,

- Ermittlung der Mächtigkeit von Deponiekörpern und Kartierung der Deponiebasis,

- Gliederung des Deponiekörpers (Abgrenzen von Bereichen mit erhöhtem Bauschuttanteil, mit galvanischen Schlämmen, mit stärkerer Durchfeuchtung, Faßlager etc.),

- Erkundung der zeitlichen und räumlichen Entwicklung einer Deponie,

- Nachweis von Wärmequellen (z. B. Schwel- bzw. Brandherde) sowie von Gasaustrittsbereichen,

- Nachweis und Abgrenzung von Sickerwasseraustritten und ggf. der Schadstoffausbreitung im Deponieumfeld,

- Erkundung abbaubedingter Veränderungen des Gebirges,

- Ortung natürlicher und künstlicher Hohlräume.

Bei der Planung der Erkundungsarbeiten sind die in Kap. 4.1 dargestellten generellen Erkundungsstrategien, Voraussetzungen (Zugänglichkeit etc.) und Fallunterscheidungen (z. B. Locker- oder Festgestein) zu beachten.

4.2.2.1 Lithologische, biostratigraphische und petrographische Gliederung der geologischen Barriere

Die Verbreitung und Mächtigkeit der geologischen Barriere werden mit geologischen Untersuchungsverfahren (Schürfen, Bohrungen, Sondierungen) in Kombination mit geophysikalischen Methoden und Fernerkundungsverfahren bestimmt.

Geologische Untersuchungen (Bd. 4, Kap. 2) liefern Informationen über den geologischen Aufbau des unmittelbaren Untergrundes und des Umfeldes von Altlasten und Deponien. Sie bilden die Grundlage für die detaillierte Erkundung und Standortbeurteilung. Die Ergebnisse der Voruntersuchungen und das daraus abgeleitete geologische Modell sind für die Planung der geophysikalischen Messungen, Aufschlußarbeiten, Probenahmen und anderer Maßnahmen wichtig. Die Ausdehnung des zu untersuchenden Gebietes hängt im wesentlichen von seinem geologischen Bau, von der Größe des regionalen Grundwassersystems, aber auch von der Art und Menge der abgelagerten oder abzulagernden Schadstoffe ab.

Am Anfang wird die in der geologischen Karte (vorzugsweise im Maßstab 1 : 25 000) dargestellte Situation auf den betreffenden Flächen interpretiert. Diese Angaben sind durch geologische Feldarbeiten zu überprüfen, ggf. zu revidieren und durch spezielle Informationen zu ergänzen.

Geologische Feldarbeiten für die Standorterkundung werden in Maßstäben durchgeführt, welche die Genauigkeit der üblichen Kartierungen für die geologische Karte 1 : 25 000 übersteigen. Bei ungünstigen natürlichen Aufschlußverhältnissen (z. B. im Flachland) ist die notwendige Datendichte häufig erst mit Sondierungen, Schürfen, Bohrungen, geophysikalischen Messungen, Probenahmen und Laboruntersuchungen zu erreichen. Die Bedeutung der durch unmittelbare Beobachtung mit geologisch geschulten Augen im Feld gewinnbaren Informationen wird jedoch häufig unterschätzt.

Schürfgruben und -gräben (Bd. 4, Kap. 4) geben auf einfachste und kostengünstigste Weise zuverlässigen Aufschluß über die Untergrundverhältnisse bis in etwa 6 m Tiefe, allerdings i. allg. nur bis zum Erreichen des Grundwasserspiegels. Für tiefere Bereiche sind besondere und meist kostspielige Maßnahmen erforderlich (Verbau, Wasserhaltung, 2 oder mehr Bagger). Schürfe können auch in Festgestein (Bodenklassen 5 und 6, DIN 18300; in Bodenklasse 7 unter Umständen mit Hilfe von Sprengmitteln) sowie auf Deponien, Bergbau-, Hütten- und sonstigen Fabrikgeländen angelegt werden. Schürfe dienen wegen ihres großflächigen Ausschnitts sehr gut der Erkundung der geologischen Situation, beispielsweise der Ermittlung des unter Verwitterungszonen, Hangschutt, Fließerden, Halden, Gebäuden und Verkehrswegen anstehenden Gesteins und seiner Lagerungsverhältnisse, der Ausdehnung von Aufschüttungen mit Siedlungs- und Gewerbeabfällen, von Bauschutt oder bergbaubedingten Bruchzonen. Sie können einen Einblick in die Grundwasserverhältnisse geben, die Interpretation der Ergebnisse von Bohrungen und geophysikalischen Untersuchungen erleichtern und erste Hinweise auf Kontaminationen liefern. Schürfe bieten die beste Möglichkeit, einwandfreie Sonderproben (bei nicht standfestem Untergrund allerdings nur von der Schürfsohle aus) zu gewinnen. Schürfe sind bisweilen für den Ansatz von Bohrungen hilfreich oder sogar notwendig, um Bauschutt, Abfälle oder andere Bohr- und Sondierhindernisse zu beseitigen.

Das Hauptkriterium für die Auswahl des *Bohrverfahrens* (Bd. 4, Kap. 5) ist die sichere Erkundung des Untergrundes bis zu der geforderten Aufschlußtiefe und die Erreichung einer hohen Probenqualität. Dieses Kriterium beinhaltet das Abteufen der Bohrung in der Form, daß nicht äußere Einflüsse den Bohrvorgang bestimmen oder zum Abbruch führen können. Die in der DIN 4021 in den Tab. 1 und 2 definierten Bohrverfahren (Bohrungen mit durchgehender Gewinnung von nicht gekernten und gekernten Boden- und Gesteinsproben) gewährleisten diese Anforderung. Mit den Kleinbohrungen (früher Sondierbohrungen genannt) nach Tab. 3 der DIN 4021 kann diese Forderung nicht erfüllt werden. Die Kleinbohrverfahren (z. B. Rammkernsondierungen) können als ergänzende oder verdichtende Aufschlüsse dazu dienen, die Mächtigkeit und das Vorhandensein der geologischen Barriere zwischen den Hauptbohrungen nachzuweisen. Diese Einsatzmöglichkeit von Kleinbohrungen ist insbesondere von Bedeutung, wenn vom geotechnischen Sachverständigen oder den Genehmigungsbehörden ein engeres Untersuchungsraster festgelegt wird. Die ergänzende Erkundung der geologischen Barriere mit Kleinbohrungen muß, hinsichtlich des Rückbaues der Bohrungen, mit dem gleichen Qualitätsstandard wie bei den Hauptbohrungen erfolgen. Diese Anforderung macht generell den Einsatz einer Verrohrung, zumindest einer Hilfsverrohrung, erforderlich (Bd. 4, Kap. 5.8). Bohrungen verursachen in der Regel den größten Anteil der Kosten für die Felderkundung. Geophysikalische Bohrlochmessungen (Bd. 3, Kap. 11), die die Aussagekraft von Bohrproben und Bohrkernen insbesondere hinsichtlich der Genauigkeit der Teufenangaben von Schichtgrenzen beträchtlich erhöhen, sollten in keinem Fall fehlen. Milieusondenmessungen (Bd. 3, Kap. 13) können einen schnellen Überblick über den Zustand von Grundwässern liefern.

Geotechnische Sondierungen (Bd. 4, Kap. 3.2) dienen zur Ermittlung der Untergrundeigenschaften durch Messungen in einem durch Bodenverdrängung geschaffenen Loch. Die Durchführung von Rammsondierungen, Standard-Penetration-Tests und Drucksondierungen sind in DIN 4094 genormt. Dabei wird im wesentlichen der Widerstand des Bodens gegen das Einrammen oder Eindrücken einer Sondenspitze bestimmt. Zur Bestimmung von Schichtgrenzen bzw. Mächtigkeiten von Lockergesteinen eignen sich Ramm- und Drucksondierungen gleichermaßen, wobei die Drucksondierungen in Verbindung mit Messungen der lokalen Mantelreibung und des Porenwasserdrucks auch eine Bodenansprache in begrenztem Umfang ermöglichen. Durch Porenwasserdruckmessungen lassen sich sandige und tonige Schichten sehr gut voneinander unterscheiden (Bd. 4, Kap. 3.2). Alle genannten Sondierungen sind ohne Korrelation mit Bohrproben nicht eindeutig zu interpretieren. Sie sind also als Maßnahmen zur Ergänzung von Bohrergebnissen zu verstehen.

Bei *Geophysikalischen Penetrationssondierungen* (Bd. 3, Kap. 12) wird das Aufschlußverfahren der Penetrationssondierung (Drucksondierung) mit ausgewählten Methoden der geophysikalischen Bohrlochmessungen und einer Probenahmetechnik kombiniert. Die Messung der Parameter erfolgt in zwei Phasen. Während des Eindringens des Gestänges liefern die Sensoren im Gestängekopf die mechanischen Parameter Spitzenwiderstand, Mantelreibung sowie den Porenwasserdruck. Gleichzeitig wird die zum Eindringen erforderliche hydraulische Gesamtdruckkraft gemessen. In der 2. Phase werden im Inneren des Gestänges verschiedene Sonden herabgelassen, die digitale Daten in gleichmäßigen, dichten Abständen liefern (Tongehalt aus natürlicher Gamma-Aktivität, Gamma-Gamma-Dichte und Neutron-Neutron -Wassergehalt). Zur lithologischen Gliederung der durchteuften Schichten sollten bei Penetrationssondierungen wenigstens 3 voneinander unabhängige physikalische Parameter gemessen werden. Besonders geeignet sind dafür der Spitzenwiderstand, die natürliche Gamma-Aktivität und die Dichte nach Gamma-Gamma-Messungen. Für Drucksonden sind Sondenköpfe und feldtaugliche Meßanlagen zur faseroptischen Laserfluoreszenzspektrometrie verfügbar. Die Nachweisgrenze für polyzyklische aromatische Kohlen-wasserstoffe (PAK) im Wasser liegt bei 0,1 μg l^{-1}. Systeme zur In-situ-Bestimmung der Gehalte von Mineralölkohlenwasserstoffe (MKW), Phenolen und Monoaromaten (BTX) sind in der Entwicklung und z. T. schon verfügbar (s. a. Bd. 6, Kap. 3.1.1.3).

Für die weitere Erkundung des Untergrundes steht ein breites Spektrum geophysikalischer Methoden zur Verfügung (s. Bd. 3). Dabei sind u. a. als Verfahren eingeführt: Magnetik, Gravimetrie, Geoelektrik, Elektromagnetik, Bodenradar, Refraktions- und Reflexionsseismik, Geothermik, Aerogeo-physik, Bohrlochgeophysik und Milieusondenmessungen. Geophysikalische Meßmethoden sind aufgrund ihrer dreidimensionalen Raumdurchdringung besonders gut geeignet, um die zwischen den Aufschlußpunkten (z. B. Bohrungen) liegenden Bereiche quasikontinuierlich zu erfassen und ein räumliches Abbild des Untergrundes zu erstellen. Auch dort, wo wegen Bebauung, hoher Kontamination oder verborgener Munition nicht gebohrt werden darf, ermöglichen geophysikalische Messungen Feststellungen über die Strukturen des Untergrundes von der Erdoberfläche, ggf. auch vom Flugzeug bzw. Hubschrauber aus. Geophysikalische Methoden dienen auch dazu, die Ansatzpunkte für Bohrungen und Brunnen richtig anzusetzen und damit Mittel zu sparen.

Die geophysikalischen Verfahren ergänzen sich wechselseitig, da sie für unterschiedliche Materialparameter (Dichte, Leitfähigkeit etc.) sensitiv sind. So werden mit seismischen Methoden vorwiegend die mechanischen Parameter und die Lagerungsverhältnisse untersucht, während die Seismik bisher kaum Aussagen über den stofflichen Bestand der Schichten und Schichtwässer liefert. Elektrische und elektromagnetische Methoden reagieren sehr empfindlich auf Änderungen im Elektrolytgehalt der Schicht-wässer. Bodenradar verspricht nur in trockenen, schlechtleitenden Locker- und Festgesteinen Erfolge. Radar und elektromagnetische Verfahren können gut durch trockene Sande „sehen", wo die hochfrequente Seismik Probleme zeigt. Eine mit Sand oder Kies gefüllte Rinne in einer Ton- oder Geschiebe-mergelschicht kann bei versalzenem Schichtwasser kaum mit elektrischen und elektromagnetischen Verfahren nachgewiesen werden. In solchen Spezialfällen können Schweremessungen weiterhelfen.

Zum Auffinden und Abgrenzen verdeckter Altablagerungen haben sich magnetische und elektromagnetische Kartierungen bewährt. Auch große Flächen können mit diesen Verfahren in kurzer Zeit abgemessen werden. Zur Erkundung der Strukturen, die das regionale Grundwassersystem beeinflussen, bieten sich Seismik und Geoelektrik an. Zur Untersuchung des lokalen Systems und von Wasserwegigkeiten können alle Verfahren mit den bereits genannten Einschränkungen beitragen. Die Deponiesohle ist oft wegen des fehlenden oder geringen Parameterkontrastes nur schwer zu kartieren. In einigen Fällen (z. B. mit Abfall verfüllter Steinbruch) können neben der Seismik auch Schweremessungen zur Darstellung der Deponiesohle verwendet werden. Zur Überwachung von Altlasten eignen sich die Eigenpotentialmethode sowie andere geoelektrische und elektromagnetische Verfahren. Mit geothermischen Messungen können sowohl Sickerwasseraustritte/Schadstoffahnen als auch Wärmequellen im Deponiekörper (z. B. Schwel- bzw. Brandherde sowie Gasaustrittsbereiche nachgewiesen und abgegrenzt werden. Bei großen und/oder unzugänglichen Untersuchungsgebieten sollten aerogeophysikalische Messungen (Bd. 3, Kap. 10) in Erwägung gezogen werden.

Für die Projektierung und Auswertung geophysikalischer Messungen zur lithologischen Gliederung des Untergrundes von Deponien und Altlasten sowie zur Bewertung der Eigenschaften der geologischen Barriere ist die Kenntnis der physikalischen Materialparameter des Untersuchungsobjektes unerläßlich. Die petrophysikalischen Eigenschaften können in Feld- und Laborversuchen bestimmt werden (Bd. 5, Kap. 4.1 und Bd. 3, Kap. 14). Hierzu gehören Dichte, Porosität, Wassergehalt, Sättigung, porengeometrische Parameter, Durchlässigkeit, Ausbreitungsgeschwindigkeit seismischer Wellen, elektrische Eigenschaften, magnetische Suszeptibilität sowie Wärmeleitfähigkeit.

Tabelle 4.5 gibt einen Überblick (Anhaltspunkte und Erfahrungswerte) über die Eignung geowissenschaftlicher Methoden für die Aufgaben der detaillierten Standorterkundung. Damit soll nicht die Beratung durch den erfahrenen Fachmann ersetzt werden.

Tabelle 4.5: Anwendungsmöglichkeiten geowissenschaftlicher Methoden bei der Erkundung des Untergrundes von Deponien und Altlasten

METHODEN

1 - wird für diese Anwendung (gelegentlich) eingesetzt
2 - geeignete Methode
3 - Methode ist für diese Anwendung gut geeignet
4 - bevorzugte Methoden (ausdrückliche Mehrzahl) für diese Anwendung

ANWENDUNGSMÖGLICHKEITEN	Geofernerkundung						Geophysik											Geotechnik/Hydrogeologie											Tonmineralogie / Bodenphysik				Geochemie				
	Satellitenaufnahmen	Luftbildauswertung	optisch-mechanische Scanner	optisch-elektronische Scanner	Radarverfahren	Laserscanner	Magnetik	Gravimetrie	Geoelektrik und Elektromagnetik	Bodenradar	Refraktionsseismik	Reflexionsseismik	Geothermik	Aerogeophysik	Bohrlochgeophysik	Penetrationssondierungen	Milieusondenmessungen	Auswertung geologischer Karten	Geologische Feldaufnahme	Hydrogeologische Feldaufnahme	Sondierungen	Schürfe	Bohrungen, GW-Meßstellen	Bohrlochtests	Pumpversuche	Grundwassermarkierung	Isotopenhydrologie	Strömungs- und Transportmodellierung	Bodenphysikalische Verfahren	Mineralogische Verfahren	Physikalisch-chemische Verfahren	Chemische Verfahren	Chemisch-analytische Bestimmung	Elutions-, Batch-, Reaktor- und Säulenversuche	Bodengasmessungen	Geochemische Modellierung	Chemometrische Auswertung
Aufbau des Untergrundes																																					
Laterale Abgrenzung lithologischer Einheiten		1	1	1			1	1	4	2	3	2	1	2		2		2	3		2	2	2						1	1			2				
Vertikale Abgrenzung lithologischer Einheiten								1	4	2	3	3		1	3	3					1	2	3						1	1			2				
Ermittlung der lithologischen, petrophysikalischen und hydraulischen Eigenschaften lithologischer Einheiten									3	1	2	2			4	4					1	2	3	4	4	4	2		2	3							
Bestimmung der Homogenität von Gesteinspaketen		1	1	1			2	1	4	1	2	1	1	1	3	3		1	1		1	2	4						2	3	1		2				3
Erkundung regionaler geologischer Strukturen	2	2	2	2	1		1	2	3		4	4	1	2	1	1		2	2	2			2										2		2		
Erkundung lokaler geologischer Strukturen	1	2	2	2		1	2	1	3	2	3	3	1		2	3		1	2	2	1	2	3										2		2		
Bestimmung des Einfallens und Streichens von Schichten		3					1	1	2	1	2	3			3	2		1	1		1	2	3										2				
Kartierung von Erosionsrinnen	1	2	1	1		1	1	3	3	1	2	3		1		2		2	1	1	1	2	3										2				
Ermittlung der Festgesteinsoberkante unter Lockergestein, Mächtigkeit der Verwitterungsschicht								2	3	1	4	3		1	3	3					1	2	4														
Lokalisierung von Verwerfungen, Störungen, Kluft- und Auflockerungszonen im Festgestein	1	3	1	1	1	2	2	2	3	1	3	4	1		2			1	2			2	2	1	1	1									3		
Nachweis von Lagerungsstörungen und Wasserwegsamkeiten in Lockergesteinen	1	2	1	1		1		2	3	2	3	2		1	2	4					1	3	3							1					3		

Legende:

1 - wird für diese Anwendung (gelegentlich) eingesetzt
2 - geeignete Methode
3 - Methode ist für diese Anwendung gut geeignet
4 - bevorzugte Methoden (ausdrückliche Mehrzahl) für diese Anwendung

METHODEN / ANWENDUNGSMÖGLICHKEITEN

Geofernerkundung

ANWENDUNGSMÖGLICHKEITEN	Satellitenaufnahmen	Luftbildauswertung	optisch-mechanische Scanner	optisch-elektronische Scanner	Radarverfahren	Laserscanner
Grundwasserverhältnisse und Grundwasserströmung						
Art, Tiefenlage, Mächtigkeit grundwasserführender und gering durchlässiger Einheiten (hydrostratigraphische Einheiten)						
Durchlässigkeiten der ungesättigten Zone						
Durchlässigkeiten und Transmissivitäten der gesättigten Zone						
effektive Porositäten, Sättigungsgrad, Speicherkoeffizient						
Wasserspiegel frei/ gespannt/ artesisch/ zusammenhängend						
Grundwasserstände, Grundwasserschwankungen						
Beziehungen zu offenen Gewässern		2	1	1		
Fließrichtung, Fließgeschwindigkeiten						
Grundwasserneubildung, Grundwasserabfluß, Wasserbilanzen						
Deponiekörper und anthropogene Veränderungen						
Auffinden von verdeckten Altablagerungen		4	1	1		
Erkundung anthropogener Strukturen unter Deponien und Altablagerungen		4				
Ermittlung der Mächtigkeit von Deponiekörpern, Kartierung der Deponiebasis		4				
Gliederung des Deponiekörpers		2	1	1		
Erkundung der zeitlichen und räumlichen Entwicklung einer Deponie		4	1	1		
Nachweis von Wärmequellen und Gasaustrittsbereichen			4			
Nachweis und Abgrenzung der Schadstoffausbreitung		3				
Erkundung abbaubedingter Veränderungen des Gebirges, Gefährdungsbereiche der Standsicherheit		3				4
Ortung natürlicher und künstlicher Hohlräume		1				2

Geophysik

ANWENDUNGSMÖGLICHKEITEN	Magnetik	Gravimetrie	Geoelektrik und Elektromagnetik	Bodenradar	Refraktionsseismik	Reflexionsseismik	Geothermik	Aerogeophysik	Bohrlochgeophysik	Penetrationssondierungen	Milieusondenmessungen
Grundwasserverhältnisse und Grundwasserströmung											
Art, Tiefenlage, Mächtigkeit grundwasserführender und gering durchlässiger Einheiten (hydrostratigraphische Einheiten)			3	1	2	2		1	3	4	
Durchlässigkeiten der ungesättigten Zone			1						3	3	
Durchlässigkeiten und Transmissivitäten der gesättigten Zone			2	1					3	3	
effektive Porositäten, Sättigungsgrad, Speicherkoeffizient			1						3	3	
Wasserspiegel frei/ gespannt/ artesisch/ zusammenhängend			2	1	3	1			3	4	1
Grundwasserstände, Grundwasserschwankungen											
Beziehungen zu offenen Gewässern							1	1			2
Fließrichtung, Fließgeschwindigkeiten			2							1	
Grundwasserneubildung, Grundwasserabfluß, Wasserbilanzen											
Deponiekörper und anthropogene Veränderungen											
Auffinden von verdeckten Altablagerungen	4	1	3	1	1			2	2	1	1
Erkundung anthropogener Strukturen unter Deponien und Altablagerungen	2	2			2	2				1	
Ermittlung der Mächtigkeit von Deponiekörpern, Kartierung der Deponiebasis			1	3	3	3				2	
Gliederung des Deponiekörpers	3	1	3	1	1					1	
Erkundung der zeitlichen und räumlichen Entwicklung einer Deponie	1	1	1	1	1	1	1	1		1	
Nachweis von Wärmequellen und Gasaustrittsbereichen							4				
Nachweis und Abgrenzung der Schadstoffausbreitung			4		2					1	
Erkundung abbaubedingter Veränderungen des Gebirges, Gefährdungsbereiche der Standsicherheit	2	2	1	2	2	1					
Ortung natürlicher und künstlicher Hohlräume	3	2	2	1	2	1					

Geotechnik/Hydrogeologie

ANWENDUNGSMÖGLICHKEITEN	Auswertung geologischer Karten	Geologische Feldaufnahme	Hydrogeologische Feldaufnahme	Sondierungen	Schürfe	Bohrungen, GW-Meßstellen	Bohrlochtests	Pumpversuche	Grundwassermarkierung	Isotopenhydrologie	Strömungs- und Transportmodellierung
Grundwasserverhältnisse und Grundwasserströmung											
Art, Tiefenlage, Mächtigkeit grundwasserführender und gering durchlässiger Einheiten (hydrostratigraphische Einheiten)	2				2	4	3	3	1	2	
Durchlässigkeiten der ungesättigten Zone			1		1	2	2				
Durchlässigkeiten und Transmissivitäten der gesättigten Zone			1			3	4	4	3		
effektive Porositäten, Sättigungsgrad, Speicherkoeffizient			1		1	2	3	3	2		
Wasserspiegel frei/ gespannt/ artesisch/ zusammenhängend			3		1	3	2	2	1		
Grundwasserstände, Grundwasserschwankungen				1	1	3					
Beziehungen zu offenen Gewässern			3	1	1	2	2	2	3	2	
Fließrichtung, Fließgeschwindigkeiten			1			2	3	1	4		
Grundwasserneubildung, Grundwasserabfluß, Wasserbilanzen			4			1					2
Deponiekörper und anthropogene Veränderungen											
Auffinden von verdeckten Altablagerungen	2	1	2	2	2						
Erkundung anthropogener Strukturen unter Deponien und Altablagerungen						2					
Ermittlung der Mächtigkeit von Deponiekörpern, Kartierung der Deponiebasis			1	1	2						
Gliederung des Deponiekörpers				1	1	1					
Erkundung der zeitlichen und räumlichen Entwicklung einer Deponie				1	1	1					
Nachweis von Wärmequellen und Gasaustrittsbereichen											
Nachweis und Abgrenzung der Schadstoffausbreitung			1		1	2				1	
Erkundung abbaubedingter Veränderungen des Gebirges, Gefährdungsbereiche der Standsicherheit	1	2	2	1	2	2					
Ortung natürlicher und künstlicher Hohlräume	1	1	1			2					

Tonmineralogie / Bodenphysik

ANWENDUNGSMÖGLICHKEITEN	Bodenphysikalische Verfahren	Mineralogische Verfahren	Physikalisch-chemische Verfahren	Chemische Verfahren
Grundwasserverhältnisse und Grundwasserströmung				
Art, Tiefenlage, Mächtigkeit grundwasserführender und gering durchlässiger Einheiten (hydrostratigraphische Einheiten)	1	2		
Durchlässigkeiten der ungesättigten Zone	2	3	1	
Durchlässigkeiten und Transmissivitäten der gesättigten Zone		3		
effektive Porositäten, Sättigungsgrad, Speicherkoeffizient	1	3	2	
Wasserspiegel frei/ gespannt/ artesisch/ zusammenhängend				
Grundwasserstände, Grundwasserschwankungen				
Beziehungen zu offenen Gewässern				
Fließrichtung, Fließgeschwindigkeiten				
Grundwasserneubildung, Grundwasserabfluß, Wasserbilanzen				
Deponiekörper und anthropogene Veränderungen				
Auffinden von verdeckten Altablagerungen				
Erkundung anthropogener Strukturen unter Deponien und Altablagerungen				
Ermittlung der Mächtigkeit von Deponiekörpern, Kartierung der Deponiebasis				
Gliederung des Deponiekörpers				
Erkundung der zeitlichen und räumlichen Entwicklung einer Deponie				
Nachweis von Wärmequellen und Gasaustrittsbereichen				
Nachweis und Abgrenzung der Schadstoffausbreitung				
Erkundung abbaubedingter Veränderungen des Gebirges, Gefährdungsbereiche der Standsicherheit				
Ortung natürlicher und künstlicher Hohlräume				

Geochemie

ANWENDUNGSMÖGLICHKEITEN	Chemisch-analytische Bestimmung	Elutions-, Batch-, Reaktor- und Säulenversuche	Bodengasmessungen	Geochemische Modellierung	Chemometrische Auswertung
Grundwasserverhältnisse und Grundwasserströmung					
Art, Tiefenlage, Mächtigkeit grundwasserführender und gering durchlässiger Einheiten (hydrostratigraphische Einheiten)	2				
Durchlässigkeiten der ungesättigten Zone					
Durchlässigkeiten und Transmissivitäten der gesättigten Zone					
effektive Porositäten, Sättigungsgrad, Speicherkoeffizient					
Wasserspiegel frei/ gespannt/ artesisch/ zusammenhängend					
Grundwasserstände, Grundwasserschwankungen					
Beziehungen zu offenen Gewässern					
Fließrichtung, Fließgeschwindigkeiten					
Grundwasserneubildung, Grundwasserabfluß, Wasserbilanzen	2				3
Deponiekörper und anthropogene Veränderungen					
Auffinden von verdeckten Altablagerungen	3	2			
Erkundung anthropogener Strukturen unter Deponien und Altablagerungen	3	3			3
Ermittlung der Mächtigkeit von Deponiekörpern, Kartierung der Deponiebasis	3	2			3
Gliederung des Deponiekörpers	3	3			3
Erkundung der zeitlichen und räumlichen Entwicklung einer Deponie	2	2	3		
Nachweis von Wärmequellen und Gasaustrittsbereichen	2		3		
Nachweis und Abgrenzung der Schadstoffausbreitung	3		3		
Erkundung abbaubedingter Veränderungen des Gebirges, Gefährdungsbereiche der Standsicherheit					
Ortung natürlicher und künstlicher Hohlräume					

METHODEN

Legende:
1 - wird für diese Anwendung (gelegentlich) eingesetzt
2 - geeignete Methode
3 - Methode ist für diese Anwendung gut geeignet
4 - bevorzugte Methoden (ausdrückliche Mehrzahl) für diese Anwendung

ANWENDUNGSMÖGLICHKEITEN

Die Tabelle ist nach Methodengruppen aufgeteilt; die Zeilenbeschriftung (Anwendungsmöglichkeiten) wird in jeder Teiltabelle wiederholt.

Geofernerkundung

ANWENDUNGSMÖGLICHKEITEN	Satellitenaufnahmen	Luftbildauswertung	optisch-mechanische Scanner	optisch-elektronische Scanner	Radarverfahren	Laserscanner
Stoffbestand und chemische Beschaffenheit						
Grundwasser						
natürliche Beschaffenheit						
Schadstoffbelastung						
Überwachung eines Schadstoffaustrages/Monitoring						
Boden						
geogene Grundlast						
bodenkundliche Merkmale		1				
Schadstoffbelastungen						
Schadstoffbelastungen aus dem Vitalitätszustand der Vegetation		4				
Bodenluft						
Schadstoffaustrag als direkten Undichtigkeitsnachweis						
Abgrenzung belasteter Boden- und Grundwasserbereiche						
Lokalisation von Zonen erhöhter Wegsamkeiten						
Ermittlung migrationsbestimmender Kennwerte						
Auslaugungs-/Mobilisierungsverhalten						
Bindungsformen/Spezies						
Speicher- und Umwandlungsprozesse						
Transportprozesse						

Geophysik

ANWENDUNGSMÖGLICHKEITEN	Magnetik	Gravimetrie	Geoelektrik und Elektromagnetik	Bodenradar	Refraktionsseismik	Reflexionsseismik	Geothermik	Aerogeophysik	Bohrlochgeophysik	Penetrationssondierungen	Milieusondenmessungen
Grundwasser											
natürliche Beschaffenheit			3								3
Schadstoffbelastung			3								3
Überwachung eines Schadstoffaustrages/Monitoring			2								2
Boden											
geogene Grundlast			1								
bodenkundliche Merkmale			1	1							1
Schadstoffbelastungen	1		1								
Schadstoffbelastungen aus dem Vitalitätszustand der Vegetation											
Bodenluft											
Schadstoffaustrag als direkten Undichtigkeitsnachweis											
Abgrenzung belasteter Boden- und Grundwasserbereiche											
Lokalisation von Zonen erhöhter Wegsamkeiten											
Ermittlung migrationsbestimmender Kennwerte											
Auslaugungs-/Mobilisierungsverhalten											
Bindungsformen/Spezies											
Speicher- und Umwandlungsprozesse											
Transportprozesse											

Geotechnik/Hydrogeologie

ANWENDUNGSMÖGLICHKEITEN	Auswertung geologischer Karten	Geologische Feldaufnahme	Hydrogeologische Feldaufnahme	Sondierungen	Schürfe	Bohrungen, GW-Meßstellen	Bohrlochtests	Pumpversuche	Grundwassermarkierung	Isotopenhydrologie	Strömungs- und Transportmodellierung
Grundwasser											
natürliche Beschaffenheit			2			4				2	
Schadstoffbelastung			2			4				1	
Überwachung eines Schadstoffaustrages/Monitoring			2			4				1	
Boden											
geogene Grundlast	1	1									
bodenkundliche Merkmale	1	1	1	3	4	3					
Schadstoffbelastungen			1	1	3	3					
Schadstoffbelastungen aus dem Vitalitätszustand der Vegetation											
Bodenluft											
Schadstoffaustrag als direkten Undichtigkeitsnachweis											
Abgrenzung belasteter Boden- und Grundwasserbereiche											
Lokalisation von Zonen erhöhter Wegsamkeiten											
Ermittlung migrationsbestimmender Kennwerte											
Auslaugungs-/Mobilisierungsverhalten											
Bindungsformen/Spezies											
Speicher- und Umwandlungsprozesse											
Transportprozesse											4

Tonmineralogie / Bodenphysik

ANWENDUNGSMÖGLICHKEITEN	Bodenphysikalische Verfahren	Mineralogische Verfahren	Physikalisch-chemische Verfahren	Chemische Verfahren
Grundwasser				
natürliche Beschaffenheit				
Schadstoffbelastung				
Überwachung eines Schadstoffaustrages/Monitoring				
Boden				
geogene Grundlast	1	1	2	2
bodenkundliche Merkmale	2	1	1	3
Schadstoffbelastungen				3
Schadstoffbelastungen aus dem Vitalitätszustand der Vegetation				
Bodenluft				
Schadstoffaustrag als direkten Undichtigkeitsnachweis				
Abgrenzung belasteter Boden- und Grundwasserbereiche				
Lokalisation von Zonen erhöhter Wegsamkeiten				
Ermittlung migrationsbestimmender Kennwerte				
Auslaugungs-/Mobilisierungsverhalten			4	
Bindungsformen/Spezies			4	3
Speicher- und Umwandlungsprozesse			4	3
Transportprozesse			4	

Geochemie

ANWENDUNGSMÖGLICHKEITEN	Chemisch-analytische Bestimmung	Elutions-, Batch-, Reaktor- und Säulenversuche	Bodengasmessungen	Geochemische Modellierung	Chemometrische Auswertung
Grundwasser					
natürliche Beschaffenheit	4				3
Schadstoffbelastung	4				2
Überwachung eines Schadstoffaustrages/Monitoring	4				3
Boden					
geogene Grundlast	4				3
bodenkundliche Merkmale					
Schadstoffbelastungen	4				
Schadstoffbelastungen aus dem Vitalitätszustand der Vegetation	3				
Bodenluft					
Schadstoffaustrag als direkten Undichtigkeitsnachweis	3		2		2
Abgrenzung belasteter Boden- und Grundwasserbereiche	3		2		3
Lokalisation von Zonen erhöhter Wegsamkeiten			2		
Ermittlung migrationsbestimmender Kennwerte					
Auslaugungs-/Mobilisierungsverhalten		4			
Bindungsformen/Spezies		4		3	
Speicher- und Umwandlungsprozesse		4		2	
Transportprozesse		4		3	

1 - wird für diese Anwendung (gelegentlich) eingesetzt
2 - geeignete Methode
3 - Methode ist für diese Anwendung gut geeignet
4 - bevorzugte Methoden (ausdrückliche Mehrzahl) für diese Anwendung

METHODEN

ANWENDUNGSMÖGLICHKEITEN	Geofernerkundung						Geophysik											Geotechnik/Hydrogeologie											Tonmineralogie / Bodenphysik				Geochemie				
	Satellitenaufnahmen	Luftbildauswertung	optisch-mechanische Scanner	optisch-elektronische Scanner	Radarverfahren	Laserscanner	Magnetik	Gravimetrie	Geoelektrik und Elektromagnetik	Bodenradar	Refraktionsseismik	Reflexionsseismik	Geothermik	Aerogeophysik	Bohrlochgeophysik	Penetrationssondierungen	Milieusondenmessungen	Auswertung geologischer Karten	Geologische Feldaufnahme	Hydrogeologische Feldaufnahme	Sondierungen	Schürfe	Bohrungen, GW-Meßstellen	Bohrlochtests	Pumpversuche	Grundwassermarkierung	Isotopenhydrologie	Strömungs- und Transportmodellierung	Bodenphysikalische Verfahren	Mineralogische Verfahren	Physikalisch-chemische Verfahren	Chemische Verfahren	Chemisch-analytische Bestimmung	Elutions-, Batch-, Reaktor- und Säulenversuche	Bodengasmessungen	Geochemische Modellierung	Chemometrische Auswertung
Schadstoffrückhaltevermögen und Stofftransport																																					
Faktoren und Prozesse																																					
physikalische Eigenschaften/Durchlässigkeit									2						3	3		2	2	2	2	3	4	4	3				2	3	1						
Mineralphasen																													1	3			2	3			
Gefüge															2															4							
Mineralneu-/umbildung, Einbindung von Schadstoffen, Veränderungen von Mineralphasen durch Sickerwasserinhaltsstoffe																						1	2							4	2	3	3	2		2	
Sorptionseigenschaften																													1	1	4	2	2	2		2	
Kationenaustauschkapazität																																4	2			2	
chemische Steuerfaktoren und kapazitive Eigenschaften																																3				3	
Diffusionseigenschaften																															4						
Matrixdiffusion																										3					3						
Simulation der Schadstoffausbreitung/-rückhaltung																												4								3	

4.2.2.2 Homogenität - Heterogenität der geologischen Barriere

In der TA Siedlungsabfall vom 01.06.1993 wird gefordert, daß die geologische Barriere möglichst homogen ausgebildet sein soll. Die Heterogenität des Untergrundes kann durch eine geschickte punktuelle Probenahme (im wesentlichen Bohrungen) - mit ergänzenden bohrlochgeophysikalischen Messungen (Bd. 3, Kap. 11) - und mit geophysikalischen Methoden (Bd. 3) erkundet werden.

Da Struktur und Heterogenität des Untergrundes am Anfang der Untersuchung meist nicht genügend bekannt sind, ist die Frage nach der erforderlichen Anzahl und räumlichen Verteilung der Bohr-, Sondier- und Probenahmepunkte in der Praxis schwierig zu beantworten. Man kann sich einer repräsentativen Beprobung nur durch schrittweise Verdichtung der Probenahmeraster nähern. Geostatistische Modelle (Bd. 4, Kap. 13) können helfen, wenn eine größere Anzahl von Untersuchungspunkten bereits vorliegt. Wenn nur sehr wenige Informationen über den Untergrundaufbau vorliegen, bedient man sich meist eines regelmäßigen rechteckigen, quadratischen oder dreieckigen Rasters mit Gitterpunktabständen von 25 m, von 15 m bei kleineren Flächen und von 100 m bei ausgedehnteren Objekten. Diese Raster lassen sich im zweiten Untersuchungsschritt lokal leicht auf 5 m verdichten. Im Dreiecksraster sind zur Erfassung einer Fläche weniger Punkte erforderlich als im quadratischen Raster (ISO/CD 10381 - 1.3). Zufallsraster sind besser geeignet, wenn man von regelmäßigen Strukturen im Untergrund ausgehen muß.

Die Wahrscheinlichkeit, daß Inhomogenitäten übersehen werden, die kleiner sind als der halbe Rasterabstand, ist erstaunlich hoch (*Tab. 4.6*) (s. auch Bd. 4, Tab. 3.3). Die Reduzierung des Risikos ist nach dieser Modellrechnung gleich mit einem vielfachen Kostenaufwand verbunden.

Tabelle 4.6: Wahrscheinlichkeit des Verfehlens von Inhomogenitäten bei verschiedenen Probenpunktabständen. (Aus Bd. 4, Tab. 3.3)

Rasterabstand	Kostenfaktor	Wahrscheinlichkeit [%]			
		Radius einer kreisförmigen Inhomogenität [m]			
[m]	-	5	10	25	50
100	1	99	96	80	20
71	2	98	95	60	0
50	4	96	87	20	0
35	8	93	73	0	0

Aufgrund der Heterogenität des Untergrundes stellen geowissenschaftliche Daten von Ort zu Ort veränderliche Größen (*Variablen*) dar. Ihre Verteilung kann mit Hilfe von diskreten, endlich vielen Messungen beschrieben (geschätzt) werden und zwar durch ortsabhängige Bestimmungen, z. B. mittels Bohrungen. Die geostatistischen Untersuchungen (Bd. 4, Kap. 13) dienen dazu, die Zuverlässigkeit von Ergebnissen aus Bohrungen, geophysikalischen Messungen, chemischen Analysen an Wasser- und Bodenproben usw. genau zu ermitteln. Wie aussagefähig ein Erkundungsstand (beispielsweise Bohrraster) ist, hängt davon ab, wie sehr das Auflösungsvermögen der räumlich verteilten Daten dem mehr oder weniger komplizierten bzw. heterogenen Aufbau des Untergrundes entspricht.

Für den wirtschaftlichen Einsatz von Feldmethoden gibt es 2 *geostatistische Ansätze:*

- Bestimmung der für eine vorgegebene Aussagesicherheit erforderlichen Anzahl der Meß- oder Probenahmestellen,

- Verbesserung der Aussagegenauigkeit durch eine günstige räumliche Anordnung einer vorgegebenen Anzahl von Meß- oder Probenahmestellen (Reduzierung der Schätzfehler).

Eine Erkundung, bei deren Planung die Ergebnisse der beschriebenen Verfahrensweise berücksichtigt werden, weist somit folgende wichtige Eigenschaften auf:

- Die Entscheidungen hinsichtlich der Kosten-Nutzen-Maxime, wie z. B. die Eignung eines Standorts unter Berücksichtigung eines vertretbaren Erkundungsaufwandes (Kostenaufwandes), können durch die Möglichkeit der Evaluierung der Zuverlässigkeitsentwicklung in einer frühen Phase der Erkundung getroffen werden.

- Für Interpretationen oder weiterreichende Auswertungen der erkundeten, meßbaren Eigenschaften eines Deponieuntergrundes existieren nun Angaben über deren räumliche Zuverlässigkeitsverteilung sowie über die Zuverlässigkeit eines Meß- oder Analysewertes für ein Einflußpolygon oder -volumen, so daß die Auswertung der räumlichen Verteilung von Meß- oder Analysewerten sowie Vergleiche von Meß- oder Analysewerten unter Berücksichtigung des ortsbezogenen Fehlers durchgeführt werden können.

- Der Erkundungsaufwand wird durch die in der Anfangsphase einer Erkundung festzulegenden Mindestzuverlässigkeiten für zu erkundende Untersuchungsgrößen dimensioniert. Die Quantifizierung des nötigen Erkundungsaufwandes erfolgt unter Berücksichtigung der Zuverlässigkeitsentwicklung, wobei immer jener Erkundungsvariante der Vorzug gegeben werden sollte, die bei geringstem Aufwand eine maximale Steigerung der Zuverlässigkeit von Erkundungsergebnissen verspricht. Somit wird dem „oversampling" Einhalt geboten, indem bei Erreichen von genügend zuverlässigen Erkundungsergebnissen die Erkundung eingestellt wird.

- Immer mehr Verordnungen und Vorschriften zum Schutz unterschiedlicher Umweltmedien enthalten Richtwerte mit zugehörigen Vertrauensintervallen. Dies gilt insbesondere für Richtlinien der Europäischen Union. Eine Optimierung des Erkundungsaufwandes unter Verwendung der beschriebenen Verfahren mit global geforderter Aussagesicherheit für Orientierungs-, Prüf- oder Höchstwerte muß diesen neuen Anforderungen entsprechen und Folge leisten.

Für die *Heterogenität des Untergrundes im Kleinbereich* (Größenordnung 1 - 100 cm) sind in geotechnischer (und hydrogeologischer) Sicht folgende Eigenschaften maßgebend:

- Aufbau und Zusammensetzung (Gefüge, Korngröße, Mineralbestand, Dichte, Wassergehalt, ggf. Kontamination),

- Festigkeit (Zusammendrückbarkeit, Scherfestigkeit),

- Porosität (Hohlraumgehalt) und Wassersättigung,

- Durchlässigkeit (hydraulische Leitfähigkeit, Permeabilität).

Grundsätzlich lassen sich diese Eigenschaften direkt durch Messungen an Proben im Labor bestimmen. Sondierungen erlauben es, die o. g. Eigenschaften indirekt durch Messungen korrellierter physikalischer Parameter, z. B. der Eindringungswiderstände der Sonden oder der Absorption radioaktiver Strahlung im Untergrund („in situ") zu bestimmen.

Der Aufwand für die Entnahme von *Bodenproben* besonderer Güte wächst mit zunehmender Tiefe sehr deutlich. Außerdem ist es meist zeitaufwendig und kostspielig, durch bodenmechanische Laborversuche zuverlässige und repräsentative Ergebnisse zu erhalten. Deshalb wird man mit Hilfe von Sondierungen das Stichprobenraster indirekt verdichten. Ohne „Eichung" an direkten Aufschlüssen und Proben sind Sondierergebnisse aber nicht eindeutig zu interpretieren. Probenahme und Sondierungen ergänzen sich daher gegenseitig.

Die Störung des natürlichen Gleichgewichtszustandes im Untergrund infolge der Probenahme beeinflußt die mechanischen und hydraulischen Eigenschaften der Gesteine, denn Gefüge, Festigkeit, Porosität, Sättigungsgrad und Durchlässigkeit sind eng aneinander gekoppelt. Die *Durchlässigkeit* stellt in diesem Zusammenhang auch den am empfindlichsten auf Störungen reagierenden Parameter dar. Anders als im Festgestein liegt im Lockergestein bzw. im Boden keine oder nur eine mäßige Kornbindung vor. Das Korngerüst und der Porenraum unterliegen daher bereits merklichen, zum größten Teil irreversiblen Verformungen, Festigkeits- und Konsistenzänderungen, wenn nur geringe mechanische Beanspruchungen einwirken (Be- und Entlastung, Frosthebung) oder Porenfluide aufgenommen bzw.

abgegeben werden (Durchfeuchtung, Austrocknung). Selbst mit sehr aufwendigen und sorgfältig durchgeführten Probenahmetechniken sind diese Störungen nicht ganz zu vermeiden. In gewissem Maße können jedoch an Laborproben ursprüngliche Spannungszustände wiederhergestellt werden.

Bei allen Laborversuchen ist zu beachten, daß die Probengröße klein bis sehr klein ist im Vergleich zum beurteilenden Gebirgskörper und (oft entscheidende) Inhomogenitäten nicht erfaßt werden. Wegen des normalerweise heterogenen Aufbaus des Untergrundes kann eine Boden- oder Gesteinsprobe nur einen begrenzten Bereich repräsentieren. Die repräsentative Probenahme stellt uns daher vor 2 Fragen:

- optimale Anzahl und räumliche Verteilung der Probenahmestellen?

- Notwendige Menge der Einzelprobe?

Über die notwendigen Mengen und Abmessungen für *Einzelproben* (Stichproben und Mischproben) existieren Richtlinien, z. B. in den DIN-Normen (*Tab. 4.7*).

Tabelle 4.7: Mindestprobenmengen und Probenabmessungen für verschiedene Untersuchungen in Abhängigkeit von den geschätzten Größtkorndurchmessern

Untersuchung		Probenmenge/Abmessungen	Quelle
Korngrößenanalyse (Siebung)		[g]	DIN 18123
Größtkorn [mm]	2	150	
	5	300	
	10	700	
	20	2 000	
	30	4 000	
	40	7 000	
	50	12 000	
	60	18 000	
Korngrößenanalyse (Sedimentation)			DIN 18123
Ausgeprägt plastische Tone		10 - 30	
Bindige Böden ohne Sandgehalt		30 - 50	
Sandhaltige Böden		bis 75	
Wassergehaltsbestimmung			DIN 18121, T1
Ton, Schluff		10 - 50	
Sand		50 - 200	
Kiesiger Sand		200 - 1 000	
Kies		1 000 - 10 000	
Steinige Böden		10 000 - 32 000	
Dichtebestimmung		-	DIN 18125, T2
Volumen des Ausstechzylinders		100 x Größtkornvolumen	
Durchlässigkeitsbeiwert			DIN 18130, T1
Höhe und Durchmesser		5 - 10 x Größtkorndurchmesser	
Querschnittsfläche feinkörniger Böden		$\geq 10\,\text{cm}^2$	
Querschnittsfläche grobkörniger Böden		$\geq 20\,\text{cm}^2$	

Diese Angaben gelten nicht für mineralogisch-petrographische und chemische Analysen, da hierbei entsprechend den häufig größeren stofflichen Inhomogenitäten größere Probenmengen erforderlich werden können. Für die Beprobung von Abfällen gilt z. B. die Richtlinie LAGA PN 2/78. Weitere Angaben können dem Bd. 6 dieser Handbuchreihe entnommen werden.

Für Korngrößenanalysen, Wassergehaltsbestimmungen und andere stoffliche Analysen werden häufig *Mischproben* aus der Vereinigung von rasterförmig verteilten Einzelproben oder direkt als *Schlitzproben* entnommen und danach geteilt. In Festgesteinen wird die Heterogenität im Kleinbereich u. a. anhand von *Bohrkernen* untersucht (Bd. 4, Kap. 7). Zur routinemäßigen makroskopischen Bearbeitung der Bohrkerne gehören folgende Untersuchungen und Aufgaben:

- geologisch-petrographische Bohrkernbeschreibung,

- photographische Dokumentation,

- Darstellung eines vorläufigen geologischen Profils,

- Strukturaufnahme und geologisch strukturelle Auswertung,

- Aufbereitung der Meßergebnisse für die Datenbank und

- Probenarchivierung.

In Abhängigkeit vom Umfang der vorgesehenen Aufgaben der Deponie-/ Altlastenuntersuchung gehören zur weiterführenden Bohrkernbearbeitung v. a. sedimentologische, petrographische, petrophysikalische, mineralogische und geochemische Laboruntersuchungen (Bde. 5 und 3), bei denen schwerpunktmäßig Informationen unter anderem zu folgenden Fragestellungen, Parametern und Größen gewonnen werden:

- Bestand an Mineralen und Gesteinskomponenten,

- Mineral- und Komponentenverteilung,

- Tonmineralbestand und -gehalte,

- Gesamtkarbonat und Karbonatphasen,

- Alteration des Mineralbestandes,

- Bestand an organogenen Komponenten,

- natürlicher Wassergehalt und Formationsfluide,

- Gas- und Ölanzeichen, Kontamination mit Schadstoffen,

- Aufbau, Lagerung und tektonische Überprägung der Gesteine,

- erkennbare Korngrößen und Kornverteilungen,

- Partikelgrößen im Mikron- und Submikronbereich,

- Matrix, Bindemittel und Porenzemente,

- Porosität und Permeabilität,

- Porengröße und -größenverteilung,

- planare und lineare Strukturen, Risse, Klüfte, Harnische,

- Gesteins- und Korndichte,

- natürliche Gammastrahlung,

- elektrische Eigenschaften,

- seismische Geschwindigkeiten,

- magnetische Eigenschaften,

- Wärmeleitfähigkeit und

- Spannungsnachwirkungen.

Die im jeweiligen Projekt erforderlichen Bohrkernuntersuchungen sollten sich sowohl auf bewährte Standarduntersuchungen der angewandten Geowissenschaften als auch auf Informationen und Untersuchungsergebnisse der aktuellen Spezialliteratur stützen. So sind für Gefügeuntersuchungen an Tongesteinen die makroskopische Gesteinsbeschreibung, die ungestörte Entnahme repräsentativer Proben sowie die artefaktfreie Präparation wichtige Voraussetzungen. Insbesondere sind für Detailuntersuchungen von Tongesteinen *zerstörungsfreie Bohrkernuntersuchungen* u. a. zur Auswahl artefaktfreier Proben von großer Bedeutung. Deshalb liegt der Schwerpunkt neben der Aufnahme und Dokumentation der Bohrkerne bei den zerstörungsfreien Bohrkernuntersuchungen wie radiometrische Dichtebestimmung, Transmissions-Computertomographie, elektrische Widerstandstomographie, akustische Tomographie, Messung der magnetischen Suszeptibilität sowie der Bohrkernorientierung (Bd. 4, Kap. 7).

4.2.2.3 Struktur, Lagerungsverhältnisse und Tektonik

Der Begriff „Struktur" wird sowohl bei der Beschreibung des inneren Baus der Gesteine (Gefüge) als auch zur Beschreibung der (makroskopischen) Lagerungsformen des Untergrundes verwendet. Die Tektonik untersucht den Bau und die Bewegungsabläufe der Erdkruste. Unter dem Einfluß von Wasser, Wind und Schwerkraft lagern sich die Sedimentgesteine in der Regel in ebenen parallelen Schichten ab. Magmatische und metamorphe Gesteine entstehen als mehr oder weniger (makroskopisch) homogene Gesteinskörper. Die bei der Gesteinsbildung entstandenen Lagerungsformen werden durch mechanische Vorgänge, wie Zerrung und Pressung, verändert. Bei plastischer Verformung bilden sich Falten, Überschiebungen, Flexuren und Salzstöcke. Bei Verformung mit Bruch entstehen Verwerfungen (Störungen im engeren Sinn). Dabei kommt es durch endogene (tektonische) Kräfte zu einer relativen Verschiebung zweier Gesteinspakete längs einer Bruchfläche. Der Untergrund ist von einem „Netzwerk" tektonischer Störungen unterschiedlicher Entstehungszeit, Bildungsmechanismen, Streichrichtung und Tiefenreichweite durchzogen. Für die Bewertung der geologischen Barriere bei Deponie- und Altlaststandorten müssen die vorhandenen Strukturen, Lagerungsverhältnisse und deren tektonische Veränderungen erkundet und vielfach in ihrer Entwicklung nachvollzogen werden. So ist es bedeutsam für die Bewertung der Wasserwegsamkeiten des Untergrundes zu wissen, ob eine Störungszone durch Pressung oder Zerrung entstanden ist. Für diese Aufgaben wird ein breites Spektrum geowissenschaftlicher Methoden eingesetzt. Die Eignung der Methoden für die in Kap. 4.2.2 genannten Erkundungsaufgaben kann der *Tab. 4.5* entnommen werden.

Grundsätzlich greifen die Aufklärung der Strukturen des Untergrundes und die oben dargestellten Untersuchungen der Verbreitung, Mächtigkeit und Heterogenität der geologischen Barriere in vieler Hinsicht untrennbar ineinander. Strukturen, wie z. B. schräg einfallende Schichten, Verwerfungen, Zerüttungszonen, Mylonite, dominante Kluftsysteme und Hohlräume, sind in einzelnen Kernbohrungen zu sehen. Ihre Raumlage kann (z. T. mit Unterstützung der Bohrlochgeophysik) in günstigen Fällen lokal bestimmt werden. Bei steilstehenden Schichten sind Bohrungen schräg anzusetzen, um Fehlinterpretationen zu vermeiden. Die (vielfach) gekrümmten Verwerfungsflächen sowie Faltenstrukturen, Erdfälle, Auflockerungszonen, Karstschlotten, verfüllte Rinnen, verlandete Flüsse und Seen u. ä. geben sich erst in mehreren Aufschlußpunkten zu erkennen. Um solche Strukturen des Untergrundes darzustellen, sind die Ergebnisse mehrerer Aufschlußpunkte zu zweidimensionalen Modellen (geologische Schnitte) bzw. dreidimensionalen Modellen (Blockbilder) zusammenzusetzen (Bd. 4, Kap. 2).

Geophysikalische Methoden werden eingesetzt, um ein räumliches Modell des Deponieuntergrundes zu entwerfen, regionale und lokale Strukturen zu erkunden sowie Störungen nachzuweisen. Dafür sind eine Vielzahl von Verfahren eingeführt (s. Bd. 3 und Tab. 4.5 in diesem Band). Die geophysikalischen Verfahren ergänzen sich wechselseitig, da sie für unterschiedliche Parameter sensitiv sind. Die Lagerungsverhältnisse sowie Störungen, Kluft- und Auflockerungszonen im Untergrund werden bevorzugt mit seismischen und geoelektrischen Methoden untersucht. Die Geophysik hilft, Bohrungen richtig anzusetzen. Sie liefert die Information zwischen den Bohrungen und in Bereichen, wo nicht gebohrt werden kann. Bohrlochmessungen sollten in keinem Fall fehlen. Sie sind nicht nur für die Interpretation der oberflächengeophysikalischen Messungen notwendig, sondern sie stellen auch eine Brücke zwischen geophysikalischer Erkundung und geologischer Modellierung dar. Geophysikalische Bohrlochmessungen ermöglichen auch die Bestimmung des Einfallens und Streichens von Schichten, die Erfassung von kleindimensionalen Störungsmustern und Strukturanomalien (Schichtfugen, Klüfte) sowie die Korrelation von Leithorizonten in verschiedenen Bohrungen (Mächtigkeit, Verbreitung, Homogenität, Ausbildung).

4.2.2.4 Erdbebengefährdung, Aktivität tektonischer Störungen und Hangrutschungen

Aussagen über die *Erdbebengefährdung* für Deponie- oder Altlastenstandorte können aus den Kenntnissen über das zeitlich-räumliche Auftreten von Erdbeben in der Vergangenheit abgeleitet und mit einer gewissen Wahrscheinlichkeit in die Zukunft extrapoliert werden. Als Maßstab für die Beurteilung der Erdbebenwirkung wird die 12 teilige makroseismische MSK (Medwedjew-Sponheuer-Karnik)-Skala (*Tab. 4.8*) verwendet.

Tabelle 4.8: Kurzform der zwölfteiligen makroseismischen MSK (Medwedjew-Sponheuer-Karnik)-Intensitätsskala. (Zitiert nach LEYDECKER 1986)

Intensität	Beobachtungen
I	Nur von Erdbebeninstrumenten registriert.
II	Nur ganz vereinzelt von ruhenden Personen wahrgenommen.
III	Nur von wenigen verspürt.
IV	Von vielen wahrgenommen. Geschirr und Fenster klirren.
V	Hängende Gegenstände pendeln. Viele Schlafende erwachen.
VI	Leichte Schäden an Gebäuden, feine Risse im Verputz.
VII	Risse im Verputz, Spalten in den Wänden und Schornsteinen.
VIII	Große Spalten im Mauerwerk. Giebelteile und Dachgesimse stürzen ein.
IX	An einigen Bauten stürzen Wände und Dächer ein; Erdrutsche.
X	Einstürze von vielen Bauten. Spalten im Boden bis 1 m Breite.
XI	Viele Spalten im Boden, Erdrutsche in den Bergen.
XII	Starke Veränderungen an der Erdoberfläche.

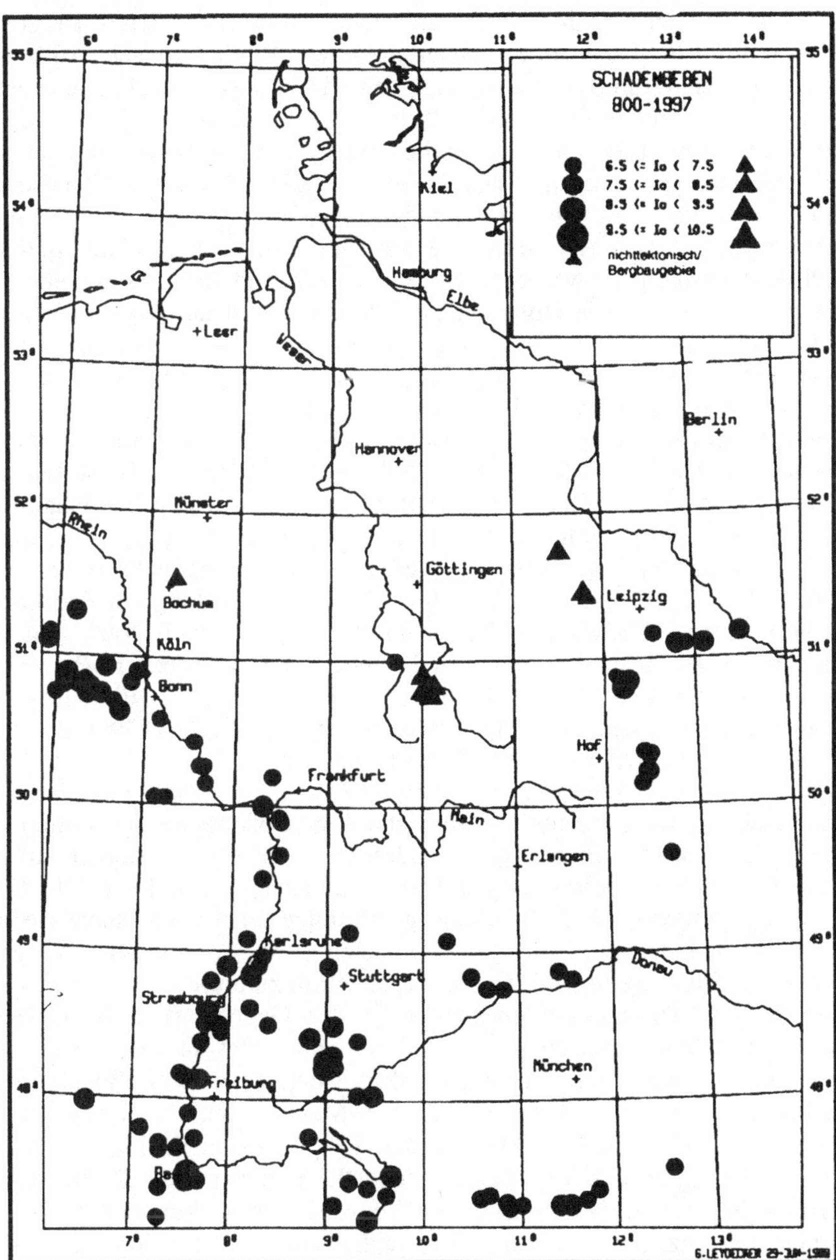

Abb. 4.1: Epizentren der Schadenbeben (ab Intensität VI - VII) für die Bundesrepublik Deutschland in den Jahren 800 - 1997. Parameter ist die Epizentralintensität I_o. (Nach LEYDECKER 1998)

Neben der überwiegenden Zahl tektonischer Erdbeben treten durch Aus-
laugungserscheinungen im Untergrund (Subrosion) und durch Bergbau-
aktivitäten Einsturzbeben auf. Auch anthropogene Veränderungen (Auflasten
durch Stauseen, Grundwasserabsenkungen und Flüssigkeitsinjektionen sowie
die Gas-/Ölförderung) induzieren Erdbeben.

Die mit den Erdbebenwellen verbundenen Horizontalbeschleunigungen
sind abhängig von der im Erdbebenherd freiwerdenden mechanischen
Energie, von der Herdtiefe und von den Gesteinseigenschaften im Untersuchungsgebiet. Die Herdtiefen tektonischer Beben liegen im Bereich
2 - 20 km mit dem Schwerpunkt um 8 - 10 km und für Einsturzbeben in
Tiefen bis zu 2 km. Die Horizontalbeschleunigung ist auf Lockergesteinen
größer als auf anstehenden Festgesteinen. Die Verschiebungsbeträge
erreichen für mittlere Beben einige Millimeter bis wenige Zentimeter und für
schwere Erdbeben Dezimeter bis Meter (PRINZ 1991).

Ein Erdbebenkatalog für die Bundesrepublik Deutschland mit Rand-
gebieten für die Jahre 800 - 1993 (Schadenbeben bis 1997) ist bei der
Bundesanstalt für Geowissenschaften und Rohstoffe, Hannover
(LEYDECKER 1998) erhältlich. Der Datenfile enthält Angaben zu Datum,
Herdzeit, Koordinaten und Tiefe des Herdes sowie zur Stärke des Bebens.

DIN 4149 Teil 1 gibt eine Richtlinie für die Beurteilung der Erdbebengefährdung von üblichen Hochbauten in Deutschland sowie Verfahren zur
Berechnung der Beanspruchung von Hochbauten aus Erdbeben. Basierend
auf der MSK-Skala der Erdbebenwirkungen wird eine Einteilung in
6 Erdbebenzonen (A, 0, 1, 2, 3, 4) vorgenommen. In DIN 4149 Teil 1 und
Teil A 1 wird eine Karte der Erdbebenzonen angegeben.

Die Karte der Schadenbeben *Abb. 4.1* zeigt die Schwerpunkte der
Seismizität für Deutschland: Schwäbische Alb, Bodenseegebiet, nördlicher
Alpenrand, Oberrheingraben und Niederrheinische Bucht. Außerhalb der
Gebiete mit Schadenbeben, die den Erdbebenzonen 1, 2, 3, 4 der DIN 4149
Teil 1 entsprechen, ist die Erdbebengefährdung für Deponiestandorte als
gering zu bewerten. Ob in Gebieten mit Schadenbeben eine
Erdbebengefährdung gegeben ist, ist im Einzelfall zu prüfen.

Nicht jede tektonische *Störung* ist in der Gegenwart aktiv. Rezente
tektonische Deformationen werden u. a. beobachtet in den Alpen, im
Faltenjura, Schwarzwald, Oberrheingraben, Niederrheinische Bucht, Eifel,
Kraichgaumulde, Südrand des Rheinischen Massivs und Elbtalzone (PRINZ
1991). Nach SCHWEIZER (1991) beträgt die tektonisch bedingte mittlere
Höhenänderung an der Scharzwaldstörung 0,2 mm/a und an der Rheinver-
werfung 0,6 mm/a. ELLENBERG (1993) weist darauf hin, daß zwar die
Beträge der rezenten vertikalen Krustenbewegungen 1 mm/a und mehr
betragen, jedoch die Relativbewegungen an Störungen aneinandergrenzender
Schollen meist nur wenig von Null verschieden sind und kaum die
Signifikanzschwelle erreichen. So gibt ELLENBERG (1993) für die Finne-
störung 0,2 mm/a, für einzelne Bereiche der Eichenberg - Gotha - Saalfelder

Störungszone 0,48 mm/a, für die Hörselbergstörung 0,43 mm/a und für die Ilmenauer Störung 0,15 mm/a an. BANKWITZ., GROSS & BANKWITZ (1993) vermuten, daß die rezenten tektonisch bedingten Horizontalbewegungen größer als die Vertikalbewegungen sind.

Störungen (Verwerfungen) können durch tektonische Vorgänge und/oder anthropogene Veränderungen (Grundwasserabsenkungen, Förderung von Erdöl oder Erdgas, Bergbau, etc.) aktiv sein oder aktiviert werden. Die Lage bekannter, oberflächennaher Störungszonen kann den geologischen Karten 1 : 25 000 (GK25) entnommen werden. Für Deponieneuanlagen sind Störungszonen in jedem Fall zu meiden. Rezente Höhenänderungen an Störungszonen zeichnen sich in den Ergebnissen von Wiederholungsnivellements ab, die von den Landesvermessungsämtern durchgeführt werden. Es ist zu beachten, daß sich den tektonisch bedingten Anteilen der Höhenänderungen Anteile von lokalen Bauwerksbewegungen, Grundwasserstandsänderungen, Rutschungen und Karsterscheinungen überlagern.

Hangrutschungen sind der Erdschwerkraft folgende Massenverlagerungen. Einflußfaktoren, die zu Hangrutschungen führen können, sind morphologische und geologische Strukturen, klimatische Auswirkungen, Wirkung des Wassers sowie anthropogene und geogene Veränderungen (Abholzungen, Abgrabungen, Auswaschungen, Deponieauflast etc.). Ausgelöst werden Hangrutschungen durch eine z. T. kurzzeitige Änderung der Einflußfaktoren. Rutschungen können auch durch Erdbeben ausgelöst werden. REUTER et al. (1992) geben als Bewegungsgeschwindigkeiten bei Kriechen Millimeter bis Zentimeter pro 10 Jahre bis Millimeter bis Zentimeter pro Jahr, für Gleiten Millimeter bis Meter je Tag, für Fließen Meter je Stunde und bei Fallen oder Stürzen Meter je Sekunde an.

Nach PRINZ (1991) sind gut wasserwegsame Locker- und Festgesteine (Kiese, Sande, Sandsteine, Kalksteine, Basalte etc.) über tonigen und mergeligen Schichten besonders rutschungsgefährdet. Als Gleitbahnen wirken Störungs- und Kluftzonen, Schichtfugen und Verwitterungshorizonte.

Im Gelände werden Rutschungen und rutschungsgefährdete Strukturen durch morphologische Untersuchungen, Aufnahme von Bauschäden, Untersuchungen des Baumbestandes, Luftbildauswertung, geologische Aufschlußarbeiten, geodätische und photogrammetrische Messungen der Verlagerungen von Festpunkten sowie durch Inklinometermessungen untersucht. Zur Erkundung struktureller und stofflicher Voraussetzungen für Rutschungsvorgänge (Gleitbahnen) sind geoelektrische und seismische Methoden Stand der Technik. Bewegungen von Gesteinspaketen können durch seismoakustische Messungen nachgewiesen und lokalisiert werden (BORNSCHEIN & LINDNER 1990, HILL, DIXON & KAVANAGH 1998).

4.2.2.5 Subrosion, Karst, Senkungs- und Setzungserscheinungen

Die im Untergrund ablaufenden Lösungsvorgänge an Karbonat-, Sulfat- und Chloridgesteinen werden als Subrosion (Untertageform der Korrosion) bezeichnet. Nach REUTER et al. (1992) verhalten sich die Lösungsgeschwindigkeiten für Kalkstein, Gips und Steinsalz im Verhältnis 1 : 100 : 10 000. Durch den mit der unterirdischen Auslaugung verbundenen Masseschwund kommt es an der Erdoberfläche zu bruchlosen Veränderungen (Senkungen) und zu bruchartigen Veränderungen (Einsturztrichtern, Erdfällen). Als Karst werden die durch Wasser hervorgerufenen Lösungserscheinungen der Gesteine und die dadurch in und über den löslichen Gesteinen entstandenen Strukturen bezeichnet. Nach der Art des gelösten Gesteins unterscheidet man Karbonat-, Sulfat- oder Chloridkarst. Karstbildungen gibt es nicht nur bei Sedimenten, sondern auch bei metamorphen Gesteinen (z. B. Marmor). Die Verkarstung kann abgeschlossen (Paläokarst) oder im Fortschreiten sein. Oft steht die Verkarstung auch in Verbindung mit anthropogenen Ursachen. So führte nach REUTER et al. (1992) die Wasserhaltung im Gipsbruch Sperenberg in den 20er Jahren zu Senkungen von 1 m in 10 Jahren, im Gebiet Bad Frankenhausen war die Sohlegewinnung die Ursache vieler Erdfälle. Das Ersaufen von Kalischächten in Raum Staßfurt am Ende des 19. Jahrhunderts verursachte Senkungen von über 6 m. Die Senkungen halten an (ENGELMANN & KLAMSER 1996). ELLENBERG (1993) stellte in Thüringen flächenhafte Absenkungen der Erdoberfläche durch Subrosion zwischen 0,4 und 1 mm/a fest. Bruchartige Veränderungen im Gefolge von untertägigem Bergbau werden als Tagesbrüche bezeichnet.

Karststrukturen sowie bergbaubedingte Senkungserscheinungen und Tagesbrüche können durch Geofernerkundung, morphologische Geländeanalyse (Geländeformen, Vegetationsveränderungen, Bauschäden) sowie durch geologische und geophysikalische Untersuchungen (Mächtigkeitsanalyse känozoischer Sedimente, Hohlraumerkundung, Nachweis von Lagerungsstörungen und auslaugungsbedingter Zerrüttungszonen) erkundet werden. An einem Beispiel aus dem Raum Staßfurt stellen KUEHN et al. (1997) Möglichkeiten und Grenzen der Geofernerkundung bergbaubedingter Senkungserscheinungen und Tagesbrüche dar. Dabei hat sich die kombinierte Auswertung von hochauflösenden Luftbildern, Thermalaufnahmen, Lasermessungen und Satellitenaufnahmen bewährt. Radarmessungen allein liefern derzeit, verglichen mit den vorgenannten Verfahren, weniger aussagekräftige Ergebnisse. Die bei Bergbaufolgeschäden gewonnenen Erkenntnisse können auch auf die Erkundung von Subrosion, Karsterscheinungen und Hangrutschungen übertragen werden.

Setzungen treten in unverfestigten Lockersedimenten auf, wie sie z. B. in den Absetzerkippen des Braunkohlentagebergbaus durch Umlagerung und Veränderung der Lithologie durch Mischkörperbildung für den „Abraum" über dem Kohleflöz abgelagert worden sind. Neben Setzungen ist auf Tagebaukippen mit Setzungsfließen, Tragfähigkeits- und Erosionsproblemen zu rechnen. Setzungserscheinungen sind auch bei mit Lockermaterial verfüllten Hohlformen (Sand- und Tongruben, Steinbrüchen) zu beobachten. Die Setzungsbeträge werden durch Nivellements und ggf. durch hochgenaue DGPS-Messungen (DGPS: Differential Global Positioning System) bestimmt. Fragen der Standsicherheit und Setzungen durch eine Deponieauflast werden in Kap. 4.3 behandelt.

Literatur

BANKWITZ, P., GROSS, U. & BANKWITZ, E. (1993): Krustendeformation im Bereich der Finne - Kyffhäuser - Gera - Jachymov-Zone. Z. geol. Wiss., **21**, 1/2, 3 - 20, Berlin.

BORNSCHEIN, H. & LINDNER, H. (1990): Apparatur für den Nachweis akustischer Emissionen aus Lockergesteinen. Neue Bergbautechnik **20**, 5, 165 - 169, Leipzig.

DIN 4149, T1 (1981/1992): Bauten in deutschen Erdbebengebieten.

ELLENBERG, J. (1993): Rezente vertikale Erdkrustenbewegungen in Thüringen. Jenaer geographische Schriften, **1**, 7 - 22.

ENGELMANN, D. & KLAMSER, P. (1996): Die Tätigkeit des Bergamtes Staßfurt im Hinblick auf die Bergbaufolgeschäden am Beispiel des Staßfurter Sattels. Exkursionsführer und Veröfftl. GGW, **198**, 29 - 47, Berlin.

HILL, R., DIXON, N. & KAVANAGH, J. (1998): Monitoring deformation of soil slopes using AE: Case histories. Proceedings of the Sixth Conference Acoustic Emission/Microseismic Activity in Geologic Structures and Materials, 381 - 400, TIP TRANS TECH PUBLICATIONS, Clausthal-Zellerfeld.

KUEHN, F., TREMBICH, G. & HOERIG, B. (1997): Multisensor remote sensing to evaluate hazards caused by mining. Proceedings of the Twelfth International Conference „Applied Geologic Remote Sensing" 17 - 19 November 1997, Denver, Colorado, **I**, 425 - 432.

LEYDECKER, G. (1986): Erdbebenkatalog für die Bundesrepublik Deutschland mit Randgebieten für die Jahre 1000 - 1981. Geol. Jb., **E 36**, 3 - 83, Hannover.

LEYDECKER, G. (1998): Erdbebenkatalog für die Bundesrepublik Deutschland mit Randgebieten für die Jahre 800 - 1993 (Schadenbeben bis 1997). Erweiterter Datenfile. Bundesanstalt für Geowissenschaften und Rohstoffe, Hannover.

PRINZ, H. (1991): Abriß der Ingenieurgeologie mit Grundlagen der Boden- und Felsmechanik, des Erd-, Grund- und Tunnelbaus sowie der Abfalldeponien. 2. Aufl., Enke, Stuttgart.

REUTER, F., KLENGEL, J. & PASEK, J. (1992): Ingenieurgeologie. 3. Aufl., Deutscher Verlag für Grundstoffindustrie, Leipzig, Stuttgart.

SCHWEIZER, R. (1991): Interpretation von Höhenänderungen im südlichen Oberrheingraben. Geol. Jb., **E 48**, 219 - 258, Hannover.

4.3 Setzungen und Standsicherheit

MATTHIAS SCHREINER

4.3.1 Setzungen des Untergrundes durch die Deponieauflast

Setzungen sind vertikale Verformungen des Baugrundes, die sich aus der Zusammendrückung des Korngerüstes der Böden infolge einer Last ergeben - hier infolge der Aufschüttung von Abfall. Naturgemäß ist die Zusammendrückbarkeit von Fels um Größenordnungen geringer als die der Lockergesteine. Deshalb beschränken sich Setzungsberechnungen bei vergleichsweise geringen Lasten, wie z. B. Deponien, auf die Lockergesteinsschichten einschließlich einer Verwitterungszone über dem Festgesteinsuntergrund. Verformungen, die sich durch Überschreiten der Bruchfestigkeit ergeben, zählen nicht zu den Setzungen, sondern zu den Stabilitätsproblemen: Grundbruch, Böschungsbruch, Rutschungen (Kap. 4.3.2).

Der Nachweis der Verformungen des Deponieauflagers und des Deponiekörpers ist u. a. wegen der Funktionsfähigkeit der Sickerwasserfassung sowie der Basis- und Oberflächenabdichtung für alle maßgeblichen Deponieschnitte vorzunehmen. Die Berechnungen können analytisch (DIN 4019) oder numerisch (z. B. Finite-Elemente-Methode) ausgeführt werden.

Die Berechnung der Setzungen aus der Auflast (*Abb. 4.2*) gründet sich auf das elastische isotrope Halbraummodell der Spannungsverteilung im Untergrund (*Abb. 4.3*).

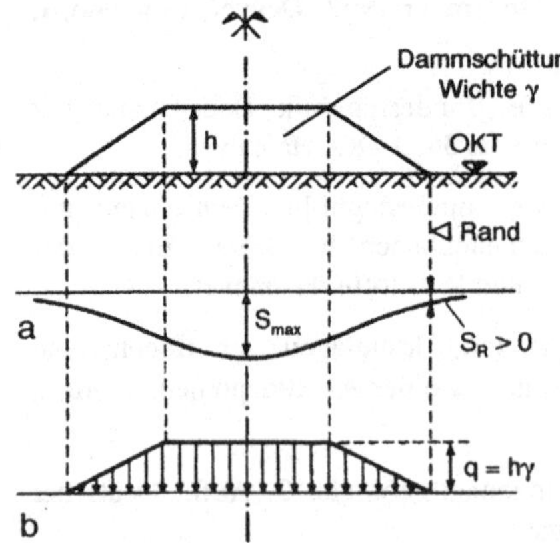

Abb. 4.2: Setzungsmulde **a** unter einer schlaffen Last (Aufschüttung) mit trapezförmiger Sohldruckverteilung, **b** Nach LANG et al. 1996, OKT: Oberkante Terrain, S_{max}: maximaler Setzungsbetrag, S_R: Setzung außerhalb des Randes der Auflast

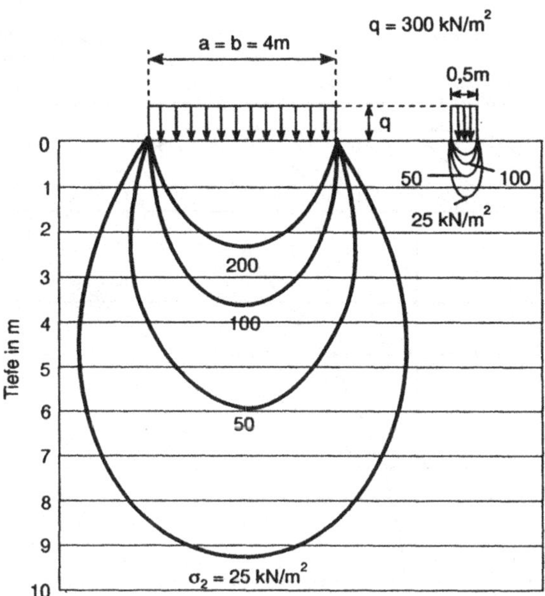

Abb. 4.3: Spannungsverteilung unter einer gleichmäßig verteilten Flächenlast („Druckzwiebel"). Die Abmessungen der Lastfläche sind maßgebend für die Einflußtiefe. (Nach LANG et al. 1996)

Überschlägige Setzungsberechnungen können leicht „von Hand" durchgeführt werden. Andererseits ist Computer-Software in vielen Versionen erhältlich und erlaubt Setzungsberechnungen mit vielen verschiedenen Lastflächen, zusätzlichen Punktlasten, zahlreichen Schichten mit unterschiedlichen Verformungsmoduli, graphischen Darstellungen der Ergebnisse einschließlich Baugrundschnitten mit Setzungskurven, Spannungsverteilungen und schichtbezogenen Setzungen. Es empfiehlt sich jedoch eine Kontrolle der Ergebnisse durch eine Überschlagsrechnung. Vorschriften für Setzungsberechnungen in verschiedenen Fällen sowie Beispiele dazu sind in DIN 4019 sowie in der bodenmechanischen Literatur eingehend behandelt. DIN 4019 weist ausdrücklich darauf hin, daß Setzungsberechnungen immer Näherungsverfahren darstellen und daß die Ergebnisse infolge vereinfachender Annahmen über den Aufbau und die Verformungseigenschaften des Baugrundes sowie infolge der theoretischen Modelle der Spannungsverteilung im Untergrund mehr oder weniger von den tatsächlich auftretenden Setzungen abweichen können. Auch sind Abweichungen zwischen Berechnungen verschiedener Bearbeiter bis zu einem Faktor 2 nicht ungewöhnlich. Insofern führen in der Regel bereits überschlägige Rechenverfahren zu brauchbaren Ergebnissen.

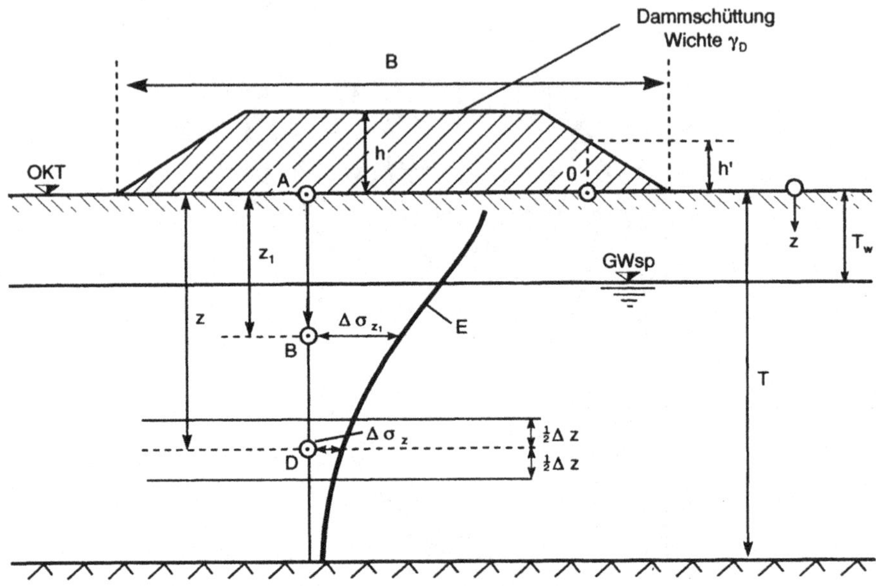

Abb. 4.4: Prinzipskizze zur Setzungsberechnung. Erläuterung im Text. (Nach LANG et al. 1996). OKT: Oberkante Terrain, GWsp: Grundwasserspiegel

Das Prinzip der Setzungsberechnung ist in *Abb. 4.4* dargestellt und soll nachfolgend erläutert werden:

Die Aufschüttung der Höhe *h*, Breite *B* und Länge *L* mit einer Wichte[2] γ_D erzeugt im Untergrund eine nach unten abnehmende vertikale Spannung

$$\Delta\,\sigma_z = J\,h\,\gamma_D,\qquad\qquad (4.1)$$

deren Verlauf unter dem Punkt *A* durch die Kurve E in *Abb. 4.4* dargestellt ist. Diese überlagert sich der nach unten zunehmenden Spannung aus dem Eigengewicht des Bodens

$$\sigma_{zz} = \gamma\,z.$$

In die Berechnung der Auflast geht die Wichte der Aufschüttung ein. Für überschlägige Betrachtungen können folgende Orientierungswerte angesetzt werden:

---

[2] Anstelle der SI-Einheit Dichte (Masse durch Volumen in kg/m^3) wird in der Bodenmechanik die Größe „Wichte" (Gewichtskraft durch Volumen in kp/m^3 oder N/m^3) verwendet. Der Zahlenwert der Wichte in der SI - fremden Einheit kp/m^3 ist gleich dem Zahlenwert der Dichte in kg/m^3. Bei Angabe der Wichte in N/m^3 entspricht der Zahlenwert der Wichte dem 9,80665 fachen (~10 fachen) Zahlenwert der Dichte.

Boden, Bauschutt:	$10 - 20 \ kN/m^3$,
Hausmüll:	$8 - 15 \ kN/m^3$,
Industrie- und Gewerbeabfälle:	$8 - 18 \ kN/m^3$,
Klärschlamm:	$8 - 12 \ kN/m^3$.

Der „Einflußfaktor" J hängt von der Geometrie und Spannungsverteilung in der Lastfläche sowie von der Lage und Tiefe des zu berechnenden Punktes unter der Lastfläche ab. J wird aus Tabellen bzw. graphischen Darstellungen (DIN 4019, KANY 1974, SCHMIDT 1996, SMOLTZYK 1996, LANG, HUDER & AMANN 1996) oder entsprechenden Rechenprogrammen entnommen.

Die Gesamtsetzung s beim Punkt A errechnet sich aus der Summe der Setzungsbeträge Δs der Teilschichten der Dicke Δz

$$s = \sum_{z=0}^{z=T} \Delta s = \sum_{z=0}^{z=T} \frac{\Delta \sigma_z}{E_{s(z)}} \Delta z . \tag{4.2}$$

Die Steifemoduln E_s der Hauptbodenarten nehmen etwa folgende Größenordnungen an (alle Werte in MN/m^2) (*Tab. 4.9*):

Tabelle 4.9: Steifemoduln E_s der Hauptbodenarten

Bodenart	Lagerungsdichte / Konsistenz		
Nicht bindige Böden	Locker	Mitteldicht	Dicht
Sandiger Kies	30 - 80	80 - 100	100 - 200
Sand	10 - 30	30 - 50	50 - 80
Feinsand	8 - 12	12 - 20	20 - 30
Bindige Böden	Weich	Steif	Halbfest-fest
Sandiger Schluff	5 - 8	10 - 15	20 - 40
Toniger Schluff	3 - 6	6 - 10	15 - 30
Schluffiger Ton	2 - 5	5 - 8	12 - 20
Fetter Ton	1 - 4	4 - 7	12 - 30
Organischer Schluff	0,1 - 0,5	0,5 - 5	
Organischer Ton	0,1 - 0,2	0,5 - 4	
Torf	< 0,1	0,1 - 2	
Verwitterter Fels			500 - 1 000
Frischer Fels			1 000 - 4 000

Steifemoduln werden an Bodenproben im Labor durch den KD-Versuch (Kompressions-Durchlässigkeits-Versuch, Ödometer-Versuch) unter verschiedenen Randbedingungen, wie z. B. Vorbelastung, ermittelt (s. Bd. 5). Die Werte sind sehr stark von der Qualität der Proben abhängig (vgl. auch Bd. 4, Kap. 3). Steifemoduln werden auch *in situ* mit Seitendrucksonden bestimmt (Bd. 4, Kap. 5.5).

Bei Setzungsberechnungen von Fundamenten geht man davon aus, daß in Tiefen, wo die auflastbedingten vertikalen Spannungen σ_z nur noch 20 % der Eigengewichtsspannungen des Untergrundes betragen, keine nennenswerten Setzungen mehr auftreten (DIN 4019). Diese sog. „Grenztiefe" (z_G)

$$z_G = \frac{5\,\sigma_z}{\gamma} \tag{4.3}$$

mit γ mit Wichte des Bodens

(ggf. unter Grundwasser) entspricht ganz grob betrachtet etwa der ein- bis zweifachen Breite B der Lastfläche (vgl. *Abb. 4.2*). Bei den ausgedehnten Deponiekörpern (z. B. $B = 100$ m oder mehr) ergeben sich dadurch große Grenztiefen und entsprechend hohe - oft unrealistische - rechnerische Setzungsbeträge. Hier muß man auf empirische Daten und Empfehlungen zurückgreifen (ALTES 1976, BEHRENS & FEISER 1995), z. B. die Steifemoduln mit der Tiefe erhöhen oder die Grenztiefen auf bestimmte Anteile der Lastflächenbreite beschränken (abhängig von der Breite der Lastfläche und dem Betrag der Last etwa 70 - 50 % von B). DRESCHER (1997) schlägt vor, den Setzungseinfluß auf eine Tiefe von

$$t < 2P_z / \gamma$$

mit P_z Müllauflast,
     γ Wichte des Untergrundes

zu begrenzen, falls keine besonderen setzungsrelevanten Bedingungen vorliegen (z. B. tiefliegende Weichschichten, hochliegender Felshorrizont).

Für die Erkundung kann dies bedeuten, daß Bohrungen mit Entnahme von Proben der Güteklasse 1 oder Kernbohrungen in Lockergestein bis in Tiefen von etwa 100 m oder mehr abgeteuft werden sollen (s. auch Bd. 4, Kap. 5.1), die ggf. durch Messungen in Bohrlöchern mit Seitendrucksonden zu ergänzen sind. Die elastischen Parameter aus seismischen Messungen (Bd. 3, Kap. 7) sind nicht unmittelbar für die Setzungsberechnungen auszuwerten. Nur indirekt über die Bodenansprache und Annahmen zur Querdehnungszahl μ können nach (4.4) wahrscheinliche Steifemoduln E_s aus dem E-Modul abgeleitet werden (Bd. 4, Kap. 5.5):

$$E_s = \frac{(1 - \mu)\,E}{(1 - \mu - 2\mu^2)}\,.\tag{4.4}$$

Seismische Messungen können jedoch - ebenso wie weitere geophysikalische Verfahren - zur Aufklärung der Homogenität des Untergrundes beitragen.

Für die Funktion der Entwässerungseinrichtungen und der Basisabdichtung von Deponien sind nicht die absoluten Setzungen des Untergrundes, sondern in erster Linie die wahrscheinlichen *Setzungsdifferenzen* und daraus resultierenden Dehnungen maßgebend, die in den Bereichen der stärksten Krümmung der Setzungsmulde oder über sprunghaften Steifigkeitsänderungen von inhomogenem Untergrund ein Maximum erreichen. Setzungsdifferenzen werden aus den unterschiedlichen Gesamtsetzungen an verschiedenen Punkten des Deponieauflagers errechnet (z. B. BEHRENS & FEISER 1995). Setzungsdifferenzen mögen beispielsweise grob in der Größenordnung von 20 - 50 % der Gesamtsetzungen liegen. Das Ausmaß der Setzungsdifferenzen wird oft von den Eigenschaften der oberflächennahen Schichten bestimmt. Tiefe Horizonte haben darauf meist keinen großen Einfluß mehr; sie bestimmen aber oft maßgeblich die Gesamtsetzungen. Der notwendige Erkundungsaufwand sollte auch unter diesem wichtigen Gesichtspunkt kalkuliert werden.

In bindigen Böden werden die *Setzungsgeschwindigkeiten* durch den langsamen Porenwasserabstrom infolge geringer Durchlässigkeit verzögert. Die zum Abklingen der Setzungen erforderliche Zeit t kann aus dem Konsolidierungsbeiwert c_v hergeleitet werden:

$$t \cong \frac{T h^2}{c_v} . \qquad\qquad (4.5)$$

Diese Zeit wächst demnach mit dem Quadrat der Schichtstärke h der zusammendrückbaren Schicht, wenn die Entwässerung nur einseitig (z. B. nach oben) erfolgt. Bei zweiseitiger Entwässerung (durchlässige Schichten auch unter dem Ton) ist h^2 durch $h^2/4$ zu ersetzen. Der Zeitfaktor T ist eine Funktion des Konsolidierungsgrades der jeweiligen Schicht; für den Zeitfaktor unter Berücksichtigung von Randbedingungen über den Verlauf der Porenwasserdrucke existieren Tabellen (s. LANG, HUDER & AMANN 1996). Der *Konsolidierungsbeiwert* c_v ergibt sich aus:

$$c_v = \frac{k_f E_s}{\gamma_w} \qquad\qquad (4.6)$$

mit E_s Steifemodul,

       k_f Durchlässigkeitsbeiwert,

       γ_w Wichte des Wassers.

Typische Werte für c_v in nicht vorbelasteten (erstkonsolidierten) Böden sind:

leicht plastische Tone	$5 \cdot 10^{-7}$ m²/s,
mittelplastische Tone	$1 \cdot 10^{-7}$ m²/s,
ausgeprägt plastische (fette) Tone	$2 \cdot 10^{-8}$ m²/s.

BEHRENS & FEISER (1995) geben ein Beispiel, wonach bei rascher großflächiger Aufschüttung von Hausmüll bis ca. 20 m Höhe auf einer 5 m mächtigen bindigen Schicht ($E_s = 40$ MN/m²) über Festgestein folgende Setzung eintritt:

$$s = \frac{h\sigma_z}{E_s} = \frac{5 \text{ m} \cdot 260 \text{ kN} / \text{m}^2}{40000 \text{ kN} / \text{m}^2} = 3{,}25 \text{ cm} \; .$$

Die für 90 % der Gesamtsetzung erforderliche Zeit t beträgt bei einer Durchlässigkeit des Tons von $k_f = 10^{-11}$ m/s t = 20 a.

Über mächtigen bindigen Schichten können Setzungen infolge langsamer Konsolidierung des Untergrundes erst über einen Zeitraum von etwa 100 - 200 Jahren abklingen (zum Vergleich beträgt die Betriebsdauer einer Deponie ca. 10 Jahre). Hat die Tonschicht beispielsweise eine Mächtigkeit von 15 m, so erhöht sich die Setzung im o. g. Beispiel auf s = 9,75 cm und die Zeit auf t = 180 a. Anhaltende Setzungen sind theoretisch möglich, wenn nach einiger Zeit trotz Basisabdichtung Sickerwässer in die geologische Barriere eindringen und das Korngefüge der Tone durch Ionenaustausch schrumpfen oder gar zusammenbrechen sollte (RADLINGER 1997). Spätere Grundwasserabsenkungen im Umfeld der Deponie (Baumaßnahmen) oder unter der Deponie (ggf. hydraulische Sicherungsmaßnahmen) können nachweislich starke Setzungen verursachen oder aktivieren.

Der Verlauf der Setzungen kann durch Feinnivellements verfolgt oder automatisch mit Setzungspegeln (Kontraktometer) oder Extensometern registriert werden. Bei Deponiebauten ist die Installation von - z. B. in die Dränrohre verlegten - Schlauchwaagen zur Niveaumessung günstig. Daneben sind direkte Porenwasserdruckmessungen im Untergrund zu empfehlen (Meßgeräte s. FECKER 1997). Aus den Meßergebnissen lassen sich anhand von Zeitsetzungskurven der Laborproben zuverlässigere Setzungsprognosen als aus den Setzungsberechnungen allein ableiten.

4.3.2 Standsicherheit

Dieser Abschnitt behandelt Stabilitätsprobleme, die sich aus der Beanspruchung des Untergrundes durch die Deponieaufschüttung ergeben und die Standsicherheit der Böschungen von Gruben, Steinbrüchen, Berghängen im Bereich der Deponie. In Wechselwirkung mit dem Untergrund kann die Stabilität von Haldendeponien durch *Böschungsbrüche* gefährdet sein. Im geneigten Gelände können durch Profiländerungen infolge Abgrabungen und Aufschüttungen sowie durch Eingriffe in den Bodenwasserhaushalt *Rutschungen* ausgelöst werden (*Abb. 4.5*). Ältere, zum Stillstand gekommene Rutschungen können durch Eingriffe aktiviert werden.

Ein Blick auf *Abb. 4.5* läßt die Komplexität von Stabilitätsberechnungen für eine Böschung erahnen: Es ist eine dreidimensionale, unregelmäßig geformte Bruchfläche in einem meist nicht genau bekannten Untergrund mit nur näherungsweise meßbaren Scherparametern und Wichten zu bestimmen. Die Wasserverhältnisse in der Böschung sind häufig unklar und unterliegen zeitlichen Schwankungen (Niederschläge). Die bodenmechanische und grundbauliche Fachliteratur ist voll von Lösungsvorschlägen und Beispielrechnungen (s. a. DIN 4084). Hier würde schon die Vorführung der gängigsten Verfahren den Rahmen dieses Bandes sprengen. Ähnlich wie bei den Setzungsberechnungen gilt auch hier, daß sehr aufwendige detaillierte Rechenverfahren oft sinnlos sind, da die zugrundegelegten Baugrundmodelle die Natur nur grob wiederspiegeln und die Schwankungsbreite der natürlichen Bodenkennwerte sehr groß sein kann. Die Erfahrung mit Berechnungen von Rutschungen, die wirklich eingetreten sind, lehrt allerdings, daß unter folgenden Voraussetzungen prinzipiell richtige Aussagen durch Berechnungen getroffen werden:

- geologisch sinnvolle Bruchflächengeometrie,

- Berücksichtigung relevanter Wasserverhältnisse (Porenwasserdrücke, Strömungen) und

- Bestimmung repräsentativer Scherparameter.

Durch die Erfahrung kennt man rutschungsanfällige geologische Formationen und instabile geologisch-morphologische Konstellationen (s. PRINZ 1991). Solche kritische Bereiche könnten evtl. bei der Standortwahl außer Betracht bleiben. Leider bilden sich gerade in barrierewirksamen mächtigen Tonschichten besonders instabile Böschungen (*Tab. 4.10*). Besonders rutschanfällig sind wasserdurchlässige Schichten auf geringdurchlässigen Tonen (Muschelkalk auf Röt-Ton, Malm-Kalksteine über Ornatenton und Dogger-Sandsteine über Opalinuston) sowie mächtige tonige Schichtpakete (Rupelton des Tertiär, Keupertone und -mergel), vulkanische Tuffe sowie mächtige Verwitterungsbildungen auf Festgestein (Basaltblocklehm, periglazialer Hangschutt).

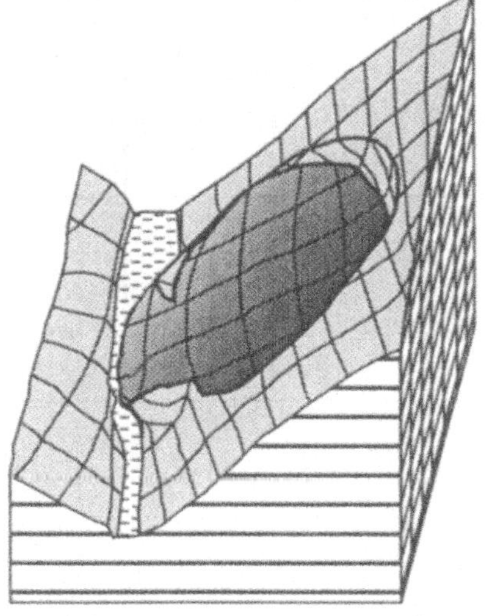
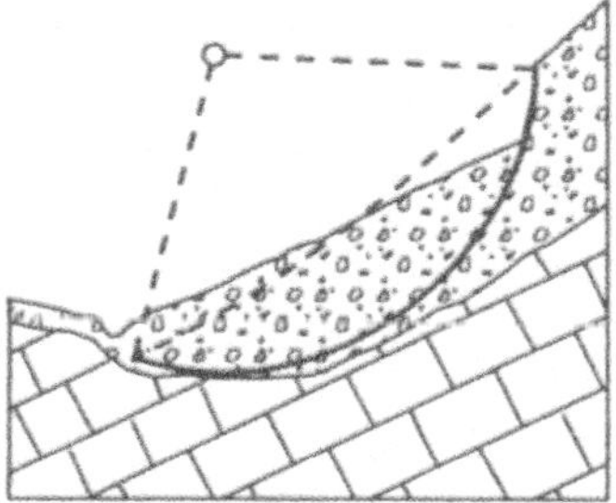

Abb. 4.5: Typisches Erscheinungsbild (*links*) und Gleitkreismodell (*rechts*) eines Böschungsbruchs. (Nach LANG et al. 1996)

Je nach Untergrund und Schüttmaterial können maximale Böschungsneigungen und Böschungshöhen vorgegeben werden, bei deren Einhaltung in
einfachen Fällen keine rechnerischen Stabilitätsnachweise gefordert werden
(PRINZ 1991). Die *Tab. 4.10* und *4.11* geben Richtwerte für Böschungsneigungen in natürlichen bindigen Böden und Festgesteinen. In der Regel sind
Entwässerungsmaßnahmen vorzusehen.

Tabelle 4.10: Richtwerte für Böschungsneigungen (Einschnitte) in natürlichen bindigen
Böden. Bei steileren Neigungen sind Böschungsbruch-Berechnungen nach DIN 4084
erforderlich. (Nach Schmidt 1996)

Bodenart nach DIN 4022	Böschungs- höhe	Böschungs- neigung Einschnitt	Plastizitäts- zahl	Wichte des Bodens	Scherfestigkeit	
					Reibungs- winkel	Kohäsion
-	h	-	I_p	γ	ϕ	c^2
-	[m]	-	-	[kN/m^3]	[Grad]	[kN/m^3]
Schluff	0 - 3 3 - 6 6 - 9 9 - 12 12 - 15	1 : 1,25 1 : 1,6 1 : 1,75 1 :1,9 1 : 2	< 0,10	18	25	5 2,5
Sandiger, schwach toniger Schluff	0 - 3 3 - 6 6 - 9 9 - 12 12 - 15	1 : 1,25 1 : 1,25 1 : 1,4 1 : 1,6 1 : 1,7	0,10 bis 0,20	19	25	10 5
Schwach sandiger, schluffiger Ton	0 - 3 3 - 6 6 - 9 9 - 12 12 - 15	1 : 1,25 1 : 1,25 1 : 1,25 1 : 1,7 1 : 2	0,20 bis 0,30	20	17,5	20 10
Ton	0 - 3 3 - 6 6 - 9 9 - 12 12 - 15	1 : 1,25 1 : 1,25 1 : 1,25 1 : 1,5 1 : 2	> 0,30	20	10	35 17,5

Tabelle 4.11: Erfahrungswerte für Böschungen im Festgestein. (In Anlehnung an PRINZ 1991)

Gestein im Untergrund	Maximale Böschungsneigungen
Harte, sandige Tonschiefer (Devon, Karbon)	60° - 70°
Milde Tonschiefer, schwach verwittert (Devon, Karbon)	1 : 1 - 1 : 1,5
Sandstein-Tonstein-Wechselfolgen (Unterer und Mittler Buntsandstein); die kritische Schichtneigung liegt bei 10° - 12°	1 : 1,25 - 1 : 1,5
Tonsteine des Röt (Oberer Buntsandstein)	1 : 1,5 - 1 : 2
Tonsteine des Keuper	1 : 1,5 - 1 : 2
Tonsteine des Jura	≤ 1 : 2
Tone des Tertiär	≤ 1 : 2

Beim Versagen einer Böschung stehen die durch das Gewicht des Bruchkörpers zuzüglich einer evtl. Oberflächenlast einwirkenden Kräfte nicht mehr im Gleichgewicht mit dem durch die Normalkraft und Scherfestigkeit des Bodens gegebenen Widerstand in der Gleitfläche bzw. Bruchzone (*Abb. 4.6*).

Bei den Berechnungen wird die Sicherheit vieler verschiedener Bruchflächen untersucht. Durch entsprechende Computerprogramme können zahlreiche Gleitflächen berechnet werden, bis die ungünstigste Bruchfigur gefunden wird. Die durch die geologischen Strukturen vorgezeichneten Gleitflächen oder Bruchzonen müssen bei der Berechnung berücksichtigt werden (*Abb. 4.7, 4.8*). Es kommt jedoch vor, daß der ungünstigste natürliche Bruchmechanismus bei den Modellrechnungen nicht beachtet wird.

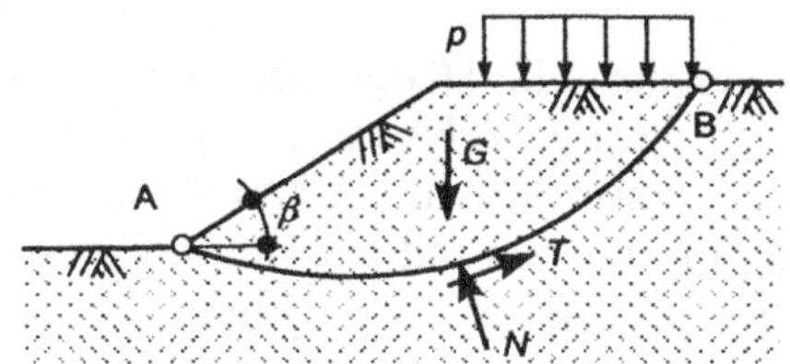

Abb. 4.6: Prinzipskizze des Böschungsbruchs (*p* Oberflächenlast, *G* Gewicht des Bruchkörpers, *N* Normalkraft in der Gleitfuge, *T* Gleitwiderstand). (Nach SCHMIDT 1996)

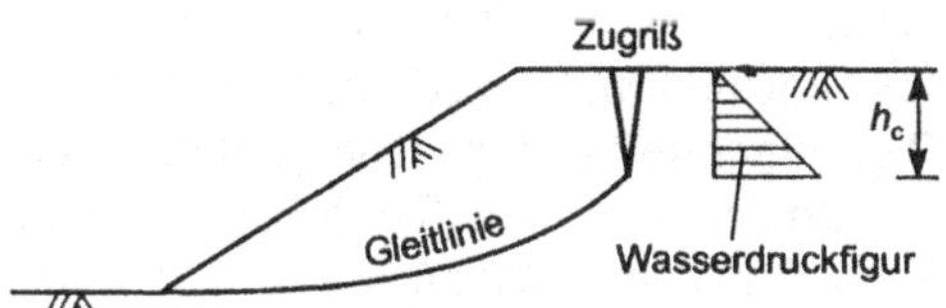

Abb. 4.7: Böschungsbruch durch Wasserdruck in Zugrissen, die sich in bindigen Böden nach längerer Standzeit der Böschung bilden können (s. DIN EN 4084-100). (Nach SCHMIDT 1996)

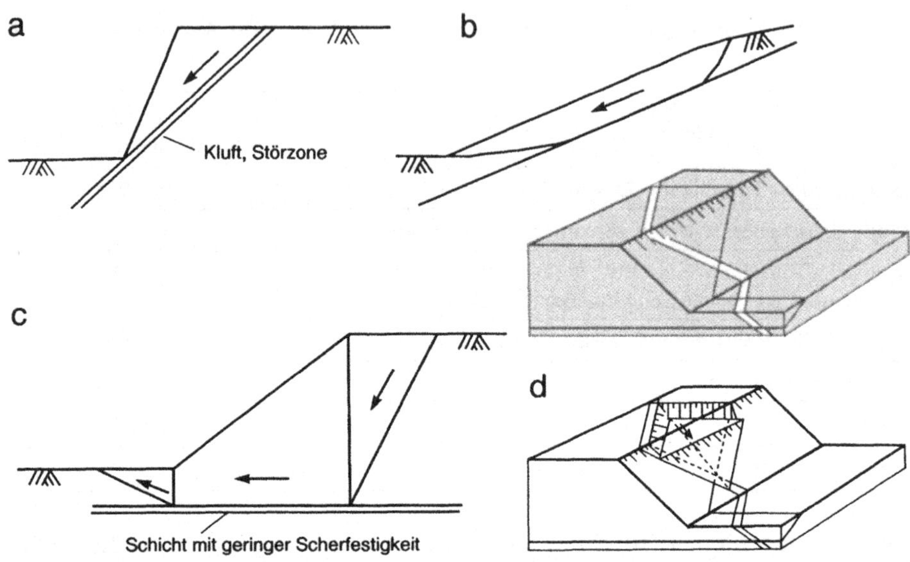

Abb. 4.8 a-d: Durch geologische Strukturen vorgezeichnete Bruchmechanismen **a** ebene Gleitfläche, **b** flachgründige Gleitfuge über einer Schichtgrenze, **c** 3-Blöcke-Modell, **d** Abgleiten von Felskeilen in Verschneidungen von Schicht- und Kluftflächen (**a-c** nach SCHMIDT 1996, **d** nach HEITFELD & HESSE 1982)

Der *geologischen Detaillkartierung* (Bd. 4, Kap. 2) und Profilaufnahme kommt hier besondere Bedeutung zu. Selbst unscheinbare Trennflächen, die leicht zu übersehen sind, können sich als Gleitflächen ersten Ranges erweisen, wenn Tonbeläge und eingedrungenes Wasser die Reibung vermindern. Die Erkundung der Wasserverhältnisse im Hang kann nicht sorgfältig genug durchgeführt werden, da Strömungskräfte und Porenwasserdrucke ebenfalls stark instabilisierend wirken.

Bei der Erkundung größerer Flächen auf instabile Hänge oder auf aktive, stillstehende und fossile Rutschungen kann die *Fernerkundung* mit der Auswertung stereoskopischer Luftbilder gute Dienste leisten. Naßzonen können mit CIR-Aufnahmen und Sickerstellen in Böschungen mittels Thermalbildern erkannt werden (s. Bd. 1). Durch photogrammetrische Aufnahmen können Geländeprofile sehr genau vermessen werden. Bewegungen im Inneren eines Hanges können mittels *Inklinometern und Kettendeflektometern* (Instrumente bei FECKER 1997) verfolgt werden, die in Bohrlöcher einzubauen sind.

Für die Untersuchung instabiler Hänge eignen sich auch *Kernbohrungen* (Bd. 4, Kap. 5). Tonproben sollen außer auf tektonische Strukturen auch auf das Korngefüge (z. B. Regelung der Tonmineralplättchen, Röntgentexturanalysen, Rasterelektronenmikroskopie, s. Bd. 5) und den Tonmineralbestand untersucht werden. Die Scherfestigkeiten der Tone hängen von der Art und dem Anteil der Tonminerale ab (z. B. existieren nach RADLINGER 1997

Restscherfestigkeiten mit Reibungswinkeln von < 6° bei > 20 % Montmorillonit-Gehalt, von < 32° bei > 20 % Kaolinit-Gehalt). Das Eindringen von Deponiesickerwässern kann Ionenaustausch in den Zwischenschichten der Tonminerale und in der Folge eine Herabsetzung der Scherfestigkeiten bewirken (RADLINGER 1997).

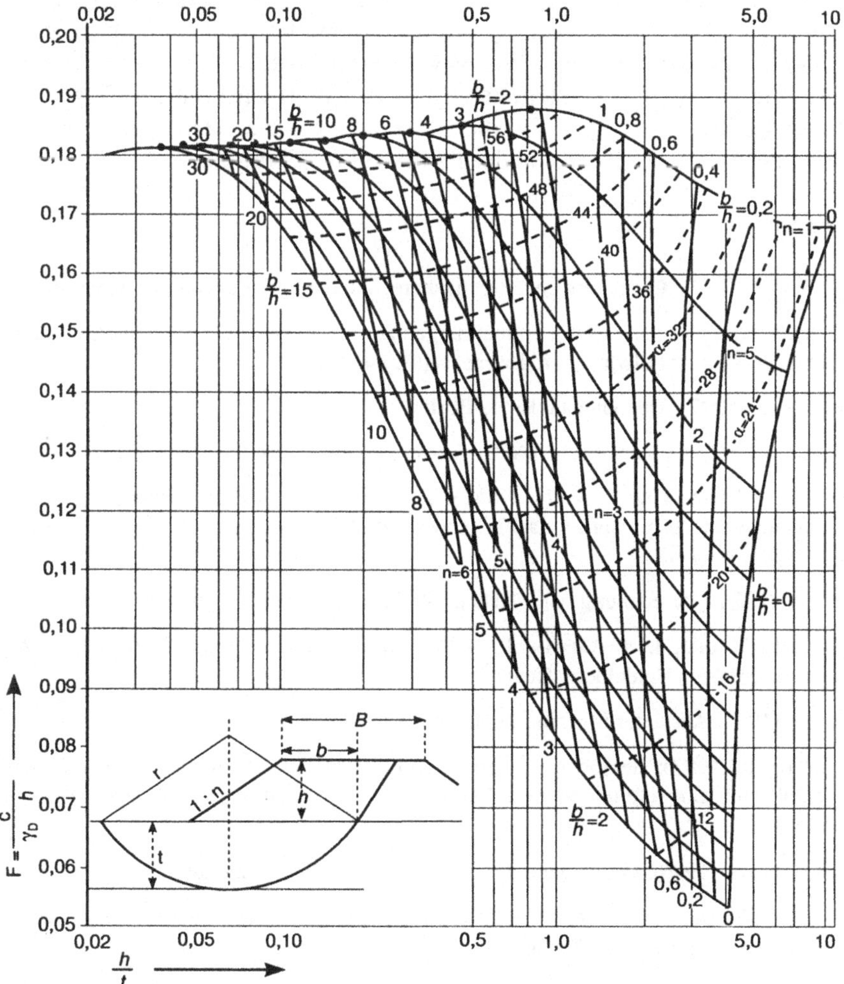

Abb. 4.9: Netztafel zur Bestimmung der Standsicherheit bei Dämmen (oder ähnlichen Aufschüttungen) auf weichem Untergrund. (Nach SIEDEK & DIESLER 1969). (F = Stabilitätszahl, c = undränierte Scherfestigkeit des Untergrundes, t = Mächtigkeit der weichen Schicht, b Breite der Dammkrone, h = Höhe der Aufschüttung, 1 : n Neigungsverhältnis der Böschung, γ_D = Wichte des Schüttmaterials)

Grundbrüche (DIN 4017) sind infolge der ausgedehnten Lastflächen von Deponien nicht relevant. Auf weichem Untergrund, z. B. in mächtigen unkonsolidierten Schluffen und Tonen (Kleiböden in Küstenregionen, Auelehme, Seekreiden, Seetone, Spülfelder u. a.), können jedoch *tiefreichende Bruchfiguren* entstehen, da Belastungen Porenwasserüberdrucke erzeugen, welche die Scherfestigkeit des Bodens auf den reinen Kohäsionsanteil herabsetzt (Reibungswinkel $\varphi = 0$). *Abbildung 4.9* zeigt eine Netztafel, mit der man die für den Sicherheitsfaktor $h = 1$ erforderliche undränierte Scherfestigkeit des Untergrundes c_u bei gegebenen Abmessungen der Aufschüttung (h, t, b, n) aus der zugehörigen Stabilitätszahl F (Ordinate) und der Last der Aufschüttung ($\gamma_D \cdot h$) ermitteln kann. Der c_u - Wert wird mit der Flügelsonde bestimmt (s. Bd. 4, Kap. 5.5). Da die Bestimmung der Scherfestigkeit ungenau ist, wird der Sicherheitsfaktor in der Praxis auf $h = 2$ erhöht.

Literatur

ALTES, J. (1976): Die Grenztiefe bei Setzungsberechnungen. Bauingenieur, **51**, 93-96.

BEHRENS, W. & FEISER, J. (1995): Anmerkungen zur Berechnung der Setzungen von Deponiebauwerken. AbfallwirtschaftsJournal **7** (9), 545-549.

DRESCHER, J. (1997): Deponiebau. Ernst, Berlin.

FECKER, E. (1997): Geotechnische Meßgeräte und Feldversuche im Fels. Enke, Stuttgart.

HEITFELD, K.-H. & HESSE, K. H. (1982): Zur Methodik ingenieurgeologischer Untersuchungen am Beispiel eines flachliegenden Straßentunnels. Mitt. Ing.- und Hydrogeol. **12**, 44-83, Aachen.

KANY, M. (1974): Berechnung von Flächengründungen. 2. Aufl. Ernst, Berlin.

LANG, H-J., HUDER, J. & AMANN, P. (1996): Bodenmechanik und Grundbau. 6. Aufl. Springer, Berlin, Heidelberg, NewYork.

PRINZ, H. (1991: Abriß der Ingenieurgeologie. Enke, Stuttgart.

RADLINGER, P. (1997): Geologische Barriere und mineralische Abdichtung in der Deponietechnik. In: Umweltbundesamt (Hrsg.): Abfallwirtschaft in Forschung und Praxis, Bd. **98**.

SCHMIDT, H.-H. (1996): Grundlagen der Geotechnik. Teubner, Stuttgart.

SIEDEK, P. & DIESLER, W. (1969): Die Standsicherheit von Dämmen auf wenig tragfähigem Untergrund. Straßen- und Tiefbau, 1039-1042, Publizität, Isernhagen.

SMOLTZYK, U. (1996): Grundbautaschenbuch. Bd. 1, 5. Aufl., Ernst, Berlin.

DIN 4019-1 (1979): Setzungsberechnung bei lotrechter und mittiger Belastung.

DIN 4019-100 (1996): Setzungsberechnungen (Euro-Vornorm).

4.4 Grundwassersituation

JOACHIM BAUMANN, GUNTER DÖRHÖFER, KURT-HEINER KRIEGER & HILDEGARD WILKEN

Die Untersuchung der Grundwassersituation ist eines der wesentlichen Ziele bei der Erkundung eines Deponie- oder Altlastenstandortes, da der Grundwasserpfad häufig den wichtigsten Austragspfad für Schadstoffe darstellt. Die Beurteilung eines Standortes hinsichtlich seiner Langzeitsicherheit, die Planung von effektiven Grundwasserüberwachungs- sowie evtl. Sicherungs-/Sanierungsmaßnahmen setzen die genaue Kenntnis der standortspezifischen hydrogeologischen Gegebenheiten voraus.

Bei der Planung und Durchführung der Untersuchungen bestehen deutliche Unterschiede, je nachdem ob

- ein neuer (unverritzter) Deponiestandort oder

- ein bereits vorbelasteter Standort einer potentiellen Altlast

erkundet werden soll.

Während die Erkundung neuer Standorte nach heutigen Vorgaben auf die Erkundung nur gering durchlässiger Barrieregesteine beschränkt sein wird, muß bei bereits vorgeprägten Altlaststandorten mit einer Vielzahl sehr unterschiedlicher Standortbedingungen gerechnet werden. Wesentliches Ziel bei der Erkundung eines neuen Standortes ist der Nachweis der Integrität geologischer Barrieregesteine, d. h. das Fehlen konduktiver Zonen, wie Störungen oder schichtgebundener Diskontinuitäten.

Bei Altlaststandorten liegt meist keine zusammenhängende geologische Barriere vor. Hier konzentrieren sich die Untersuchungen auf das Ausmaß und die Möglichkeiten eines Austrages über die grundwasserleitenden Gesteine bzw. der Klärung, ob in Teilen des Untergrundes geringleitende Einheiten vorhanden sind.

Die Grundwassersituation wird sinnvollerweise abgestuft erkundet, dabei sind die folgenden Themenkomplexe zu untersuchen (*Tab. 4.12*):

1. Aufbau des Untergrundes, geologische und hydrogeologische Situation im Umfeld,

2. Eigenschaften relevanter hydrogeologischer Einheiten,

3. Grundwasserdynamik,

4. hydrochemische Situation bzw. natürliche Grundwasserbeschaffenheit und Veränderungen durch Stoffeinträge.

Tabelle 4.12: Themenkomplexe einer hydrogeologischen Erkundung

Aufbau des Untergrundes, geologische und hydrogeologische Situation im Umfeld	Eigenschaften relevanter hydrogeologischer Einheiten	Grundwasser-dynamik	Hydrochemische Situation
Lagerungsverhältnisse und lithologische Beschreibung der Gesteine	Leitertyp (frei, gespannt, halbgespannt)	Grundwassergefälle (Richtung und Betrag)	Grundwassertypen
Störungen, Klüfte und Trennflächengefüge	Transmissivität	Fließgeschwindigkeit	Vertikale Zonierung der Grundwasserbeschaffenheit
Inhomogenität und räumliche Variabilität der Gesteine	Durchlässigkeit	Hydrodynamische Dispersion	Geogener Hintergrund
Geometrie der relevanten hydrogeologischen Einheiten	Speicherkoeffizient	Instationäre Grundwasserströmung	Stoffeinträge (zeitliche und räumliche Ausdehnung)
Tiefe, Mächtigkeit, Ausdehnung der relevanten grundwasserleitenden und geringleitenden Schichten	Effektive Porosität	Grundwasserneubildung	
Anisotropien und Inhomogenitäten/Variabilität der Grundwasserleiter	Variabilität und Richtungsabhängigkeit der hydraulischen Kennwerte	Hydraulische Kommunikationen zwischen GW-Leitern	
Stockwerkgliederung		Einsickerung aus anderen Grundwasserstockwerken und Oberflächengewässern	
Seitliche Begrenzung der GW-Leiter			
Grundwasserflurabstand			
Mächtigkeit und Aufbau der ungesättigten Zone			
Unterirdisches Einzugsgebiet			
Vorfluter, Grundwasseraustritte			

4.4.1 Aufbau des Untergrundes, geologische und hydrogeologische Situation im Umfeld

Das Verständnis und die Beschreibung der hydrogeologischen Situation im Umfeld eines Deponie- oder Altlastenstandortes setzt Kenntnisse der Lagerungsverhältnisse, Mächtigkeit, Tiefe und Ausdehnung der wichtigen hydrostratigraphischen Einheiten und deren petrographische Beschreibung voraus. Die Erkundung des geologischen Aufbaus erfolgt je nach Flächengröße und Standorttyp durch die punktuellen geologischen Aufschlußverfahren (Sondierungen, Bohrungen und Schürfe) in Kombination mit zerstörungsfreien geophysikalischen Oberflächenmethoden. Dem gehen geologische Voruntersuchungen anhand von insbesondere geologischem Kartenmaterial voraus und ggf. der Einsatz von Fernerkundungsmethoden. Die Vorgehensweise zur Erkundung des geologischen Aufbaus ist bereits in Kap. 4.2 dieses Bandes beschrieben.

Bei den meisten Standorten werden die Untersuchungen in den beiden Phasen „Orientierungsuntersuchung" und „Detailuntersuchung" zu leisten sein. Bereits in der Orientierungsuntersuchung sind die wesentlichen hydrogeologischen Sachverhalte zu klären, so daß im Zuge der Detailuntersuchung lediglich ergänzende bzw. vertiefende Untersuchungen durchzuführen sind. Es muß ausdrücklich davon abgeraten werden, den Umfang der Orientierungsuntersuchungen zu gering zu wählen, weil die sichere Beurteilung des Standortes und seines Umfeldes einen gewissen Mindestumfang an Informationen erfordert. Die geowissenschaftlichen Untersuchungen sollten neben dem Grundwasser auch einzelne oberirdische Gewässer sowie den Boden umfassen.

Eine Methodenauswahl (*Tab. 4.13*) ist so zu treffen, daß die benötigten geologischen Untersuchungsergebnisse möglichst wirtschaftlich erhoben werden. Mit Hilfe von Kartenunterlagen, die entweder in Form von geologischen und hydrogeologischen Karten oder als Spezialkarten, (z. B. Lithofazies, Baugrund) vorliegen, sind Aussagen über die Lagerungsverhältnisse und die Ausdehnung der Barrieregesteine möglich. Meist allgemein gehaltene Informationen über die Zusammensetzung bzw. Faziesausprägung, die Homogenität und zu Lagerungsverhältnissen der relevanten hydrostratigrafischen Einheiten sind aus den geologischen Karten und deren Erläuterungen zu erhalten. Luft- und Satellitenbilder können weitere Details liefern. Die Aussagefähigkeit dieser Bilder ist in Mitteleuropa allerdings eingeschränkt, da das Vorhandensein von Vegetation und Bauwerken (z. B. Wege, Dränagen) die Interpretationen erschwert. Für eine fehlerfreie Interpretation sind besondere Erfahrungen notwendig, die in den meisten Fällen nur von Spezialisten erbracht werden können. Ähnlich verhält es sich mit der Auswertung der geophysikalischen Verfahren, die für eine flächenhafte Erkundung hilfreich sind. Im Normalfall sind die geoelektrischen

Tabelle 4.13: Methoden zur Standortuntersuchung

Methode	Eignung	Kurzbeschreibung
Kartenauswertung	Locker- und Festgestein Ermittlung von Schichtgrenzen, Störungen etc.	Karten unterschiedlichen Inhalts (z.B. Geologie, Hydrogeologie, Bodenkunde etc.), z. T. mit Erläuterungen
Fernerkundung	S. oben	Bilder (analog/digital), Luft- oder Satellitenbilder
Geländeaufnahme	S. oben	Kartierung im Gelände: Flächen, Aufschlüsse, Lineamente
Schurf, Aufgrabung	S. oben	Nur bis in geringe Tiefen, vorwiegend in ungesättigter Zone, Verwitterungs- und Auflockerungsbereich
Sondierung/Kleinbohrung (Rammkernschlitz- oder Nutsondierung)	Lockergestein und Auflockerungszone im Festgestein	Nur bis in begrenzte Tiefen, Verdichtung zwischen Bohrungen
Bohrungen	Locker- und Festgestein Ausbau zu Brunnen möglich	Verschiedene Bohrverfahren (s. *Tab. 4.14*), gestörte und ungestörte Probenahme, bis in größere Tiefen möglich
Geophysikalische Messungen	Locker- und Festgestein, auf der Erdoberfläche und in Bohrlöchern (verrohrt bzw. unverrohrt)	Verschiedene Meßmethoden in Bohrlöchern (s. *Tab.4.15*) und an der Erdoberfläche (geoelektrisch, elektromagnetisch, seismisch, radiometrisch etc.)
Probenahme (gestörte und ungestörte)	Locker- und Festgestein, aus Schürfen und Bohrungen	Proben für physikalische und chemische Analytik (z. B. Korngrößen- und Durchlässigkeitsbestimmung, Tonmineralogie, Sorptionsverhalten etc.)

Widerstandsmessungen, elektromagnetische, magnetische und seismische Messungen auch von Fachleuten nur eindeutig zu interpretieren, wenn die Meßergebnisse mit geologischen Schichtenverzeichnissen aus Tiefenaufschlüssen abgeglichen und „geeicht" werden können. Falls keine Tiefenaufschlüsse in Form von Schürfen, Sondierungen oder Bohrungen vorliegen, gehört das Abteufen einer „Basis"-Bohrung zu den ersten Erkundungsarbeiten. Bei der Auswahl der Untersuchungsmethode ist auf die spezifischen Anforderungen im Lockergestein und im Festgestein zu achten.

Schürfe oder Aufgrabungen liefern in Locker- und Festgestein in der nicht grundwassergesättigten Zone bis in mehrere Meter Tiefe die Möglichkeit einer exakten Profilaufnahme des Bodens, von evtl. vorhandenen Verwitterungs- bzw. Auflockerungszonen und des oberflächennahen Teils des anstehenden Gebirges. Schürfgruben erlauben die Entnahme gestörter und ungestörter Bodenproben. Eine Fotodokumentation dieser Aufschlüsse ist anzuraten. Die Position der Schürfgruben in der zu untersuchenden Fläche (*Abb. 4.10*) kann an Lockergesteinsstandorten relativ willkürlich gewählt werden, um beispielsweise die Tiefe und Ausbildung der Verlehmung eines Geschiebemergels zu erkunden oder im Bereich einer Sandüberdeckung die Lagerungsverhältnisse beschreiben zu können. Sie sind mit geringem Aufwand anzulegen und zu sichern, wobei durch die Baugrubensicherung einzelne Partien der Beobachtung entzogen sind. Probleme dieser Art sind im Festgestein von untergeordneter Bedeutung, da die Wände der Schürfe ohne Ausbau meist standfest sind. An Festgesteinsstandorten treten eher technische Probleme bei der Erstellung der Gruben auf, die durch die Festigkeit und/oder geringe Auflockerung des Gesteinsverbandes bedingt sind. Die Anlage von Schürfen kann im Festgestein neben der Erkundung der Verwitterungsschicht und des Auflockerungsbereichs auch zur Kartierung von Schichtgrenzen und im Bereich ausstreichender Schichten sowie der Untersuchung geringmächtiger Zwischenschichten dienen. Bei Schürfen sollte besonders auf das Vorhandensein von Vernässungszonen und stauenden Horizonten geachtet werden, die einen Hinweis auf die Versickerungsfähigkeit von Stoffen geben.

Zur Erkundung des ungesättigten als auch des mit Grundwasser gesättigten Untergrundes sind Sondierungen bzw. Kleinbohrungen und Bohrungen (*Tab. 4.13* und *4.14*) geeignet.

Im Lockergestein sind Sondierungen meist ohne Probleme auch in größerer Zahl kostengünstig einsetzbar. Die erreichbaren Tiefen sind i. allg. begrenzt und wegen der kleinen Bohrdurchmesser nicht für den Ausbau als Brunnen (Kap. 4.4.2) zu verwenden. Auch für die Gewinnung von Probematerial für weitergehende Untersuchungen sind Schlitz- bzw. Nutsonden ungeeignet. Rammkern- oder Drucksondierungen ermöglichen eine bessere Gesteinsansprache sowie die Gewinnung etwas größerer Probemengen, die allerdings für sedimentologische und hydraulische Laboruntersuchungen noch zu gering sind. Für mikropaläontologische Bestimmungen reicht die gewinnbare Probenmenge meist aus. Vielseitiger verwendbar in bezug auf die gewinnbaren Probenmengen für Sedimentuntersuchungen, die Durchführung hydraulischer Tests und geophysikalische Bohrlochmessungen sind Bohrungen. Bei ihnen besteht die Möglichkeit, größere Bohrdurchmesser zu wählen und Bohrkerne zu gewinnen, mit denen unterschiedliche Laboruntersuchungen möglich sind. Zudem können die Bohrungen zu Brunnen ausgebaut werden (Kap. 4.4.2). Nach Empfehlungen des Arbeitskreises *Geotechnik der Deponien und Altlasten* – DEUTSCHE

GESELLSCHAFT FÜR ERD- UND GRUNDBAU (1993) ist bei neu anzulegenden Deponien je ha Deponiefläche mindestens ein Kernbohraufschluß zu schaffen. Die dabei zu berücksichtigende Fläche, die erkundet werden soll, muß nach diesen Empfehlungen auch die Flanken und das hydrogeologische Umfeld mit erfassen. Das heißt bei einer zu untersuchenden Fläche von ca. 20 ha wären mindestens 20 Kernbohrungen notwendig. Die Anforderung ist sehr pauschal und geht davon aus, daß eine Unterschreitung dieser Mindestanforderung einer fachlichen Begründung bedarf. Diese Vorgehensweise soll wohl garantieren, daß nicht zu wenige Kernbohraufschlüsse geschaffen werden und damit Informationslücken auftreten. Sie berücksichtigt aber weder den Unterschied zwischen Locker- und Festgestein, noch die sehr unterschiedlichen geologischen und hydrogeologischen Standortbedingungen und kann auch nicht auf Altlastenstandorte übertragen werden.

Da bei der Standortfindung schon vor Beginn der Detailuntersuchungen alle Untersuchungen von geologischen Fachleuten begleitet werden, erscheint dies als Mindestanforderung überzogen. Eine größere Zahl von Kernbohrungen ist nur an Lockergesteinsstandorten (i. allg. des Quartärs und

Tabelle 4.14: Übersicht über die wichtigsten Bohrverfahren. (Aus Niedersächsisches Landesamt für Ökologie/Niedersächsisches Landesamt für Bodenforschung 1997)

Bohrverfahren	Werkzeug	Aufhängung	Probenart	Förderung
Greiferbohrung	Bohrlochgreifer	Seil	Bohrklein	Trocken
Schlagbohrung	Ventilbohrer	Seil	Bohrklein	Trocken
	Schlagschappe	Seil	Bohrklein	Trocken
Rammbohrung	Kernrohr mit Schneidschuh	Seil	Kern	Trocken
Drehbohrung	Drehschappe	Gestänge	Bohrklein	Trocken
	Schneckenbohrer	Gestänge	Bohrklein	Trocken
	Spiralbohrer	Gestänge	Bohrklein	Trocken
	Hohlbohrschnecke	Gestänge	Kern	Trocken
	Bohrmeißel	Gestänge	Bohrklein	Direkt spülend
	Kernrohr mit Kernkrone	Gestänge	Kern	Direkt spülend
	Bohrer	Gestänge	Bohrklein	Indirekt spülend (Lufthebeverfahren)
Schlagdrehbohrung	Bohrmeißel	Gestänge	Bohrklein	Direkt spülend
Verdrängungsbohrung	Bohrspitze	Gestänge		

Tertiärs) vorstellbar. Hier ist, nachdem die Höhenlage des Deponieplanums meist schon für die Planfeststellung festgelegt ist und große Mächtigkeiten der geologischen Barriere (z. B. Geschiebemergel) oft nicht zu erwarten sind, mit Bohrtiefen bis zu 15 m zu rechnen (*Abb. 4.10* und *4.11*). Bei diesen Bohrtiefen und der Tatsache, daß die anstehenden Sedimente relativ inhomogen und unterschiedlich mächtig sein können, sind oft größere Bohrdichten, z. T. auch größere Bohrtiefen sinnvoll (*Abb. 4.11*). Geophysikalische Oberflächenmessungen oder Sondierungen sind im Lockergestein als Ergänzung zu den Bohrergebnissen als günstig einzustufen, weil so die Möglichkeit besteht, über eine größere Fläche Aussagen machen zu können und die Untersuchungen kostengünstiger sind.

Gegen eine große Anzahl von Bohrungen auf einem geplanten Deponiestandort spricht, daß die Barriere selbst zu stark perforiert wird, obwohl die Bohrungen wieder gedichtet werden können und diese Bohrlöcher nur vorübergehend (vor dem Bau der Deponie) zu Beobachtungsbrunnen ausgebaut werden können. Die Brunnen müßten vor dem Bau der Deponiedichtung zurückgebaut werden, wobei nur ein teures Überbohren in Frage kommt, da auch die Kiesschüttung eines Brunnens entfernt werden muß.

An Festgesteinsstandorten sind Bohrungen aufwendiger als im Lockergestein und daher mit höheren Kosten verbunden. Aus diesem Grund muß die Anzahl der Bohrungen oft gering gehalten werden. Nach geologischen Gesichtspunkten können die Bohrlokationen gerade im Festgestein minimiert werden, da davon auszugehen ist, daß anstehende Gesteine meist entsprechend ihrer geologischen Entstehung keine größeren Inhomogenitäten in lateraler Erstreckung aufweisen, die unentdeckt bleiben. Auf relativ kurzer Entfernung von mehreren hundert Metern (Deponielänge, -breite) sind selten Verhältnisse vorstellbar, die nicht durch am Rand der geplanten Deponiefläche angeordnete Bohrungen erkannt werden könnten. Bei flacher Lagerung oder geringem Einfallen der Schichten ist eine Beurteilung des Untergrundes auch mit wenigen Bohrungen möglich (*Abb. 4.10* und *4.11*). Um diese Bohrungen richtig zu plazieren, sind die aus den vorangegangenen Untersuchungsphasen bekannten geologischen und spezielle strukturgeologische Erkenntnisse zu berücksichtigen und falls notwendig, durch geophysikalische Oberflächenmessungen (z. B. seismische oder geoelektrische Messungen) zu ergänzen.

Ein weiterer, die Kosten bestimmender Faktor ist die Bohrtiefe. Für Festgesteine sind nach TA Siedlungsabfall keine präzisen Tiefen der Erkundung vorgegeben. Nur einige länderspezifische Anforderungen liefern Angaben, die die Erkundungstiefe bestimmen (z. B. NIEDERSÄCHSISCHES UMWELTMINISTERIUM 1992). Zur Erkundung der Barriereschichten sind Bohrtiefen von mindestens 5 m bzw. 20 m Tiefe notwendig.

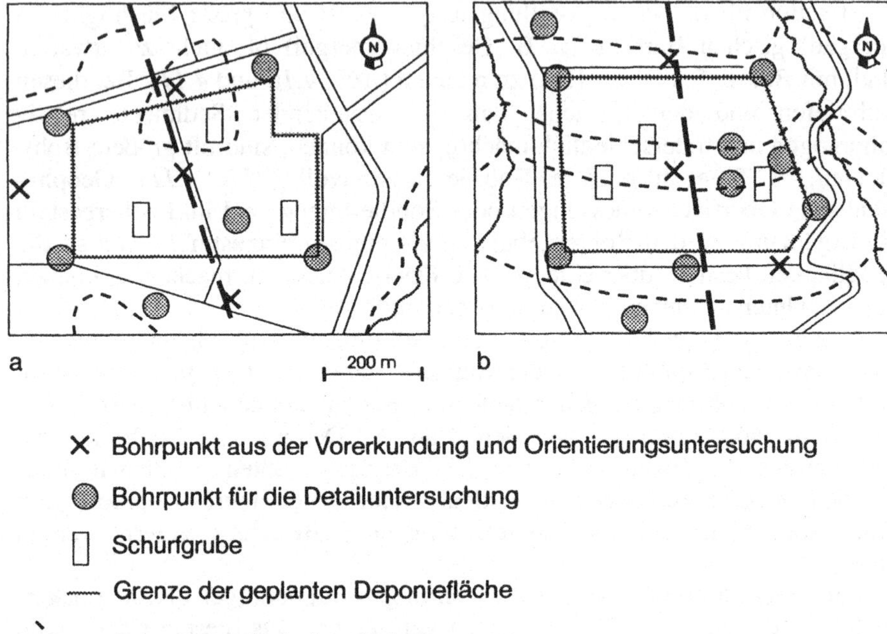

Abb. 4.10 a, b: Aufschlußbohrungen und Schürfe an geplanten Deponiestandorten (schematisch). **a** Lockergestein, **b** Festgestein

Da zusätzliche Informationen zur hydrogeologischen und geotechnischen Situation an geplanten Deponiestandorten (Kap. 4.4.2) benötigt werden, sollten die Bohrungen im Lockergestein bis in Tiefen von 10 - 15 m, einzelne Bohrungen, je nach den geologischen Gegebenheiten, auch bis in größere Tiefe hinabreichen (*Abb. 4.11*). Im Festgestein sind größere Erkundungstiefen bis ca. 20 - 30 m notwendig, im Einzelfall auch bis in größere Tiefen, z. B. zur Erkundung tiefer liegender, besser wasserleitender Schichten.

Die Standortcharakteristik soll sich nicht nur auf den Deponiestandort selbst (Deponieauflager), sondern auch auf dessen Umfeld erstrecken. Begründet wird dies damit, daß im Falle möglicher Inhomogenitäten im

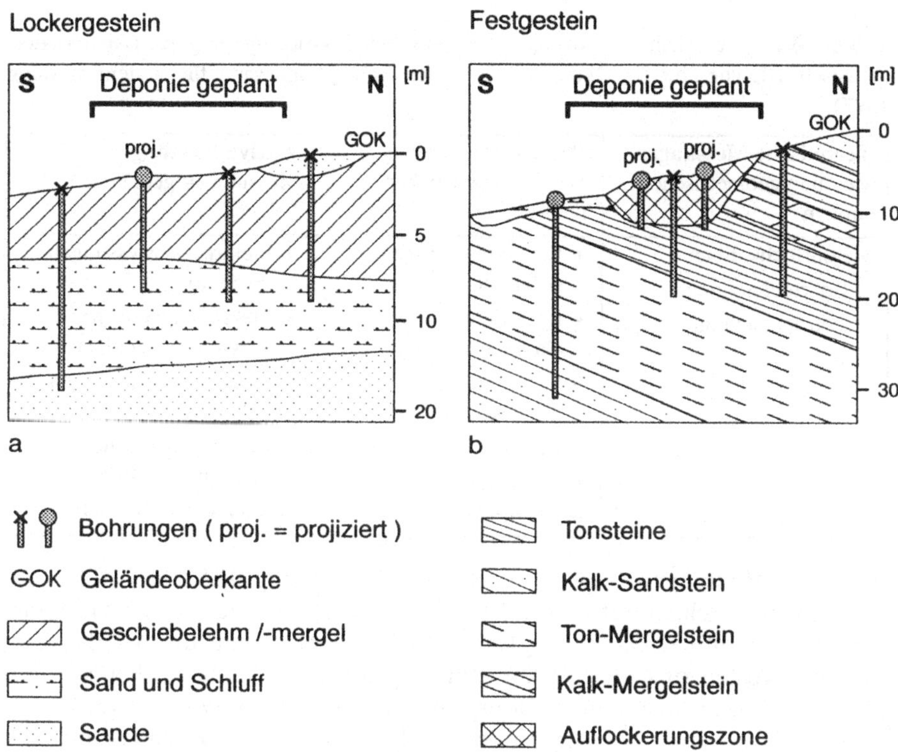

Abb. 4.11 a, b: geologische Schnitte durch geplante Deponiestandorte (schematisch).
a Lockergestein, **b** Festgestein

Untergrund der Deponie eine ausreichende, flächenhafte, über das Deponieauflager hinausreichende Barriere vorhanden sein muß, deren Eigenschaften
und Eignung bekannt sein sollten. In Lockergesteinsgebieten ist dieser Nachweis mit Hilfe von Sondierungen/Kleinbohrungen, einigen Bohrungen mit
größerem Bohrdurchmesser und geophysikalischen Methoden relativ leicht
zu erbringen. Aufwendiger und kostenintensiver wäre eine derartige Nach-
weisführung im Festgestein, da die preiswerteren Sondierungen nur in der
Verwitterungs- und Auflockerungszone anwendbar sind. Aus der Tatsache,
daß mit den im/am Deponieauflager vorhandenen Bohrungen wesentliche
Fazies- bzw. tektonisch bedingte Inhomogenitäten erkennbar sind, ist aber
eine Beschränkung auf wenige Bohrungen ableitbar. Sowohl im Lockergestein als auch im Festgestein kann sich die Erkundung durch Bohrungen
im Normalfall daher auf die Ränder und das Umfeld des geplanten
Deponieauflagers beschränken (*Abb. 4.10*). Ergänzende Bohrungen im
Auflagerungsbereich sind nur bei speziellen Fragestellungen (z. B. stärkere
lokale Auflockerungszone ist vorhanden) oder voneinander abweichenden
Bohrergebnissen (bedingt z. B. durch Fazieswechsel oder Störungen)
notwendig (*Abb. 4.11*).

Tabelle 4.15: Übersicht über die geophysikalischen Bohrlochmessungen. (Aus Niedersächsisches Landesamt für Ökologie/Niedersächsisches Landesamt für Bodenforschung 1997)

Technische Messungen Messung geometrischer Größen	Passive Messungen Messung natürlicher Felder	Aktive Messungen Messung aufgeprägter Felder
• Bohrlochkaliber • Bohrlochneigung • Bohrlochazimut	• Elektrisches Eigenpotential • Natürliche Gammastrahlung • Strömungsgeschwindigkeit • Druck • Temperatur • Magnetfeld	• Elektrische Messungen (Ströme) • Elektromagnetische Messungen (Felder) • Akustische Messungen (Wellen) • Kernphysikalische Messungen (Teilchen) • Induzierte Polarisation

In allen Bohrungen sollten grundsätzlich geophysikalische Bohrlochmessungen durchgeführt werden (*Tab. 4.15*). Durch sie ist der Gesteinsverband wesentlich klarer zu gliedern. Es besteht zudem die Möglichkeit, Zeit und Kosten zu sparen, indem Bohrungen nicht gekernt werden, sondern über die Bohrlochmessungen Bohrprofile miteinander korreliert werden. In vielen Fällen sind die Kernstrecken durch den Bohrvorgang und die Entspannung des Kernmaterials zerbrochen und keine eindeutigen Aussagen über die Gesteinsklüftung möglich. Durch spezielle Bohrlochmessungen (z. B. Televiewing, Bodengasmessung) sind genauere Bestimmungen von Klufthäufigkeiten und Öffnungsweiten möglich.

Mit Hilfe charakteristischer Gesteinsparameter lassen sich Bohrprofile erstellen oder überprüfen und innerhalb eines Gebietes korrelieren. Die wichtigsten Parameter sind:

- natürliche Gammastrahlung,

- Dichte,

- Porosität,

- Schallwellengeschwindigkeit,

- spezifischer elektrischer Widerstand oder elektrische Leitfähigkeit,

- Eigenpotential.

Grundsätzlich bieten die Verfahren der Geophysik bei der Vermessung von Bohrungen folgende Möglichkeiten:

- Erstellen und Überprüfen von lithologischen Profilen,

- Inspektion des Ausbaus und technischen Zustandes von Bohrungen,

- quantitative Bestimmung von hydrogeologischen Parametern (z.B. Dichte, Tongehalt, Porosität).

Aus Erkenntnissen zum Aufbau des geologischen Untergrundes und der geologischen und hydrogeologischen Situation im Umfeld läßt sich ein hydrogeologisches Modell (SARA 1994) ableiten, das

- Lage, Aufbau und Begrenzungen der relevanten hydrostratigraphischen und hydraulischen Einheiten,

- Richtung, Geschwindigkeit und Ausmaß der Grundwasserbewegung

beschreibt. Die bei hydrogeologischen Modellbetrachtungen auch zu berücksichtigenden Interaktionen zwischen Grundwasser und oberirdischen Gewässern sowie das Grundwassereinzugsgebiet sind in erster Linie den topographischen und geologischen Kartenwerken zu entnehmen. Die ungesättigte Zone und deren Eigenschaften sind ebenfalls einzubeziehen.

Bei der Auswahl von Bohrverfahren ist hinsichtlich einer späteren Einrichtung von Grundwasseraufschlüssen und Grundwasser-(beschaffenheits)meßstellen darauf zu achten, daß eine petrographisch exakte Beschreibung der Schichtenfolge möglich ist, die einen dem Untersuchungsziel und Schichtenaufbau entsprechenden Ausbau ermöglicht sowie kein nachhaltiger Einfluß auf die Beschaffenheit des Grundwassers eintritt (s. Bd. 6, Kap. 3.1.1.1).

Die grundwasserleitenden und -stauenden Eigenschaften der Schichten (Gesteinsparameter, Trennflächengefüge) ergeben sich aus den Bohrkernaufnahmen und Schichtenverzeichnissen. Durch den Einsatz von geophysikalischen Bohrlochuntersuchungen (Bd. 3, Kap. 11) bei geologischen Aufschlüssen können wichtige Erkenntnisse über die hydrogeologisch relevanten Eigenschaften der Schichten gewonnen werden, die über den Informationsgewinn durch den geologischen Aufschluß hinausgehen. Dazu gehören detaillierte lithologische Profile auf der Grundlage charakteristischer physikalischer Meßparameter der Gesteine, Ableitung von hydrogeologischen Parametern und Erfassung von kleindimensionalen Störungsmustern und Strukturanomalien (Trennfugen, Schichtfugen, Klüfte).

Störungen im Untergrund wie Lagerungsstörungen in Lockergesteinen und Kluft- und Störungszonen im Festgestein, die hydraulisch wirksam sind und Wasserwegsamkeiten bzw. Stofftransportpfade darstellen können, sind bei der hydrogeologisch ausgerichteten Erkundung zum Aufbau des Untergrundes besonders zu berücksichtigen (*Tab. 4.12*). Das gleiche gilt bezüglich der Homogenität der hydrogeologisch relevanten Schichten hinsichtlich einer räumlichen Variabilität der hydraulischen Eigenschaften.

Bei der Erkundung des geologischen Aufbaus und zur Vorbereitung von hydrogeologischen Untersuchungen von kontaminierten Lockergesteinsstandorten stellt die Drucksondentechnologie eine sinnvolle Ergänzung zu den herkömmlichen Aufschlußverfahren dar. Die Drucksondentechnologie

(Ramm-, Drucksondierung, geophysikalische Penetrationssondierung, s. Bd. 6, Kap. 3.1.1.3 und Bd. 3, Kap. 12) bietet neben der Ermittlung des geologischen Aufbaus auch die Möglichkeit, mit Hilfe von Sonden physikalische und chemische Grundwasserparameter zu bestimmen und deren vertikale Verteilung zu erfassen. Diese Technik ersetzt jedoch keine Grundwassermeßstellen, aber Lage und Standort der Meßstellen lassen sich durch diese Art der Vorerkundung optimieren.

Für die Untersuchung spezieller Fragestellungen im Rahmen hydrogeologischer Erkundungen lassen sich geophysikalische Oberflächenmethoden gezielt einsetzen. In *Tab. 4.5* sind deren Einsatzmöglichkeiten zusammengestellt. Die detaillierten Beschreibungen der aufgeführten Methoden und deren Anwendungsmöglichkeiten enthält der Bd. 3, in den entsprechenden Kapiteln.

Aus dem Aufbau des Untergrundes und der geologischen und hydrogeologischen Situation des Umfeldes wird nach der Orientierungsuntersuchung das hydrogeologische Untergrundmodell abgeleitet, das im wesentlichen Sachverhalte darstellt; dieses wird durch weitere detaillierte Erkundungsmaßnahmen insbesondere hinsichtlich der hydraulischen und hydrodynamischen Eigenschaften verifiziert und verfeinert (SARA 1994).

Bei der Erkundung von Deponie- und Altlastenstandorten sind Kategorisierungen zur Einteilung von hydrogeologischen Standorttypen hilfreich, die die typischen Eigenschaften eines Standorts sowie die wesentlichen Einflußfaktoren hinsichtlich der Transportvorgänge von wasserlöslichen Stoffen aufzeigen. Es eignen sich hierfür die *Hydrogeologischen Standorttypen* (DÖRHÖFER 1994), die eine Einteilung nach Porengrundwasserleiter, Kluftgrundwasserleiter, Grundwassergeringleiter und Kennzeichnung der hydraulischen Situation bezüglich Grundwasserabstand, Stockwerkgliederung und Gewässereinfluß vornehmen.

4.4.2 Hydraulische Eigenschaften der Gesteine und hydrodynamische Situation

Die hydrodynamische Situation eines Standortes beruht auf den grundwasserleitenden, -speichernden und -bewegenden Eigenschaften der Gesteine des Untergrundes. Für deren Erkundung werden hydraulische Bohrlochtests, Pump- und Grundwassermarkierungsversuche eingesetzt, die eine zunehmend komplexere Untersuchung der Grundwasserverhältnisse und Leitereigenschaften ermöglichen. Bei den dafür erforderlichen Grundwassermeßstellen, bzw. Grundwasserbeobachtungsbrunnen sind Lage, Art und Ausbau dem Untersuchungsziel und den lithologischen Gegebenheiten anzupassen (Bd. 4, Kap. 5.11 und Bd. 6, Kap. 3.1.1.2).

Eine wesentliche Voraussetzung, um die Grundwasserverhältnisse erkunden zu können, bilden die zu Brunnen ausgebauten Bohrungen. Erst durch sie sind Aussagen zur Hydraulik und zur Hydrochemie des Untergrundes möglich. Schon bei der Auswahl der Bohrlokationen sollte daher die mögliche spätere Nutzung des Bohrloches als Beobachtungsbrunnen bedacht werden.

Nicht in jedem Fall eignet sich das Bohrloch zum Ausbau als Brunnen. Zu bedenken ist, ob durch den Bohrvorgang Veränderungen des Gebirges oder der Bohrlochwand (z. B. Verschmierungen, Auskolkungen) stattgefunden haben. Spülungszusätze können die Gebirgsdurchlässigkeit und/oder den Chemismus des Grundwassers verändern. Dadurch kann die Funktionsfähigkeit des Brunnens beeinträchtigt werden.

Zu erkunden sind alle für einen möglichen Schadstofftransport wesentlichen Grundwasserstockwerke und deren hydraulische und hydrochemische Parameter. Zur Bestimmung der Gebirgsdurchlässigkeit (k_f) stehen in der gesättigten Bodenzone verschiedene Untersuchungsverfahren im Gelände (Feldversuche) zur Verfügung. Sie reichen von Pumpversuchen über Bohrlochtests (Slug/Bail, Drill-Stem, Wasserdruck und Einschwingungsverfahren) bis zu Auffüllversuchen (*Tab. 4.16*).

In der ungesättigten Zone sind lediglich Auffüllversuche und Gasdruck-Tests anwendbar. Die Bestimmung der Gesteinsdurchlässigkeit (k_f-Wert) durch Laborversuche ist nur in Ausnahmefällen als Ergänzung zu den Feldversuchen sinnvoll, so z. B. an Proben (horizontal und vertikal orientiert) aus Schürfen oder in sehr homogenen Gesteinen. Im natürlichen Untergrund liegen allerdings fast nie ausreichend homogene Verhältnisse vor, da die zu betrachtenden Gesteine an einem Standort in der oberflächennahen Zone fast immer durch Wurzelröhren, Grabgänge, Auflockerungs- und Verwitterungsvorgänge verändert sind.

Aus den hydraulischen Tests können die Gebirgsdurchlässigkeitsbeiwerte (k_f-Werte), die Transmissivität (T), Filter- (v_f) und Abstandsgeschwindigkeit (v_a) sowie der Speicherkoeffizient (S) berechnet werden.

Mit den in der Fläche angeordneten Beobachtungsbrunnen und den gemessenen Standrohrspiegelhöhen sind die Grundwasserfließrichtung, die Grundwassergleichen, das Grundwassergefälle und der Potentialzustand (frei oder gespannt, auf- oder absteigend) bestimmbar. Aus der Summe all dieser Informationen und den Rechenergebnissen sollte sich das hydrogeologische Untergrundmodell für den Standort ableiten lassen, das Vorstellungen über die hydrogeologischen und hydraulischen Zustände und Abläufe vermittelt.

Von ausschlaggebender Bedeutung ist die richtige Plazierung und der korrekte Ausbau der Beobachtungsbrunnen. Auf keinen Fall sollen die Filterstrecken zu lang sein. Anzuraten sind Längen von 2 - 5 m. Alle Brunnen müssen zur Oberfläche hin ausreichend (ca. 1 - 2 m) abgedichtet sein und sowohl im Bereich von Grundwassergeringleitern (z. B. Zwischenschichten, die Grundwasserstockwerke trennen) als auch über den Filterstrecken mit Tonsperren ausgestattet sein (*Abb. 4.12*). Nur so liefern die in

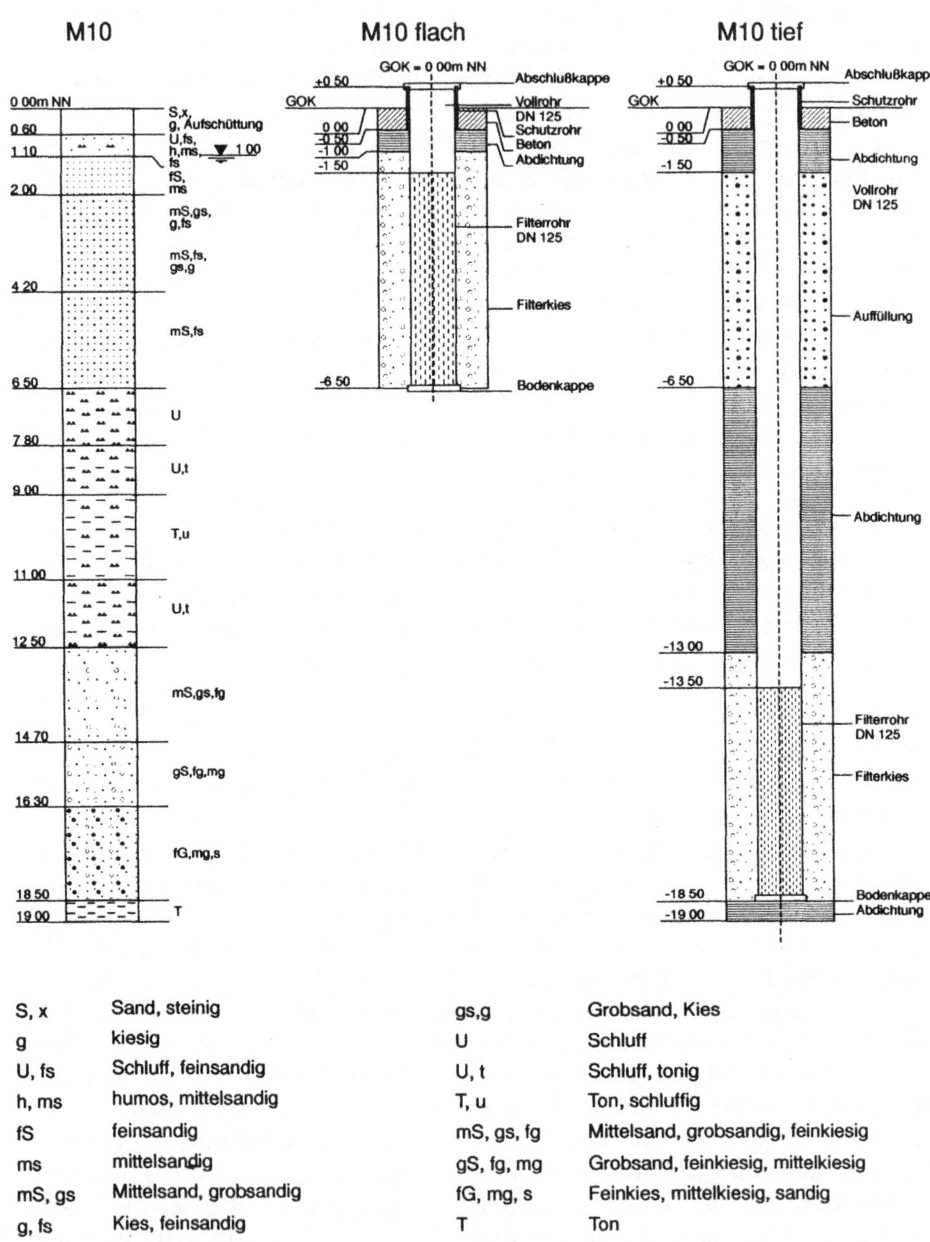

S, x	Sand, steinig	gs,g	Grobsand, Kies
g	kiesig	U	Schluff
U, fs	Schluff, feinsandig	U, t	Schluff, tonig
h, ms	humos, mittelsandig	T, u	Ton, schluffig
fS	feinsandig	mS, gs, fg	Mittelsand, grobsandig, feinkiesig
ms	mittelsandig	gS, fg, mg	Grobsand, feinkiesig, mittelkiesig
mS, gs	Mittelsand, grobsandig	fG, mg, s	Feinkies, mittelkiesig, sandig
g, fs	Kies, feinsandig	T	Ton
mS, fs	Mittelsand, feinsandig		

Abb. 4.12: geologisches Profil und Ausbauschemata von Beobachtungsbrunnen. (Aus Niedersächsisches Landesamt für Ökologie/Niedersächsisches Landesamt für Bodenforschung 1997)

unterschiedlichen Tiefen verfilterten Brunnen ein ausreichend genaues Bild über die Potentialverteilung im Untergrund (*Abb. 4.13* und *4.14*).

Die Messungen der Standrohrspiegelhöhen (hydraulische Druckhöhen) sind in der Regel über einen längeren Zeitraum, möglichst aber ein gesamtes hydrologisches Jahr (1. November bis 31. Oktober), durchzuführen und mit möglichst mehrjährigen Meßreihen aus benachbarten Beobachtungsbrunnen zu korrelieren. Nur so sind die natürlichen Schwankungen der Standrohr-spiegelhöhen und Auswirkungen auf das hydraulische System zu beurteilen sowie bautechnische Maßnahmen für die Erstellung der Deponieaufstands-fläche zu planen (z. B. Abstand zum Grundwasser, Tiefenlage von Dränagen). Grundwasserstandsganglinien, Grundwasserhöhengleichenpläne und Flurabstandskarten sind zu erstellen. Bei der Konstruktion der Höhen-gleichenpläne (Isohypsen) ist zu beachten, daß die vorliegenden Grund-wasserstände aus unterschiedlich tiefen Filterstrecken stammen können, die Gebirgsabschnitte mit wechselnden Gebirgsdurchlässigkeiten und ver-schiedenen hydraulischen Druckhöhen repräsentieren. Keinesfalls sollten Meßwerte, die sich bei einer ersten Interpretation nicht problemlos in einen Höhengleichenplan einpassen lassen, unberücksichtigt bleiben oder gleich als Fehlmessung betrachtet werden. In jedem Fall ist das hydrogeolo-gische Untergrundmodell hinsichtlich solcher „Ausreißer" zu überprüfen und falls notwendig zu korrigieren. In *Abb. 4.13* und *4.14* sind bewußt hydraulische Verhältnisse dargestellt, die die Komplexität solcher Phänomene, wenn auch nur schematisch, wiedergeben. Besonders in gering durchlässigen Gesteinen, die für Deponiestandorte ausgewählt wurden, sind starke vertikale Druckhöhenänderungen zu erwarten und bei der Auswertung der Standrohrspiegelhöhen zu berücksichtigen. Zur Beurteilung und Darstellung der hydraulischen Situation sollten Schnitt-darstellungen und Isolinienpläne für definierte Tiefen oder einzelne Schichtkomplexe konstruiert werden.

Zwei- oder dreidimensionale numerische hydraulische Modelle (Bd. 2) können zur Verdeutlichung der Hydraulik des Untergrundes herangezogen werden. Auch wenn in einigen Fällen die Modelle nur auf vereinfachten Vorgaben für die Systemeigenschaften und Randbedingungen basieren, sind sie für die Beurteilung und Verdeutlichung der hydrogeologischen Standort-gegebenheiten hilfreich. In ein derartiges Modell können beispielsweise auch das weitere Umfeld eines Deponiestandortes einbezogen und die regionalen Verhältnisse dargestellt werden.

Hydraulische Bohrlochtests (Bd. 4, Kap. 8) erlauben die räumlich eng begrenzte Bestimmung der hydraulischen Kennwerte in Beobachtungsbrun-nen und unverrohrten Bohrlöchern, wobei in der Regel allgemeine Randbe-dingungen wie homogene, isotrope, unbegrenzte und ungespannte Grund-wasserleiter zugrundegelegt werden. Die Einsatzmöglichkeiten der verschiedenen hydraulischen Bohrlochtests für die verschiedenen Aquifer-typen und Durchlässigkeitsbereiche sind in *Tab. 4.16* zusammenstellt.

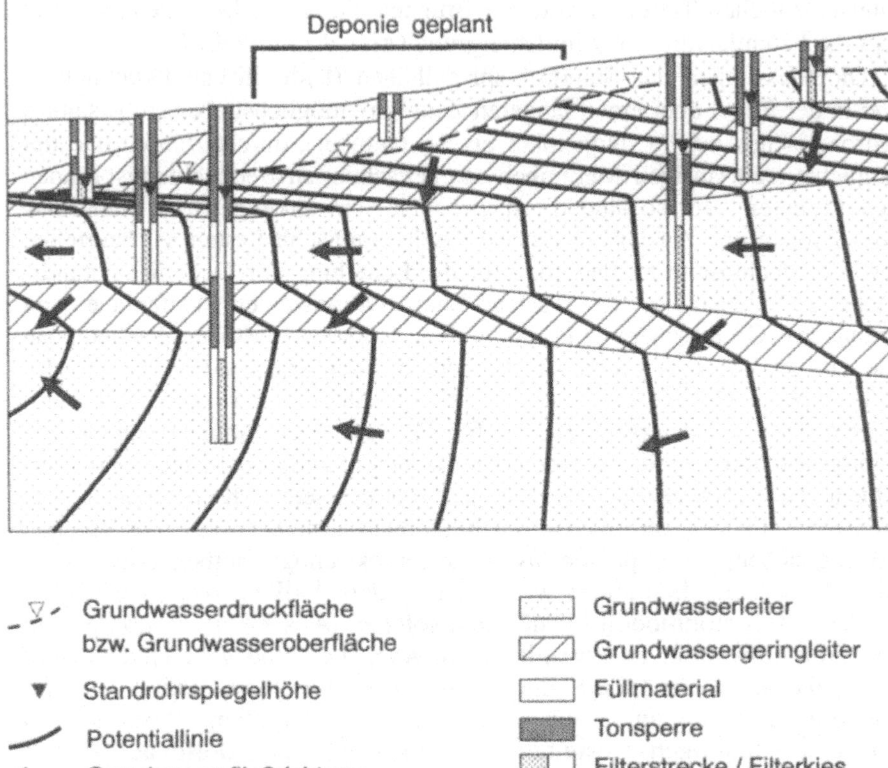

Abb. 4.13: Anordnung von Brunnen an Lockergesteinsstandorten, Schnittdarstellung (schematisch)

Im Gegensatz zu den Bohrlochtests, die punktuelle Aussagen zu den hydraulischen Kennwerten liefern, ermöglichen Pumpversuche (Bd. 4, Kap. 9) die Untersuchung von Aquiferkenndaten und -eigenschaften für größere und evtl. repräsentativere Gebirgsvolumina. Beim Pumpversuch wird unter kontrollierten Versuchsbedingungen zeitlich befristet Grundwasser entnommen und dabei die Reaktion im Grundwasserleiter anhand der Änderungen der Standrohrspiegelhöhen im Entnahmebrunnen und in den umliegenden Grundwassermeßstellen in Abhängigkeit von der Zeit und der Entfernung zum Entnahmebrunnen aufgezeichnet und analysiert. Anhand der raum-zeitlichen Auswertung der Veränderungen der Grundwasserstände (Grundwasserpotentiale) können folgende Eigenschaften und Kenndaten ermittelt werden:

- grundwasserleitende Eigenschaften (Transmissivität bzw. Durchlässigkeit),

- grundwasserspeichernde Eigenschafen (Speicherkoeffizient und spezifischer Speicherkoeffizient),

- Richtungsabhängigkeit hydraulischer Kenndaten (bei vertikalen und horizontalen Anisotropien),

- Lage und Wirksamkeit hydraulisch wirksamer Aquiferränder (Stau- und Infiltrationsgrenzen),

- Leckagen und vertikale Durchlässigkeiten geringleitender über- bzw. unterlagernder Schichten (Leckagefaktoren, hydraulische Widerstände) sowie

- Brunnen- und Bohrlocheinflüsse (Brunnenverlust, Brunnenspeicherung, Skineffekt).

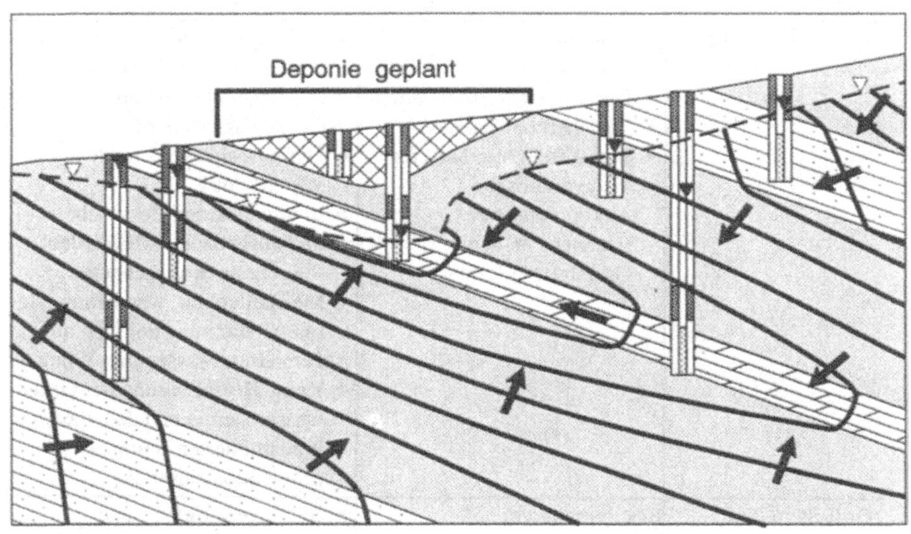

Abb. 4.14: Anordnung von Brunnen an Festgesteinsstandorten, Schnittdarstellung (schematisch)

Tabelle 4.16: Bohrlochtests zur Bestimmung von hydraulischen Kennwerten und zur Einschätzung der Leitereigenschaften

Methode	Anwendungsgebiet	Standort-/Rahmenbedingungen
Wasser-Druck-Test (WD-Test)	• Bestimmung des Durchlässigkeitsbeiwertes • Ermittlung von Bereichen unterschiedlicher Durchlässigkeit • Bestimmung des druckabhängigen Wasseraufnahmevermögens • Qualitative Abschätzung der Durchlässigkeit oberhalb des Grundwasserspiegels	• Neben der gesättigten Zone auch in der ungesättigten Zone einsetzbar • Im gespannten und ungespannten Grundwasserleiter • Durchlässigkeitsbereich 10^{-4}-10^{-8} m/s, bei entsprechender Ausrüstung in höher und geringer durchlässigen Bereichen • In standfesten unverrohrten Bohrlöchern (verrohrten Bohrlöchern)
Slug-und Bail-Test	Bestimmung von • Transmissivitäten • Durchlässigkeitsbeiwerten • Speicherkoeffizienten • Skin-Effekt (ein Maß für die hydraulische Ankopplung eines Brunnens an den Grundwasserkörper)	• Gesättigte Zone in Poren- und Kluftgrundwasserleitern • In gespannten und ungespannten Grundwasserleitern • Durchlässigkeitsbereich 10^{-2}-10^{-9} m/s • In unverrohrten Bohrlöchern und ausgebauten Meßstellen, Slug-Tests in ausgebauten Meßstellen nur, wenn Ringraumabdichtung deutlich unter dem Grundwasserspiegel liegt • Keine Beeinflussung der Grundwasserchemie und daher auch in kontaminierten Bereichen problemlos einsetzbar
Drill-Stem-Test (DST-Test)	Bestimmung von • Transmissivitäten • Durchlässigkeitsbeiwerten • Skin-Effekt	• In der gesättigten Zone • In gespannten und ungespannten Grundwasserleitern, • Durchlässigkeitsbereich 10^{-5}-10^{-8} m/s • Durch Einsatz von Packern ist auch die Untersuchung einzelner Bereiche möglich • In verrohrten und unverrohrten Bohrlöchern • Ohne großen Aufwand Wiederholungsmessungen zur statistischen Absicherung möglich

Tabelle 4.16: (Fortsetzung)

Methode	Anwendungsgebiet	Standort-/Rahmenbedingungen
Pulse-Test	Bestimmung von • Transmissivitäten • Durchlässigkeitsbeiwerten • Skin-Effekt	• In der gesättigten Zone • Durchlässigkeitsbereich $<10^{-7}$ m/s • Verrohrte und unverrohrte Bohrlöcher • Durchführung mit DST- oder Slug-und Bail-Tests kombinierbar zur Untersuchung des gesamten Durchlässigkeitsspektrums
Einschwingverfahren	Bestimmung von • Transmissivitäten • Durchlässigkeitsbeiwerten	• Gesättigte Zone • Poren- und Kluftgrundwasserleiter, (Karstgrundwasserleiter) • Durchlässigkeitsbereich 10^{-2}-10^{-6} m/s • Aufgrund von kurzen und schnellen Versuchseinsätzen besonders in Bereichen mit wechselnden Grundwasserständen (z. B. Tiedegebieten) geeignet • Grundwassermeßstelle und unverrohrte Bohrlöcher • Möglichkeit der getrennten Ermittlung von unterschiedlichen Durchlässigkeiten in gegliederten Grundwasserleitern und Stockwerken
Versickerungsversuche	Bestimmung von • Durchlässigkeitsbeiwerten in der ungesättigten Zone • Von Durchlässigkeitsbeiwerten in der gesättigten Zone • Von teufenabhängigen Durchlässigkeiten	

Tabelle 4.16: (Fortsetzung)

Methode	Anwendungsgebiet	Standort-/Rahmenbedingungen
Auffüll- und Absenkversuche in Rammkern-sondierungen	Bestimmung von • Durchlässigkeitsbeiwerten • Wasseraufnahmemengen • Teufenabhängigen Veränderungen der Durchlässigkeit	• In Tiefen bis maximal 15 m • Bindige und nichtbindige Bodenarten • Auffüllversuche oberhalb und unterhalb des Grundwasserspiegels, Absenkversuche unterhalb des Grundwasserspiegels möglich • Bestimmung zahlreicher punktueller Durchlässigkeitswerte in vergleichsweise heterogenen und anisotropen Gebirgsverhältnissen bei sehr geringem Kostenaufwand möglich
Fluid-Logging	• Tiefenorientierte Lokalisierung von Zu- und Abflußzonen im Bohrloch • Bestimmung von Klufttransmissivitäten • Einschätzung der Leitereigenschaften	• Gesättigte Zone • Durchlässigkeitsbereich 10^{-4}-10^{-9} m/s • Unverrohrte Bohrlöcher • U. U. auch in Grundwasserbeobachtungsbrunnen möglich
Videokamera-befahrung	• Einschätzung der Leitereigenschaften durch direkten Einblick in das Gebirge und Informationen zu • Kluftinventar (Bestimmung von Klüftigkeit, Kluftöffnungsweiten, Kluftausbildung, Kluftbelägen) • Hydraulisch aktive Bereiche (z. B. Wasserzutritte, Bestimmung von Testintervallen für hydraulische Versuche) • Störungszonen	• Standfeste Bohrung mit klarer Flüssigkeit und geeignetem Durchmesser

In Abhängigkeit von der Fragestellung und der Komplexität der hydrogeologischen Standortverhältnisse können Pumpversuche sehr aufwendig sein und erfordern in manchen Fällen umfangreiche Voruntersuchungen sowie immer eine sorgfältige Planung und Ausführung. Die Ergebnisse hängen neben der Versuchsanordnung und Instrumentierung wesentlich davon ab, inwieweit die Auswerteverfahren und die zugrundeliegenden vereinfachten Modellvorstellungen mit den natürlichen hydrogeologischen

Verhältnissen übereinstimmen. Sie können sowohl an Lockergesteins-(Porengrundwasserleiter) als auch an Festgesteinsstandorten (meist Kluft-grundwasserleiter, teilweise auch Porengrundwasserleiter) eingesetzt werden.

Sowohl die Ermittlung der wesentlichen hydrodynamischen Eigen-schaften des Grundwasserleiters als auch der bestimmenden Mechanismen (Ausbreitung, Verdünnung, Rückhaltung) und Kenngrößen des Stoff-transports erlauben Grundwassermarkierungsversuche (Bd. 4, Kap. 10). Unter realistischen Bedingungen und für große Gebirgsvolumina können anhand der Auswertung der zeitlichen und räumlichen Tracerausbreitung in Abhängigkeit von der Versuchsdurchführung folgende Informationen zur Grundwasserströmung und zum Stofftransport erhalten werden:

- Grundwasserfließrichtung,

- Grundwasserfließgeschwindigkeit, Abstandsgeschwindigkeit, nutzbares Porenvolumen, Verweilzeiten,

- hydraulische Kommunikation von Grundwasserkörpern,

- Variabilität hydraulischer Eigenschaften heterogener Grundwasserleiter,

- Nachweis von Fließwegen (möglichen Wegsamkeiten),

- Abgrenzung von Grundwassereinzugsgebieten,

- hydrodynamische Dispersion (longitudinale und transversale Disper-sivität),

- Fließraten und Stoffrachten,

- Transportverhalten gelöster und partikulärer Wasserinhaltsstoffe, Wechselwirkung mit den Untergrundmaterialien beim Transport in Abhängigkeiten von den physikalischen und chemischen Eigenschaften sowie

- Kennzeichnung der Wirkung des Untergrundes von Deponien und Alt-lasten als Barriere gegen Schadstoffausträge.

Grundwassermarkierungsversuche sind je nach Fragestellung und hydro-geologischer Situation komplexe Aufgaben, die eine sorgfältige Planung und umfangreiche Voruntersuchungen erfordern. Die Art des Grundwasser-vorkommens, die Unterscheidung in Porengrundwasser-, Kluft- oder Karst-grundwasserleiter erfordert unterschiedliche Vorgehensweisen. Grundwas-sermarkierungsversuche stehen in der Regel am Ende einer umfassenden hydrogeologischen Erkundung. Die gewonnenen hydrodynamischen und transportbestimmenden Kenngrößen finden Eingang in die quantitative Beschreibung des Stofftransportes im Grundwasser und können als Grundlage für die Anwendung von Transportmodellen zur Prognose einer Schadstoffausbreitung dienen.

Die Beurteilung der Möglichkeit der Schadstoffrückhaltung in durchflossenen Gesteinen ist ein weiterer wesentlicher Teil bei der
Standortuntersuchung. Proben aus Sondierungen, Bohrungen und Schürfen
können mit Hilfe mineralogischer, gesteinsphysikalischer und chemischer
Untersuchungsmethoden auf ihr Schadstoffrückhaltevermögen hin untersucht werden. Zu nennen sind tonmineralogische Bestimmungen der verschiedenen Tonminerale, der Anteil an quellfähigen Mineralkomponenten,
deren spezifische Oberfläche, die Kationenaustauschkapazität, der Wassergehalt und die Gehalte an Karbonat sowie an organischem Kohlenstoff. Die
geeigneten Bestimmungsmethoden wurden in Form von Tabellen von der
AD-HOC-ARBEITSGRUPPE (1997) zusammengestellt.

Die hydrogeologische Situation ist ein wesentlicher Aspekt, der den
geotechnischen Konzeptentwurf an einem geplanten Deponiestandort
bestimmt. Ausgehend von den bestimmten Gebirgsdurchlässigkeiten ist zu
entscheiden, ob der Standort prinzipiell geeignet ist oder ob Nachbesserungen lokal bzw. auf der gesamten Fläche notwendig sind. Die
Grundwasserstände unter dem Deponieplanum bestimmen dessen Höhenlage. Der TA Siedlungsabfall (1993) entsprechend muß das Deponieplanum
nach Abklingen der Untergrundsetzungen unter der Auflast der Deponie
mindestens 1 m über der höchsten zu erwartenden Grundwasseroberfläche
bzw. -druckfläche liegen. Die möglichen Ausnahmen werden durch die
hydrogeologischen und hydraulischen Verhältnisse bestimmt.

Unter dem hydrogeologischen Aspekt des Grundwasserschutzes sind
sonst nur wenige Ergebnisse der geotechnischen Untersuchungen von
Interesse. Für hydrogeologische Fragestellungen können die ermittelten
Wassergehalte und die im Labor bestimmten Gesteinsdurchlässigkeit sowie
die Korngrößenbestimmungen von Bedeutung sein. Für die Bestimmung des
Schadstoffrückhaltevermögens können die Angaben zum Gehalt an
organischen Bestandteilen und das Wasseraufnahmevermögen genutzt
werden. Alle anderen Parameter, wie die Zustandsgrenzen der feinkörnigen
Böden, verschiedene Dichtebestimmungen sowie Setzungsverhalten und
Scherfestigkeit, sind ausschließlich für die geplanten Baumaßnahmen
interessant.

Der Rahmen und der Ablauf sowie die Untersuchungsergebnisse der
Standortuntersuchungen sind in einem Gutachten umfassend zu doku-
mentieren. Die verwendeten Informationen und Verfahren zur Erkundung
sind aufzuführen und zu beschreiben. Die Untersuchungen sind von der
Datenerfassung bis hin zur Vorstellung der Ergebnisse in Form von
Tabellen, Plänen und Grafiken darzustellen. In *Tab. 4.17* wird ein
Gliederungsschema vorgestellt, das alle wesentlichen Aspekte bei der
Erstellung eines Gutachtens zur Standortuntersuchung für Deponien oder
Altlasten beinhaltet und damit eine einheitliche Bewertung verschiedener
Gutachten erlaubt. Die Gliederung schließt sich in weiten Teilen der von
RÖHM (1994) vorgeschlagenen Standardgliederung für Gutachten zur

Gefährdungsabschätzung oder Gefahrenbeurteilung von Altlastenverdachts-flächen an.

In diesem Zusammenhang soll ebenfalls auf häufig wiederkehrende Fehler bzw. Unterlassungen hingewiesen werden. Um die Untersuchungs-ergebnisse einer Standortuntersuchung für den Auftraggeber, die Behörden und die Betroffenen (Anlieger und Einwänder) nachvollziehbar und prüf-fähig zu machen, müssen folgende Angaben vorliegen:

- Ausbaudaten der Brunnen in Form von Tabellen und Ausbauzeichnungen,

- hydrogeologische Schnitte mit Filterpositionen und Lagen der Tonsperren,

- Grundwasserstandsdaten (z.B. für einen Stichtag) in allen Schnitten,

- Meßwerte in Grundwasserstandsgleichenplänen oder Flurabstandskarten etc., die für die Konstruktion dieser Pläne verwendet werden,

- im Rahmen der Feld- und Laborarbeiten erstellte Meß- und Versuchs-protokolle im Anhang des Gutachtens.

Tabelle 4.17: Standardgliederung für Gutachten zur Standortuntersuchung von Deponien und Altlasten (Geologie, Hydrogeologie)

Schwerpunkte bei Deponien und Altlasten	Unterpunkte bei Bearbeitung von Deponien	Unterpunkte bei Bearbeitung von Altlasten
Einleitung	Veranlassung, Aufgabenstellung, Untersuchungskonzept	
Standortbeschreibung	Geographische und hydrographische Standortgegebenheiten	
		Identität der Altlast, Historie, Gefahrenpotential, Flächen-nutzung
	Technische Standortgegebenheiten (z.B. Dränagen, Gräben, Brunnen, Abflußmeßstellen)	
		Sickerwasserfassungen; Klär-anlagen, Dichtungssysteme (Basis und Oberfläche)
	Wasserwirtschaftliche Standortgegebenheiten	
	Sonstige raumbedeutsame Standortgegebenheiten	
Erfassung und Auswertung vorhandener Informationen	Akten, Pläne, Karten, Luftbilder, Klimadaten; bisher vorliegende Gutachten und Berichte	
Feldarbeiten	Kartierung, Bohrungen, Sondierungen, Schürfe, Bau von Beobachungsbrunnen, Bohrlochgeophysik, Flächengeophysik	
		Bestands- und Funktions-prüfung vorhandener Beobachtungsbrunnen

Tabelle 4.17: (Fortsetzung)

Schwerpunkte bei Deponien und Altlasten	Unterpunkte bei Bearbeitung von Deponien	Unterpunkte bei Bearbeitung von Altlasten
Probenentnahme Messungungen Feldversuche	Wasser (Grundwasser, Oberflächenwasser), Gestein, hydraulische Untersuchungen, Wasserstandsmessungen, Abflußmessungen	
		Boden, Bodenluft, Deponiegut (Schadstoffe)
Laboruntersuchungen Verfahren Nachweisgrenzen	Oberflächen-Grundwasser, Gestein	
		Deponiegut (Schadstoffe) Boden
Untersuchungsergebnisse (Auswertung und Darstellung)	Regionale und lokale Geologie	
Hydrogeologie (regional und lokal)	Hydrostratigraphie, Hydrodynamik, Hydrologie, Wasserhaushalt, Hydrochemie	
		Grundwassernutzungen
Standortbeurteilung	Untergrund • Mächtigkeit • Verbreitung • Homogenität / Struktur • Schadstoffrückhaltevermögen (Petrographie, Tonmineralogie)	Grundwassersituation • Gebirgsdurchlässsigkeit / Gesteinsdurchlässigkeit (hydraulische Leitfähigkeit gesättigte-, ungesättigte Zone) • Flurabstand • Potentialzustand • Wasserhaushalt
		Kontaminationssituation Abfallstoffe, Eluat, Sickerwasser, Hintergrundbelastung Gefährdungsabschätzung/ Gefahrenbeurteilung Handlungsbedarf Vorschläge weiterer Vorgehensweise

4.4.3 Hydrochemische Situation

Hydrochemische Analysen vervollständigen die hydrogeologischen und hydraulischen Modellvorstellungen. Sie können die bestehenden Vorstellungen bestätigen oder auch zu einer weiteren Modifizierung des Modells führen. Die Verwertbarkeit von Analysenergebnissen hängt wesentlich von deren Qualität ab. Eine entscheidende Rolle für die Qualitätssicherung spielt bereits die Probenahme. Weitere wichtige Qualitätsmerkmale sind die Behandlung der Proben (Konservierung, Transport, Zeit zwischen Probenahme und Analyse), die Analytik selbst und der Untersuchungsumfang (DVWK REGELN 128; 1992, AUST et al. 1996). Hydrochemische Analysen sind auch für die in der Betriebsphase der Deponie notwendigen Beobachtungen möglicher Austragspfade (hier: Grundwasser) notwendig. Nur im Vergleich mit dem ungestörten Zustand ist eine Beurteilung möglich. Um eine exakte Probenahme zu gewährleisten, müssen die Brunnen ausreichend groß dimensioniert sein (z. B. DN 125 in *Abb. 4.12*).

Schadstoffe aus Deponien und Altlasten werden hauptsächlich auf dem Weg über das Sicker- und/oder das Grundwasser in gefährlichen Konzentrationen in die Umgebung ausgetragen.

Als Beurteilungsgrundlage über das Ausmaß eines Schadstoffaustrages aus Deponien oder Altlasten hat sich zunehmend der Vergleich mit der für den jeweiligen Standort charakteristischen geogenen Grundwasserbeschaffenheit durchgesetzt (Bd. 6, Kap. 2.1). Für einen gegebenen Standort sollten daher zunächst alle zur Verfügung stehenden hydrochemischen Daten von nahe gelegenen möglichst repräsentativen Grundwasserbeschaffenheitsmeßstellen ausgewertet werden. Auf diese Weise kann eine erste Charakterisierung der durch die Wechselwirkung zwischen dem Gestein und dem Grundwasser gegebenen Wasserbeschaffenheit erfolgen.

In der Regel wird die Meßnetzdichte der bereits vorhandenen Beobachtungsbrunnen (Beschaffenheitsmeßstellen) für detaillierte standortbezogene Aussagen zur Beschaffenheit des Grundwassers nicht ausreichend sein. Zur zusätzlichen standortspezifischen Verdichtung des Meßnetzes können die für die hydrogeologisch-hydraulische Erkundung ausgebauten Beobachtungsbrunnen (vgl. Kap. 4.4.2) verwendet werden. Neben der Geometrie des Ausbaus der Brunnen muß aber auch auf das Material der Verrohrung und der Ringraumfüllung geachtet werden. Ausbauart und die Wahl des Materials der Meßstellen müssen an die speziellen Bedingungen des Standortes angepaßt werden (Bd. 6, Kap. 3.1.1.2, vgl. auch Kap. 4.4.2). Insbesondere sollte das Material der Rohrtouren/Schläuche und der Ringraumfüllungen im Filterbereich die Wasserbeschaffenheit nicht beeinflussen (DVWK Heft 20 1990).

Eine weitere Verdichtung des Erkundungs-/Überwachungsmeßnetzes sollte erst nach einer Übersichtsbeprobung und Auswertung der wasserchemischen Analytik erfolgen. Für gezielte Detailuntersuchungen des

Kontaminationspfades können in der abschließenden Ausbauphase auch Spezialmeßstellen wie Multilevelbrunnen zur Ermittlung des vertikalen Konzentrationsprofils gebaut werden.

Die Probenahme an Grundwasserbeschaffenheitsmeßstellen sollte (soweit es die Bauart zuläßt) möglichst mit Tauchmotorpumpen durchgeführt werden. Die Probenentnahme mit Saugpumpen führt, v. a. bei größerem Flurabstand des Grundwassers, zur Freisetzung der im Wasser gelösten Gase. Das Klarpumpen der Meßstellen (purging) vor der eigentlichen Probenahme hat erfahrungsgemäß einen großen Einfluß auf die Qualität der entnommenen Wasserproben. Das Abpumpen des 2 bis 3fachen Meßstellen-volumens und die Kontrollmessung von Leitparametern im Gelände bietet nicht in jedem Falle die Gewähr einer „repräsentativen Probe". Eine Qualitätsbeprobung (LAWA 1993, vgl. Bd. 6, Kap. 3.1.2) ist zwar mit hohem Aufwand verbunden, für eine Qualitätssicherung der hydro-chemischen Erkundung bzw. Überwachung aber immer notwendig. Die Probenabfüllung, die Konservierung und der Transport sind von der Art der Probe und dem Analysenverfahren abhängig. Es existieren umfangreiche Richtlinien (DVWK Regeln 128 1992) und DIN-Normen (z. B. DIN 38 402), die für die meisten Standardbedingungen eine zuverlässige Qualitäts-sicherung gewährleisten.

Der Parameterumfang der hydrochemischen Analytik und die zeitliche Abfolge der Probenahmen in der Überwachungsphase sollten auf die hydrogeologisch-hydraulischen Verhältnisse (Zonen-Konzept, s. Kap. 4.4.4) sowie die generellen Zielsetzungen in den einzelnen Erkundungsphasen abgestimmt werden.

Der von der LAWA (1994) in den „Empfehlungen für die Erkundung, Bewertung und Behandlung von Grundwasserschäden" genannte Parameter-umfang ist für eine Charakterisierung der geogenen (und evtl. anthropogen beeinflußten) Grundwasserbeschaffenheit erforderlich, muß in der Über-wachungsphase aber nicht an allen Probenahmestellen und an jeder Wasser-probe durchgeführt werden. Die während der ersten Erkundungsphasen gesammelten Informationen sollten eine sinnvolle Reduzierung sowohl des Parameterumfangs als auch der zeitlichen Abfolge der Probenahme erlauben. Das „Merkblatt für die Überwachung von Grund-, Sicker- und Oberflächenwasser sowie oberirdischer Gewässer bei Abfallentsorgungsan-lagen" (LAWA 1997) beschreibt eine Methode zur Anpassung/Reduzierung des Parameterumfangs während der Überwachungsphase, berücksichtigt die standortspezifischen hydrogeologischen Gegebenheiten aber nicht hinreichend. Zur Festlegung des Umfangs eines Überwachungsprogramms sollte daher zusätzlich die Lage der Entnahmestellen entsprechend der im folgenden Kapitel beschriebenen zonaren Gliederung berücksichtigt werden.

Die Repräsentativität und Belastbarkeit der hydrochemischen Unter-suchungen muß durch ein sorgfältig geplantes Qualitätskontrollprogramm abgesichert werden. Erfahrungsgemäß beschränkt sich die Qualitätssicherung nicht selten auf die Kontrolle der im Labor durchgeführten chemischen Analysenergebnisse. Für diesen Teil existieren in der Praxis bewährte Kontrollmethoden, die von qualifizierten Laboratorien auch durchgeführt werden. Da sich die Unsicherheiten der hydrochemischen Untersuchungsergebnisse v. a. aus der Methode der Probenahme, z. B. der Art und Dauer des Klarpumpens eines Beobachtungsbrunnens (Bd. 6, Kap. 3.1.2) ergeben, sollte der Schwerpunkt der Qualitätsprüfung hauptsächlich auf eine regelmäßige Kontrolle der Funktionsfähigkeit der Meßstellen (DVGW 1988, Abschnitt 3.4) und die bereits o. g. „Qualitätsbeprobung" gelegt werden. Die Ergebnisse dieser Qualitätsprüfungen sind umfassend zu dokumentieren (vgl. Gutachten Kap. 4.4.2).

4.4.4 Grundwasserüberwachung

Stoffe im Grundwasser werden im allg. dadurch erfaßt, daß Wasserproben genommen und die Inhaltsstoffe analysiert werden.

Durch Bodenverdrängung niedergebrachte Filter-Sonden und Tensiometer liefern allerdings nur geringe Wassermengen. Sie sind daher nur für Stichproben oder Kontrolluntersuchungen in engerem Raster zu empfehlen (s. Bd. 3, Kap. 12). Zur Entnahme von ausreichend großen Wasserproben sind immer Beobachtungsbrunnen zu bauen.

Im Rahmen des Verbundvorhabens Deponieuntergrund wurden geophysikalische Überwachungssonden (in Bohrlöcher einzubauen) und ionenselektive Sensoren für die In-situ-Überwachung des Grundwassers entwickelt. Dabei wurden gute Erfahrungen gemacht (Bd. 3, Kap. 15). Durch sog. „Milieusonden" können Tiefenprofile der Milieuparameter in Brunnen aufgenommen werden (Bd. 3, Kap. 13).

Zur Erfassung der geogenen und anthropogenen Grundbelastung des Grundwassers sind im Anstrombereich der Altablagerungsfläche bzw. Deponie ein bis zwei Brunnen zu installieren (Vergleichsmeßstellen, Nullbrunnen, sog. A-Brunnen in *Abb. 4.15* und *Abb. 4.16*). Die Lage ist so zu wählen, daß keine Stoffe aus dem kontaminierten Bereich in diese Brunnen gelangen.

Der Abstrombereich der zu überwachenden Fläche wird, wie in *Abb. 4.15* dargestellt, in drei Zonen eingeteilt. Die Zone 1 (innere Überwachungszone) sollte so bemessen sein, daß die Fließzeit des Grundwassers von der Altlast der Deponie bis zum Rand dieser Zone 200 Tage beträgt. Die Zeitdauer von 200 Tagen wurde gewählt, damit bci ciner in der Regel halbjährlich erfolgenden Grundwasserbeprobung möglichst frühzeitig Veränderungen festgestellt werden können. Zur Festlegung der 200-Tage-Linie wird zunächst die Abstandsgeschwindigkeit und dann daraus die Fließzeit berechnet. Innerhalb der Zone 1 sind je nach Ausdehnung der Altablagerung bzw. Deponie

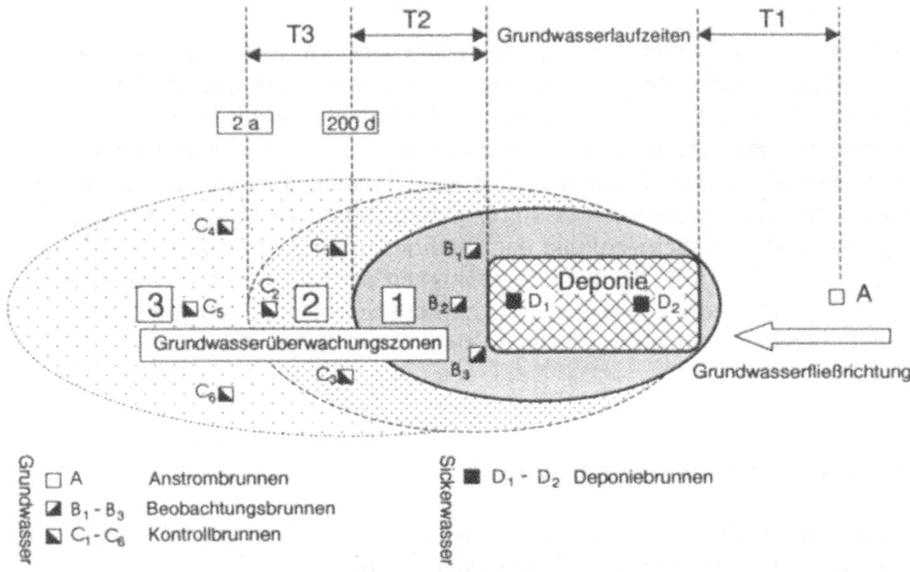

Abb. 4.15: Grundwasserüberwachung an Deponien und Altablagerungen, Prinzipskizze zur Anordnung von Meßstellen in Überwachungszonen (Draufsicht), weitere Erklärungen im Text. (Nach DÖRHÖFER et al. 1991 bzw. LAA 1997)

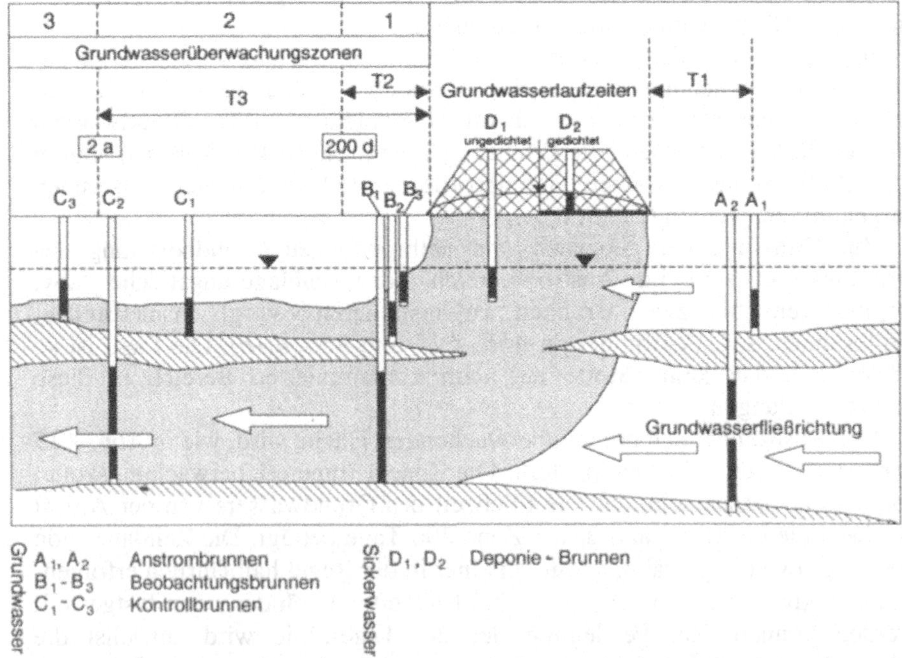

Abb. 4.16: Grundwasserüberwachung an Deponien und Altablagerungen, Prinzipskizze zur Anordnung von Meßstellen in Überwachungszonen (hydrostratigraphischer Schnitt), weitere Erklärungen im Text. (Nach DÖRHÖFER et al. 1991 bzw. LAA 1997)

mehrere Brunnen zu installieren. Diese, in *Abb. 4.15* und *Abb. 4.16* als B-Brunnen bezeichneten Beobachtungsbrunnen, haben die größte Bedeutung für die Früherkennung von Kontaminationen an Deponien und liefern die aktuellsten Werte an Altablagerungen. Sie sollten daher so nah wie möglich an den Deponiekörper gesetzt werden.

Die Zone 2 (äußere Überwachungszone) erstreckt sich über die 200 -Tage-Linie hinaus bis zur 2-Jahres-Linie. In dieser Zone sollten ebenfalls mehrere Brunnen (in *Abb. 4.15* und *Abb. 4.16* als C-Brunnen bezeichnet) installiert werden, um über einen weiten Bereich die Ausbreitung von Stoffen kontrollieren zu können. Eine dritte Zone (weitere Überwachungszone, Zone 3) mit zusätzlichen Beobachtungsbrunnen ist nur dann notwendig, wenn auch außerhalb der Zone 2 Schadstoffe im Grundwasser festgestellt wurden.

Die Verfilterung der Brunnen bestimmt wesentlich den Erfolg einer Kontrolle. Liegt das zu kontrollierende Objekt oberhalb eines mächtigen Grundwasserleiters sind vor der Verfilterung Untersuchungen über die vertikale Verteilung der Stoffe anzustellen, welche die Stoffquelle verlassen. Wird z. B. der Grundwasserleiter vom Beobachtungsbrunnen voll durchteuft und auch über die gesamte Mächtigkeit verfiltert, ist die entnommene Wasserprobe eine Mischprobe über die Tiefe. Da nur aus einem Teil des Grundwasserleiters Stoffe in den Beobachtungsbrunnen geraten, werden in der Probe die Stoffkonzentrationen unter Umständen so verdünnt, daß keine Aussagen über die von der Altablagerung bzw. Deponie ausgehenden Stofffrachten gemacht werden können. Besonders problematisch ist die Positionierung der Filter bei Deponien mit einem Basisabdichtungssystem, da hier der Stoffeintrag punktförmig erfolgen kann und nicht problemlos zu lokalisieren ist. Die Filter sind möglichst dort anzuordnen, wo die Stoffe zu erwarten sind. In geringmächtigen Grundwasserleitern sind die Beobachtungsbrunnen in den Bereichen zu verfiltern, in denen die größten Durchlässigkeiten vorliegen. In mächtigeren Aquiferen sollten die Brunnen als Mehrfachmeßstellen (Brunnengruppen mit vertikal abgestufter Verfilterung oder Multilevel-Brunnen) angelegt werden, um eine evtl. vorhandene vertikale Differenzierung der Schadstoffahne zu erfassen. Von wesentlicher Bedeutung für die Positionierung der Brunnenfilter ist ein hydrogeologisches Untergrundmodell (vgl. Kap. 4.4.2), das bereits für den Standort vorhanden sein muß.

Die Auswahl der Untersuchungsparameter hängt von der Zusammensetzung des Abfalls und dem Lösungsverhalten der Stoffe im Abfallkörper ab. Zu berücksichtigen sind daneben auch geogene sowie anthropogene Vorbelastungen des Grundwassers (vgl. Kap. 4.4.3), die durch die im Anstrombereich liegenden Meßstellen erfaßt werden. In der Orientierungsphase sind umfangreiche Grundwasseruntersuchungen als Übersichtsprogramm notwendig, danach sollten zunächst Standardanalysen durchgeführt werden, wie sie von der Länderarbeitsgemeinschaft für Abfall

(LAGA) in der Richtlinie WÜ/97 vorgeschlagen werden. In Einzelfällen können darüber hinaus zusätzliche, für den jeweiligen Altlastfall spezifische Parameter hinzukommen. Für die weiteren Untersuchungen kann man sich unter Umständen auf die Stoffe oder Leitparameter beschränken, die im Sickerwasser der Stoffquelle besonders auffällig sind oder eine besondere toxikologische Relevanz haben. Als Leitparameter sind z. B. im Bereich von Altlasten mit den aufgeführten Abfallarten anzusehen:

- Siedlungsabfall: DOC, CSB, Ammonium, Kalium, Eisen, Mangan, Bor, AOX,

- Bauschutt: Leitfähigkeit, Ammonium, Calcium, Chlorid, Sulfat, AOX,

- Bohrspülungen: Leitfähigkeit, CSB, KW, Bromid, Chlorid, Natrium.

Sowohl der Parameterumfang als auch die Häufigkeit der Untersuchungen sollte sich nach der erkannten Belastung richten. Der höchste Aufwand wird bei Altablagerungen ohne Dichtungsmaßnahmen erforderlich sein. Bei Deponien, die dem Stand der Technik entsprechen, können die Untersuchungen hingegen auf die Leitparameter und größere Zeitintervalle beschränkt werden. Die empfohlene Untersuchungshäufigkeit bei Deponien für Siedlungsabfall und Altablagerungen bzw. Altdeponien kann der *Tab. 2* der WÜ/97 entnommen werden.

Literatur

AD-HOC-ARBEITSGRUPPE (1997): Geowissenschaftliche Rahmen-Kriterien zur Standort-erkundung für Deponien. Geol. Jb., G, **3**.

BUNDESMINISTERIUM DER JUSTIZ (1993): Dritte Allgemeine Verwaltungsvorschrift zum Abfallgesetz (TA Siedlungsabfall) vom 14. März 1993. Bundesanzeiger, Jg. 45, Nr. 99a, ISSN 0720-6100, Bundesanzeiger Verlagsges. m.b.H., Köln.

DEUTSCHE GESELLSCHAFT FÜR ERD- UND GRUNDBAU/ARBEITSKREIS „Geotechnik der Deponien und Altlasten" (1993): Empfehlungen des Arbeitskreises „Geotechnik der Deponien und Altlasten" - GDA. Berlin.

DÖRHÖFER, G., LANGE, B. & VOIGT, H. (1991): Deponieüberwachungsplan Wasser – Niedersächsisches Landesamt für Bodenforschung und Niedersächsisches Landesamt für Wasser und Abfall. Richtlinienentwurf 2.1 für das Niedersächsische Umweltministerium, Hannover/Hildesheim.

DÖRHÖFER, G. (1994): Hydrogeologische Standorttypen für Altlasten und Deponien – Erfahrungen und Fortschreibung. Altlastenspektrum, **3**, 144-194, Schmidt Verlag, Berlin.

DVGW-Merkblatt W 121 (1988): Bau und Betrieb von Grundwasserbeschaffenheits-meßstellen, Bonn.

DVWK-Mitteilungshefte 20 (1990): Einflüsse von Meßstellenausbau und Pumpenmaterialien auf die Beschaffenheit einer Wasserprobe. Bearbeitet von F. REMMLER unter Federführung des DVWK-Fachausschusses „Grundwasserchemie", Bonn.

DVWK-REGELN ZUR WASSERWIRTSCHAFT H. 128 (1992): Entnahme und Untersuchungsumfang von Grundwasserproben, DK 556.32.001.5 Grundwasseruntersuchung, DK 543.3.053 Probenahme. DVWK-Regeln zur Wasserwirtschaft 128, 36, Deutscher Verband für Wasserwirtschaft und Kulturbau e. V., Hamburg, Berlin.

KNÖDEL, K., KRUMMEL, H., LANGE, G., KREYSING, K., SCHREINER, M., WILKEN, H., AUST, H., WIPPERMANN, T. & HILTMANN, W. (1996):Methoden zur Erkundung und Beschreibung des Untergrundes von Deponien und Altlasten. BMBF-Verbundforschungsvorhaben und Methodenhandbuch, Abfallwirtschaft in Forschung und Praxis, **85**, 39-74, Berlin.

LAA Landesarbeitsgruppe Altlasten (1997): Wissenschaftlich-technische Grundlagen der Erkundung. Altlastenhandbuch des Landes Niedersachsen, Teil II, Springer, Berlin.

LAWA (1993): Richtlinien für Beobachtung und Auswertung, Teil 3 - Grundwasserbeschaffenheit.

LAWA (1994): Empfehlungen für die Erkundung, Bewertung und Behandlung von Grundwasserschäden. Hrsg. Länderarbeitsgemeinschaft Wasser, Stuttgart.

LAWA (1997): Merkblatt für die Überwachung von Grund-, Sicker- und Oberflächenwasser sowie oberirdischer Gewässer bei Abfallentsorgungsanlagen. WÜ 97, Teil 1: Deponien, Hrsg. Länderarbeitsgemeinschaft Wasser, Stuttgart.

NIEDERSÄCHSISCHES LANDESAMT FÜR ÖKOLOGIE/NIEDERSÄCHSISCHES LANDESAMT FÜR BODENFORSCHUNG (1997): Altlastenhandbuch des Landes Niedersachsen, Materialienband: Geologische Erkundungsmethoden, Springer, Berlin.

NIEDERSÄCHSISCHES UMWELTMINISTERIUM (1992): Durchführung des Abfallgesetzes; Anfordrungen an Deponiestandorte für Siedlungsabfälle, Nds. MBl Nr. 3/92, Hannover.

RÖHM, H. (1994): Altlastenfakten 2 - Standardgliederung für Gutachten zur Gefährdungsabschätzung oder Gefahrenbeurteilung an Altlastverdachtsflächen. Landesarbeitsgruppe Altlasten.

SARA, M. N. (1994): Standard handbook for solid and hazardous waste facility assessments. Lewis Publishers, Bocca Raton, Ann Arbor, London, Tokyo.

4.5 Stoffbestand

HILDEGARD WILKEN

Stofflüsse (Emissionen) aus Deponien und Altlasten verändern die natürlichen Stoffkonzentrationen in den angrenzenden Untergrundkompartimenten Boden, Grundwasser und Bodengas. Die geochemische Untersuchung des Untergrundes von Deponien und Altlasten hat das vorrangige Ziel, das komplexe chemische Inventar von Boden und Grundwasser differenziert nach natürlicher (geogener) Grundausstattung und der durch Deponien und Altlasten verursachten anthropogenen Stoffbelastung zu charakterisieren. Die chemischen Untersuchungen, deren Ergebnisse zusammen mit den stoffspezifischen Eigenschaften nur auf der Grundlage der geologischen und hydrogeologischen Standortfaktoren eine Bewertung des Stoffverhaltens im Untergrund und Abschätzung der Risiken für die verschiedenen Schutzgüter erlauben, sind in die gesamteinheitliche Erkundungsstrategie des Standortes einzugliedern (Bd. 6, Kap. 1.3). Die Untersuchungen zur stofflichen Charakterisierung erfolgen in der Regel im Anschluß an eine geologische und hydrogeologische Bestandsaufnahme und Erkundung, auf deren Grundlage eine gezielte und repräsentative Probenahmestrategie erarbeitet werden kann. Vorgehensweise und Untersuchungsumfang einer umweltgeochemischen Untersuchung sind abhängig von

- Untersuchungsziel und Untersuchungsphase,

- Kontaminationspotential,

- dem zu betrachtenden Kompartiment und dem

- naturräumlichen System.

Eine wesentliche Voraussetzung zum Erkennen und Bewerten von anthropogenen stofflichen Beeinträchtigungen ist die Kenntnis der natürlichen Hintergrundgehalte. Dabei sind die konkreten geochemischen Verhältnisse auch unter Berücksichtigung von evtl. ubiquitären Einflüssen innerhalb der pedologischen und hydrogeologischen Einheiten des Standortes und seines Umfeld der Bewertung zugrundezulegen. Ein Vergleich mit Grenzwertlisten kann diese notwendige ökosystemare Betrachtungsweise nicht ersetzen.

Probenahme, Probenaufbereitung und Analytik sind genau auf das Ziel der Untersuchung auszurichten. Neben der Bestimmung von Stoffgehalten in den jeweiligen Untergrundmedien können auch in Laborversuchen migrationsbestimmende Kennwerte ermittelt und Prozesse analysiert werden. Bei umfangreichen Datensätzen können statistische Auswertungsverfahren wertvolle Interpretationshilfen darstellen.

4.5.1 Grundwasser

Den Hauptemissionspfad aus Deponien und Altlasten stellt die Migration von Sickerwässern mit ihren Inhaltsstoffen in den Untergrund zunächst in die ungesättigte Zone, von dort in das Grundwasser und weiter mit dem Grundwasserstrom dar. Für den Nachweis und die Überwachung von Schadstoffausträgen aus Deponien und Altlasten sind daher Untersuchungen zur chemischen Beschaffenheit des Grundwassers und deren Veränderungen das wesentliche Instrument (Bd. 6, Kap. 1 und 2).

Voraussetzung für eine optimale Erfassung der durch Deponien und Altlasten verursachten zeitlichen und räumlichen Veränderungen der chemischen Grundwasserbeschaffenheit ist eine möglichst genaue Kenntnis der geologisch-hydrogeologischen Standortsituation und der Grundwasserdynamik (Kap. 4.4). Auf dieser Basis sind die Grundwasserüberwachungszonen sowie Lage und Art der Grundwassermeßstellen festzulegen. Darüber hinaus sind die stoffspezifischen Charakteristika der zu betrachtenden Stoffe und ihr pfadspezifisches Migrationsverhalten (insbesondere Mobilität, Sorptionsverhalten in Zusammenhang mit der Untergrundbeschaffenheit, Persistenz) bei der Untersuchungskonzeption zu berücksichtigen (Kap. 4.6, Bd. 6, Kap. 1.1). Die neben dem konvektiven Stofftransport mit dem Grundwasser ablaufenden Prozesse Dispersion, Diffusion, Matrixdiffusion, Sorption und Abbau führen zur Rückhaltung von gelösten Stoffen und einer Konzentrationsverminderung im Grundwasser sowie dadurch stoffspezifisch zu unterschiedlichen Transportgeschwindigkeiten. Das stoffspezifische Migrationsverhalten hat insbesondere Einfluß auf Parameterauswahl und -umfang sowie Meßzyklen. Daraus können sich zeitlich und räumlich abgestufte Untersuchungsprogramme mit unterschiedlichem Parameterumfang ergeben. Die häufigere Untersuchung von wenigen mobilen Leitparametern liefert aussagekräftigere Ergebnisse gegenüber einem großen Parameterumfang in zeitlich größeren Abständen.

Grundlage für die Beurteilung des Ausmaßes von stofflichen Veränderungen des Grundwassers sind die natürliche Grundwasserbeschaffenheit bzw. die geogenen Grundgehalte. Durch das Auftreten grundwasserfremder Stoffe oder durch Konzentrationserhöhungen natürlicher Inhaltsstoffe werden Grundwasserkontaminationen angezeigt.

4.5.1.1 Geogener Hintergrund

Die natürliche Grundwasserbeschaffenheit hängt sowohl von der lithologischen und geochemischen Zusammensetzung des Speichergesteins als auch von den hydrodynamischen Randbedingungen ab. Eine höhere Grundwassergeschwindigkeit bewirkt aufgrund der geringeren Verweilzeiten deutlich geringere Stoffrachten. Darüber hinaus spielen die chemischen

Milieubedingungen (Redox, pH) eine Rolle. Der dynamische Prozess Grundwasser-Grundwasserleiter führt zu einer räumlich und zeitlich veränderlichen Grundwasserbeschaffenheit. In Kap. 2.1.2 des Bd. 6, sind länderspezifische und länderübergreifende Arbeiten zusammengestellt, in denen geogene Beschaffenheitsmuster von Grundwässern, teilweise unter Berücksichtung der Fließkomponente, nach hydrogeologischen Struktureinheiten ermittelt wurden. Diese beruhen in der Regel auf einer Analyse bzw. dem Verteilungsmuster der Hauptinhaltstoffe des Wassers. Die für bestimmte hydrogeologische Struktureinheiten und Standorttypen ausgewiesenen geogenen Beschaffenheitsmuster können zur Abschätzung von geogenen Grundgehalten und Abgrenzung von anthropogenen Überprägungen durch Deponien und Altlasten herangezogen werden. Sie müssen jedoch standortbezogen durch die Ermittlung der chemischen Beschaffenheit im Anstrom oder im näheren Umfeld des Untersuchungsgebietes gestützt werden. Bei der Ermittlung der natürlichen hydrochemischen Verhältnisse sind vertikale (und horizontale) Zonierungen besonders zu beachten sowie differenziert zu erfassen und in die Bewertung einzubeziehen. Ist das Grundwasser bereits unspezifisch durch anthropogene Stoffeinträge vorbelastet, muß die örtliche Grundlast als Bemessungsgrundlage herangezogen werden.

4.5.1.2 Grundwasserprobenahme

Die Grundwasserprobenahme hat im Rahmen der Grundwasseruntersuchung einen wesentlichen Einfluß auf das Ergebnis. Zur Gewinnung von repräsentativen, dem hydrochemischen Milieu des zu betrachtenden Grundwasserabschnittes entsprechenden Proben bedarf es gezielter Anforderungen an die Grundwassermeßstellen und Probenahmetechnik, die auf die konkrete Standortsituation und die zu untersuchenden Parameter abgestimmt sein müssen. Detaillierte Hinweise hierzu geben Bd. 6, Kap. 3.1.1 und 3.1.2, LAWA (1993), LAWA (1996) und DVWK-Regel 128 (1992).

Vertikale Zonierungen der Grundwasserbeschaffenheit und in unterschiedlichen Tiefen bestehende oder zu erwartende Kontaminationsfahnen erfordern ein Meßstellennetz mit Filterstrecken, die eine vertikal differenzierte Probenahme und hydrochemisch einheitliche Proben ermöglichen. Auch die Kluftgeometrie eines Kluftgrundwasserleiters erfordert an diese angepaßte Filterlängen. Um Probleme bei der Abtrennung benachbarter Filterstrecken und der Ringraumdichtung von vorherein zu vermeiden, empfehlen sich Brunnengruppen.

Bei Standorten mit geringen Durchlässigkeiten und geringen Speicherkoeffizienten sind hydraulische Auswirkungen (langanhaltende und großräumige Absenkungstrichter) im umgebenden Gestein, die beim Abpumpen von größeren Wassermengen entstehen und hydrochemische Verfälschungen hervorrufen können, möglichst gering zu halten. Geringe Ausbaudurchmesser, kurze Filterstrecken und geringe Austauschvolumina können zu einer Minimierung der Störung der Grundwasserverhältnisse beitragen. Eine ausreichende Reinigung der Meßstelle bzw. ein vollständiger Austausch des Standwassers ist zu gewährleisten. Auch in engständig zonierten Grundwässern sind größere Pumpvorgänge zu vermeiden.

Um gleichbleibende Probenahmebedingungen zu gewährleisten, empfiehlt sich die Festlegung von individuellen Probenahmeplänen (Austauschvolumina, Einbautiefe der Pumpe, Förderrate und -dauer). Aus Gründen der Kontrollierbarkeit und Bewertbarkeit der Ergebnisse ist eine vollständige und einheitliche Dokumentation der Probenahmebedingungen erforderlich.

Insbesondere bei der Probenahme für die organische Spurenanalytik ist die Gefahr der Verschleppung von Kontaminationen ein wichtiger zu beachtender Aspekt. Ebenso sind bei der Wahl der Ausbaumaterialien für die Grundwassermeßstellen (chemische Beständigkeit) und bei den Bohrarbeiten (Spülungszusätze) mögliche chemische Verfälschungen zu vermeiden.

4.5.1.3 Chemische Untersuchung von Grundwasserproben

Die chemische Untersuchung von Grundwasserproben im Anschluß an die Probenahme umfaßt verschiedene Verfahrensschritte. Eine Übersicht über die bei Deponien und Altlasten relevanten chemischen Untersuchungsparameter sowie deren Anwendungsbereiche, Aussagen und Grenzen auch im Zusammenhang mit abgestuften Untersuchungspaketen gibt Bd. 6, Kap. 1.2. Die Auswahl der Parameter sollte grundsätzlich standortbezogen nach den abfall- bzw. altlastspezifischen Inhaltsstoffen möglichst auf der Grundlage von Sickerwasseranalysen und entsprechend den pfadspezifischen Migrationspotentialen erfolgen (Bd. 6, Kap. 1.1).

Zur Vermeidung von chemischen Veränderungen der entnommenen Grundwasserproben sind hinsichtlich Probenahmegefäßen, Konservierung, Transport und Lagerung in Abhängigkeit von den zu untersuchenden Parametern entsprechende Maßnahmen und Vorkehrungen notwendig (Bd. 6, Kap. 3.1).

Aus Gründen der Vergleichbarkeit der Untersuchungsergebnisse ist es erforderlich, einheitliche Analyseverfahren entsprechend den DIN- und DEV-Vorschriften (Altlasten-Handbuch des Landes Niedersachsen 1997, 253-266) anzuwenden. Bei Parametern, für die keine genormten Verfahren vorliegen, sind Verfahren anzuwenden, die sich in der Grundwasseranalytik bewährt haben. Hierbei ist die Zuverlässigkeit und Reproduzierbarkeit des Verfahrens zu gewährleisten. Bei der Durchführung der Analytik sind die entsprechenden Regeln und Maßnahmen zur analytischen Qualitätssicherung zugrunde zu legen. Eine besondere Bedeutung wird der Plausibilitätsprüfung der Analyseergebnisse beigemessen. Eine Methodensammlung analytisch -chemischer Bestimmungsverfahren ist im Bd. 6, Kap. 3.2 zusammengestellt.

4.5.2 Boden

Ziel einer chemischen Untersuchung von Böden, Gesteinen oder Gewässersedimenten ist die Beschreibung des Stoffinventars hinsichtlich geowissenschaftlicher und/oder umweltrelevanter Fragestellungen. Vorrangig bei der
Erkundung des Untergrundes von Deponien und Altlasten ist die Erfassung
von Schadstoffbelastungen und die Charakterisierung von geochemischen und
bodenkundlichen Standorteigenschaften, die das Stoffverhalten beeinflussen.
Ein weiterer Punkt ist die Ermittlung von Hintergrundgehalten als Grundlage
zur Beurteilung von Kontaminationen.

Aufgrund der räumlichen und zeitlichen Inhomogenität der stofflichen
Zusammensetzung von Böden ist eine sorgfältig geplante, repräsentative
Probenahme die entscheidende Voraussetzung für qualifizierte Untersuchungsergebnisse. Die lithochemischen und bodenkundlichen Standortgegebenheiten, die die Verteilung der natürlichen Stoffgehalte sowie Verteilung
bzw. Verhalten der über den direkten oder indirekten (Wasser-, Luft-) Pfad
aus diffusen oder gerichteten Quellen eingetragenen Schadstoffe bestimmen,
müssen bei der Probenahme- und Untersuchungsstrategie sowie bei der
Bewertung der Daten berücksichtigt werden.

4.5.2.1 Geogener Hintergrund

Der Boden ist ein durch Verwitterungs-, Mineralneubildungs- und Humifi-
zierungsprozesse aus Locker- und Festgesteinen gebildeter und häufig durch
anthropogene Einwirkungen überprägter geologischer Körper. Der natürliche,
geogene Grundgehalt des Bodens umfaßt im wesentlichen den Stoffbestand,
der sich aus dem Chemismus des Ausgangsgesteins ergibt (lithogene Komponente). Bodenbildende Prozesse führen durch Anreicherung oder Verarmung
von Stoffen zu einer Profildifferenzierung und Ausbildung der typischen
Bodenhorizonte (pedogene Komponente). Bei Festgesteinen ist zusätzlich zu
der stofflichen Zusammensetzung des Ausgangsgesteins die Lage und Zusammensetzung der periglazialen Deckschichten von Bedeutung, die die anstehenden Festgesteine überlagern und deren Stoffverteilungsmuster durch das
Verhältnis von Festgesteinszersatz und Fremdkomponente (z. B. Löß) bestimmt wird. Dies unterstreicht in Abhängigkeit von der zu betrachtenden
Stoffart und der jeweiligen Fragestellung eine differenzierte Erhebung und
Bewertung von chemischen Boden- und Gesteinsdaten auf der Grundlage
einer bodenkundlichen Kartierung, bei Lockergesteinsböden unter Berücksichtigung von Ausgangsgestein und Bodenhorizont, bei Festgesteinsböden
differenziert nach Ausgangsgestein, Lage der Deckschicht und Bodenhorizont
(s. *Tab. 4.18*). Für die Ermittlung von bodenkundlichen Merkmalen können
Bodenkundliche Kartenwerke herangezogen werden. Die Vorgehensweise für

Tabelle 4.18: Differenzierung des Bodens bei der Erhebung und Bewertung von chemischen Bodendaten. (In Anlehnung an LABO 1995, HINDEL & FLEIGE 1991)

1. Substrat (lithogene Komponente)	
Lockergestein	Festgestein
Sand	Tonstein, Tonschiefer, Phyllit
Geschiebelehm/-mergel	Sandstein, Quarzstein, Grauwacken
Löß	Kalkstein
Fluviatile Sedimente (Flußauen)	Mergelstein
Torf (Hochmoor, Niedermoor)	Saure Magmatite/Metamorphite
Sedimente im Gezeitenbereich (Marschen)	Basische Magmatite/Metamorphite
Bimstuff	Ultrabasische Magmatite/Metamorphite
	Glimmerschiefer
	Gneis
	2. Lage der periglazialen Deckschicht
	Basislage
	Mittellage
	Hauptlage
3. Bodenhorizonte (pedogene Komponente)	
A-, B- und C-Horizonte	

die Erhebung von bodenkundlichen Grunddaten zur Charakterisierung der Standorteigenschaften ist in der Bodenkundlichen Kartieranleitung (AD-HOC-AG Boden 1994) dargestellt. Spezifische Eigenschaften eines Bodentyps insbesondere hinsichtlich der chemischen Milieuparameter (pH, Eh) und sorptionswirksamer Bestandteile (C_{org}, Tonmineralgehalt) können für die qualitative Beurteilung des Migrationsverhaltens bzw. Sorptionspotentials von Schadstoffen von Bedeutung sein.

Die Kenntnis des natürlichen, geogenen Stoffinventars der Böden und Gesteine ist die Voraussetzung für die Identifizierung und Bewertung von anthropogenen Stoffeinträgen. Bei der Ermittlung des Hintergrundgehaltes sind neben den geogenen Grundgehalten auch die ubiquitären Überprägungen infolge von Nutzung, gebietstypischen Immissionen und diffusen Stoffeinträgen einzubeziehen (s. auch LABO 1995).

Anders als die meisten organischen Schadstoffe treten die umweltrelevanten *Schwermetalle* von Natur aus bei der Gesteins- und Bodenbildung auf, so daß bei der Untersuchung von Schwermetallbelastungen eine Abgrenzung gegenüber dem geogenen Hintergrund erforderlich ist. Die natürlichen anorganischen Spurenelementgehalte variieren in den verschiedenen Gesteinstypen stark. Bei Lockergesteinsböden ist eine differenzierte Betrachtung nach dem Ausgangsgestein/Substrat erforderlich, bei Festgesteinsböden ist darüber hinaus die Lage der periglazialen Deckschicht zu berücksichtigen. Im Vergleich zu den lithogenen Komponenten sind die durch pedogene An- und Abreicherungen veränderten Gehalte in den Bodenhorizonten in vielen Fällen von untergeordneter Bedeutung. Die meisten *organischen Schadstoffe* kommen natürlicherweise nicht in der Lithosphäre vor. Andere natürliche Ursachen (Entstehung bei der Verbrennung organischer Materie, Migration aus erdöl-/erdgashaltigen Gesteinen) sind in der Regel vernachlässigbar bzw. nur bei bestimmten Standorten von Bedeutung (z. B. APPEL & KRABBE 1996), so daß bei der Untersuchung von organischen Schadstoffbelastungen nur der Hintergrundgehalt aus ubiquitären Einträgen, die durch pedogenetische und Nutzungseinflüsse im Boden umverteilt werden, berücksichtigt werden muß.

Tabelle 4.19 gibt eine Zusammenstellung der verfügbaren Übersichten zu repräsentativen geogenen Grundgehalten und Hintergrundwerten für Böden (und Gewässersedimente), die für Abschätzungen von geogenen Grundgehalten und Hintergrundbelastungen durch Verknüpfung mit geologischen und bodenkundlichen Karten herangezogen werden können. Für detaillierte Untersuchungen ist der lokale Hintergrund auf der Grundlage von Detailkartierungen in Abhängigkeit der lithologischen und bodenkundlichen Gegebenheiten zu bestimmen. Eine einheitliche Vorgehensweise zur Bestimmung von repräsentativen Grund- und Hintergrundgehalten ist in LABO (1995) gegeben.

Tabelle 4.19: Übersichten zu geogenen Grundgehalten und Hintergrundwerten von Böden und Gewässersedimenten

Quelle	Inhalt
Bund-Länder-Arbeitsgemeinschaft Bodenschutz (LABO 1995)	Zusammenstellung von länderübergreifenden und länderspezifischen Hintergrundwerten; substrat- und nutzungsbezogen für die wichtigsten ökotoxischen Spurenelemente und organischen Schadstoffe; Bestandsaufnahme und Datenauswertung nach einheitlichen Kriterien; Fortschreibung und Ergänzung in zweijährigem Rhythmus
Bd. 6, Kap. 2.1.1 bzw. HINDEL & FLEIGE (1991) HINDEL et al. (1994)	Bestimmung und Zusammenstellung von repräsentativen geogenen Grundgehalten für anorganische Stoffe (Metalle und Metalloide) in den flächenhaft vorherrschenden Locker- und Festgesteinsböden; differenziert nach Ausgangsgestein, Lage der periglazialen Deckschicht und Bodenhorizont
BOWEN (1979) VINOGRADOV (1954)	Globale Untergrundgehalte (Bodenclarkewerte) für anorganische Spurenelemente und -metalle in Böden
Geochemischer Atlas Bundesrepublik Deutschland (FAUTH et al. 1985)	Karten zur Verteilung von Schwermetallen in Wässern und Bachsedimenten

4.5.2.2 Bodenprobenahme

Die Probenahme von Böden und Gesteinen soll eine repräsentative Untersuchung und Charakterisierung des Stoffinventars sowie der chemischen und physikalischen Boden-/Gesteinseigenschaften gewährleisten. Im Vergleich zu den weiteren Verfahrensschritten im Rahmen einer Feststoffuntersuchung (Probentransport, -aufbereitung und Meßtechnik) hat die Probenahme den stärksten Einfluß auf das Untersuchungsergebnis. Die Probenahmestrategie ist in erster Linie auf das Untersuchungsziel abzustimmen, wobei die geologischen, bodenkundlichen und geochemischen Standortverhältnisse bezüglich Heterogenität des Aufbaus sowie Verteilung und Verhalten der (Schad-)Stoffe einzubeziehen sind. In die Planung der Probenahme gehen ein:

- Lage (Verteilung, Anzahl und Tiefe) der Beprobungspunkte,

- Probenahmetechnik (Aufschlußverfahren und Probenentnahme),

- Probenart, -qualität und -menge.

Die *Lage* der Probenahmestellen ist von einer Reihe von Faktoren abhängig. Bei geringem Kenntnisstand über eine Kontaminationssituation oder bei einer flächenhaften Bestandsaufnahme z. B. zur Ermittlung von Hintergrundgehalten empfiehlt sich eine *statistische Vorgehensweise* in Form einer rasterförmigen Beprobung mit einer möglichst gleichmäßigen, systematischen oder zufälligen Verteilung der Probenahmestellen. Bei punktförmigen Emissionsquellen bietet sich eine konzentrische Anordnung der Probenahmestellen um die Emissionsquelle an. Im Verlauf einer stufenweisen Erkundung kann die Probenahme in Abhängigkeit von den Ergebnissen der vorangegangenen Untersuchungsphase verdichtet oder gezielt urteilsbegründet ergänzt werden. Bei entsprechenden Vorinformationen, z. B. aus vorangegangenen beprobungslosen Vorerkundungen, kann von vornherein eine *gezielte, urteilsbegründete Vorgehensweise* zur Verteilung der Probenahmepunkte erfolgen. Je nach Kenntnislage ist jedoch zu prüfen, ob nicht eine Kombination aus statistischer und ergänzender, gezielter Probenahme sinnvoll erscheint.

Bei einer statistischen Vorgehensweise sind *Anordnung* des Meßrasters und *Anzahl* der Beprobungspunkte bzw. Rasterelemente sowie *Tiefe* der Beprobung so zu optimieren, daß eine möglichst hohe Erfassungsrate bzw. Erfolgswahrscheinlichkeit gegeben ist. In REICHERT & RÖMER (1997, 217-231), sowie Altlastenhandbuch Niedersachsen (1997, 223-231) sind Möglichkeiten der Anordnung von rasterförmigen Beprobungsmustern für verschiedene Kontaminations-, Standort- und Wirkungspfadsituationen in Zusammenhang mit Altlastenuntersuchungen dargestellt. Es werden auch Hinweise zur Festlegung der Probenanzahl in Abhängigkeit von Flächengröße und Standortsituation sowie der Probenahmetiefe in Abhängigkeit von der Kontaminations- und Standortsituation gegeben.

Bei der Erkundung größerer Flächen oder bei hohem Erkundungsaufwand sind geostatistische Methoden, die die mathematisch-statistische Analyse räumlich korrelierter Daten erlauben, hilfreich, um optimale Probenahmeabstände für eine repräsentative Probenahme zur Untersuchung eines (Autokorrelationsanalyse) oder mehrerer (multivariate Autokorrelationsananalyse) Parameter zu ermitteln (s. Bd. 4, Kap. 13 und Bd. 6, Kap. 5 bzw. 5.1.3). Diese Methoden eignen sich besonders für die Planung einer weiteren Verdichtung eines bestehenden Beprobungsmusters. Die Grundlage dazu ist die Auswertung des erreichten Erkundungsstandes, wobei Zuverlässigkeit und Aussagesicherheit bzw. Ausdehnungsfehler und Gesamtvarianz der bereits vorliegenden Ergebnisse betrachtet werden (Bd. 4, Abb. 13.6). Auf diese Weise kann man sich durch schrittweise Verdichtung des Probenahmerasters einer repäsentativen Beprobung und damit optimalen Erkundung auch unter dem Kosten-Nutzen-Aspekt nähern.

Die Entnahme von Bodenproben für chemische und physikalische Laboruntersuchungen erfolgt durch *Aufschlußverfahren* (Schürfe, Kleinbohrungen und Bohrungen), die auch für die geologische und bodenkundliche Erkundung des Untergrundes genutzt werden. Die Kriterien für die Auswahl des Aufschlußverfahrens sind im wesentlichen die (bohrtechnische) Beschaffenheit des Untergrundes und die erforderliche Tiefe (s. Bd. 4, Kap. 4 und 5 und Altlastenhandbuch des Landes Niedersachsen 1997, 33-44). Mit Schrägbohrungen und gesteuerten Horizontalbohrtechniken können auch Feststoffproben aus schwer zugänglichen Bereichen (z. B. unterhalb von Deponien, Gebäuden) gewonnen werden.

Bei chemischen und physikalischen Bodenuntersuchungen steht die *Probenahmetechnik* in engem Zusammenhang mit der erforderlichen *Probenqualität* (Güte). In *Tab. 4.20* sind Aufschlußverfahren und Probenqualitäten gegenübergestellt. Nach der Tab. 4 der DIN 4021 werden Bodenproben in die Güteklassen 1 (ungestörte Probe) bis 5 (vollständig gestörte Probe) eingeteilt. Diese Einteilung ist auf die Anforderungen an die Probenqualität für physikalische Gesteinsuntersuchungen im Labor abgestimmt und beschreibt den Erhalt des natürlichen räumlichen Gleichgewichtszustandes und die jeweils feststellbaren Parameter für die Bestimmung von geotechnischen und hydrogeologischen Eigenschaften (s. Bd. 4, Kap. 3 und 5). Für chemische Untersuchungen zur Bestimmung von Element- und Stoffgehalten sind durchgehende, gestörte Proben in der Regel ausreichend, die die notwendige substrat- und horizontbezogene Probenahme gewährleisten. Für die Bestimmung von Migrationsparametern in Form von Säulen-, Reaktor und Diffusionsversuchen sind ungestörte Boden- und Gesteinsproben dann erforderlich, wenn möglichst realitätsnahe Ergebnisse erzielt werden sollen (Kap. 4.5.4 und 4.6.3). Bei licht- und elektronenmikroskopischen Gefügeuntersuchungen, z. B. an Tongesteinen, werden hohe Anforderungen an die Zerstörungs- und Artefaktfreiheit sowie Orientierung der Probe gestellt. Zur Auswahl von intakten und repräsentativen Proben für diese Detailuntersuchungen können zerstörungsfreie Bohrkernaufnahmeverfahren herangezogen werden. Es bieten sich hier die Verfahren der radiometrischen Dichtebestimmung, der Transmissions-Computertomographie, der elektrischen Widerstandstomographie sowie der Messung der magnetischen Suszeptibilität an (Bd. 4, Kap. 7).

Ein wichtiger Aspekt bei chemischen Feststoffuntersuchungen in kontaminierten Bereichen ist die Vermeidung der Verschleppung von Kontaminationen und die dadurch mögliche Verfälschung der chemischen Zusammensetzung der Probe. Dazu ist von NEUMANN-PETERS & NEUMANN (1994) (s. auch Bd. 4, Kap. 6) eine spezielle Entnahmetechnik entwickelt worden, die es gestattet, ungestörte Bohrkerne hoher Güte und von Fremdkontaminationen weitgehend unbeeinflußt bzw. chemisch unverändert zu gewinnen.

Bei Aufschlußverfahren und Probenahmen in kontaminierten Bereichen sind spezielle Arbeitsschutzmaßnahmen erforderlich, auf die in Kap. 6.2 eingegangen wird. In Bd. 6, Kap. 3.1.3 sind die Regelwerke zusammenfassend dargestellt, die in Zusammenhang mit der Probenahme von Böden, Gesteinen und Sedimenten vorliegen.

Tabelle 4.20: Gegenüberstellung von Aufschlußverfahren und erreichbarer Probenqualität

Aufschlußverfahren	Probenqualität
Schürfe	Gewinnung *ungestörter* Boden- und Gesteinsproben bzw. Proben *hoher (bester) Qualität* durch von Hand freigelegte Blöcke oder durch Entnahme-/Ausstechzylinder in jeder Dimension; dabei ist ein direkter Einblick in den Untergrund möglich. Anwendungsbereich: Lockergestein, Festgestein Bodenklasse 5 und 6, bis ca. 6 m Tiefe bzw. bis Grundwasserspiegel; kostengünstiges, einfaches Verfahren
Kleinbohrungen (Sondierbohrungen) Nut-/Schlitzsonden Rammkernsonden	*Durchgehende* Gewinnung *gestörter* Boden- und Gesteinsproben, Proben *geringer Güte* und geringer Menge Anwendungsbereich: bindiger und nichtbindiger Untergrund; technisch wenig aufwendige Verfahren
Bohrungen Kernbohrverfahren (drehend, rammend, drückend)	*Durchgehende* Gewinnung *weitgehend ungestörter* Boden- und Gesteinsproben, Proben *hoher Güte*
Schlag- und Greiferbohrverfahren (Trockenbohrverfahren)	*Durchgehende* Gewinnung *gestörter* Boden- und Gesteinsproben, Proben *mittlerer Güte*
Spülbohrverfahren	*Unvollständige* Gewinnung *gestörter* Boden- und Gesteinsproben, Proben *geringer Güte* Anwendungsbereich: Locker- und Festgestein in Abhängigkeit von der bohrtechnischen Beschaffenheit; technisch aufwendige Verfahren

4.5.2.3 Chemische Untersuchung von Bodenproben

Die chemische Untersuchung von Bodenproben umfaßt mehrere Verfahrensschritte, zu denen in *Tab. 4.21* weiterführende Hinweise zusammengestellt sind:

Tabelle 4.21: Verfahrensschritte bei der chemischen Untersuchung von Boden- und Gesteinsproben

Parameterumfang	Auswahl und Umfang der Untersuchungsparameter richten sich nach dem Kontaminationspotential sowie der Untersuchungsphase. Eine Übersicht über die bei Deponien und Altlasten relevanten physikalisch-chemischen und chemischen Untersuchungsparameter und deren Anwendungsbereiche, Aussagen und Grenzen auch im Zusammenhang mit abgestuften Untersuchungspaketen gibt Bd. 6, Kap. 1.2 Der Bericht zur umweltgeochemischen Bestandsaufnahme am Teststandort Schöneiche (BIRKE & RAUCH 1997) enthält eine Charakterisierung der anorganischen und organischen Stoffe im Boden hinsichtlich ihrer bodenchemischen und umweltrelevanten Bedeutung, Bd. 8, Kap. 5
Probenvorbehandlung	Zur Vermeidung von chemischen Veränderungen des Untersuchungsmaterials sind bei der Wahl des Probenahmegefäßes, Transport, Konservierung und Lagerung der Bodenproben in Abhängigkeit von den zu untersuchenden Parametern entsprechende Maßnahmen erforderlich. Bd. 6, Kap. 3.1.3.4 und 3.1.4
Probenaufbereitung	Das Probenmaterial ist durch geeignete Vorbehandlungsschritte in eine Form zu überführen, mit der das anzuwendende Meßverfahren durchgeführt werden kann. Dazu muß das zu untersuchende Probenmaterial durch eine chemische Operation (Lösung, Aufschlußverfahren) so umgewandelt werden, daß die in der Probe enthaltenen Element- und Verbindungsgehalte bzw. die zu bestimmenden Probenbestandteile in einer für das Meßverfahren geeigneten Form vorliegen. Bd. 6, Kap. 3.4.1.2
Chemische Untersuchung	Für die Untersuchung von Bodenproben stehen nicht für alle Parameter standardisierte Meßverfahren zur Verfügung. Es hat sich in der Praxis bewährt, die chemische Untersuchung nach einer entsprechenden Probenaufbereitung auf der Basis der entsprechenden Wassernormen durchzuführen. Eine Liste der chemisch-analytischen Verfahren zur Bestimmung der physikalisch-chemischen, anorganischen und organischen Parameter in Bodenproben geben Bd. 6, Kap. 3.1.3.5 und Altlastenhandbuch des Landes Niedersachsen (1997, 266-182). Eine Methodensammlung analytisch-chemischer Bestimmungsverfahren ist ebenfalls im Bd. 6, Kap. 3.2 zusammengestellt

4.5.2.4 Sedimente

Zur umweltgeochemischen Charakterisierung größerer Flächeneinheiten eignet sich die Untersuchung von *Bach-*, *Fluß-* und *Seesedimenten*, die die Einzugsgebiete der Gewässer repräsentieren. Dadurch ist ein schneller Nachweis anthropogener Einflußfaktoren und andauernder Belastungen möglich. Seesedimente bieten darüber hinaus die Möglichkeit, an Kernproben langfristige Belastungsentwicklungen zu analysieren. Obwohl in Gewässern die Stoffdispersion überwiegt, kann es unter bestimmten geochemischen und physikalisch-chemischen Bedingungen zu einer Akkumulation an den Schweb- und Sinkstoffen und damit zu Stoffkonzentration im Gewässersediment kommen. Dabei handelt es sich im wesentlichen um Sorptionsprozesse sowie milieubedingte Spurenelementanreicherungen an biogeochemischen, Redox- und pH-Barrieren. Insbesondere der Eintrag von Schwermetallen und (schwerlöslichen) organischen Komponenten wird gut angezeigt, wobei der Analyse der feinkörnigen Fraktion, an die die Schadstoffe bevorzugt anlagern, neben der organischen Fraktion die größte Bedeutung zukommt (s. a. FAUTH et al. 1985, BIRKE et al. 1995). Für die Probenahme von Sedimenten, die in der Regel mit Siebtrichtern oder anderen Probenschöpfgeräten erfolgt, gibt es keine standardisierte Vorgehensweise.

4.5.3 Bodengas

Bodengas, das die Gesamtheit aller im Boden gebildeten und eingetragenen gasförmigen Stoffe umfaßt, setzt sich je nach den Standortgegebenheiten zusammen aus

- den atmosphärischen Gasen, die infolge von Austauschprozessen mit der Atmosphäre in den Untergrund gelangen,

- den aus natürlichen bakteriellen Prozessen gebildeten Gasen, die durch den aeroben oder anaeroben Abbau organischer Materie im Boden entstehen,

- den geogen bedingten thermischen Gasen (Erdölgase, Erdgase, Kohlegase), die in den organischen Muttergesteinen des tieferen Untergrundes durch thermokatalytische und Crackprozesse gebildet werden (Methan, organische Kohlenwasserstoffe, Stickstoff etc.) und durch vertikale Migration in oberflächennahe Bereiche gelangen,

- den geogenen radiogenen Gasen (Radon und Helium), die durch den natürlichen Zerfall von radioaktiven Elementen in der Erdkruste entstehen und ebenfalls durch Migration aus dem tieferen Untergrund in oberflächennahe Bereiche gelangen,

- den anthropogen eingetragenen Gasen, wobei es sich hauptsächlich um Deponiegase sowie gasförmige und leichtflüchtige organische Schadstoffe handelt.

In Zusammenhang mit der Erkundung des Untergrundes von Deponien und Altlasten können Bodengasuntersuchungen für umweltrelevante und geologische Fragestellungen eingesetzt werden:

- Undichtigkeitsnachweis und Überwachung des Schadstoffaustrages von Deponien,

- horizontale und vertikale Abgrenzung von Schadstoffeinträgen und kontaminierten Bereichen in der ungesättigten Zone und im oberen Bereich des Grundwasserleiters,

- Lokalisation von Zonen erhöhter Wegsamkeiten an Störungen und Schichtgrenzen durch Nachweis erhöhter Gehalte von Radon und Helium in der Bodenluft oder thermischer Gase in der freien oder adsorbierten Gasphase.

Konzentration, Zusammensetzung und Verteilung der Bodengase in Porenraum, Bodenwasser (gelöste Gasphase) und Bodenmatrix (adsorbierte Gasphase) sind von einer Vielzahl von Faktoren abhängig, so daß Bodengasgehalte und -zusammensetzungen zeitlich und räumlich großen Schwankungen unterliegen. Zu den Einflußfaktoren gehören insbesondere die meteorologisch beeinflußten Parameter Wassergehalt, Luftdruck und Temperatur sowie die lithologischen und pedologischen Gegebenheiten des Untergrundes (Permeabilität, Adsorptionseigenschaften). Diese Faktoren sind bei der Planung und Durchführung von Bodengasuntersuchungen besonders zu beachten.

In Deponien und Altablagerungen, in denen organische Abfallstoffe abgelagert sind, kommt es durch mikrobielle Abbauaktivitäten zur Bildung von Deponiegas. Neben den Hauptbestandteilen aus den Abbauprozessen beinhaltet das Deponiegas eine Vielzahl von leichtflüchtigen Spurenstoffen anthropogenen Ursprungs, die aufgrund ihrer physikalischen Eigenschaften in das Deponiegas übertreten und mit diesen ausgetragen werden. Für Deponiegas sind zwei Emissionspfade zu betrachten: das direkte Entweichen in die Atmosphäre und die Migration in den Untergrund oder angrenzende bauliche Einrichtungen.

Gasmigrationen in den Untergrund können eindeutig über die Messung von Methan als Leitsubstanz in der Bodenluft festgestellt werden und zeigen frühzeitig Schadstoffausträge aus dem Deponiekörper bzw. Undichtigkeiten im Untergrund von Deponien an. Die Gasmigrationskontrolle ist auch Bestandteil der in der TA Siedlungsabfall (1993) gesetzlich geforderten Beweissicherung von Deponien. Die Vorgehensweise zur Erfassung und Kontrolle von Deponiegasemissionen ist im Bd. 6, Kap. 2.2.2 beschrieben.

Bei entsprechenden bodenphysikalischen Standortgegebenheiten können Bodenluftmessungen (Bd. 6, Kap. 4.4) genutzt werden, um die horizontale und vertikale Ausdehnung von Kontaminationen und die Abgrenzung von Eintragsquellen in der ungesättigten Zone zu erfassen, sofern gasförmige oder leichtflüchtige Schadstoffe (z. B. LHKW, BTEX) beteiligt sind. Indirekt kann auch eine Verunreinigung des Grundwassers erkannt werden, wenn aus dem oberen Bereich des Grundwasserleiters leichtflüchtige Stoffe durch Diffusion in die ungesättigte Bodenzone abgegeben werden. In den Boden eingetragene gasförmige bzw. leichtflüchtige Stoffe verbreiten sich in der ungesättigten Zone ausgehend von der Eintragsquelle mit nach außen abnehmender Konzentration. Ausbreitung und Verteilung sind von den bodenphysikalischen Standortfaktoren abhängig. Poröse und klüftige Gesteine begünstigen die Ausbreitung, während geringdurchlässige, stark wasserhaltige und wassergesättigte Bereiche die Ausbreitung hemmen. Über stauenden Zwischenschichten können sich die flüchtigen Bestandteile sammeln. Schadstoffe mit entsprechender Dichte (z. B. LHKW) sinken in der ungesättigten Zone ab und breiten sich über dem Kapillarsaum aus bzw. treten in das Grundwasser über. Die Bodenluftuntersuchungen eignen sich aufgrund ihres qualitativen Charakters für orientierende Untersuchungen und als Entscheidungshilfe für weiterführende Untersuchungsmaßnahmen. Die Bestimmung der flüchtigen Komponenten in der Bodenluft ermöglicht eine schnelle qualitative Bestandsaufnahme von Schadstoffbelastungen. Eine Darstellung der ermittelten Schadstoffverteilung (z. B. als Horizontalprofile senkrecht zur Grundwasserfließrichtung, Vertikalprofile bei mächtigen ungesättigten Bodenzonen, Isokonzentrationspläne) liefert schnell und sicher Standortbereiche, die einer weitergehenden Untersuchung hinsichtlich einer detaillierten Abgrenzung der Kontamination durch Boden- und Grundwasserbeprobung zu unterziehen sind. Der Bohraufwand kann somit durch die kostengünstigen Bodenluftuntersuchungen minimiert werden.

Die natürlichen radiogenen und thermischen Bodengase bieten von der Oberfläche aus die Möglichkeit zur Kartierung von tiefreichenden geologischen Störungen und Schichtgrenzen. Diese können im Rahmen der Erkundung des Untergrundes von Deponien und Altlasten zur Prüfung auf potentielle Wegsamkeiten, auf denen Schadstoffe transportiert werden können, genutzt werden. Durch die flächenmäßige Erfassung und Darstellung der Gasgehalte und -zusammensetzungen sind aus der Verteilung der Anomalien Informationen über Lage und Orientierung von gaspermeablen Zonen abzuleiten, die auch hydrogeologisch wirksam sein können.

Die geogen in der Erdkruste gebildeten *radiogenen Gase* steigen bevorzugt auf Bruchzonen auf und bilden im überlagernden Bodenkörper Anomalien aus. Für die gasgeochemische Arbeitsweise zur Detektion dieser Bruchzonen eignet sich v. a. das stabile, bodenchemisch inerte und mobile Edelgas Helium (^{4}He), das damit als Tracergas zum Nachweis der Migrationswege

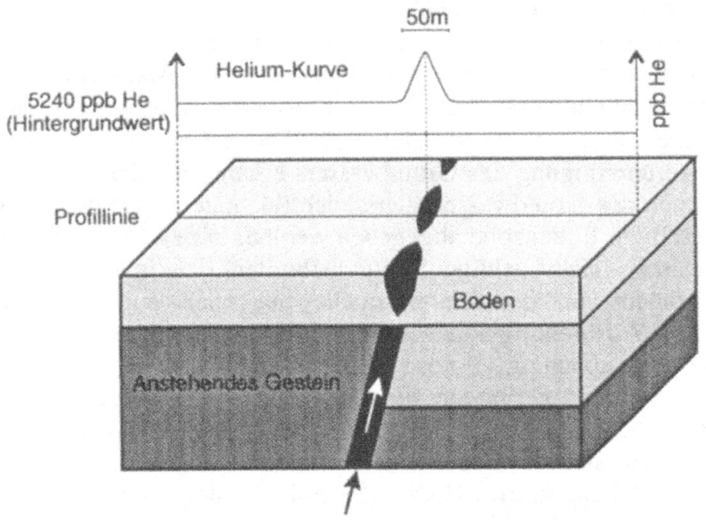

Abb. 4.17: Modell der Entstehung von Heliumanomalien

gute Voraussetzungen bietet. Konzentrationen von Helium über dem allgemeinen und konstanten Backgroundlevel des Heliums der bodennahen Atmosphäre können als Anomalien interpretiert werden, die sich meist deutlich über der gaspermeablen Aufstiegzone konzentrieren (s. *Abb. 4.17*).

Unter günstigen Bedingungen, wie hohen Radonvorkommen, und eine rasche Migration von Radon-beladenen Grundwässern auf Brüchen können diese anhand von Radonanomalien nachgewiesen werden, die jedoch durch ihre diffuse Ausbildung aufgrund der geringeren Stabilität schwerer zu interpretieren sind als entsprechende Heliumanomalien. Wegen der starken Störung der Gashaushalte durch meteorologische Faktoren eignen sich die dargestellten gasgeochemischen Methoden vorrangig als „Schönwettermethoden".

Voraussetzung für die Lokalisierung von Wegsamkeiten mit Hilfe der Bestimmung von *thermischen Kohlenwasserstoffen* ist das Vorhandensein einer gasabspaltenden organischen Muttersubstanz im tieferen Untergrund des Untersuchungsstandortes. Im Gegensatz zur Untersuchung von freien Bodengasen sind für den Nachweis dieser an der Bodenmatrix adsorbierten thermischen Gase gut adsorbierende tonige, schluffreiche und feinsandige Sedimente zu bervorzugen. Unter diesen Rahmenbedingungen sind Gaswegsamkeiten deutlich durch sprunghafte Anstiege der Gasausbeuten zu erkennen. Eine isotopengeochemische Charakterisierung der in den Anomalien nachgewiesenen Kohlenwasserstoffe (Verhältnis $^{13}C/^{12}C$) zusammen mit der Gaszusammensetzung (Verhältnis Methan/Ethan/Propan) zur Abgrenzung von bakteriellen Gasen und insbesondere die genaue genetische Zuordnung der Gase bieten eine Vielzahl von Informationen, die bezüglich der Dichtigkeit des Untergrundes bzw. der Lokalisation von Störungen unter Berücksichtigung der Herkunft der Gase ausgewertet werden können.

Eine detaillierte Beschreibung der Verfahrensweise sowie der Grenzen und Möglichkeiten zur Lokalisation von Zonen erhöhter Wegsamkeiten an Störungen und Schichtgrenzen ist im Bd. 6, Kap. 4 und FABER, et al. (1994) enthalten. Die radiogenen und thermischen Bodengasmessungen geben Hinweise auf näher zu untersuchende, potentielle Migrationswege für Schadstoffe, die mit speziellen Verfahren der Hydrogeologie und Geophysik näher zu charakterisieren sind. Die Meßergebnisse enthalten keine Aussagen über die Art der den detektierten Anomalien zugrundeliegenden Zone und über die tatsächliche Durchlässigkeit des Untergrundes für potentielle Schadstoffe.

4.5.4 Aussagen geochemischer Daten

Anthropogene und natürliche Stoffgehalte weisen in den Untergrundkompartimenten insbesondere in der Pedosphäre oft recht hohe räumliche und zeitliche Variabilitäten auf. Diesen inhomogenen Verteilungen, die sich in den gemessenen Daten widerspiegeln, liegen komplexe, vielfältige Wechselwirkungen zwischen den verschiedenen Stoffen und Bestandteilen des Untersuchungsmediums aber auch Fehler im analytischen Prozeß zugrunde, die mit zunehmender Datenmenge immer weniger überschaubar sind. Bei umfangreichen Datensätzen oder/und komplexen Untersuchungsergebnissen, wie sie z. B. bei flächendeckenden geochemischen Bestandsaufnahmen (große Probenanzahl zu verschiedenen Entnahmestellen oder -zeiten), Multielementanalysen oder komplizierten Belastungs- oder geologisch-geochemischen Standortsituation anfallen, erweisen sich komplexe mathematisch-statistische Datenanalysemethoden (Bd. 6, Kap. 5) als nützliches Instrumentarium zur chemometrischen Auswertung und Interpretation. Es eignen sich insbesondere *multivariat-statistische Datenanalysemethoden*, die als komfortable, kommerzielle Programmpakete erhältlich sind. Im Vergleich zu den *univariat -statistischen Bearbeitungsmethoden*, die jeweils nur die Varianz eines Merkmals betrachten, können mit den komplexen Verfahren auch Beziehungen und Abhängigkeiten zwischen den Daten ermittelt werden, die dann als Basis für eine Interpretation der Untersuchungsergebnisse dienen. Auch *geostatistische Verfahren*, die räumliche oder zeitliche Beziehungen von Daten berücksichtigen, können für die Analyse von raum- und zeitbezogenen Daten herangezogen werden. Voraussetzung für eine erfolgreiche Anwendung ist eine einheitliche und vollständige Erhebung der entsprechenden Boden-, Wasser- oder Luftdaten.

Multivariat-statistische Methoden, die eine simultane Berücksichtigung und Auswertung der Informationen des Gesamtdatensatzes erlauben, ermöglichen die Analyse der Wechselwirkungen zwischen den gemessenen Parameter und die Eliminierung von redundanten Informationen, so daß Stoffverteilungsmuster identifiziert und Rückschlüsse auf einzelne und komplexe anthropogene, geogene oder milieubedingte Ursachen und Mechanismen wie z. B. Eintragspfade, Transport- und Bindungsprozesse getroffen werden können. Im einzelnen sind die *Faktor-, Cluster- und mehrdimensionale Varianz- und Diskriminanzanalyse* zu nennen, die folgende Interpretationshilfen bieten:

- Ermittlung der Beziehungen zwischen allen gemessenen Parametern und Identifizierung von gemeinsamen Merkmals- und Ursachenkomplexen (*Faktoranalyse*),

- Identifikation von Ähnlichkeiten und Strukturen (Klassen) im Datensatz ohne A-piori-Informationen (*Clusteranalyse*) sowie

- quantitative Abgrenzung von Klassen und Ermittlung der Zusammenhänge zwischen den multivariaten Klasseneigenschaften und den gemessenen Originalmerkmalen (*mehrdimensionale Varianz- und Diskriminanzanalyse*).

Ein weiterer, großer Vorteil dieser Datenanalysemethoden ist die Möglichkeit, die analysierten, komplexen Untersuchungsergebnisse in übersichtlicher Form graphisch und kartographisch darzustellen.

Liegen räumlich oder zeitlich korrelierte Daten vor (z. B. Schadstoffgehalte an verschiedenen Stellen eines Untersuchungsgebietes), bieten sich *geostatistische Methoden* (s. auch Bd. 4, Kap. 13) an, die die

- Untersuchung des räumlichen (zeitlichen) Zusammenhanges und der Struktur zwischen den Merkmalen (Semivariogrammanalyse) sowie

- zufallsfehlerbereinigte Schätzung und Interpolation von Merkmalen in der Fläche oder im Block unter Berücksichtigung des Ausgangsdatensatzes (Kriging-Verfahren)

ermöglichen. Dadurch können die räumliche Ausdehnung und die Höhe einer Schadstoffbelastung angegeben sowie Aussagen zur Iso- bzw. Anisotropie einer Stoffverteilung getroffen werden. Darüber hinaus kann die Aussagesicherheit des Erkundungsstandes ermittelt werden, um daraus ggf. eine weitere, optimale Verdichtung des Erkundungsrasters abzuleiten.

Als Beispiel für eine erfolgreiche Anwendung multivariat-statistischer Auswerteverfahren kann die umweltgeochemische Bestandsaufnahme des Teststandortes Schöneiche angeführt werden [BIRKE & RAUCH 1997, BIRKE et al. (in Vorbereitung)]. Das Untersuchungsgebiet, dessen Untergrund sich durch eine komplizierte Quartärgeologie und unterschiedliche Einflußfaktoren aus diversen Altablagerungen, Altstandorten sowie teilweise intensiver landwirtschaftlicher Nutzung auszeichnet, wurde einer flächendeckenden Multielement- und -parameteruntersuchung mit dem Ziel einer differenzierten

Charakterisierung der Grund- und Fremdstoffbelastung unterzogen. Die aus dem umfangreichen durch Kombination uni- und multivariater statistischer Verfahren ermittelten Elementassoziationen (Faktoranalyse) und geochemischen Anomalien (Clusteranalyse) konnten anthropogenen, geogenen oder komplexen, sich überlagernden Ursachen zugeordnet werden. Zur übersichtlichen Darstellung der Ergebnisse bzw. ermittelten Standort- und Belastungsfaktoren wurden im Anschluß an die statistischen Bearbeitungen flächendeckende geochemische Karten zu Einzel- und Multielementverteilungen (Faktorwerte) und geochemischer Anomalien (Clusterpunktlagen) angefertigt, deren Herstellung ebenfalls in BIRKE & RAUCH (1997) beschrieben ist. Mit Bezug zu den natürlichen Hintergrundgehalten und Gefahrenwerten wurden parameterbezogene Belastungsgrad- und Kontrastwertkarten zur Darstellung der Kontaminationssituation des Oberbodens erstellt.

4.5.5 Migrationsverhalten

Die in den vorangegangenen Abschnitten dargestellten geochemischen Untersuchungen von Feststoff, Grundwasser und Bodengas liefern Informationen zur Verteilung von geogenen und anthropogenen Stoffkonzentrationen in den jeweiligen Kompartimenten. Unter Berücksichtigung der geologischen, hydrogeologischen und geochemischen Standortgegebenheiten, der Stoffkenndaten und mit Hilfe von räumlich-zeitlichen Betrachtungen können qualitative Abschätzungen zum Ausbreitungsverhalten erfolgen (s. auch Kap. 4.6). Das Migrationsverhalten wie auch die ökotoxikologische Wirkung eines Stoffes im Untergrund hängen jedoch nicht allein von der Stoffkonzentration, sondern im entscheidenden Maße von der *chemischen Form (Spezies)* bzw. der *Bindungsform* ab, in der ein Stoff in der Bodenmatrix vorliegt. Neben Spezies und Bindungsform sind die vielfältigen *Wechselwirkungsprozesse* zu betrachten, die die Stoffe im Kontakt mit den mineralischen Bestandteilen, der organischen Substanz, dem Boden- und Grundwasser sowie dem Bodengas vollziehen. Dazu gehören

- Austauschprozesse (Filterung, Ionenaustausch, Sorption),

- Lösungs- und Fällungsprozesse,

- mikrobielle Stoffumwandlungs- und Speicherprozesse,

- Assoziations- und Dissoziationsprozesse gelöster Teilchen,

- Säure-Base-Reaktions-Prozesse,

- Oxidations-Reduktions-Prozesse,

- Transportprozesse (Konvektion, hydrodynamische Dispersion, Diffusion).

Zur näheren Beschreibung des Migrationsverhaltens bzw. zur Untersuchung einzelner Aspekte des Migrationsverhaltens stehen Labormethoden zur Verfügung, mit denen detailliertere Aussagen zum Stoffbestand und -verhalten wie Informationen zu Spezies, Bindungsform, Reaktions- und Transportprozessen erhalten und die sie beschreibenden Parameter ermittelt werden können. Die gewonnenen Daten können in einem weiteren Schritt zusammen mit den Standortfaktoren als Grundlage für Ausbreitungsprognosen mit Hilfe von Strömungs- und Transportmodellen eingesetzt werden (s. auch Kap. 4.6/ 4.6.3.9 und Kap. 5).

Die *Spezies* bzw. chemische Form, in der ein Element im jeweiligen Untergrundkompartiment vorliegt, spielt hauptsächlich bei anorganischen Spurenelementen eine Rolle, die in Abhängigkeit vom pH- oder Eh-Wert in verschiedenen Oxidationsstufen (z. B. Fe, Mn, Cr) oder als unterschiedliche (im wesentlichen anorganische oder metallorganische) Verbindungen (z. B. As, Hg, Pb, Sn) vorkommen können und dadurch in ihrem Mobilisierungs- und ökotoxikologischen Verhalten unterschiedlich zu beurteilen sind. Einen Überblick über die Elementspeziesanalytik, die auch für umweltgeochemische Fragestellungen herangezogen werden kann, ist im Bd. 6, Kap. 3.4.1.3 gegeben. Häufig unberücksicht bei der Untersuchung von Deponien bleibt die *Speziation von Schwermetallen in Sickerwässern*, die für eine Beurteilung des langfristigen Mobilisierungsverhaltens eine große Bedeutung aufweist. Bei Sickerwässern aus Siedlungsabfall-/Reaktordeponien sind in erster Linie Metall-Sulfid-Systeme (Sulfidfällung) und die Komplexbildung durch organische Substanzen in Zusammenhang mit den variierenden chemischen Milieubedingungen der verschiedenen Abbauphasen zu betrachten, während bei Müllverbrennungsschlacken die Alterung der mineralischen Phasen den wesentlichen, langfristigen Mobilisierungsfaktor darstellt. Bezüglich der Untersuchungsmöglichkeiten zur Speziierung von Schwermetallen in Sickerwässern von Siedlungsabfall- und Schlackendeponien kann auf Bd. 6, Kap. 3.4.2 verwiesen werden.

Die Mobilisierbarkeit von Schadstoffen in Böden, Sedimenten und Abfallstoffen wird wesentlich von deren *Bindungsform* bestimmt, d. h. der Verteilung der Stoffe zwischen den einzelnen Feststoffphasen bzw. Unterscheidung der chemisch verschieden an Feststoffbestandteilen (durch Sorptionsprozesse an Oberflächen oder Einbindung in feste Phasen) gebundenen Spezies. Unterschiedliche Bindungsformen müssen sowohl für die anorganischen Elemente als auch für organische Stoffe berücksichtigt werden. Die wesentlichen die Element- und Stoffbindung kontrollierenden Bestandteile eines Bodens oder Sedimentes sind:

- Tonminerale,

- Carbonate,

- hydratisierte Eisen- und Manganoxide sowie

- organische Substanz.

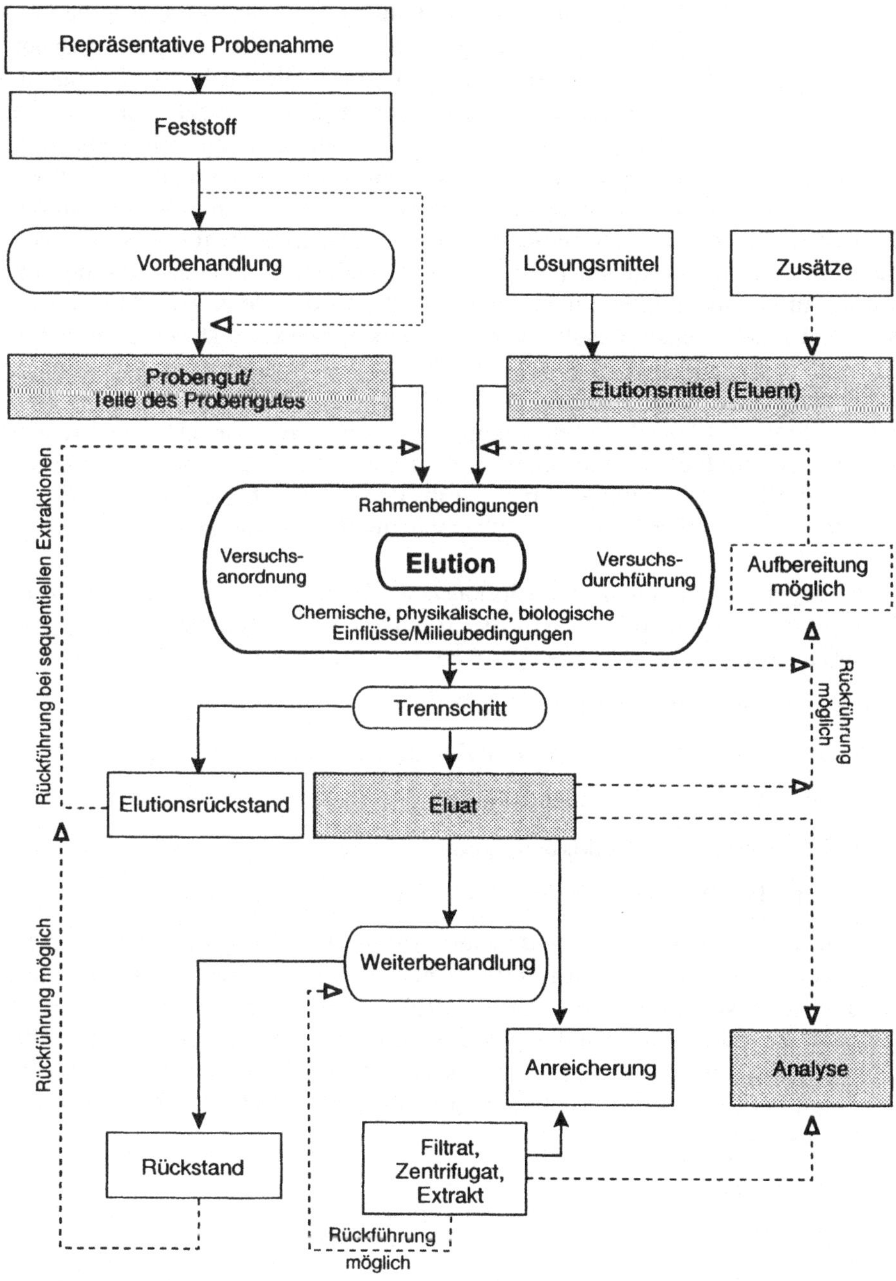

Abb. 4.18: Schematisierter Ablauf von Eluatuntersuchungen. (in Anlehnung an REICHERT & RÖMER 1997)

Für eine differenzierte Beurteilung der unterschiedlichen Mobilisierbarkeit einzelner Stoffe infolge ihrer Bindungsform in der Feststoffmatrix ist daher eine Zuordnung der einzelnen Stoffe zu den verschiedenen Festkörperphasen bzw. eine Untersuchung der unter verschiedenen Bedingungen freisetzbaren Stoffanteile erforderlich. Dafür lassen sich spezielle Trennmethoden, sog. einstufige und sequentielle Extraktionsverfahren (Elutionsverfahren) einsetzen, die durch Anwendung eines selektiven Extraktionsmittels oder durch sukzessive Anwendung mehrerer selektiver Extraktionsmittel in Form von statischen oder dynamischen Flaschen- oder Säulentests eine Zuordnung von Stoffen zu den einzelnen Phasen eines Bodens oder Sedimentes bzw. eine Beurteilung des Auslaugungsverhaltens erlauben. Die Extraktionsschritte sind bei sorgfältiger Wahl der experimentellen Randbedingungen mit Reaktionen vergleichbar, die unter natürlichen Bedingungen ablaufen können. Da eine Untersuchung der Mobilisierungsbedingungen und -prozesse unter natürlichen Bedingungen im Freiland nur unter großem Zeit- und Kostenaufwand möglich ist, sind die Extraktionsuntersuchungen im Labormaßstab diesen in der Regel vorzuziehen. Ein schematisiertes Ablaufschema für Eluatuntersuchungen zeigt *Abb. 4.18.*

Im Gegensatz zu einstufigen Elutionstests, die nur einen einzelnen Mobilisierungsaspekt simulieren, liefern die komplexen, sequentiellen Extraktionsverfahren wesentlich mehr Informationen, weil Aussagen zu

- Elementverteilungen innerhalb der Probe,

- Veränderungen und Phasenumwandlungen im Untersuchungsmaterial,

- Milieuveränderungen im Sickerwasser,

- Einfluß von pH- und Redoxbedingungen sowie

- der zeitlichen Entwicklung von Mobilisierungsprozessen

erhalten werden können. In Anlehnung an die Einteilung von LAKE et al. (1984) und URE & DAVIDSON (1995) hat es sich für die Beurteilung des Mobilisierungsverhaltens von schadstoffbelasteten Böden und Sedimenten bewährt, die durch aufeinanderfolgende, jeweils verschiedene Milieubedingungen repräsentierende Elutionsschritte eluierten Elementgehalte und Stoffe folgenden Fraktionen, die wichtige migrationsbestimmende Aussagen beinhalten, zuzuordnen:

- water-soluble,

- exchangeable,

- specially sorbed, carbonate bound,

- easily reducible substrates,

- easily extractable organics,

- moderately reducible oxides,

- oxidizable oxides and sulfide,

- crystalline Fe-oxides,

- residual minerals.

Die Vielzahl der z. T. sehr speziellen, untereinander nicht abgestimmten Elutionsverfahren führt dazu, daß die Ergebnisse nicht vergleichbar sind bzw. nicht gemeinsam bewertet werden können. Auf europäischer Ebene gibt es Bemühungen, die Elutionsverfahren für Umweltbewertungsfragen zu standardisieren (QUEVAUVILLE 1996). Die Auswahl der am besten geeigneten Methode richtet sich bei der Vielzahl der möglichen Fragestellungen und methodischen Varianten nach dem jeweiligen Ziel der Untersuchung. Für jede Fragestellung muß eine umfangreiche Validierung des Verfahrens erfolgen, um sinnvolle, der Situation angemessene Ergebnisse zu erhalten. Insbesondere

- die Wahl der experimentellen Randbedingungen,

- die Zusammensetzung des Extraktionsmittels,

- die Wahl der chemischen Milieubedingungen und

- die Art der Probenahme und -vorbereitung

haben großen Einfluß auf die Untersuchungsergebnisse. Die vielfältigen, die Qualität der Ergebnisse beeinflussenden Faktoren werden ausführlich in Bd. 6, Kap. 3.4.1 und REICHERT & RÖMER (1996) diskutiert. In den letzten Jahren haben sich die sequentiellen Extraktionsverfahren bei der praktischen Anwendung bewährt, die sich an den Verfahren von TESSIER et al. (1979) und ZEIEN & BRÜMMER (1991) orientieren. Eine wesentliche Arbeitsverein-fachung von sequentiellen Extraktionsverfahren verspricht die Vorgehens-weise von TACK et al. (1996), die die einzelnen Extraktionen nicht mehr nacheinander durchführen, sondern Teilproben des zu untersuchenden Materials parallel mit dem jeweiligen Extraktionsmittel behandeln und durch Differenzbildung die Elementgehalte den einzelnen Phasen zuordnen.

Eine Auswahl von Elutionsverfahren, die sich für bestimmte Anwen-dungsgebiete durchgesetzt haben, gibt *Tab. 4.22*. Eine zusammenfassende Darstellung zur Anwendung von einstufigen und sequentiellen Eluatunter-suchungen für die Mobilisierbarkeit von Schadstoffen aus Böden, Sedimenten und Abfallstoffen ist im Bd. 6, Kap. 3.4.1 gegeben. Darüber hinaus werden in REICHERT & RÖMER (1996, 311-355) die verfügbaren Extraktionsverfahren detailliert beschrieben und bewertet, wobei die meisten Methoden für die Untersuchung von Schwermetallen und wasserlöslichen Inhaltsstoffen ent-wickelt wurden. Für organische Stoffe, insbesondere schwerlösliche Substanzen gibt es bislang nur wenige Testverfahren (s. *Tab. 4.22*). Mit den Elutionsversuchen kann das Stoffverhalten sowohl in der von Grundwasser durchflossenen gesättigten Zone als auch in der von Sickerwasser durchflossenen ungesättigten Bodenzone untersucht werden.

Tabelle 4.22: Zusammenstellung ausgewählter Elutionsverfahren

Elutionsverfahren	Anwendungsgebiet
Einstufige Extraktion	Freisetzung der mit speziellen mineralischen Phasen verbundenen Bestandteile/Aussagen zur Freisetzung unter einer bestimmten Milieubedingung, Bd. 6, Kap. 3.4.1.4
Mehrstufige (sequentielle) Extraktion	Differenzierung der chemischen Bindungsform von Metallen/differenzierte Aussagen zur Metallfreisetzung unter verschiedenen Milieubedingungen, Bd. 6, Kap. 3.4.1.4, z. B. TESSIER et al. (1979), ZEIEN & BRÜMMER (1991)
pHstat-Verfahren	Abschätzung des Langzeitverhaltens von Metallen in mineralischen Feststoffen unter besonderer Berücksichtigung des pH-Wertes, OBERMANN & CREMER (1992)
Kaskadentest	Simulation der Anreicherung perkolierender Lösungen/Untersuchung von Freisetzungsprozessen unter variablen Milieubedingungen, REICHERT & RÖMER (1996, 320-321)
Säulenversuche (Perkolations- und Umlaufsäulen)	Ermittlung des zeitlichen Ablaufes einer Auslaugung/Mobilisierung, Bd. 6, Kap. 3.4.3, REICHERT & RÖMER (1996, 325-329)
Elutionsverfahren für organische Schadstoffe	Weiterentwicklung des pHstat-Verfahrens für organische Stoffe, SCHRIEVER & HIRNER (1994)
EPA-Methode 1311	Spezielles Elutionsverfahren, das auch bei organischen Schadstoffen angewendet werden kann
LFU 1994	Zusammenstellung von Elutionsverfahren für schwerlösliche organische Stoffe
Genormte Standardmethoden:	
Elution nach DIN 38414 S4 (DEV S4)	Ermittlung der wasserlöslichen Anteile von Abfall, Boden, Sediment
Mehrfachelution DIN 38414 S4	Ermittlung des maximal mobilisierbaren, wasserlöslichen Anteils

Die verschiedenen Elutionsmethoden, insbesondere die sequentiellen Extraktionsverfahren stellen ein wichtiges Instrument in der analytischen Umweltchemie dar, um über Stoffverteilungen innerhalb der Feststoffmatrix bzw. das Mobilisierungsverhalten von Stoffen in belasteten Böden und Sedimenten unter sich ändernden Umweltbedingungen sowie über das Auslaugungsverhalten von Abfallstoffen Prognosen für das langfristige Schadstoffausbreitungsverhalten zu geben. Diese Methoden eignen sich besonders in Kombination mit anderen Methoden, indem sie z. B. durch Mineralanalyse, Untersuchung der Bodensickerwässer und geochemische Modellierung begleitet oder in Ergänzung zu reinen Schadstoffgehaltsbestimmungen in Feststoffen durchgeführt werden. Sie können auch als Grundlage für die Planung von Feldversuchen dienen. Bei der umweltgeochemischen Bestandsaufnahme der Region Schöneiche (BIRKE et al. 1997) konnten die aus den umfangreichen Bodenanalysen und mit Hilfe der multivariaten Statistik ermittelten Stoffkorrelationen vielfach durch die Ergebnisse der sequentiellen Extraktion in Anlehnung an das Verfahren von TESSIER et al. (1979) bestätigt werden.

Neben der Ermittlung des Schadstoffreisetzungsverhaltens (Elutionsuntersuchungen) aus kontaminierten Böden und Sedimenten sowie Abfallstoffen (Beschaffenheitsentwicklung von Sickerwässern) ist die Analyse des Schadstoffausbreitungsverhaltens auf der Grundlage der o. g. *Wechselwirkungsprozesse* mit den Untergrundbestandteilen ein wichtiger Aspekt bei der Standortbeurteilung. Je nach den Anforderungen an die Qualität der Ergebnisse können für die Analyse der Reaktionsprozesse (Speicher-, Austausch- und Umwandlungsprozesse) bzw. zur Ermittlung der sie kennzeichnenden Parameter Batch-, Reaktor- und Säulenversuche herangezogen werden. Die aufwendigen, aber weitgehend realitätsnahen Säulenversuche bieten neben der Simulation von Reaktionsprozessen auch die Möglichkeit der Untersuchung von Transportprozessen. Hier gilt ebenso wie bei den Elutionsverfahren, daß die Versuchsbedingungen großen Einfluß auf die Qualität der Ergebnisse, insbesondere hinsichtlich der Übertragbarkeit auf reale Bedingungen haben, so daß eine sorgfältige Planung dieser Untersuchungen notwendig ist. In *Tab. 4.23* sind für die drei genannten, gängigen Verfahrensarten die wichtigsten Anwendungsgebiete sowie die wesentlichen Vor- und Nachteile zusammengestellt. Mit Hilfe der ermittelten Migrationsparameter können die Migrationsprozesse durch mathematische Modellierung beschrieben werden. Die im Labormaßstab ermittelten Migrationsparameter können auch als Grundlage für die Planung von Feldversuchen (z. B. Grundwassermarkierungsversuche, s. Bd. 4, Kap. 10) dienen.

Tabelle 4.23: Methoden zur Untersuchung von Migrationsprozessen

	Anwendungsgebiete	Vor- und Nachteile
Batchversuche	Orientierende Untersuchung von Speicher-(Sorptions-) und Umwandlungsprozessen (auch mikrobielle Stoffumsetzungsprozesse), Schadstoffreisetzung (Auslaugung) aus Abfällen und Reststoffen (s. auch Elutionsverfahren), Bd. 6, Kap. 3.4.3.2, Bd. 5, Kap. 4.3.3.3	Einfache gerätetechnische Durchführung, schnelle Datengewinnung, naturferne Versuchsbedingungen
Reaktorversuche (dynamische Batchversuche)	Untersuchung der Speicher- und Umwandlungsprozesse (auch mikrobielle Stoffumsetzungsprozesse), Untersuchung von Nichtgleichgewichtsprozessen in der ungesättigten Bodenzone, Bd. 6, Kap. 3.4.3.3	Komplizierte gerätetechnische Durchführung, Verwendung ungestörter Proben möglich, weitestgehend naturnahe Versuchsbedingungen, kontinuierliche Prozeßkontrolle mit Hilfe von Meßelektroden möglich
Säulenversuche	Untersuchung von Transport- und Austauschprozessen, (Untersuchung von Speicher- und Umwandlungsprozessen), Lysimeterversuche für die Aerationszone, Aquifersimulationsversuche für die Saturationszone, Bd. 6, Kap. 3.4.3.4, Bd. 5, Kap. 4.3.3.3	Aufwendigere gerätetechnische Durchführung, Verwendung ungestörter Proben möglich, naturnahe Versuchsbedingungen (und naturnahe Fluiddynamik)

Die *geochemische Modellierung* (Bd. 6, Kap. 3.4.4) stellt ein wichtiges zusätzliches Instrument dar, um das Mobilisierungs- und Ausbreitungsverhalten von Stoffen im Untergrund zu beurteilen. Mit Hilfe einer geochemischen Modellierung können Zusammensetzung und Konzentration der beteiligten Spezies in Grund- und Sickerwasser sowie Matrix unter gegebenen oder variierenden chemischen (Milieu-)Bedingungen simuliert werden. Migrationsbestimmende physikalische Parameter, z. B. Porosität, gehen bei diesen rein chemischen Betrachtungen nicht ein. Die Modellierungen beruhen auf der Anwendung der Gesetze der Massen- und Energieerhaltung, des Massenwirkungsgesetzes und der Debye-Hückel-Theorie. Die erforderliche Datenbasis liefern chemische, ggf. auch mineralogische Analysen der Grund-/Sickerwässer und der Feststoffmatrix, evtl. Spezies- und Bindungsformanalysen sowie Elutionsuntersuchungen. Mit den heute verfügbaren Modellen können insbesondere folgende Prozesse in wäßrigen Systemen beschrieben werden:

* Speziation und Verteilung von Elementen,

* Verhalten von Elementen unter variierenden pH- und Redoxverhältnissen,

* Komplexierung von Metallionen.

Das zur Zeit am weitesten verbreitete und in der Anwendung bewährte geochemische Modell ist PHREEQE. Detaillierte Benutzerhinweise sind im Bd. 6, Kap. 3.4.4 sowie in SCHULZ & KÖLLING (1992) enthalten.

Bei der geochemischen Modellierung sind jedoch eine Reihe von Einschränkungen im Hinblick auf die Qualität der Ergebnisse zu berücksichtigen. Dazu gehörten insbesondere die Nichtberücksichtigung von Ungleichgewichtsreaktionen und der Kinetik der chemischen Reaktionen.

In neuerer Zeit befinden sich auch gekoppelte Programmsysteme in der Entwicklung, die die rein chemischen Reaktionsprozesse mit den Strömungs- und Stofftransportprozessen kombinieren und auf diese Weise eine erheblich umfassendere Betrachtung erlauben. Als eine erste anwendungsreife Form ist das Programm CoTAM zu nennen, das in HAMER & SIEGER (1994), einschließlich von Fallbeispielen, beschrieben wird.

Literatur

Ad-Hoc-Ag Boden (1994): Bodenkundliche Kartieranleitung, 4. Aufl., Hannover (Berichtigter Nachdruck 1996).

Altlastenhandbuch des Landes Niedersachsen (1997): Wissenschaftlich-technische Grundlagen der Erkundung; Niedersächsisches Landesamt für Ökologie als Landesarbeitsgruppe Altlasten. Springer, Berlin.

APPEL, D. & KRABBE, H. (1996): Anorganische und organische Spurenstoffe in Gesteinen und Grundwasser im Umfeld niedersächsischer Deponien. Abschlußbericht (unveröff.) zum Verbundvorhaben „Deponieuntergrund". Bundesanstalt für Geowissenschaften und Rohstoffe, Hannover/PanGeo-Geowissenschaftliches Büro, Hannover.

BIRKE, M., RASCHKA, H. & RAUCH, U. (1995): Regionale Oberflächengeochemie. Eine Methode zur umweltgeochemischen Übersichtsaufnahme. Z. angew. Geologie, **41**, 1, 10-20.

BIRKE, M. & RAUCH, U. (1997): Teststandort Schöneiche, Umweltgeochemische Bestandsaufnahme. Abschlußbericht (unveröff.) zum Verbundvorhaben „Deponieuntergrund". Bundesanstalt für Geowissenschaften und Rohstoffe, Hannover.

BIRKE, M., RAUCH, U., KEILERT, B. & HARTISCH, W. (in Vorbereitung): Umweltgeochemische Bestandsaufnahme. In: Handbuch zur Erkundung des Untergrundes von Deponien und Altlasten, Bd. 8, Kap. 5, Springer, Berlin.

BOWEN, H. J. M. (1979): Environmental chemistry of the elements. Academy Press, London.

DIN 4021: Aufschluß durch Schürfe und Bohrungen sowie Entnahme von Proben. Ausgabe 1990, Beuth, Berlin, Köln.

DVWK-REGEL 128 (1992): Entnahme und Untersuchungsumfang von Grundwasserproben.

FABER, E., MÜLLER, R. & SCHIFFER, R. (1994): Weiterentwicklung, Erprobung und Anwendung einer Helium-Radon-Methode zur Standortuntersuchung von Deponien. Abschlußbericht (unveröff.) zum Verbundvorhaben „Deponieuntergrund". Bundesanstalt für Geowissenschaften und Rohstoffe, Hannover

FAUTH, H., HINDEL, R., SIEWERS, U. & ZINNER, J. (1985): Geochemischer Atlas der Bundesrepublik Deutschland, Bundesanstalt für Geowissenschaften und Rohstoffe, Hannover. Schweizerbart, Stuttgart.

HAMER, K. & SIEGER, R. (1994): Anwendung des Modells CoTAM zur Simulation von Stofftransport und geochemischen Reaktionen. Ernst & Sohn, Berlin.

HINDEL, R. & FLEIGE, H. (1991): Schwermetalle in Böden der Bundesrepublik Deutschland - geogene und anthropogene Anteile. Texte 10/91, Umweltbundesamt, Berlin.

LABO (1995): Länderarbeitsgemeinschaft Bodenschutz, Hintergrund und Referenzwerte für Böden, 9006, 1-123, In: ROSENKRANZ, D., BACHMANN, G., EINSELE, G. & HARREß, H.-U.: Bodenschutz, Schmidt, Berlin.

LAKE, D. L., KIRK, W. W. & LESTER, J. N. (1984): Fractionation, characterization, and speciation of heavy metals in sewage sludge and sludge-amended soils: A Review. J. Environ. Qual. 13, 175-183.

LAWA (1993): Länderarbeitsgemeinschaft Wasser: Grundwasser-Richtlinie für die Beobachtung und Auswertung, Teil 3, Grundwasserbeschaffenheit.

LAWA (1994): Empfehlungen für die Erkundung, Bewertung und Behandlung von Grundwasserschäden. Hrsg. Länderarbeitsgemeinschaft Wasser, Stuttgart.

LAWA (1996): Länderarbeitsgemeinschaft Wasser: AQS-Merkblatt für die Qualitätssicherung bei Wasser, Abwasser- und Schlammuntersuchungen, P8/2, Probenahme von Grundwasser.

LFU (Landesanstalt für Umweltschutz Baden-Württemberg) (1994): Literaturstudie Elutionsverfahren für schwer lösliche organische Schadstoffe in Boden- und Abfallproben. Texte und Berichte zur Altlastenbearbeitung 12/94, Karlsruhe.

NEUMANN-PETERS, W. & NEUMANN, P. (1994): Entwicklung einer Bohr- und Probeentnahmetechnik in kontaminierten Bereichen. Forschungsbericht (unveröff.) zum Verbundvorhaben „Deponieuntergrund". Bundesanstalt für Geowissenschaften und Rohstoffe, Hannover.

OBERMANN, P. & CREMER, S. (1992): Entwicklung eines Routinetests zur Elution von Schwermetallen aus Abfällen und belasteten Böden. Abschlußbericht Landesamt für Wasser und Abfall NRW von der Ruhruniversität Bochum.

QUEVAUVILLE, P. (1996): Harmonization of leaching/extraction tests for environmental risk assessment. Sci. Tot. Environ. 178, 1-132.

REICHERT, J.-K. & ROEMER, M. (1996): Eluatuntersuchungen. In: Fachgruppe Wasserchemie in der GDCh (Hrsg.), Chemie und Biologie der Altlasten. VCH, Weinheim.

REICHERT, J.-K. & ROEMER, M. (1997): Probenahme- und Untersuchungsmethoden. In: Fachgruppe Wasserchemie in der GDCh (Hrsg.), Chemie und Biologie der Altlasten. VCH, Weinheim.

SCHRIEVER, M. & HIRNER, A. (1994): Entwicklung von Routinetests zur Elution von organischen Komponenten aus Abfällen und belasteten Böden. Abschlußbericht Landesamt für Wasser und Abfall NRW von der Universität GH Essen.

SCHULZ, H.-D. & KÖLLING, M. (1992): Grundlagen und Anwendungsmöglichkeiten hydrogeochemischer Modelle. In: DVWK (Hrsg.): Anwendung hydrogeochemischer Modelle.- DVWK-Schriften **100**, Parey, Berlin.

TACK, F. M. G., VOSSIUS, H. A. H. & VERLOO, M. G. (1996): A comparison between sediment metal fractions, obtained from sequential extraction and estimated from single extractions. Int. J. Environ. Anal. Chem. **63**, 61-66.

TA Siedlungsabfall (1993): Dritte Allgemeine Verwaltungsvorschrift zum Abfallgesetz. Technische Anleitung zur Verwertung, Behandlung und sonstigen Entsorgung von Siedlungsabfällen, in der Fassung vom 14.05.1993.

TESSIER, A., CAMPBELL, P. G. C. & BISSON, M. (1979): Sequential extraction procedure for the speciation of particulate trace metals. Anal. Chem. **51**, 844-851.

URE, A. M. & DAVIDSON, C. M. (1995): Chemical speciation in the environment. Blackie, London.

VINOGRADOV, A. P. (1954): Geochemie seltener und nur in Spuren vorhandener chemischer Elemente in Böden. Akademie Verlag, Berlin.

ZEIEN, H. & BRÜMMER, G. W. (1991): Chemische Extraktionen zur Bestimmung von Schwermetallbindungsformen in Böden. Mitt. Dt. Bodenk. Ges. 59/1.

4.6 Schadstoffrückhaltevermögen

ULRICH FÖRSTNER, JOACHIM GERTH & HILDEGARD WILKEN

Die zentrale Aufgabe für die Geowissenschaften im Bereich der Abfallwirtschaft und Altlasten wird die Erstellung langfristiger Prognosen zum Verhalten von Schadstoffen im Gesamtsystem Schadstoff/Gesteinsuntergrund /Grundwasser sein. Da eine standardisierte Vorgehensweise angesichts der Komplexität dieser Systeme in absehbarer Zeit nicht zu erreichen sein wird, sollten zunächst die konzeptionellen und methodischen Ansätze, auch zum Thema „Schadstoffrückhaltevermögen der geologischen Barriere", erweitert werden. Insbesondere müssen die Rückhaltemechanismen, die im Untergrund wirksam sind, auf die Menge und Zusammensetzung der zu erwartenden Schadstoffe und speziell im Fall von Deponien der zu erwartenden Sickerwässer aus dem Deponiekörper bezogen werden. Dabei sind die neueren Forschungsergebnisse über die Prozesse im Deponiekörper und in der geologischen Barriere einzubeziehen. Diese gemeinsame Betrachtung der Abfälle als potentielle Schadstoffquellen und der nachgeschalteten Rückhaltesysteme entspricht dem Konzept der Biogeodynamik von verknüpften Stoffströmen (SALOMONS & STIGLIANI 1995), bei dem die räumliche und zeitliche Ausbreitung von Schadstoffen durch die Abfolge von geochemischen Steuerprozessen, Änderungen in der Sickerwasserzusammensetzung und den kapazitativen Eigenschaften sowohl des Abfallkörpers als auch des Untergrundes beschrieben wird.

Geologische „Barrieren" im weitesten Sinne sind als nachgeschaltete Systeme zu verstehen, durch die Schadstoffemissionen aus Abfallablagerungen langfristig fixiert, temporär retardiert bzw. mehr oder weniger stark abgebaut werden. Aus der traditionellen Sicht der Geologen definiert sich die Barrierewirkung v. a. durch die Sorptionskapazität toniger Schichten für schädliche Spurenelemente und persistente organische Verbindungen bzw. deren Metabolite, die aus den Sickerlösungen der Deponie stammen. Die weitestgehende Betrachtungsweise, die hier dargestellt wird, ist die einer „geochemischen Barriere", die neben dem eigentlichen Rückhaltepotential - Retardierung oder Fixierung von Schadstoffen an vorhandenen Feststoffphasen - zusätzlich jene Milieubedingungen bereitstellt, unter denen Prozesse stattfinden können, die zu einer weiteren Verringerung der Emissionen beitragen. Solche Prozesse sind hauptsächlich die Fällung von anorganischen und der Abbau von organischen Verbindungen.

In der Praxis hat sich der Begriff der Untergrundbarriere - geologisch oder geochemisch - während der vergangenen Jahre verändert, doch findet dieser Wandel noch keine hinreichende Berücksichtigung in den Normen und gesetzlichen Regelungen. Am deutlichsten zeigt sich dies durch die

Tatsache, daß trotz der drastisch veränderten Zusammensetzung der Sickerlösungen aus den künftigen Deponien von thermisch behandeltem Restmüll im Vergleich zu den früheren Reaktordeponien bislang weder bei den technischen noch bei den natürlichen Barrieresystemen signifikante Änderungen in den Anforderungen vorgenommen bzw. grundsätzlich diskutiert wurden.

Ohne Diskussionen darüber vorzugreifen, ob Untergrundbarrieren unter den neuen Randbedingungen thermisch behandelter Restmüllablagerungen - ggf. nach einer Konditionierung - hinreichende Langzeitsicherheit gewährleisten können, erscheint es dennoch sicher, daß die geologische Barriere künftig eine wesentlich geringere Rolle spielen wird als ihr bei der traditionellen Anlage von Reaktordeponien zugewiesen worden ist. Der Grund dafür, daß die Rückhaltemechanismen der „geologischen Barriere" hier dennoch in einiger Breite dargestellt werden, liegt v. a. in den Erwartungen, die man im Bereich der Altlasten mit solchen natürlichen Rückhaltesystemen verbindet. Während dieser retrospektive Ansatz im wesentlichen auf der Hoffnung basiert, ohne weitergehende technische Maßnahmen wenigstens die natürlichen Selbstreinigungskräfte im Untergrund wirksam werden zu lassen, sind die Perspektiven, im Rahmen einer künftigen Deponietechnik geologische oder geochemische Prozesse als nachgeschaltete Barrieren, im Extremfall als „letzte Sicherung", einzuplanen, wenig erfolgversprechend.

Die vorliegende Übersicht zum Thema „Schadstoffrückhaltevermögen der geologischen Barriere" mit den Handlungsempfehlungen für die Praxis beginnt mit einer Beschreibung der wichtigsten Funktionen der geologischen Barriere und einer kritischen Diskussion zum Begriff der „Schadstoffrückhaltung" (Kap. 4.6.1). Angesichts der komplexen Wechselwirkungen zwischen den unterschiedlichen Schadstoffen und Barrierematerialien ist eine Vielzahl von Erfahrungen aus den verschiedenen Bereichen der Wissenschaft und Praxis zusammenzuführen (Kap. 4.6.2). Bei den methodischen Ansätzen werden im Kap. 4.6.3 die Verfahren, die für die Bestimmung der einzelnen Parameter bereits einen „Stand der Technik" repräsentieren, durch die Darstellung zusätzlicher optimierter Methoden ergänzt. Daraus werden im Kap. 4.6.4 zunächst die Prioritäten bezüglich der Vorgehensweise und in Kap. 4.6.5 die Handlungsempfehlungen hinsichtlich der Erfassung und Bewertung des Schadstoffrückhaltevermögens der geologischen Barriere abgeleitet.

4.6.1 Definition von Zielen und Begriffen

4.6.1.1 Funktion der geologischen Barriere / Schadstoffrückhaltevermögen

Für die Funktion der geologischen Barriere ist entscheidend, daß der *Schadstofftransport* möglichst gering und das *Schadstoffrückhaltevermögen* möglichst hoch ist. *Transport und Verteilung* von Schadstoffen erfolgen mit dem Wasserstrom (Konvektion und Dispersion) und strömungsunabhängig durch Eigenbewegung der Schadstoffe (Diffusion). Je nach Wasserdurchlässigkeit kann der konvektive Transport besonders wirksam oder vollkommen unterdrückt sein. Die Diffusion läßt sich dagegen nicht unterdrücken. In gering durchlässigen Medien erfolgt Diffusion sogar gegen die Wasserbewegung. Wesentliche Einflußgröße beim diffusiven Transport ist die Weglänge, die bei Wassersättigung am kürzesten ist und von der Korngrößenverteilung und damit der Gestaltung des Porenraums (Umwegigkeit oder Tortuosität) bestimmt wird.

Die *Schadstoffrückhaltung* verzögert den Schadstofftransport und beruht auf der Filter-, Puffer- und Transformatorfunktion der geologischen Barriere. Die *Filterwirkung* bezieht sich auf das mechanische Herausfiltern von Feinstpartikeln (organische oder mineralische Kolloide) mit daran gebundenen Schadstoffen. Kolloidtransport ist ein bislang wenig berücksichtigter Aspekt bei der Schadstoffverlagerung und setzt das Vorhandensein von Klüften im Barrierematerial voraus. Die *Pufferfunktion* (Sorptionsvorgänge) beinhaltet chemisch-physikalische Wechselwirkungen von Schadstoffen mit den Oberflächen der Feststoffmatrix, wie Adsorption, Absorption und Fällung. Zur Entfaltung ihres vollen Sorptionsvermögens muß die geologische Barriere eine genügend hohe Dichtigkeit aufweisen, um eine ausreichende Verweildauer der Schadstoffe zu gewährleisten. Nur so können Schadstoffe die Feststoffmatrix durchdringen (Matrixdiffusion) und an die vorhandenen Oberflächen gelangen. Durch Sorption kann die Ausbreitung über die Lösung stark retardiert, aber nicht vollständig unterbunden werden. Ausnahmen hiervon bilden durch Absorption irreversibel gebundene Schadstoffanteile sowie Fällungsprodukte, wenn ihre Entstehungsbedingungen als dauerhaft stabil angenommen werden können. Die *Transformatorfunktion* bezieht sich auf organische Verbindungen und bezeichnet deren (bio)chemischen Abbau. Abbauvorgänge laufen besonders gut unter belüfteten Verhältnissen ab, sind aber hinsichtlich ihres Wirkungsgrades sowie ihrer Bedeutung für das Schadstoffrückhaltevermögen insgesamt schwer einzuschätzen.

Das Schadstoffrückhaltevermögen ist über die eigentlichen Rückhaltefunktionen mit den Transportmechanismen verknüpft. Daher ist für seine Erfassung und Bewertung die Bestimmung von Durchlässigkeit und Porosität des Barrieregesteins erforderlich. Die Bewertung der Sorptionseigenschaften setzt die Kenntnis der stofflichen Zusammensetzung, der Reaktionsbedingungen sowie der Reaktivität der Oberflächen voraus. Letztere wird nur teilweise, und zwar für die Gruppe der kationischen Stoffe mit der Kationenaustauschkapazität erfaßt. Spezifische sorptive Wechselwirkungen und Absorptionseffekte lassen sich mit Hilfe dieses Parameters nicht kennzeichnen. Dazu sind spezielle Sorptionsuntersuchungen erforderlich.

Für die nachhaltige Schadstoffrückhaltung und Berechenbarkeit der Barrierewirkung ist wichtig, daß das Barrieregestein stabil ist und sich unter Einwirkung von eindringenden Schad- und Wirkstoffen nicht nachteilig, etwa hinsichtlich seiner Zusammensetzung oder seiner Struktur verändert. Der Mineralbestand ist daher auf seine Dauerbeständigkeit gegenüber der Einwirkung von Säuren und anderen Komponenten des schadstoffhaltigen Sickerwassers zu prüfen. Da es sich bei Barrieregestein häufig um Tongestein handelt, sind hier insbesondere die physikalisch-chemischen Wechselwirkungen von Tonmineralen mit Inhaltsstoffen des Sickerwassers von Bedeutung.

Das Schadstoffrückhaltevermögen des Barrierematerials ist, zumindest für Teilprozesse wie die Adsorption, quantifizierbar. Aus Adsorptionsdaten läßt sich für einzelne Schadstoffe ableiten, bei welcher Oberflächenbelegung welche Konzentration in der Lösungsphase und damit in der verlagerbaren Form vorliegt. Bis zu einem meist relativ geringen Belegungsgrad der Oberflächen steigt der gebundene Anteil mit dem Gehalt in der Lösung linear an (konstanter Verteilungskoeffizient K_d). Dieser Effekt ist Ausdruck für die Adsorption an Bindungspositionen hoher und einheitlicher Bindungsstärke. Nach deren Absättigung wird mit weiterer Zunahme der Lösungskonzentration anteilmäßig immer weniger adsorbiert (abnehmender K_d), bis schließlich ein Adsorptionsmaximum erreicht ist und überhaupt keine Retardation mehr stattfindet. Durch Adsorption werden Schadstoffe, auch bei sehr geringen Konzentrationen niemals vollständig aus der Lösung entfernt. Steuergröße für die Oberflächenbelegung ist die mit der Sickerlösung eindringende Stoffkonzentration. Bei konstanter Nachlieferung stellt sich ein Adsorptionsgleichgewicht ein. Diejenigen Bereiche der Barriere, in denen bereits Gleichgewichtsbedingungen vorherrschen, nehmen keine weiteren Schadstoffe mehr auf. Nur bei weiterem Vordringen der Schadstoffront in noch nicht kontaminierte Zonen werden weitere Anteile adsorbiert. Sobald die ersten Schadstoffanteile an die untere Begrenzung der Barriere gelangen, findet ein Austritt statt. Die Adsorption bewirkt dabei lediglich, daß ein substantieller Anteil zunächst zurückgehalten wird. Bei Nachsickern von schadstofffreier Lösung werden auch die am Barrierematerial adsorbierten Schadstoffe durch Desorption wieder mobilisiert und ausgetragen bis auf die durch eventuelle Absorptionsvorgänge irreversibel gebundenen oder durch biologische Abbauprozesse eliminierten Anteile. Für das Rückhaltevermögen entscheidend ist daher die Bindungskapazität der geologischen Barriere insgesamt in Relation zum Schadstoffpotential. Beide Kapazitätsgrößen sollten einander in der Weise entsprechen, daß keine schnelle Aufsättigung der vorhandenen Sorptionsplätze erfolgt und Schadstoffe sich nicht unretardiert ausbreiten können.

4.6.1.2 Zum Begriff „Schadstoffrückhaltung"

In der TA Abfall, Teil 1 (Sonderabfall) wird gefordert, daß das Deponieauflager ein hohes Adsorptionsvermögen aufweist. In der TA Siedlungsabfall wird als Eignungskriterium für die geologische Barriere eine maßgebliche Behinderung der Schadstoffausbreitung und ein hohes Schadstoffrückhaltepotential verlangt. Der Gesetzgeber benutzt die Begriffe Adsorptionsvermögen und Schadstoffrückhaltepotential offensichtlich als Synonyme. Dabei werden keine weiteren Begriffsdefinitionen und auch keine Bewertungskriterien angegeben. Indirekt wird die Anforderung durch die Vorgabe, daß ein Mindestanteil an Tonmineralen vorhanden sein muß, ausgefüllt, wobei vorausgesetzt wird, daß die Tone die wesentlichen Sorbenten darstellen. Dieselbe Richtung nehmen die Empfehlungen des Arbeitskreises „Geotechnik der Deponien und Altlasten" der Deutschen Gesellschaft für Geotechnik e.V. (GDA 1993, Empfehlung 2-8): „Die Abdichtungswirkung mineralischer Dichtungsschichten beruht überwiegend darauf, wie weit der Porenraum des Schluff-, Sand- und Kiesanteils mit feinkörnigen Tonmineralen ausgefüllt ist. In Verbindung mit einer dichten Lagerung des Korngerüstes wird durch das Mikrogefüge der Tonminerale eine Porenausfüllung mit geringer Wasserwegsamkeit bewirkt. Gleichzeitig ergibt sich durch das Vorhandensein dieser Tonminerale ein Zurückhalten der Schadstoffe. Die hier relevanten Eigenschaften der Schichtsilikat-Oberflächen der Tonminerale können näherungsweise durch das Ionenaustauschvermögen beschrieben werden Auch die Schadstoffausfällung ist eine Form der Schadstoffrückhaltung. Beide Schadstoffrückhaltemechanismen sind unter bestimmten Randbedingungen reversibel".

WIENBERG hat im Bd. 5 (Kap. 1.3.1.1) dieses Handbuches auf die Unklarheiten und Widersprüche der beiden Schlüsselbegriffe „Adsorptionsvermögen" und „Schadstoffrückhaltepotential" hingewiesen. So wird beispielsweise ein Schadstoffrückhaltepotential postuliert, obwohl nach bestimmten (u. U. sehr langen) Transportzeiten ein voller Schadstoffdurchbruch erfolgen kann. Im stationären Zustand migrieren die Schadstoffe unretardiert. Anders im Falle der „bound residues", bei denen organische Schadstoffe irreversibel in Feststoffe eingebunden werden. Hier ist der Untergrund eine echte Schadstoffsenke. Dies gilt auch für bestimmte Fällungsprodukte von Schwermetallen, z. B. als Sulfide unter dauerhaft anoxischen Bedingungen. SALOMONS (1995) hat gezeigt, daß sich diese Bindungsmechanismen deutlich von den Adsorptionsprozessen unterscheiden, bei denen über bestimmte Bereiche eine lineare Relation zwischen feststoffgebundenen und gelösten Metallkonzentrationen besteht.

Aus diesen widersprüchlichen Definitionen ergeben sich zwangsläufig Unsicherheiten über die erforderlichen Methoden zur Untersuchung des Schadstoffrückhaltevermögens. Dabei sind die beiden Empfehlungen E 3-3 „Tonmineralogische Charakterisierung von mineralischen Basisabdichtungen" und E 3-4 „Charakterisierung von Sickerwasser hinsichtlich der chemischen Beanspruchung mineralischer Abdichtungsmaterialien" (GDA 1993) relativ unkritisch, weil damit keine Handlungsanweisungen verbunden sind. Problematisch ist dagegen der Hinweis in Empfehlung E 2-8: „Eine Möglichkeit, die Sorptions- und Desorptionseigenschaften zu ermitteln, ist der Schütteltest (DEV S4, DIN 38 414 Teil 1). Dieses genormte Verfahren wird häufig praktiziert und es bietet somit gute Vergleichsmöglichkeiten". Solche unhaltbaren Verallgemeinerungen, wie sie hier aus einem sehr begrenzt aussagefähigen Schnelltest gezogen werden, zeigen exemplarisch, daß für so folgenschwere Entscheidungen, wie sie für die Langzeitprognose einer geologischen Barriere anstehen, auch bei den Prüf- und Bewertungsverfahren ein „Stand der Technik" gefordert werden muß.

4.6.2. Verhalten von Schadstoffen im Untergrund

Für die Anforderungen an die Funktion der geologischen Barriere im allgemeinen und an ihr Schadstoffrückhaltevermögen im besonderen bilden Art, Menge und Zusammensetzung der Schadstoffe bzw. Sickerwässer aus dem Deponiekörper die entscheidenden Kriterien. Grundsätzlich lassen sich drei Verhaltensweisen bei Stoffen unterscheiden:

- nicht adsorbierbare, nicht abbaubare Stoffe,

- adsorbierbare, nicht abbaubare Stoffe,

- adsorbierbare, abbaubare Stoffe.

In Sickerwässern aus Deponien und Altablagerungen befinden sich nach Austritt aus dem Abfallkörper eine äußerst komplexe Matrix aus anorganischen und organischen Salzen (Anionen und Kationen), organischen N-, S- und P-Verbindungen, Chelaten, huminstoffähnlichen Substanzen, eine Vielzahl von anthropogenen organischen Verbindungen und vielen anderen mehr, die zudem noch in den verschiedenen Abbaustadien der Deponieentwicklung variieren (KERNDORFF 1997, CHRISTENSEN & KJELDSEN 1989). Das Sickerwasser einer jungen Deponie, bei der die anaerobe saure Gärung vorherrscht, weist eine hohe organische Belastung auf. Mit zunehmendem Deponiealter nimmt die organische Belastung ab, wobei allerdings der Anteil an biologisch schwer abbaubaren organischen Schadstoffen zunimmt. Prognoseabschätzungen zum Emissionspotential von

Müllverbrennungsschlackendeponien wurden von KERSTEN et al. (1995) vorgenommen. Für die extrem geringen Konzentrationen der umweltrelevanten Schwermetalle, wie Blei, Cadmium, Chrom, Kupfer, Nickel und Zink, in Sickerwässern aus Schlackendeponien werden hauptsächlich die Adsorption an Eisenhydroxide und Carbonate oder sekundär gebildete Speicherminerale (sogenannte Calcium-Aluminium-Silikat-Hydrat-Phasen, KERSTEN 1996) verantwortlich gemacht. Diese Phasen sind aber im Ablagerungsmilieu auf Dauer thermodynamisch instabil. Ihre langfristige Stabilität und damit die Retardation der Schwermetalle ist eng an die Gegenwart von Calciumcarbonat als Puffer gegen Versauerung gekoppelt. Erst nach dem Abbau des Carbonatpuffers können Mobilisierungseffekte folgen, die nach einem Worst-case-Szenario abrupt einsetzen und sprunghaft zu hohen Konzentrationen an Metallen führen können. Die Abbaurate der Carbonatpufferkapazität ist aber immer noch um zwei Größenordnungen größer als die günstigsten Prognosen für den Prozeß der oxidativen Schwermetallfreisetzung aus den Sulfiden in Siedlungsabfalldeponien.

Insgesamt lassen sich die in den Sickerwässern von (Alt)Deponien enthaltenen organischen und anorganischen Belastungs- und Schadstoffe in die folgenden Gruppen einteilen (CHRISTENSEN et al. 1994), von denen die 2. und 4. Gruppe auch bei Altlasten eine große Relevanz aufweisen:

1. gelöste organische Substanzen, ausgedrückt als Chemischer Sauerstoffbedarf (CSB) oder Gesamter Organischer Kohlenstoff (TOC), einschließlich Methan, flüchtigen Fettsäuren (vorwiegend in der sauren Phase der Deponieentwicklung) und den schwer abbaubaren (refraktären) Substanzen, vor allem fulvinsäure- und huminsäureähnliche Verbindungen,

2. anthropogene organische Verbindungen, die von Haushalts- oder Industriechemikalien stammen und die in relativ niedrigen Konzentrationen im Sickerwasser auftreten, z. B. BTEX, Phenole und chlorierte aliphatische und aromatische Kohlenwasserstoffe,

3. anorganische Makrokomponenten (Salze) wie Calcium, Magnesium, Natrium, Kalium, Ammonium, Eisen, Mangan, Chlorid, Sulfat und Hydrogencarbonat,

4. Schwermetalle und Metalloide, wie z. B. Arsen, Blei, Cadmium, Chrom, Kupfer, Nickel und Zink.

Das Interesse sollte künftig verstärkt der Rolle des geologischen Untergrunds in Beziehung zu den Sickerlösungen aus organikreichen Altablagerungen gelten. Hier geht es v. a. um eine Erfassung und Bewertung der langfristigen kapazitativen Eigenschaften der festen Matrizes (Puffer-, Sorptions-, Austausch- und Bindungskapazitäten), der Durchlässigkeit für Lösungen sowie der möglichen Abbaureaktionen im Untergrund. Dabei ist zu beachten, daß der Untergrund durch deponiebürtige Komponenten, insbesondere durch Redoxreaktionen als Folge mikrobieller Abbauprozesse organischer Sickerwasserinhaltsstoffe, nachhaltig verändert wird (Kap. 4.6.2.1). Daraus ergeben sich große räumliche und zeitliche Variationen für die Wechselwirkungsprozesse der organischen und anorganischen Schadstoffe (Kap. 4.6.2.2 und 4.6.2.3) mit den vorwiegend feinkörnigen Feststoffphasen des Untergrundes. Bislang überwiegen die offenen Fragen, z. B. hinsichtlich der Bildung und Mobilität von Mikropartikeln, durch die relativ schwerlösliche Schadstoffe durch Anlagerung über Entfernungen transportiert werden können, die sonst nur durch die Wasserphase zu überbrücken sind (Kap. 4.6.2.4), der bevorzugten Schadstofftransportwege, die einen beträchtlichen Unsicherheitsfaktor bei der Bewertung der Schadstoffausbreitung in geologischen Barrieren darstellen (Kap. 4.6.6.5) und der möglichen nachteiligen Veränderungen von Tonmineralen, den insgesamt wichtigsten Komponenten für die Schadstoffretention in den geologischen Barrieren, durch deponiebürtige Lösungsinhaltsstoffe (Kap. 4.6.2.6).

4.6.2.1 Dispersion und Reaktion von Sickerwasserinhaltsstoffen

Vor den Wechselwirkungen mit den überwiegend mineralischen Feststoffen der geologischen Barriere durchlaufen die Sickerwasserinhaltsstoffe eine mehr oder weniger ausgedehnte Zone, in der zum einen bereits eine Abnahme von Schadstoffkonzentrationen - u. a. durch Verdünnung und mikrobiellen Abbau - zu beobachten ist und andererseits chemische Reaktionen stattfinden, die die Eigenschaften des Untergrundes auch im Hinblick auf seine langfristige Schadstoffrückhaltekapazität beeinflussen.

Ausbreitung von Makrokomponenten

Die Ausbreitung von Sickerwasserinhaltsstoffen wird wesentlich durch die Vermischung mit dem Grundwasser und die dreidimensionalen Strukturen des Grundwasserleiters beeinflußt.

Es gibt eine Reihe gut untersuchter Beispiele zur Ausbreitung von anorganischen Makro-Inhaltsstoffen, wie Chlorid, Sulfat, Calcium, Magnesium, Natrium, Kalium und Ammonium. Die besonders mobilen Komponenten im Sickerwasser (konservative Stoffe) können als Vorläufersubstanzen bei der Suche nach Undichtigkeiten im gesamten Barrieresystem betrachtet werden (s. auch Bd. 6, Kap. 1.1 und 2.2). Als charakteristischer Parameter wird z. B. bei Altablagerungen die Ausbreitung von Chlorid angesehen. Die meisten Sickerwasserfahnen besitzen eine Länge von weniger als 1 000 m, vermutlich eine Folge der Vermischung mit Grundwasser. In einigen Beispielen scheint sich ein stationärer Zustand eingestellt zu haben, d. h. eine Erhöhung der Chloridgehalte ist nicht mehr nachzuweisen.

Häufig unterscheiden sich die hydrogeologischen Verhältnisse in der Ablagerung von denjenigen ihrer Umgebung, v. a. durch eine höhere Infiltration von Niederschlagswasser. Daraus resultiert ein Stauwasser- „Berg" in der Ablagerung und eine verstärkte laterale Ausbreitung der Sickerwasserfahne. Unterschiede finden sich auch in der Dichte von Sicker- und Grundwässern als Funktion der Temperaturen und der gelösten Substanzen. Experimente von SCHINCARIOL & SCHWARTZ (1990) zeigen, daß bereits bei einer Chloridkonzentration von 1 000 mg/l, die eine Dichteerhöhung von 0,08 gegenüber dem Grundwasser bewirkt, eine signifikante Beschleunigung der vertikalen Ausbreitung der Sickerwasserfahne im Untergrund stattfindet. In einem großräumigen Experiment haben BJERG & CHRISTENSEN (1993) das Absinken einer Sickerwasserfahne, deren Dichte 0,7 % höher als die des umgebenden Grundwassers war, auf den Boden eines Grundwasserleiters über einen Zeitraum von mehreren Wochen verfolgt.

Über die Dispersion der Sickerwasserinhaltsstoffe unter Feldbedingungen ist bislang wenig bekannt (GELHAR et al. 1992). Die Vermischungsvorgänge zwischen Sicker- und Grundwässern scheinen durch lokale Heterogenitäten im Grundwasserleiter begünstigt zu werden. Das bedeutet, daß künftig ein verstärkter Aufwand bei der kleinräumigen geologischen Kartierung des Deponieuntergrundes betrieben werden sollte (CHRISTENSEN et al. 1994).

Redoxreaktionen mit den Untergrundmaterialien

Sickerwasserkomponenten können typische Veränderungen von chemischen Steuerfaktoren (Eh, pH) anzeigen, aus denen über sekundäre Prozesse das Mobilitätsverhalten beeinflußt werden kann. Die Erforschung der Prozesse, die im Untergrund stattfinden, hat in den letzten Jahren beträchtliche Fortschritte gemacht. Im Mittelpunkt dieser praxisnahen Untersuchungen steht die räumliche und zeitliche Ausbreitung von Redoxfronten, die durch den mikrobiellen Abbau deponiebürtiger organischer Substanzen verursacht werden (CHRISTENSEN et al. 1994) sowie deren Auswirkung auf die Rückhaltung und den Abbau von anorganischen und organischen (Mikro-) Schadstoffen.

Die Ausbildung von Redoxzonen unterhalb von Deponien ist in erster Linie das Ergebnis von mikrobiellen Abbauprozessen der organischen Substanzen entsprechend der Verfügbarkeit von Oxidantien (Elektronen-Akzeptoren) im Untergrund. Diese Prozesse laufen in einer definierten Folge ab, die mit einer verstärkten heterotrophen Sauerstoffzehrung beginnen und über die Mangan-, Nitrat- und Eisenreduktion zur Reduktion von Sulfat führen (*Abb. 4.19* gibt die Entwicklung für Sedimentporenwässer wieder). Von diesen Reaktionsschritten weist die Sulfatreduktion die höchsten Abbauraten für organisches Material auf (*Tab. 4.24*) und ist daher in sulfatreichen Wässern - dazu zählen neben Meerwasser (JORGENSEN 1982)

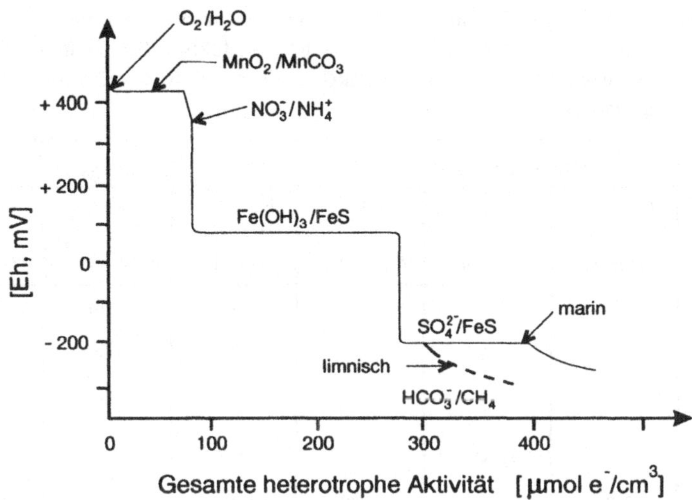

Abb. 4.19: Redox-Titrationskurve für eine (marine) Sedimentprobe. (Nach MACKENZIE & WOLLAST 1977). Die Berechnungen basieren auf folgenden Konzentrationen: Porenwasser: 300 μmol/l O_2, 50 μmol/l NO_3^-, 28 000 μmol/l SO_4^{2-} und 5 000 μmol/l Carbonat. Feststoffe: 40 μmol/kg MnO_2, 200 μmol/kg $Fe(OH)_3$, 2 000 μmol/kg Carbonate

Tabelle 4.24: Reihenfolge und Ausbeute der alternativen mikrobiellen Mineralisierungsreaktionen von organischem Detritus in Sedimenten. (Nach REEBURGH 1983)

Reaktion	Eh [mV]	Energieausbeute [kJ/mol CH$_2$O]	Oxidationkapazität für CH$_2$O [μmol/l]
O_2-Reaktion	720-740	-475	0-0,85
Denitrifikation	710	-448	0-0,03
Mn(IV)-Mn(II)	470	-349	2,2-21,6
Fe(III)-Fe(II)	60	-114	14-28
Sulfatreduktion	-200	-77	56,4
Methanogenese	-250	-58	?

typischerweise die Deponiesickerwässer - die verbreitetste biochemische Sukzessionsstufe. Die Bildung von freien Sulfidionen führt zunächst zur Ausfällung der reduzierbaren Eisenanteile sowie anderer Schwermetalle. Die biochemische Sukzession mündet, nachdem kein Sulfat mehr zur Verfügung steht, in die methanogene Fermentation des noch abbaubaren organischen Materials. Wenn noch reduzierbares Eisen vorhanden ist, so wird dieses in Carbonat umgesetzt und wirkt damit als Puffer gegen eine pH-Absenkung; jedoch reicht die Sulfidionenkonzentration i. allg. aus, um Spurenmetalle, insbesondere Cu, Ag, Zn, Cd und Pb als Sulfide zu fällen (KERSTEN et al. 1985).

Tabelle 4.25: Konzentrationen an oxidierter und reduzierter Spezies und deren potentieller Beitrag zu den Oxidations- (OXC) und Reduktionskapazitäten (REC) in Oberflächen- und Grundwässern. (Nach BOURG & LOCH 1995; BARCELONA & HOLM 1991, HERON et al. 1994)

	Oberflächenwasser [a]			Grundwasser [b]		
	Konzentration [mg/l]	OXC [equiv/m^3]	REC [equiv/m^3]	Konzentration [mg/l]	OXC [equiv/m^3]	REC [equiv/m^3]
O_2	10	1,25		10	0,44	
NO_3^-	5	0,40		20	0,60	
NH_4^+	-	-		< 1		< 0,16
Mn_{fest}	1	0,002		0,3	18	
$Mn_{gelöst}$	0,01		0,0004	0,01		0,0001
Fe_{fest}	50	0,09		6	175	
$Fe_{gelöst}$	0,05		0,002	0,1		0,001
S^{2-}_{fest}	-	-		0,03		12
SO_4^{2-}	10	0,83		40	1,20	

[a]   Für Schwebstoffgehalt von 50 mg/l.
[b]   Für Porosität 0,35; Dichte 1-6 kg/l.

Für die Abschätzung der langfristigen Auswirkungen dieser mikrobiell vermittelten Abbauprozesse ist die Kenntnis der Oxidations- und Reduktionspotentiale der betroffenen Systeme notwendig. Tabelle 4.25 zeigt, daß in Oberflächengewässern die maßgeblichen Oxidantien in gelöster Form - Sauerstoff, Sulfat und Nitrat - vorliegen. Im Grundwasser dominieren hingegen die reduzierbaren Eisen- und Mangangehalte der festen Aquifermaterialien. Die Anteile an reduzierbarem Eisen sind letztlich maßgebend für das Abbauverhalten der organischen Sickerwasserinhaltsstoffe und für die Anordnung der Redoxzonen im Untergrund von Deponien. Die neugebildeten Eisenverbindungen - Sulfide und Carbonate - stellen gleichzeitig die wesentlichen Reduktionspotentiale dar, die bei einer Wiederherstellung der Ausgangsbedingungen überwunden werden müßten.

In ihrer Studie über die Rückhaltung und den Abbau von deponiebürtigen Sickerwasserinhaltsstoffen in Grundwasserleitern beschreiben CHRISTENSEN et al. (1994) mehrere Beispiele, in denen die mikrobiellen Abbausequenzen und Redoxzonierungen untersucht worden sind. Über die zeitliche Entwicklung der einzelnen Reduktionszonen gibt es bislang nur wenige Informationen von realen Deponiebeispielen. Diese Lücke können die Ergebnisse des DFG-Schwerpunktprogramms „Schadstoffe im Grundwasser" am

Beispiel des Infiltrationsgebietes „Insel Hengsen" füllen (SCHÖTTLER & SCHULTE-EBBERT 1995). Das System einer klassisch ausgebildeten Redoxsequenz, die sich in diesem Fall bei der Infiltration von Seewasser in einen flachen Grundwasserleiter eingestellt hatte, läßt sich auf zweierlei Weise verändern (*Abb. 4.20*):

- Durch die Erhöhung der Fließgeschwindigkeit oder als Folge niedriger Temperaturen in den kälteren Jahreszeiten wird die Kontaktzeit zwischen Grundwasser und der bei der Stoffumsetzung besonders aktiven festen Phase verkürzt. Die daraus resultierende Verzögerung des Abbaus von Elektronenakzeptoren führt zu einer generellen Spreizung und Verschiebung der Redoxkompartimente mit der Strömungsrichtung.

- Bei einer Verringerung der Fließgeschwindigkeiten bzw. höheren Wassertemperaturen nimmt die Intensität der mikrobiell katalysierten Stoffwechselreaktionen und Lösungsvorgänge zu. Daraus ergibt sich ein räumlich früherer Abbau von Elektronenakzeptoren und damit eine Verkürzung und Verlagerung der Redoxkompartimente gegen die Strömungsrichtung.

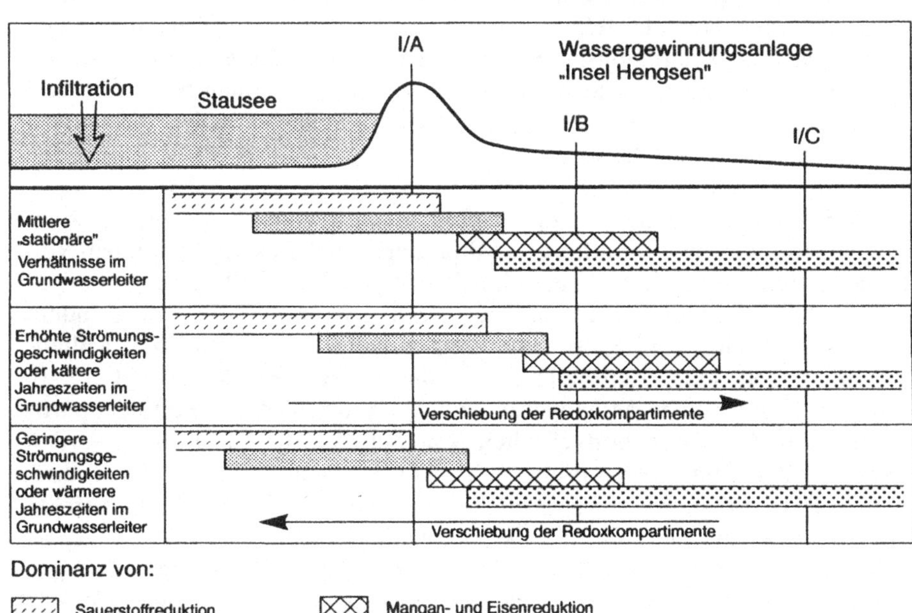

Abb. 4.20: Spreizung und Verschiebung der Redoxkompartimente bei Änderungen systembestimmender äußerer Randbedingungen am Beispiel der Transsekte I (Uferfiltrateinfluß) des Untersuchungsgebiets „Insel Hengsen". (Nach SCHULTE-EBBERT & SCHÖTTLER 1995)

Für die Verhältnisse im Untergrund von Abfallablagerungen ist von Bedeutung, daß bei relativ kurzzeitigen Veränderungen der Fließgeschwindigkeiten die Verschiebung der Redoxkompartimente kleinräumig betrachtet nicht in allen Porensystemen gleichmäßig erfolgt (SCHULTE-EBBERT & SCHÖTTLER 1995):

1. In vornehmlich großporigen Systemen (k_f -Werte von 10^{-3} - 10^{-1} m/s), in denen der größte Teil des Grundwassers fließt, erfolgen Verschiebungen der Redoxkompartimente am schnellsten und deutlichsten.

2. In Porensystemen mit geringeren Porengrößen (k_f -Bereich von etwa 10^{-6} - 10^{-4} m/s) findet eine Durchströmung statt, die nur noch so gering ist, daß kurzzeitige Strömungserhöhungen im Gesamtsystem nicht zu einer signifikanten Veränderung der im Vergleich zum stärker durchströmten Grobporensystem etwas reduktiveren Milieubedingungen in diesen Porensystemen führen.

3. In Systemen mit sehr geringer Durchlässigkeit (k_f -Werte $<10^{-6}$ m/s) und überwiegend extrem kleinen Poren, bei denen der Haftwasseranteil nahezu den gesamten Porenraum ausfüllt, oder bei nicht durchströmten „Dead-end-Poren" besteht ein stofflicher Austausch nur über Diffusionsvorgänge oder sehr langsame Strömungsvorgänge. Diese Systeme werden durch Änderungen der Strömungsgeschwindigkeiten nicht beeinflußt und behalten ihren bei Anwesenheit von Mikroorganismen meist sulfidischen bis methanogenen Charakter bei.

Die kurzzeitige Verschiebung der Redoxkompartimente kann deutliche Auswirkungen auf Abbau-, Fällungs-, Mitfällungs- und Lösungsreaktionen von Schadstoffen oder anderen Wasserinhaltsstoffen haben (SCHULTE-EBBERT & SCHÖTTLER 1995). Dies gilt v. a. dann, wenn sich durch Fällung oder andere Festlegung Schadstoffdepots im Untergrund bilden und bei Milieuveränderungen eine Remobilisierung dieser Schadstoffe erfolgt (Kap. 4.6.2.3). Durch solche Milieuveränderungen kann auch das kolloidal/partikulär gebundene Transportverhalten von Schadstoffen beeinflußt werden (Kap. 4.6.2.4). Einige organische Stoffe können nach Verlassen der Redoxzone selektiv verändert bzw. vermindert werden und diesbezügliche Effekte sollten sich in den Grundwasserkontaminationen nachweisen lassen (KERNDORFF 1997). Deshalb erscheint es grundsätzlich gerechtfertigt, daß bei der systematischen, regelmäßigen Überwachung von Deponien eine große Anzahl von Analysenparameter verlangt wird (DÖRHÖFER 1993).

Chemischer und biologischer Abbau von organischen Schadstoffen

Die bei organischen Substanzen ablaufenden Umwandlungsprozesse finden in der Altlast und im Untergrund überwiegend im Wasser als Reaktionsmedium und/oder Reaktionspartner statt. In vielen Fällen lassen sich

Hydrolyse und Oxidation/Reduktion als dominierende Reaktionsmechanismen feststellen. Die chemischen Umwandlungsprozesse werden auf verschiedene Weise katalysiert. Dabei kommen Tonoberflächen, Metalloxide, Metallionen und organische Oberflächen als Katalysatoren in Frage (WIENBERG & FÖRSTNER 1990). An der größeren Zahl der Umwandlungsprozesse sind Mikroorganismen beteiligt, entweder mit dem Ziel der Energiegewinnung oder des Aufbaus von Biomasse. Speziell für Xenobiotika ist der Prozeß des Kometabolismus von Bedeutung, bei dem ein normalerweise als nicht abbaubar geltender Stoff in Gegenwart einer weiteren Substanz, die die nötigen Enzyme induzieren kann, metabolisiert wird (HUTZINGER & VEERKAMP 1981). Weiter ist der aerobe Abbau zu unterscheiden, der unter Veratmung molekularen Sauerstoffs meist besonders effektiv ist und von einer großen Zahl verschiedener Mikroorganismen durchgeführt wird, und der anaerobe Abbau, bei dem die Mikroorganismen ihre Energie entweder durch Nutzung von oxidierten Verbindungen, wie z. B. NO_3^-, SO_4^{2-} oder Fe^{3+} als Elektronenakzeptoren, oder durch Gärung (hier werden organische Moleküle in oxidierte und reduzierte Bruchstücke gespalten) gewinnen. Nachfolgend sind die wichtigsten Umsetzungsprozesse für schadstoffrelevante Stoffgruppen zusammengestellt (nach KÄSTNER et al. 1993).

Biologischer Schadstoffabbau bei ausgewählten organischen Substanzgruppen (nach KÄSTNER et al. 1993):
Inwieweit die organischen Schadstoffe mikrobiell angreifbar sind, wird ganz wesentlich von ihrer chemischen Stuktur bestimmt. Von Bedeutung sind: Verzweigung der Kohlenstoffkette, Länge der C-Kette, Oxidations- und Sättigungsgrad der Verbindung, Art, Anzahl und Stellung der Substituenten, Zahl der Phenylsubstituenten und der Benzolringe.

* *Alkane und Alkene* werden aerob gut abgebaut, auch Nitratatmung wurde beschrieben, während eine Vergärung nicht auftritt. Bevorzugt werden n-Alkane und n-Alkene mit Kettenlängen >12 C-Atome angegriffen. n-Alkane mit Kettenlängen unter 9 C-Atome werden wohl oxidativ angegriffen, gewöhnlich aber nicht weiter assimiliert. Dies wird mit ihrer hohen Toxizität erklärt, vermutlich zerstören sie die Cytoplasmamenbranen. Verzweigtkettige Alkane werden viel schwerer abgebaut.

* *Zykloalkane* werden aerob wesentlich schlechter abgebaut als Alkane, da sie über kein leicht angreifbares freies Ende der Molekülkette verfügen. Da sie in erheblichen Konzentrationen im Mineralöl enthalten sind, ist zu erwarten, daß sie im Laufe des Abbaus im Verhältnis zu den übrigen Mineralölkohlenwasserstoffen angereichert werden. Der Abbau wird im Boden überwiegend durch Mikrobengemeinschaften geleistet. Daneben dürfte auch Kometabolismus eine wesentliche Rolle spielen.

- *Monoaromaten und Phenole* werden besser als die zyklischen, nicht aromatischen Verbindungen mit entsprechender C-Zahl abgebaut. Der Abbauweg für Benzol durch Bakterien ist wie bei den o. g. Kohlenwasserstoff (KW) -Gruppen dadurch gekennzeichnet, daß als erster Angriff eine Oxidation mit molekularem Sauerstoff erfolgt. Allerdings wird nicht einfach zu Phenol hydroxiliert, sondern es wird - katalysiert durch eine Dihydroxigenase - Benzoldihydrodiol gebildet. Durch Dehydrierung entsteht daraus Catechol. Durch zwei verschiedene Schritte kann anschließend der Ring geöffnet werden. Nach der Ringöffnung findet ein vollständiger Abbau statt. Neben dem aeroben Abbau kommt auch ein langsamerer anaerober Abbau vor. Dabei wurde auch Vergärung nachgewiesen.

- Bei *chlorierten aliphatischen Verbindungen (Lösemitteln)* lassen sich folgende Trends ableiten: Höher chlorierte Alkane werden mikrobiell effektiver unter anaeroben Bedingungen angegriffen, da das anaerobe Milieu die Dehalogenierung begünstigt. Mono- und Dichloralkane werden besser als höher chlorierte aerob abgebaut, doch konnte auch für diese der Abbau durch aerobe Bakterien-Anreicherungskulturen beim Übergang von oxidierten zu reduzierten Umweltbedingungen nachgewiesen werden. Aus Tetrachlorethen und Trichlorethen reichert sich als Zwischenprodukt cis-1,2-Dichlorethen an, welches erst unter stark reduzierten, methanogenen Bedingungen zu Vinylchlorid dehalogeniert wird. Vinylchlorid wiederum wird unter anaeroben Bedingungen allenfalls sehr langsam und unvollständig zu Ethen und CO_2 abgebaut. Unter aeroben Bedingungen wurde innerhalb von 108 Tagen ein Abbau von mehr als 99 % festgestellt. Wechselnde Redoxbedingungen sind für einen Abbau bis hin zur Mineralisation demnach besonders günstig.

- Die *schwer flüchtigen chlorierten Aromaten* sind zum großen Teil persistent. Für einen vollständigen Abbau chlorierter Aromaten müssen die Mikroorganismen zum einen die Fähigkeit zur Dehalogenierung, zum anderen zur Ringspaltung haben. Während allgemein der Abbau von Aromaten aerob effizienter erfolgt als anaerob, gilt für die Dehalogenierung wie bei den chlorierten Aliphaten, daß die höher chlorierten Stoffe besser anaerob abgebaut werden als die niedriger chlorierten Stoffe. Wie bei den flüchtigen chlorierten Kohlenwasserstoffe (CKW), so scheint auch hier ein besonders wirksamer Abbau unter wechselnden Redoxverhältnissen stattzufinden. So wird Hexachlorbenzol unter anaeroben Bedingungen bis hin zu Mono- oder Dichlorbenzol abgebaut. Der weitere Abbau erfordert jedoch aerobe Bedingungen und führt dann bis zur Mineralisation.

Die Informationen über den Abbau von deponiebürtigen Schadstoffen in Sickerwässern, die sich in überwiegend anaeroben Zuständen (Nitrat-, Eisen- und Sulfatreduktion, Methanogenese) befinden, sind noch spärlich und teilweise auch widersprüchlich. Wichtige grundsätzliche Einsichten vermittelt hier wieder das DFG-Schwerpunktprogramm „Schadstoffe im Grundwasser" (SCHÖTTLER & SCHULTE-EBBERT 1995; SELENKA & HACK 1995). Der Schadstoffabbau in Sickerwasserfahnen von Deponien unterscheidet sich von dem in Grundwasserleitern (DOBBINS et al. 1992) v. a. durch hohe Konzentrationen an gelöster organischer Substanz, und die anthropogenen organischen Verbindungen machen im Vergleich dazu nur einen kleinen Bruchteil aus. Das Auftreten hoher Organikgehalte kann den Abbau der organischen Schadstoffe zum einen behindern, indem die Mikroorganismen die gelösten organischen Substanzen bevorzugen, oder aber der Schadstoffabbau wird wegen der generell verstärkten biologischen Aktivität eher gefördert (CHRISTENSEN et al. 1994). Die gelöste organische Substanz (DOC) im Sickerwasser ist ein Summenparameter, der die organischen Abbauprodukte von kurzkettigen flüchtigen Säuren bis zu refraktären fulvin- und huminsäureähnlichen Verbindungen umfaßt (CHIAN & DEWALLE 1977). Ohne eine Differenzierung dieser Stoffe ist die Frage nach Verminderungsprozessen im Grund- und Sickerwasser schwierig zu beantworten, doch liegen bislang gerade hier die entscheidenden Informationsdefizite (CHRISTENSEN et al. 1994). Insgesamt ist den verschiedenen Fe(III)-Oxiden im Untergrund eine besondere Bedeutung beizumessen, da sie eine 10- bis 1 000fach höhere Oxidationskapazität besitzen können als die Summe der gelösten Oxidationsmittel (O_2, NO_3^- und SO_4^{2-}; *Tab. 4.25*). Ihre Bioverfügbarkeit und Abbaukinetik ist bislang jedoch vergleichsweise unbekannt, so daß diese Parameter noch nicht bei einer Simulation realer Kontaminationssituationen eingesetzt werden konnten (DAHMKE et al. 1996).

Die Untersuchung von LYNGKILDE & CHRISTENSEN (1992) zum Abbau von anthropogenen organischen Substanzen in der Sickerwasserfahne einer Deponie lassen vermuten, daß der anaerobe Abbau gegenüber den aeroben Prozessen dominiert und der wichtigste Bereich die Reduktionszone von Eisen ist. Unter Berücksichtigung der Verdünnung (berechnet anhand der Chloriddaten) haben LYNGKILDE & CHRISTENSEN (1992) die Veränderungen der nichtflüchtigen organischen Kohlenstoffgehalte (diese kommen dem TOC recht nahe) innerhalb der Sickerwasserfahne in Abhängigkeit vom Abstand von der Deponie gemessen (*Abb. 4.21*). Die abfallende Kurve zeigt einen starken Abbau der organischen Substanz in der Sickerwasserfahne innerhalb der ersten 100 m nach Austrag aus der Deponie. Nach 300 m übersteigt der Gehalt an organischem Kohlenstoff nur noch schwach den Hintergrundwert im unbelasteten Grundwasser (ca. 2 mg/l). Bei einer Gegenüberstellung dieser Abbaukurve mit den Redoxcharakteristika des Untergrunds fanden LYNGKILDE & CHRISTENSEN (1992), daß ein Teil des Abbaus in der Sulfatreduktions-/Methanbildungszone stattfindet, der größte Abbaueffekt jedoch mit den eisenreduzierenden Bedingungen im Untergrund verbunden ist. Es scheint, daß diese Zone bei der Bewertung des lang-

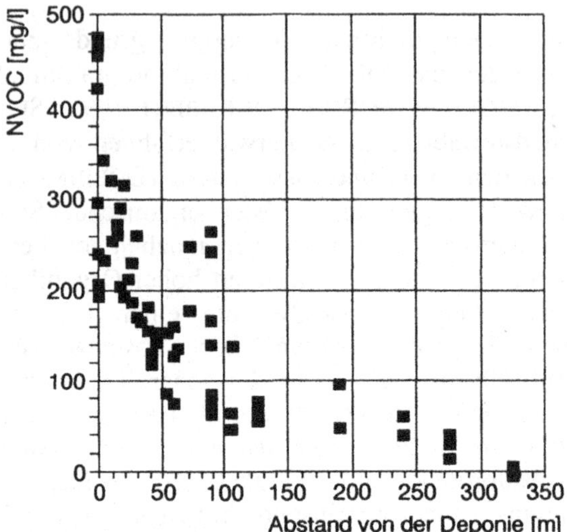

Abb. 4.21: Gehalte an organischen Substanzen (nichtflüchtiger organischer Kohlenstoff-NVOC) in der Sickerwasserfahne der Deponie von Vejen in Dänemark als Funktion des Abstandes von der Deponie, nach Korrektur für Verdünnungseffekte mittels der Chloridgehalte. (Nach LYNGKILDE & CHRISTENSEN 1992)

fristigen Abbauverhaltens von organischen Schadstoffen besonders beachtet werden muß.

Informationen über die tatsächlichen Abbauwege, die Zwischenprodukte und die aktive Bakterienspezies erhält man v. a. durch Versuche mit ^{14}C-markierten Verbindungen und Sammeln des entstandenen ^{14}CO$_2$. Zur Unterscheidung eines biologischen vom abiotischen Abbaus muß man mit sterilen Kontrollansätzen arbeiten. In beiden Fällen ist die Übertragung der Ergebnisse auf Feldbedingungen nicht unproblematisch. Insbesondere lassen sich die Bedingungen der anaeroben mikrobiellen Sukzession, die typisch für den Deponieuntergrund sind, im Experiment nur schwer nachahmen. Auf der anderen Seite können die Abbauergebnisse im realen Untergrund häufig nicht den einzelnen Reduktionsphasen zugeordnet werden.

4.6.2.2 Sorptions- und Diffusionsverhalten organischer Schadstoffe

Das Sorptionsverhalten organischer Sorbatmoleküle wird von einer Vielzahl Eigenschaften gesteuert. Dazu gehören u. a. Wasserlöslichkeit, Polarität und chemisches Verhalten sowie Polarisierbarkeit, Azidität und Basizität, Ladungsverteilung, Konfiguration und Molekülgröße (BAILEY & WHITE 1970; WIENBERG 1990).

Das Transferpotential (Grundwassergängigkeit) organischer Schadstoffe läßt sich nach einem Vorschlag des Instituts für Wasser-, Boden- und Lufthygiene des Bundesgesundheitsamtes anhand von chemischen und physikalischen Daten zur Beschreibung von Mobilität, Akkumulierbarkeit und Persistenz begründen (*Tab. 4.26*). Die Parameter Wasserlöslichkeit und Dampfdruck stehen als Indikatoren für die Mobilität. Die Anreicherung an Feststoffen (Geoakkumulierbarkeit) läßt sich aus dem sog. 1-chi-Index (first order molecular connectivity index, SABLJIC 1987) abschätzen, bei dem die wichtigsten Kontaminanten in Abhängigkeit von der Löslichkeit, dem Dampfdruck und dem Oktanol/Wasser-Koeffizienten (k_{ow}) in einer 10stufigen Skala angeordnet werden. Der Oktanol/Wasser-Verteilungskoeffizient ist über die Möglichkeit der Berechnung der Bioakkumulierbarkeit hinaus ein entscheidendes Kriterium für die Abschätzung der Ausbreitungsgeschwindigkeit von Kontaminanten im Grundwasser. Die Halbwertszeit als Parameter für die Persistenz beispielsweise läßt sich aus dem Hydrolyseverhalten ableiten, zu dem halbempirische Struktur-Wirkungsmodelle existieren

Tabelle 4.26: Kriterien für die Bewertung des Transferpotentials bzw. der Grundwassergängigkeit von organischen Schadstoffen. (Nach KERNDORFF et al. 1988)

Bewertungs-kriterien	Ermittlung der Bewertungszahlen	
Mobilität	Wasserlöslichkeit	Perzentilwerte der stoffspezifischen Werte
	Dampfdruck	
Akkumulierbarkeit	Geoakkumulierbarkeit	1-chi-Index
	Bioakkumulierbarkeit	Oktanol/Wasser-Verteilungskoeffizient (k_{ow})
Persistenz	Halbwertszeit	z. B. Hydrolyse, aerober Abbau, anaerober Abbau

Tabelle 4.27: Reaktionsgeschwindigkeitskonstanten der neutralen Hydrolyse (k_h) bei 25°C und die entsprechenden Halbwertszeiten ($t_{1/2}$) ausgewählter Substanzen. (Nach GDA 1993; MABEY & MILL 1978; HAAG & MILL 1988)

Substanz	Reaktionsgeschwindig-keitskonstante [s^{-1}]	Halbwertszeit t [Tage]
Methylchlorid	$2,4 \cdot 10^{-8}$	334
Ethylchlorid	$2,1 \cdot 10^{-7}$	38
Dichlormethan	$1,4 \cdot 10^{-8}$	573
Trichlormethan	$1,6 \cdot 10^{-8}$	508
Tetrachlormethan	$4,8 \cdot 10^{-7}$	2 500
1,1,1-Trichlorethan	$1,9 \cdot 10^{-8}$	422
1,1,2,2-Tetrachlorethan	$2,2 \cdot 10^{-7}$	36
Methoxychlor (Pestizid)	$3 \cdot 10^{-8}$	267

(*Tab. 4.27*). Eine Aussagegenauigkeit von 1 bis 2 Zehnerpotenzen reicht hier bereits aus, um das Verhalten von kurzlebigen und sehr langlebigen Stoffen in einer Altlast abzuschätzen (WIENBERG & FÖRSTNER 1990).

Für die weitere Beurteilung des Sorptionsverhaltens von organischen Schadstoffen ist zwischen dem Verhalten von unpolaren und polaren Stoffen zu unterscheiden.

Unpolare organische Schadstoffe

Für eine Beurteilung des Ausbreitungsverhaltens von unpolaren bzw. hydrophoben, nichtionischen organischen Schadstoffen (z. B. polyzyklischen aromatischen Kohlenwasserstoffen) sind insbesondere die Wechselwirkungen mit organischen Feststoffen (Huminstoffen) zu berücksichtigen. Labor- und Felduntersuchungen von SCHWARZENBACH et al. (1983) führten zu Prognosemodellen für das Rückhaltevermögen von Feststoffen gegenüber organischen Schadstoffen in Abhängigkeit vom Gehalt an fester organischer Substanz. Für Massenanteile des organischen Kohlenstoffs von 0,1 - 10% (f_{oc} = 0,001-0,100) ergibt sich die Beziehung

$$K_d = 3,09 \ f_{oc} \ K_{ow}^{0,72} \tag{4.7}$$

mit K_d = Feststoff-/Wasser-Verteilungskoeffizient.

Neben dem C_{org}-Gehalt korreliert der Verteilungskoeffizient K_d eng mit dem Oktanol/Wasser-Verteilungskoeffizient (K_{ow}) (HASSETT & BANWART 1989). Die Adsorption, die sich gemäß einer linearen Isotherme verhält, führt zu einer Verzögerung der Schadstoffausbreitung. Die Abstandsgeschwindigkeit des organischen Wasserinhaltsstoffs wird gegenüber der des Wassers um einen Faktor R verkleinert (WIENBERG et al. 1986):

$$R = 1 + \rho_s \ K_d / n \tag{4.8}$$

bzw. R = 1 + 10 K_d bei typischen Werten der Schüttdichte ρ_s = 2 g/cm^3 und der Porosität n = 0,2, mit K_d in cm^3/g.

Beispiele für Verzögerungsfaktoren von 8 Modellsubstanzen in Abhängigkeit des Gehaltes an fester organischer Substanz sind in *Tab. 4.28* zusammengestellt. Bei einem Unterschied in der Löslichkeit von etwa einem Faktor 100 zwischen Dichlormethan und m-Dichlorbenzol liegen die entsprechenden Differenzen für die Verzögerungswerte R bei hohen Organikgehalten (10 % C_{org}) bei etwa einem Faktor 25 und bei niedrigen Gehalten an fester organischer Substanz (0,1% C_{org}) nur noch bei einem Faktor 1,8. Für geologische Barrieregesteine, die meist sehr niedrige Gehalte an organischem Kohlenstoff aufweisen, bedeutet dieser Befund, daß sich die Retardation durch Sorption - als Verzögerung der Ausbreitung gegenüber der Wasserphase - innerhalb dieser Gruppe von unpolaren bzw. hydrophoben, nichtionischen organischen Schadstoffen relativ wenig unterscheidet.

Tab 4.28: Löslichkeit in Wasser und Verzögerungsfaktoren für die Modellstoffe der halogenorganischen Verbindungen (HOV) in Wässern. (Nach KINZELBACH 1987)

Stoff	Löslichkeit $mg/m^3 \cdot 10^{-6}$ bei 20 °C	Verzögerungsfaktor R bei		
		$f_{oc} = 0{,}100$ 10 % C_{org}	$f_{oc} = 0{,}010$ 1 % C_{org}	$f_{oc} = 0{,}001$ 0,1 % C_{org}
Dichlormethan	13,2	3,53	1,25	1,03
Trichlormethan	8,2	9,40	1,84	1,08
1,1,1-Trichlormethan	1,3	11,75	2,08	1,11
Trichlorethen	1,1	15,25	2,43	1,14
Tetrachlorethen	0,15	38,90	4,79	1,38
o-Dichlorbenzol	0,15	87,80	9,68	1,87
m-Dichlorbenzol	0,12	86,80	9,68	1,87
p-Dichlorbenzol	0,08	89,30	9,63	1,88

Neuere Befunde zeigen, daß neben diesen organikgeprägten Systemen auch Mineraloberflächen in der Lage sind, das Verhalten von organischen Schadstoffen, insbesondere im tieferen Untergrund, nachhaltig zu beeinflussen. Untersuchungen von HADERLEIN & SCHWARZENBACH (1993) haben ergeben, daß Elektronen-Donator/Acceptor-Komplexe zwischen Siloxanoberflächen von Tonmineralen (z. B. Kaolinit) und nitroaromatischen Verbindungen für relativ starke spezifische Adsorptionseffekte verantwortlich sind. Für die Sorption von Trinitrotoluol an Böden ergeben sich deutlichere Korrelationen mit mineralbezogenen Eigenschaften wie extrahierbares Eisen, Tonmineralanteil und Kationenaustauschkapazität als mit dem Gehalt an organischem Kohlenstoff. Die Autoren vermuten, daß auch die unerwartet hohen Verteilungskoeffizienten von polyzyklischen aromatischen Kohlenwasserstoffen an Kaolinit, die von BACKHUS (1993) gemessen wurden, auf solche Elektronen-Donator/Acceptor-Komplexe mit Siloxanoberflächen zurückgeführt werden können.

Polare und kationische organische Substanzen

Für polare organische Stoffe, zu denen sowohl nichtionische (z. B. Alkohole) als auch kationische Substanzen (z. B. organische Basen) gehören, gewinnen eher mineralische Feststoffkomponenten als Adsorbentien an Bedeutung, in erster Linie Tonminerale sowie Sesquioxide von Eisen und Aluminium (RAO 1990, CALMANO et al. 1994). Der Verlauf der Adsorptionsisothermen läßt sich in allen Fällen gut mit dem Modell nach Langmuir (s. Bd. 5, Kap. 4.3.3) beschreiben, d. h. es liegt eine begrenzte Zahl von Sorptionsplätzen z. B. durch Ionenaustausch vor. Bereits die meßtechnisch einfach zugängliche Korngrößenverteilung (z. B. als Median der Korngröße) scheint eindeutige Hinweise auf das Sorptionspotential eines Bodens zu geben (HOLLEDERER & FÖRSTNER 1996).

Bei den polaren, nichtionischen Stoffen ist der Zusammenhang zwischen Wasserlöslichkeit und Sorptivität an Feststoffen nicht so eindeutig wie bei den unpolaren Substanzen. Polare Stoffe stehen mit den Wassermolekülen in Konkurrenz um Sorptionsplätze. Dementsprechend wurde beispielsweise für Parathion festgestellt, daß diese Substanz von trockenen Feststoffen viel stärker gebunden wird als von nassen Matrices. Die Sorption an Tonminerale ist vollständig reversibel.

Die kationischen organischen Stoffe bzw. starken Basen (Beispiele sind die Herbizide Paraquat und Diquat) sind so fest an innere Oberflächen der Tonminerale gebunden, daß im Falle des Montmorillonits das Hydratationswasser entweicht und die so gebundenen Moleküle selbst durch konzentrierte Lösungen anorganischer Austauschkationen nur in geringem Maße rücktauschbar sind.

Diffusionseffekte bei organischen Schadstoffen

Der Diffusion kommt für die Beurteilung des Schadstofftransports im Untergrund eine besonders große Bedeutung zu. Wie in neueren Laborexperimenten festgestellt wurde, stellt die molekulare Diffusion im Intrapartikel - oder Intrasorbentbereich den geschwindigkeitsbestimmenden Schritt bei der Sorption und Desorption von Schadstoffen dar, d. h. der Transport *vom* und *zum* Sorptionsplatz innerhalb des Sorbenten (feinporöse Aggregate u. a.) bestimmt die Sorptionskinetik (*Abb. 4.22*, GRATHWOHL 1994).

In geklüfteten, porösen Gesteinen wird der Stofftransport durch Advektion und hydrodynamische Dispersion durch die Matrixdiffusion überlagert, d. h. die molekulare Diffusion zwischen dem (strömenden) Kluftwasser und dem (stagnierenden) Porenwasser der Gesteinsmatrix. Dadurch werden auch konservative Stoffe gegenüber der Grundwasserfließgeschwindigkeit retardiert. In Verbindung mit der Sorption entsteht daraus ein wirksamer Rückhaltemechanismus (MAIER & DÖRHÖFER 1995, MAIER et al. 1995).

Die Mobilisierung hydrophober Schadstoffe ist weitgehend diffusionslimitiert, und es ergeben sich z. T. sehr lange Freisetzungszeiten. In *Abb. 4.23* wird das Beispiel eines PAK-kontaminierten Mittelsandes gezeigt, der einer Bodenwäsche mit Tensiden unterzogen wurde. Dabei wurden die auf der Kornoberfläche anhaftenden Teerreste entfernt, nicht jedoch, wie Desorptionsversuche zeigen, die intrapartikulär sorbierten PAKs. Die Sandfraktion wies also noch eine relativ hohe Restkontamination auf, die um so langsamer remobilisierbar ist, je höher der K_{ow} des PAK ist. An diesem Beispiel kann man erkennen, daß der Oktanol-/Wasser-Verteilungskoeffizient bei Langzeitprognosen ein bevorzugtes Maß für die diffusionskontrollierte Mobilität von relativ schwerlöslichen, hydrophoben Substanzen darstellt.

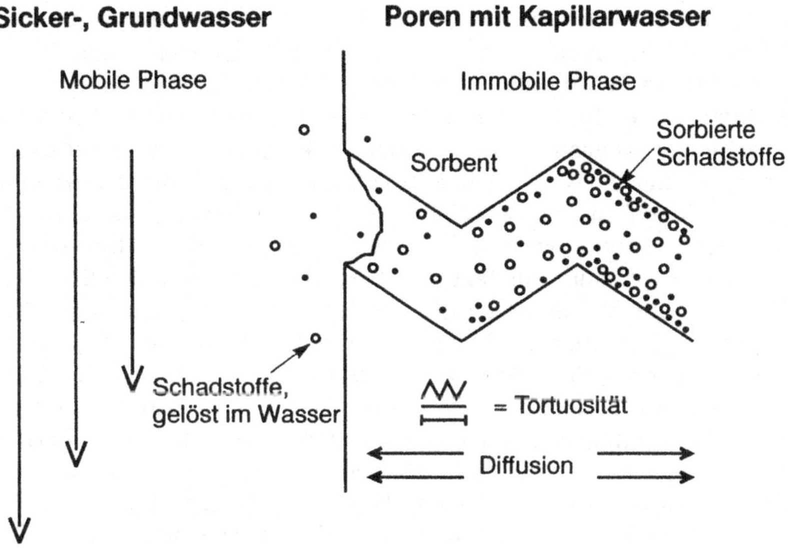

Abb. 4.22: Modellvorstellung über die retardierte Porendiffusion in porösen Medien. (Nach GRATHWOHL 1994)

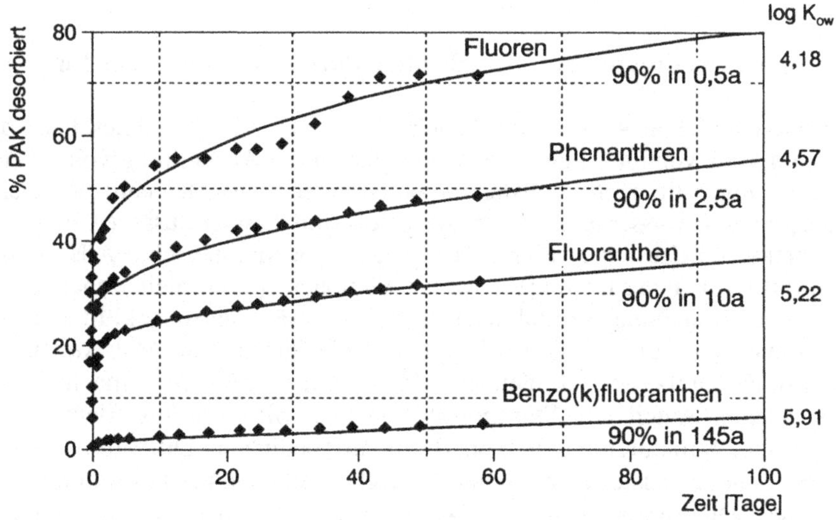

Abb. 4.23: Diffusionslimitierte Desorption von PAK aus kontaminiertem Sand im Anschluß an eine On-site-Bodenwäsche. (Nach GRATHWOHL 1994, ergänzt). Beispiel für die Abschätzung der Remobilisierungszeiten von hydrophoben organischen Substanzen aus feinporösen Matrices mit Hilfe der Oktanol/Wasser-Verteilungskoeffizienten

Der Diffusionskoeffizient D_0 ist in starkem Maße abhängig von der Teilchengröße des Inhaltsstoffes sowie von der Temperatur und Viskosität des Trägerfluids (WIENBERG et al. 1989). Weitere Einflußfaktoren sind die Tortuosität τ, d. h. die rein geometrische Verlängerung des Diffusionsweges im Porenraum gegenüber dem freien Flüssigkeitsraum, elektrostatische Wechselwirkungen zwischen den geladenen Feststoffoberflächen und den Wasserinhaltsstoffen, das Verhältnis vom Porendurchmesser zum Durchmesser der transportierten Moleküle etc. Die Summe dieser Einflußfaktoren wird mit dem sog. Impedanzfaktor γ beschrieben. Liegt keine Sorption vor, so ist die in einem wassergefüllten porösen Feststoff gemessene effektive Diffusion D_{eff} proportional der Diffusion im Wasser D_0 mit dem Impedanzfaktor als Proportionalitätskonstante $D_{eff} = \gamma\ D_0$. Bei sorptiven Stoffen und einer linearen Sorptionsisotherme gilt, daß der unter dem Einfluß von Sorptionseffekten gemessene apparente (scheinbare) Diffusionskoeffizient D_a um den Retardationsfaktor R korrigiert werden muß, um den effektiven Diffusionskoeffizienten D_{eff} zu erhalten $D_{eff} = D_a / R$. Bei bekannter Impedanz (Bestimmung mit Hilfe eines konservativen Stoffes) läßt sich aus der apparenten Diffusion eines Stoffes der Retardationsfaktor R und daraus der Feststoff/Wasser-Verteilungskoeffizent K_d berechnen:

$$K_d = n / \rho\ (R\text{-}1)$$

mit n Porosität, ρ Dichte

(4.9)

Transport von organischen Schadstoffen durch die geologische Barriere

Barrierematerialien sind grundsätzlich als poröse Medien anzusehen, die auch im Falle von natürlich anstehenden Tonen die Ausbreitung von Schadstoffen langfristig nicht vollständig unterbinden. Die Mechanismen beim Transport von wassergelösten Schadstoffen sind Massenflüsse (Advektion, Dispersion, Diffusion), Phasenübergänge (Ionenaustausch, Adsorption/ Desorption, Fällung/Lösung) sowie Reaktionen (mikrobieller/chemischer Abbau, Umwandlung, Produktion). In wassergesättigten ungeklüfteten und geklüfteten Tonbarrieren sind Advektion und Diffusion bzw. Matrixdiffusion die primär zu berücksichtigenden Mechanismen. Diffusion macht einen signifikanten Anteil am Transportprozess aus. Sie wird von den mikroskopischen Strukturen, d. h. von den matrixbedingten Diffusionsstrecken geprägt. Die Schadstoffausbreitung läßt sich in allgemeiner Form durch eine partielle Differentialgleichung beschreiben, die den Zusammenhang zwischen der Konzentrationsänderung mit der Zeit und dem Einfluß aller relevanten Transportmechanismen wiedergibt (LEGE et al. 1996). Zur Lösung dieser Gleichung kommen, je nach Randbedingungen und Komplexität der zu beschreibenden Verhältnisse, analytische, halbanalytische oder numerische Lösungsansätze in Betracht. Mit Transportmodellierungen können zeitliche und räumliche Konzentrationsveränderungen sowie der

Einfluß der Retardation dargestellt werden. Außerdem können die für die Qualität der Barriere wesentlichen transportrelevanten Eigenschaften wie die Verweilzeit und die Permeationsraten an den Grenzflächen der Barriere quantifiziert werden. Die Modellierung des Schadstofftransports ist damit als ganz wesentliches Bewertungsinstrument für die Eignung der geologischen Barriere anzusehen. Weitergehende Informationen enthalten Bd. 5, Kap. 3.5, und Bd. 2 dieses Handbuches.

4.6.2.3 Schwermetalle: mobilisierende und retardierende Faktoren

Bei der Ausbreitung von Spuren- bzw. Schwermetallen im Untergrund spielen hauptsächlich chemische Prozesse, wie Komplexierung, Adsorption/ Desorption und Fällung/Auflösung, eine Rolle. Bei der Abschätzung der Langzeiteffekte kommt den Fällungs- und Lösungsprozessen besondere Bedeutung zu. Lösungsvermittelnde Einflüsse – z. B. die Oxidation von sulfidischen Schwermetallphasen – können eine sprunghafte Steigerung der Freisetzungsraten bewirken.

Mobilitätsrelevante Reaktionen von Schwermetallen

Hinsichtlich der Mobilität von Spurenmetallen sind folgende Faktoren von Bedeutung (FÖRSTNER 1989, PEIFFER 1989, WIENBERG & FÖRSTNER 1990):

- der Einfluß der Azidität auf Lösungs- und Fällungsprozesse; v. a. die Hydrolyse komplexer organischer Substanzen (Proteine, Fette, Kohlenhydrate) im Anfangsstadium der Deponieentwicklung („azidogene Phase") führt zu einer Absenkung der pH-Werte,

- Immobilisierung durch Fällungsreaktionen, insbesondere durch Sulfidfällung,

- Umwandlung von sulfidhaltigen Feststoffen durch langfristige oxidative Prozesse, v. a. in der Endphase der Entwicklung von Altablagerungen,

- Adsorptions- und Desorptionsprozesse,

- die Erhöhung der Löslichkeit durch organische Komplexbildner; Konkurrenz durch ein hohes Angebot zweiwertiger Makrokationen (Ca^{2+}, Mg^{2+}, Fe^{2+}) wirkt jedoch der Komplexierung entgegen sowie

- die Erhöhung der Löslichkeit durch anorganische Komplexbildner.

Über die Wirkungen *anorganischer und organischer Komplexbildner* auf die Schwermetallmobilität liegen umfangreiche Erfahrungen aus der Wasser- und Bodenforschung vor (SALOMONS & FÖRSTNER 1984, SCHACHTSCHABEL et al. 1989), ebenso über *Adsorptionsprozesse* an Gewässerfeststoffen (STUMM 1987), so daß für diese Mechanismen nachfolgend nur noch eine Beschreibung ihrer Effekte unter den speziellen Randbedingungen der Altlasten und Deponien erforderlich ist. Die Sorptionskinetik gelöster Metallspezies an den einzelnen Feststoffkomponenten ist sehr unterschiedlich, u. a. wird eine langfristige Diffusion in das feste Substrat vermutet (BRÜMMER et al. 1988). Vor allem in Systemen, die organische Substanzen in höheren Konzentrationen enthalten, wird eine deutlich verringerte Reversibilität der Adsorption beobachtet (LION et al. 1982). Diese komplexen Effekte können in Modellen nur schwer erfaßt werden. Entsprechend ist die Abschätzung von zuverlässigen K_d-Faktoren (dabei wird die Reversibilität der Reaktion vorausgesetzt) nicht zu realisieren. Auch für die *Fällungs- und Lösungsmechanismen von Sulfiden* gibt es bereits Erkenntnisse, v. a. von In-situ-Sedimenten (FÖRSTNER 1989), Baggermaterialien (CALMANO 1989) und Minenabfällen (SALOMONS & FÖRSTNER 1988), die für die Interpretation von Freisetzungseffekten bei Metallen im Rahmen von Deponien und Altlasten herangezogen werden können.

Die vorausgegangenen Ausführungen lassen erwarten, daß die Vorgänge der Metallbindung und -mobilisierung unter den realen Bedingungen eines Deponie- und Altlastenuntergrundes sehr komplex sind. Neben den bislang eher spärlichen theoretischen und experimentellen Erkenntnissen gibt es eine Vielzahl von praktischen Erfahrungen über das Auftreten von erhöhten Metallkonzentrationen in Deponiesickerwässern (EHRIG 1983, FÖRSTNER et al. 1991). Dazu zählen u. a. Beobachtungen zur zeitlichen und räumlichen Ausbreitung von typischen pH- und Redoxzuständen in den Sickerlösungen (NICHOLSON et al. 1983, TAUCHNITZ et al. 1983, CHRISTENSEN et al. 1987). Es ist dabei zu erkennen, daß einige Prozesse, bei denen es hypothetisch zur Freisetzung von erhöhten Metallkonzentrationen kommen kann, sehr langfristig angelegt sind.

Steuerprozesse und kapazitative Eigenschaften

Als Auslöser für hydrochemische Veränderungen, aus denen sich nachfolgend auch Freisetzungsprozesse für Schwermetalle entwickeln können, kommt in erster Linie der Abbau von organischen Substanzen in Frage. Die organischen Substanzen beeinflussen die nachgeschalteten Systeme in mehrfacher Weise (BACCINI et al. 1992), nämlich

- als lösungsvermittelnder Faktor für den Transport von Spurenelementen, v. a. durch Komplexierungsprozesse,

- als Ursache für die Bildung von Kolloiden, mit der ein intensiver Transport auch der schwerlöslichen Komponenten im Grundwasserbereich möglich werden kann (s. Kap. 4.6.2.4),

- als Motor und wesentlicher Milieu- und Steuerfaktor für die Kreisläufe anderer Haupt- sowie Neben- und Spurenkomponenten.

Diesen mobilisierenden Effekten stehen retardierende Faktoren gegenüber, die v. a. in den festen Matrices enthalten sind. Die *Abb. 4.24* zeigt in einem Konzept der *gekoppelten Stoffkreisläufe* (erweitert nach SALOMONS 1993) schematisch die Auswirkungen der *chemischen Steuerfaktoren* (pH, Redox, DOC, Ionen) und *kapazitativen Eigenschaften* der festen Matrices (Austausch- und Pufferkapazität) auf die Mobilität der Schadstoffe. Bei geringen Rückhaltekapazitäten R wird die Wirkung des geochemischen Motors „organischer Abbau" über den äußeren Treibriemen auf die Mobilität transferiert, während eine hohe Retardationskapazität das kleinere Übertragungsrad mit einer verzögerten Schadstofffreisetzung in Gang setzt.

Das Konzept der kapazitätsbestimmenden Eigenschaften (STIGLIANI 1992) drückt einmal aus, daß die Aufnahmefähigkeit eines Feststoffs durch direkte Sättigung erschöpft werden kann, weist aber zum anderen v. a. auf die Möglichkeit hin, daß bestimmte Feststoffphasen, die als Puffer oder Barrieren wirken, durch äußere Einflüsse in ihrer Kapazität reduziert werden können. Für viele Schwermetalle, die bei einer pH-Absenkung mobilisiert würden, ist insbesondere die *Pufferkapazität von Carbonatmineralen* eine wichtige Langzeitbarriere gegen eine großräumige Ausbreitung im Grundwasser. Eine Verstärkung der Barriere kann aber auch durch die Verringerung der Wasserdurchlässigkeit, z. B. mittels sekundärer Mineralbildungen in den Porenräumen, erzielt werden.

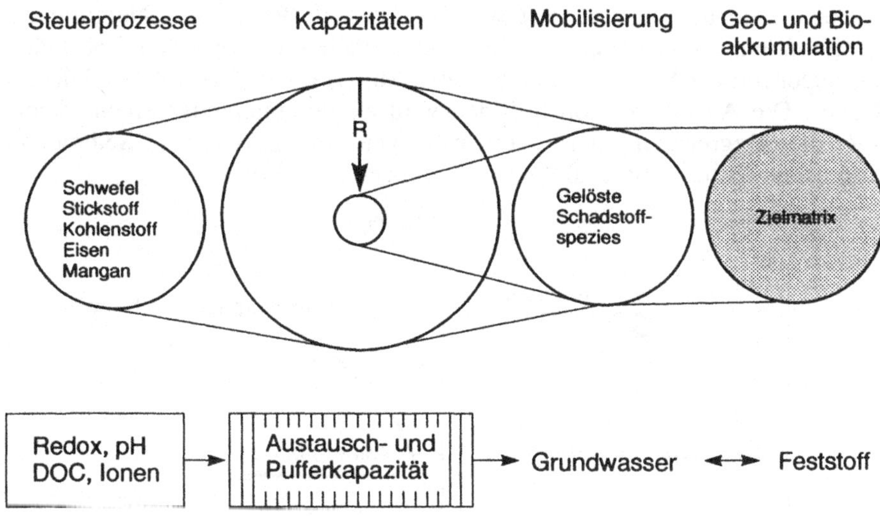

Abb. 4.24: Beziehungen zwischen mobilisierenden Steuerprozessen und retardierenden kapazitativen Eigenschaften. (Erweitert nach SALOMONS 1993)

Immobilisierung von Schwermetallen

Die Rückhaltung von Schwermetallen in der Sickerwasserfahne erfolgt v. a. durch Sorption und Fällung. Für diese konkurrierenden Mechanismen sind im Hinblick auf die resultierenden Schwermetallkonzentrationen in der Lösung zwei Konstellationen möglich (*Abb. 4.25*):

Fall A: Die ausgefällte Metallverbindung besitzt eine höhere Löslichkeit als die adsorbierte Metallspezies.

Fall B: Die Schwermetallverbindung ist schwerer löslich als die der adsorbierten Metallspezies an den Feststoffen.

Im Fall A überwiegen Sorptions-/Desorptionsprozesse. In der aeroben Phase ist mit Wechselwirkungen zwischen den Metallspezies in Sickerlösungen und den festen Bestandteilen des Deponie- bzw. Bodenkörpers zu rechnen. Es wirken v. a. die kolloidalen Bestandteile, die aus Tonmineralen, amorphen Fe- und Al-Oxiden und organischen Feststoffen bestehen, als negativ geladene Ionenaustauscher (SCHACHTSCHABEL et al. 1989).

Der Fall B ist charakteristisch für die anaeroben Untergrundbedingungen, bei denen durch Ausfällung schwerlösliche Metallsulfide gebildet werden. Im anoxischen Milieu ist es v. a. die Sulfidaktivität pH_2S, die besonders stark mit Metallionen vom sog. B-Charakter koordiniert (z. B. Cu(I), Ag(I), Zn(II), Cd(II), Hg(II) und Sn(II)), die zu kovalenten Bindungen mit einem Elektronendonator neigen (STUMM & MORGAN 1981). Eine Neigung zur Sulfidbindung zeigen auch die Übergangsmetalle mit steigenden Stabilitäten entsprechend der Irving-Williams-Reihe: Mn(II) < Fe(II) < Co(II) < Ni(II) < Cu(II). Die Ausfällung von Sulfiden wird als dominierender Mechanismus für die Begrenzung der Metallöslichkeit in anoxischen Sedimenten angesehen (BOULEGUE et al. 1982, LUTHER et al. 1980).

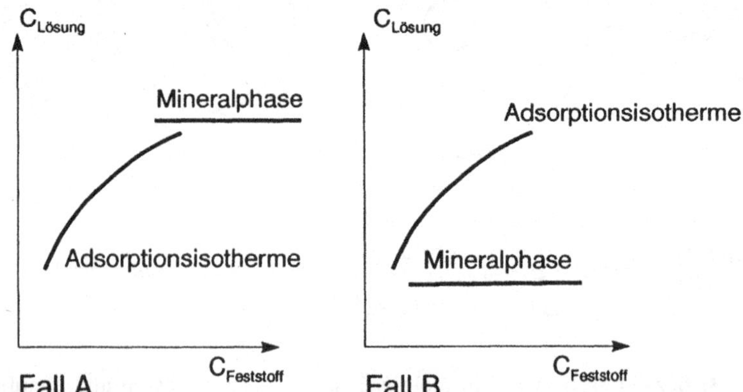

Abb. 4.25: Schematische Darstellung der Beziehungen zwischen den Metallkonzentrationen in der Lösungsphase und den Feststoffen hinsichtlich der unterschiedlichen Bedeutung von Fällungs- und Sorptionsprozessen. (Nach SALOMONS 1995)

Für die Praxis bedeutet dies, daß die Metallkonzentration in der Lösung bei dominierenden Fällungs-/Lösungsmechanismen weitgehend unabhängig vom Metallgehalt in den Feststoffphasen ist (Fall B). Bei Überwiegen von Sorptions-/Desorptionsprozessen, wie sie z. B. für Chrom und Arsen vermutet werden, verändern sich die Lösungskonzentrationen dagegen mit den Feststoffgehalten des betreffenden Metalls (Fall A).

Bei überschüssigen Sulfidgehalten kann es unter anoxischen Bedingungen auch zur Ausbildung von löslichen Thio-Komplexen kommen, und es ist noch nicht geklärt, ob möglicherweise die Unterschätzung der Stabilität dieser Komplexe für die großen Diskrepanzen zwischen Modellbetrachtungen und Naturbeobachtungen verantwortlich sein könnte (DAVIES-COLLEY et al. 1985, ELLIOTT 1988, SHEA & HELZ 1988). Eine Komplexierung durch natürliche organische Liganden in anoxischen Porenlösungen trägt wenig zur Mobilität der Schwermetalle - mit Ausnahme für Kupfer - bei (VAN DEN BERG & DHARMVANIJ 1984). Die Ursache liegt v. a. in der Konkurrenz von Hauptionen wie Ca^{2+}, Mg^{2+}, Fe^{2+} und Mn^{2+}, die in den Sickerwässern ebenfalls stark angereichert sind (KNOX & JONES 1979). Bei Experimenten mit ausgefaulten Klärschlämmen war selbst bei den hohen Konzentrationen von organischen Inhaltsstoffen und relativ hohen Komplexierungskapazitäten nur für Blei und Kupfer ein eindeutiger, aber dennoch geringer Einfluß auf die Metallmobilität festzustellen (FLETCHER & BECKETT 1987).

Bei einer langfristigen Bewertung der Schwermetallmobilität im Untergrund von Deponien und Altlasten sind daher v. a. Änderungen der Redoxbedingungen in Rechnung zu stellen. Für typische Spurenelemente hat WALLMANN (1990) diese potentiellen Freisetzungsprozesse beschrieben (*Tab. 4.29*):

- Im *oxischen Milieu*, das durch Mn(IV)- und Fe(III)-Oxide und -Oxidhydrate charakterisiert ist, wird die Spurenelementlöslichkeit durch Adsorptions- und Komplexierungsreaktionen und den mikrobiellen Abbau der organischen Substanz bestimmt. Die Spurenelemente Kupfer und Cadmium, die eine hohe Affinität zum organischen Material haben, werden im oxischen Milieu freigesetzt. Durch die Bildung organischer Komplexe wird die Mobilisierung von Kupfer unterstützt.

- Im *postoxischen Milieu* - hier treten gemischte Fe(II)-Fe(III)-Silikate, Siderit ($FeCO_3$), Vivianit ($Fe_3[PO_4]_2$) und Rhodochrosit ($MnCO_3$) bei weitgehendem Fehlen von Eisensulfiden auf - können Adsorptions- und Fällungsprozesse sowie die reduktive Auflösung der Mn(IV)- und Fe(III)-Oxidhydrate die Spurenelementlöslichkeit beeinflussen. Die Spurenelemente Kobalt und Arsen, die eine hohe Affinität zu diesen Oxidhydraten besitzen und gleichzeitig relativ leicht lösliche Sulfidphasen bilden, werden in diesem Milieu mobilisiert. Nickel bildet ebenfalls relativ lösliche Sulfide.

- Im *sulfidischen, anoxischen Milieu* werden die genannten Spurenelemente durch Fällung unlöslicher Sulfide festgelegt. Nur für Cadmium wurde in einigen Publikationen eine Mobilisierung im sulfidischen Milieu festgestellt, die auf die Bildung stabiler Sulfidkomplexe im Porenwasser zurückgeführt werden kann.

Nach den Ergebnissen von WALLMANN (1990) (*Tab. 4.29*) zeigt sich, daß die Mobilität der Elemente Zink, Cadmium, Kupfer und Blei bereits im postoxischen Milieu durch die Fällung von sulfidischen Mineralen kontrolliert wird. Nickel, Kobalt und Arsen sind unter diesen Bedingungen relativ mobil. Bei der Reoxidation „postoxischer" Materialien kommt es zu einer Freisetzung von Zink und Cadmium, die bei pH 6,8 wenig an Feststoffoberflächen adsorbiert werden. Starke Adsorption an diese Oberflächen, z. B. von Eisenoxidhydraten, hält den Lösungsanteil von Kupfer und Blei niedrig. Auch Arsen wird fest an diese Fe-Oxid-Matrix gebunden. Bei der Oxidation sulfidischer Minerale ist die pH-Abnahme stärker ausgeprägt als bei der Oxidation postoxischer Feststoffbildungen, da im sulfidischen Milieu mehr reduzierte Schwermetallverbindungen gebildet werden, die bei der Oxidation Protonen freisetzen. Die Spurenmetalle werden im sauren Milieu desorbiert und erreichen daher bei der Oxidation sulfidischer Mineralbildungen maximale Konzentrationen. Weitgehend offen ist das Verhalten von Arsen, ein Element, das in Sickerwässern von Deponien zunächst am stärksten freigesetzt wird.

Tabelle 4.29: Einfluß der redoxbedingten Mineralneubildungen und -auflösungen auf die Mobilität von Spurenelementen nach Suspensionsversuchen von WALLMANN (1990). (+ Freisetzung, - Festlegung, 0 kein Einfluß)

Element	Oxisches Milieu	Postoxisches Milieu	Sulfidisches Milieu	Reoxidation pH=6,8	Reoxidation pH=4,5
Zn	0	-	-	+	+
Cd	+	-	-	+	+
Cu	+	-	-	0	+
Pb	0	-	-	0	+
Ni	+	+	-	+	+
Co	0	+	-	+	+
As	0	+	-	-	-

Als Summe der vorliegenden Erfahrungen kann festgehalten werden, daß Sickerwässer aus Deponien in Bezug auf die gelösten Metalle derzeit meist noch ein nachrangiges Problem darstellen, zum einen wegen der vergleichsmäßig geringen Ausgangskonzentrationen und zum anderen wegen der relativ starken Rückhaltewirkung von Sorptions- und Fällungsprozessen, insbesondere durch sulfidische Bindung (CHRISTENSEN et al. 1994). Löslichkeitserhöhende Mechanismen, wie die Komplexierung durch anorganische und organische Liganden sollten jedoch nicht übersehen werden. Die Aufmerksamkeit sollte v. a. auf die langfristigen Veränderungen der Milieubedingungen gerichtet werden, insbesondere auf den Übergang zu stärker oxischen Verhältnissen, bei denen kritische Metalle wieder mobilisiert werden können.

4.6.2.4 Schadstofftransport durch Kolloide

Die meisten Ansätze zur Beschreibung und Vorhersage der Schadstoffausbreitung im Untergrund behandeln dieses Medium als ein Zweiphasensystem, in dem sich die Kontamination zwischen immobilen Feststoffen und mobilen wäßrigen Phasen verteilt. Solche Schadstoffe, die in Wasser schwerlöslich sind und eine starke Neigung zur Feststoffbindung aufweisen, werden als wenig beweglich angesehen und nach allgemeiner Auffassung im Untergrund stark zurückgehalten. Kolloide, die einen Teil der Feststoffphase darstellen und als solche vergleichbare Bindungs- und Sorptionseigenschaften wie die vorgenannten Materialien aufweisen, können hingegen im Untergrund mobil sein. Sie können als „dritte Phase" wirken, mit der ein intensiver Transport auch der schwerlöslichen Komponenten im Grundwasserbereich vonstatten geht. Eine Vernachlässigung dieses Transportmechanismus kann zu gravierenden Fehleinschätzungen im Hinblick auf die Beweglichkeit von Schadstoffen führen (MCCARTHY & ZACHARA 1989). Kolloide im Grundwasser treten in verschiedenen Formen auf, als

- makromolekulare Komponenten des gelösten organischen Kohlenstoffs (DOC), z. B. Humussubstanzen,

- Biokolloide, z. B. Mikroorganismen und deren Teile,

- Mikroemulsionen in der Art von nichtwäßrigen Flüssigkeitsphasen,

- Mineralfällungen und Verwitterungsprodukte,

- Gesteins- und Mineralfragmente und

- direkte Ausfällungen von Elementen.

Man kann daher je nach Ausgangsgestein und den später ablaufenden Reaktionen eine relativ große Variationsbreite in der Zusammensetzung erwarten. Detaillierte Untersuchungen an Mineraloberflächen zeigen häufig solche kolloidalen Sekundärausfällungen als „coatings" (BUFFLE & LEPPARD 1995).

Ein erster und wichtiger Schritt bei der Bildung mobiler Kolloide im Grundwasser ist die Entstehung einer sog. „Kolloid-Suspension" in den Porenlösungen (*Abb. 4.26*). Dieser Schritt kann durch eine Reihe von Mechanismen entstehen. Dazu gehören die homogene Keimbildung von anorganischen Feststoffen in der flüssigen Phase, die Freisetzung von kolloidalem Material aus der geologischen Matrix sowie die Verlagerung von anorganischen und organischen Substanzen aus dem Porenraum in die durchströmte Zone. Kolloidale Fällungen werden durch geochemische Gradienten ausgelöst, v. a. durch Veränderungen des pH-Werts, des Redoxpotentials, der Ionenzusammensetzung und durch Änderungen des CO_2-Partialdrucks, letztere ausgelöst durch natürliche geochemische Prozesse wie die mikrobiologische Tätigkeit, aber auch durch Infiltration von Verunreinigungen in den Untergrund. Homogene Fällungen können sich in der Initialphase zu höhermolekularen Aggregaten zusammenschließen, die im Grundwasser schweben. Kolloide können auch in das Grundwasser abgegeben werden als Folge von geochemischen und biologischen Prozessen an der Oberfläche von größeren anorganischen oder organischen Partikeln der Matrix. Beispielsweise können organische Makromoleküle, wie Humussubstanzen oder Lignin, durch biologische Prozesse und auch durch abiotische Hydrolyse aus der Matrix freigesetzt werden. Kolloide können auch freigesetzt werden, wenn die anorganischen Zemente aufgelöst oder wenn stabile Aggregate ausgeflockt werden. Vor allem die reduktive Auflösung von Eisenoxiden scheint in diesem Zusammenhang ein wichtiger Mechanismus zu sein, und dieser Prozeß wird durch den Eintrag höherer Gehalte an organischer Substanz gefördert, durch die eine biologische Aktivität und reduzierende Verhältnissse initiiert werden (MCCARTHY & ZACHARA 1989).

Ein Herausfiltrieren der Partikel im Untergrund kann ein rein physikalischer/mechanischer Prozeß oder aber auf eine physikalisch-chemische „Einsammlung" durch anziehende Oberflächenkräfte der Matrix zurückzuführen sein (*Abb. 4.26*). Da die meisten Aquifermaterialien eine negative Ladung tragen, sind negativ geladene Kolloide mobiler als solche mit positiver Ladung. Beispiele für Kolloide mit überwiegend negativer Ladung sind organische Makromoleküle, Schichtsilikate, kieselsäurereiche Partikel, Bakterien und Eisenoxide. Die Adsorption von Humussubstanzen kann eine negative Oberflächenladung auch auf solche Kolloide übertragen, die eher positiv geladen sind, wie z. B. Aluminiumoxid oder Calciumcarbonat, und sie kann dadurch die Stabilität und Mobilität dieser Substanzen fördern.

Bei einer Gesamtbetrachtung der Thematik „Kolloide im Grundwasser" ist zunächst festzustellen, daß die vorhandenen Prognosemethoden für Transportvorgänge nur begrenzt einzusetzen sind und insbesondere eine Modellierung über Verteilungskoeffizienten nur in Ausnahmefällen (hydrophobe unpolare Substanzen an partikulärer organischer Substanz) möglich ist. Es gibt Ansätze zu einer Modellierung des kolloidalen Materials im Grundwasser (MCCARTHY & ZACHARA 1989, REES 1991), doch fehlen häufig die Kenntnisse über die Porenverteilung und über chemische Gradienten, die zumindest Abschätzungen über das Rückhaltevermögen erlauben. Die Vorhersage typischer Ausbreitungspfade ist oft wegen der Heterogenität des Untergrundes nicht möglich. Das einzige, was man feststellen kann, ist, daß *„immer dann, wenn sich die Wasserchemie abrupt ändert, mit der Bildung von Kolloiden zu rechnen ist"* (REES 1991). Das gilt insbesondere beim Eintrag von erhöhten Gehalten an organischen Substanzen.

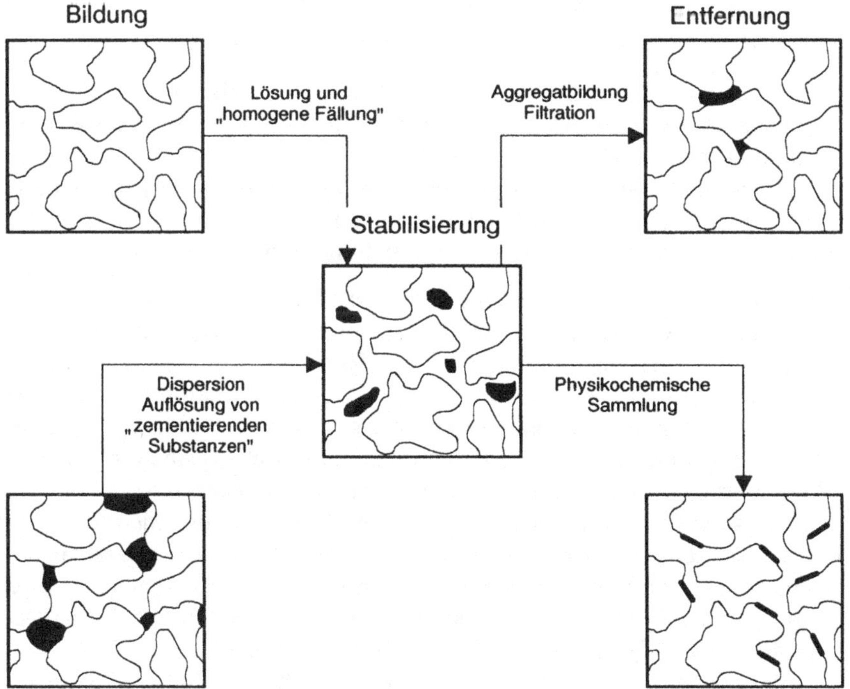

Abb. 4.26: Bildung, Verteilung und Entfernung von Kolloiden im Untergrund. (Nach MCCARTHY & ZACHARA 1989)

Im Rahmen eines Forschungsvorhabens (BayFORREST) wurden an drei Deponiestandorten die Wechselwirkungen von Schwermetallen mit anorganischen und organischen Kolloiden untersucht (BAUMANN et al. 1996). Entsprechend ihrem Verhalten in den untersuchten Deponiesickerwässern lassen sich drei Gruppierungen unterscheiden:

- Gruppe 1 umfaßt die Elemente Cadmium und Blei, die eine relativ schwache Affinität zu den anorganischen Mikropartikeln zeigen. Der größte Teil dieser großen Schwermetallionen mit geringer Ladungsdichte liegt als solvatisierte Metallionen in der wäßrigen Phase vor.

- Gruppe 2 beschränkt sich auf das Element Arsen, das hier sowohl als solvatisiertes Anion (Arsenat; etwa 60-70 %) als auch an anorganische Hydrokolloide der Größe 1-100 µm gebunden (etwa 30-40 %), vorwiegend als Eisenarsenat oder an Calciumcarbonat sorbiert, vorliegt.

- Zur 3. Gruppe zählen die Elemente Cr, Mn, Fe, Co, Ni, Cu und Zn, die sowohl als solvatisierte Metallionen (etwa 15-35 %) als auch an Kolloide gebunden (etwa 65-85 %) auftreten. Die relativ kleinen Metallionen sind in unterschiedlichen Mengenanteilen an komplexe organische (huminstoffähnliche) Kolloide im Größenbereich 1-100 nm und an anorganische Kolloide im Größenbereich 1-100 µm gebunden bzw. sorbiert.

Nach diesen Befunden ist nur ein kleiner Teil der Mikropartikel mobil, und damit scheinen die Kolloide für den absoluten Schwermetalltransfer im Grundwasserbereich eine untergeordnete Rolle zu spielen. Die Kolloide werden nachweisbar am Sediment des Aquifers retardiert. Als erstes Ergebnis dieser umfassenden Untersuchungen, die mit neuen Trenn- und Analysenverfahren durchgeführt wurden, läßt sich festhalten, daß die Kolloide durchaus eine Senke für Schwermetalle darstellen.

Hinweise auf die Rolle des partikel- bzw. kolloidgebundenen Transports von Schadstoffen im Untergrund von Deponien und Altlasten geben auch die Ergebnisse aus Untersuchungen im Rahmen des DFG-Schwerpunktprogramms „Schadstoffe im Grundwasser" (SCHULTE-EBBERT & SCHÖTTLER 1995), die in der folgenden *Tab. 4.30* zusammenfaßt sind:

Darüber hinaus weisen SCHULTE-EBBERT & SCHÖTTLER (1995) in ihrer Analyse des Transportverhaltens von Schadstoffen im Untergrund auf zwei Phänomene hin, durch die eine Mobilisierung von Partikeln/Kolloiden und damit eine verstärkte Verfrachtung der daran gebundenen Schadstoffe gefördert wird:

1. Der Anstieg des Wasserspiegels in den zuvor nicht wassererfüllten Bereich, bei dem durch die vertikale Strömungskomponente nicht nur ein partikel- bzw. kolloidgebundener Transport aktiviert wird, sondern vor allem bei anaerobem Grundwassermilieu Lösungs- und Fällungsreaktionen ausgelöst werden.

2. Bei der zeitweiligen Durchströmung von Porensystemen, die bei normaler Strömung nur wenig oder gar nicht durchströmt werden und bevorzugte Bereiche zur Ablagerung von Fällungsprodukten und anderen nicht gelösten Bestandteilen darstellen, können somit bedeutende Mengen von Partikeln/Kolloiden aufgewirbelt und wieder in den Transportstrom eingebracht werden.

Tabelle 4.30: Gelöster und partikulär/kolloidal gebundener Transport von Schadstoffen bei der Infiltration und Untergrundpassage im Untersuchungsgebiet „Insel Hengsen". (Nach Schulte-Ebbert & Schöttler 1995)

Stoffgruppe	Stoff	Stofftransport	
		Gelöst	Kolloidal/partikulär-gebunden
Mikroorganismen	Enterobakterien	Sehr gering	Dominant*
Schwermetalle	Fe, Mn	Sehr bedeutend	Gering
	Cd, Ni, Pb, Zn	Bedeutend	Bedeutend
	Cu	Gering	Sehr bedeutend
PAK	Fluoranthen	Bedeutend	Bedeutend
	Benzo(a)pyren	Gering	Sehr bedeutend
	Indeno(1,2.3-cd)pyren		Sehr bedeutend
Triazine	Atrazin	Dominant**	Sehr gering**
	Desethyl-atrazin	Dominant**	Sehr gering**
	Simazin	Dominant**	Sehr gering**
Biogene Stoffe	Toluol	Gering	Dominant
	m-Xylol	Gering	Dominant
	Geosmin	Gering	Dominant
	Pentadecen-1	Gering	Dominant
	Methylsulfide	Gering	Dominant
LHKW	Tetrachlorethan	?***	?***
	Trichlorethan	?***	?***
	Vinylchlorid	?***	?***

*   Auch aktive Bewegung möglich
**   Die Nichtnachweisbarkeit spricht für einen dominierenden gelösten Transport
***   Hohe Wasserlöslichkeit deutet auf überwiegenden gelösten Transport hin

4.6.2.5 Bevorzugte Schadstofftransportwege

Von wesentlicher Bedeutung für die Wasserdurchlässigkeit und damit für
den Schadstofftransport in der geologischen Barriere sind bevorzugte
Stofftransportwege wie Klüfte. Auch in reinem, unverwitterten Tongestein
werden tiefgründige Risse bis in 15 m Tiefe beobachtet (D'ASTOUS et al.
1989). Dabei können selbst geringe Spaltöffnungen von z. B. 10 - 15 µm und
1-3 m Ausdehnung die Wasserdurchlässigkeit horizontal wie vertikal
deutlich erhöhen. Mäßig einfallenden Klüften oder überwiegend horizontal
verlaufenden Scherfugen wird beim Schadstofftransport eine große
Bedeutung beigemessen. So wurde z. B. im Bereich einer Störung oder
Scherfuge mit Hilfe eines Slug-Tests ein Durchlässigkeitswert von
$k_f = 3 \cdot 10^{-8}$ m/s gefunden bei sonst wesentlich geringeren k_f - Werten von
$4 \cdot 10^{-11}$ m/s (WÜSTENHAGEN et al. 1990). Der Zerlegungsgrad des Tons kann
durch Verknüpfung kluftscharspezifischer Kennzahlen, wie Orientierung,
Klüftigkeitszahl sowie ebener und räumlicher Kluftflächen-Anteil,
beschrieben werden. Weitere Kenngrößen sind das Kluftkörpervolumen und
der räumliche Durchtrennungsgrad. Dabei wird zwischen einem unge-
regelten Kleinsystem und einem geregelten Kluftsystem unterschieden.
Neben den gelösten werden bei entsprechenden Kluftweiten im
Makroporenbereich auch die an Kolloide gebundenen Schadstoffe
transportiert. Bei durchgehenden Klüften wird die Wirksamkeit der
geologischen Barriere stark beeinträchtigt.

Klüfte sind jedoch nicht nur als Transportwege anzusehen, sondern
stellen auch Reaktionsräume mit wichtigen Funktionen für die Schadstoffrückhaltung dar. Über Klüfte werden Schadstoffe zunächst grob im Gestein
verteilt und gelangen anschließend über die Kluftflächen durch Diffusion in
den Porenraum der Matrix (Matrixdiffusion) und an die dort befindlichen
Bindungspositionen. MAIER & DÖRHÖFER (1995) konnten diesen sehr
wirksamen Rückhaltemechanismus in einem grundwasserführenden,
geklüfteten Tongestein aufzeigen. WÜSTENHAGEN et al. (1990) haben an
Kluftflächen Abscheidungen von amorphen Eisenhydroxiden mit Arsenan-
reicherungen sowie von Cadmiumcarbonat nachgewiesen. Damit kann es in
Abhängigkeit von der Stoffanlieferung und den Reaktionsbedingungen zur
Immobilisierung von Schadstoffen an der Grenzfläche Matrix/Lösung
kommen. Abscheidungen an Kluftflächen bewirken gleichzeitig eine Kluft-
bzw. Porenverengung und dadurch eine verminderte Wasserleitfähigkeit.

4.6.2.6 Veränderungen der Tone durch schadstoffhaltige Sickerwässer

Schadstoffe und schadstoffhaltige Sickerwässer können zu Veränderungen
von Tonen und damit auch zu Veränderungen der Eigenschaften einer
geologischen Barriere führen. Bei den Wechselwirkungen anorganischer und

organischer Substanzen mit Tonpartikeln lassen sich unspezifische und spezifische Interaktionen unterscheiden (WIENBERG 1990). Im ersten Fall handelt es sich um Vorgänge, bei denen die Tone in ihrem kolloid-chemischen Verhalten, nicht jedoch in ihrer Struktur oder im Mineralbestand durch die Schadstoffe oder ihre Lösungen beeinflußt werden. Bei den spezifischen Wechselwirkungen kommt es dagegen zur direkten Ausbildung von sorptiven und/oder chemischen Bindungen mit den Feststoffphasen, bei denen z. B. die Oberflächeneigenschaften stark verändert oder die Löslichkeit der neugebildeten Phasen erhöht werden.

Nach MADSEN & MITCHELL (1989) lassen sich folgende Effekte auf das Tongefüge und die Wasserlöslichkeit unterscheiden, wobei der Einfluß vieler Faktoren, die die hydraulische Leitfähigkeit verändern, aus der Sicht ihres Einflusses auf das Gefüge verstanden werden kann (WIENBERG, pers. Mitt.):

- Der Einfluß von Schadstoffen auf wasserhaltige Tone ist wesentlich stärker ausgeprägt als auf wasserarme, stark kompaktierte Tone.

- Die Effekte anorganischer Schadstoffe beruhen auf ihrem Einfluß auf die elektrische Doppelschicht der Partikel, auf Kanten- und Eckenladungen sowie auf den pH-Wert.

- Die Effekte organischer Schadstoffe werden v. a. durch deren Wasser-löslichkeit, dielektrische Eigenschaften und Polarität beeinflußt. Wesentlich ist außerdem, ob eine Exposition in einer wäßrigen Lösung oder in der unverdünnten organischen Substanz stattfindet.

Eine Literaturdurchsicht von WIENBERG (1990) kommt hinsichtlich der Veränderungen von Tonen durch Schadstoffe und schadstoffhaltige Lösungen zu folgenden Schlußfolgerungen:

- Lipophile organische Schadstoffe sind erst dann für die Beständigkeit und Durchlässigkeit von Tonen von Bedeutung, wenn sie in Phase vorliegen. Für wäßrige Lösungen dieser Stoffe gibt es in der Literatur keine Hinweise auf irgendwelche Effekte gegenüber Tonen.

- Organische Substanzen, die auf Grund funktioneller Gruppen stärker polar sind und in höheren Konzentrationen oder vollständig mit Wasser mischbar sind (wie z. B. Aceton oder Ethanol), können bei Tonen in der Regel erst bei relativ hohen Konzentrationen zu verringerter Durchlässig-keit, verringerter Plastizität und geringerem Quellvermögen führen. Allerdings kommen in Einzelfällen auch spezifische Grenzflächen-reaktionen, wie z. B. Kation-Dipol-Reaktionen in Betracht, die bis zum Kollaps der Doppelschicht führen können.

- Organische Kationen werden von den negativ geladenen Tonmineralen in starkem Maße gebunden. Dies kann bis zum Kollabieren der Zwischen-schichten führen. Es kann zur Hydrophobierung oder Umladung kommen, was auch die makroskopischen Eigenschaften, wie Durchlässigkeit, Konsistenzgrenzen usw. nachhaltig verändert. Quartäre Ammoniumverbindungen können als Kontaminanten bereits bei niedrigen Konzentrationen Rißbildungen und erhöhte Durchlässigkeiten verursachen.

- Neben den geringen sorptiven Wechselwirkungen kommt es bei den organischen Säuren zu lösenden Einwirkungen, v. a. auf die Porenzemente der Tone, aber auch auf die Tone selbst. Dies gilt insbesondere im Falle von Deponien, bei denen kurzkettige Karbonsäuren (Essigsäure bis Capronsäure), daneben auch Huminsäuren in bestimmten Phasen in erheblicher Konzentration im Sickerwasser auftreten können.

Für die einzelnen Tonminerale lassen sich aufgrund der Daten an reinen Tonen deutliche Unterschiede ableiten (HASENPATT 1988). Durch Einwirkung von Chemikalien kann Bentonit erheblich an Undurchlässigkeit, Retention, Kationenaustauschkapazität, Diffusionswiderstand, Plastizität, Quellvermögen und Scherfestigkeit verlieren. Illit verhält sich dagegen weitgehend inert gegen Chemikalien. Auch beim Kaolinit ändern sich die bodenmechanischen Eigenschaften kaum.

Die Wirksamkeit von geologischen Barrieren mit großem Tonanteil oder tonmineralischen Deponieabdichtungen wird durch die Einwirkung von Chemikalien auf die Tonminerale in aller Regel nicht beeinträchtigt. Lediglich bei konzentriertem Auftreten von Chemikalien und geringer Mächtigkeit von Barrieren aus aufweitbaren Tonmineralen sind nachteilige Veränderungen der Barrierewirkung vorstellbar.

4.6.3 Methoden

Untersuchungsmethoden zur Bewertung des Schadstoffrückhaltevermögens geologischer Barrieren umfassen im engeren Sinne die Bestimmung

- der Mineralphasen,

- der Austausch- und Sorptionseigenschaften, insbesondere der Mineraloberflächen,

- der chemischen Steuerfaktoren,

- der Veränderungen der Mineralphasen durch die Inhaltsstoffe der Sickerlösungen,

- der Durchlässigkeit, einschließlich bevorzugter Transportwege,

- und daraus abgeleitet der Ausbreitung von Schadstoffen durch die geologische Barriere.

Durch die enge Verknüpfung der Eigenschaften des Untergrundes mit der Zusammensetzung und Konzentration der schadstoffhaltigen Sickerlösungen, die zudem bei Deponien zeitlich variabel sind, muß das Untersuchungsprogramm auf diese Parameter abgestimmt werden.

Eine Simulation der Wechselwirkungen zwischen den Sickerlösungen aus Deponien und Altlasten und dem geologischen Untergrund kann auch annäherungsweise im Labormaßstab nicht erreicht werden. Aus diesem Grunde müssen für eine Abschätzung des Langzeitverhaltens der geologischen Barrieren sowohl Informationen über deren Eigenschaften als auch Daten über die physikalischen, chemischen und biologischen Eigenschaften der in den Sickerlösungen enthaltenen Schadstoffe vorliegen. In den folgenden Abschnitten werden die z. T. standardisierten Untersuchungsmethoden und methodischen Ansätze zusammengestellt, die im Zusammenhang mit der Erfassung und Bewertung des Schadstoffrückhaltevermögens eines geologischen Untergrundes von Deponien und Altlasten herangezogen werden können.

4.6.3.1 Erfassung des Schadstoffspektrums

Die Beurteilung des Schadstoffrückhaltevermögens ist auf die im jeweiligen Fall vorliegenden Schadstoffarten, -eigenschaften und -mengen zu beziehen. Bei Altablagerungen sind wegen der Heterogenität der Zusammensetzung wesentlich mehr Daten erforderlich als bei kontaminierten Betriebsgeländen, für die die meisten Kontaminanten bereits aus einer historischen Recherche ableitbar sind (KERNDORFF et al. 1988). Entscheidend ist jedoch, welche Stoffe mit dem Sickerwasser ausgetragen werden (können). Dazu eignen sich die Daten aus chemischen Untersuchungs- und Überwachungsprogrammen für Sickerwasser, Grundwasser und Boden. Im einzelnen wird hier auf Bd. 6 sowie REICHERT & ROEMER (1997) und ROEMER (1996) verwiesen. Auch Elutionstests zur Untersuchung des Auslaugungsverhalten von Abfall-, Reststoffen und kontaminierten Böden (Kap. 4.5.5 und 4.6.3.3) können für die Abschätzung der potentiellen Schadstofffracht herangezogen werden.

4.6.3.2 Abschätzung der Grundwassergängigkeit

Das Grundwassergängigkeitspotential einer Substanz als Maß für das stoffspezifische Ausbreitungsverhalten kann durch Verknüpfung von Mobilität, Persistenz und Akkumulierbarkeit erfaßt werden (s. *Tab. 4.26*). In erster Annäherung kann die Mobilität aus Wasserlöslichkeit und Dampfdruck, die Persistenz aus dem chemischen bzw. biochemischen Sauerstoffbedarf (COD/BOD_5) als Indikatoren des abiotischen und biotischen Abbaus sowie die Akkumulierbarkeit aus dem Oktanol/Wasser-Verteilungskoeffizienten (K_{ow}) und dem 1-chi-Index (first order moleculuar connectivity index) abgeleitet werden. MILDE et al. (1990) haben zur numerischen

Beschreibung des Grundwassergängigkeitspotentials ein Verfahren entwickelt, das diese sechs Stoffkenndaten normiert und zu einem Wert verknüpft (*Abb. 4.27*).

Werden Stoffdaten von organischen Substanzen auf diese Weise bearbeitet, kann eine Reihung von Stoffen in Abhängigkeit eines abnehmenden Grundwassergängigkeitspotentials vorgenommen werden (*Tab. 4.31*). Man erkennt, daß die sowohl bei anthropogenen Grundwasserkontaminationen als auch in Deponieabstromfahnen sehr häufig anzutreffenden leichtflüchtigen Chlorkohlenwasserstoffe Trichlorethen, Tetrachlorethen und Trichlormethan sich durch eine hohe Grundwassergängigkeit auszeichnen (MILDE et al. 1990).

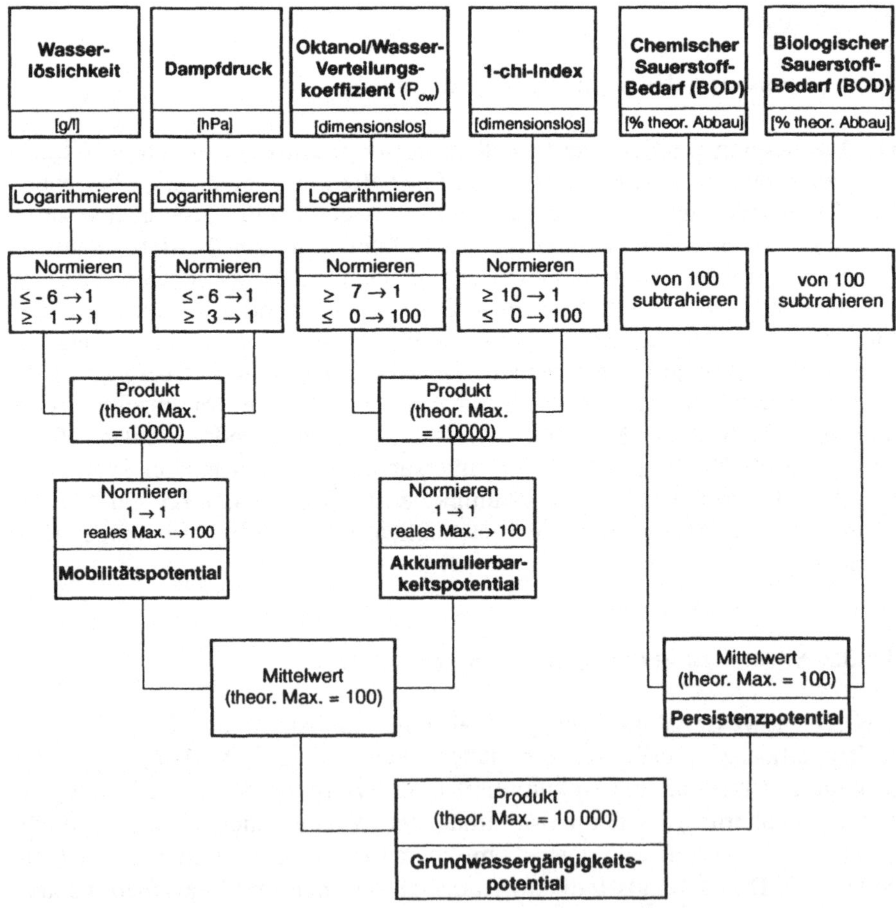

Abb. 4.27: Normierung und Verknüpfung physiko-chemischer Stoffkenndaten von Organika zur Ermittlung des Grundwassergängigkeitspotentials. (Nach MILDE et al. 1990)

Tabelle 4.31: Reihung von Organika nach abnehmendem Grundwassergängigkeitspotential entsprechend dem Schema in *Abb. 4.20.* (Nach MILDE et al. 1990)

	Mobilitäts- potential	Akkumulier- barkeitspotential	Persistenz- potential	Grundwasser- gängigkeits- potential
Trichlorethen	59,4	56,7	77	4 470
Tetrachlorethen	47,6	51,3	83	4 104
Trichlormethan	71,5	65,0	47	3 208
1,4-Dichlorbenzol	35,2	35,7	75	2 659
1,3-Dichlorbenzol	42,6	35,3	66	2 571
1,2-Dichlorbenzol	39,4	35,6	50	1 875
Benzol	62,6	53,6	18	1 046
Chlorbenzol	50,7	42,3	22	1 023
Ethylbenzol	45,9	37,0	13	539
1,2-Dichlorethen	61,3	69,8	5	328
Chlormethan	78,5	77,1	1	78
Tetrachlormethan	59,7	54,1	1	57
Phenol	54,4	56,8	1	56

4.6.3.3 Elutionstests

Elutionstests dienen der Beurteilung des Auslaugungsverhaltens von Abfall- und Reststoffen bzw. der Sickerwasserentwicklung sowie der Mobilisierbarkeit von Schadstoffen aus schadstoffhaltigen Bodenkörpern. Das Emissions- und Gefährdungspotential eines Schadstoffes wird nicht primär von seinem Gehalt bestimmt, sondern für eine Beurteilung ist eine differenzierte Betrachtung des spezifischen Mobilisierungsverhaltens infolge seiner Bindungsform unter den jeweiligen Milieubedingungen erforderlich. Die Auslaugung eines Stoffes aus einem festen Adsorbens erfolgt mit einem Elutionsmittel, das der jeweiligen Fragestellung bzw. den zu betrachtenden Auslaugungsbedingungen so weit wie möglich angepaßt sein sollte.

Grundsätzlich werden statische und dynamische Tests unterschieden. Während bei den statischen Tests eine Gleichgewichtseinstellung zwischen Feststoff und Lösung erfolgt, liefert ein dynamischer Test durch mehrmalige bzw. kontinuierliche Erneuerung der Auslaugflüssigkeit Informationen über die maximal auslaugbare Schadstoffmenge und ermöglicht gewisse Aussagen über den zeitlichen Verlauf der Auslaugung. *Diffusionstests* (Kap. 4.6.3.5) an einem Probekörper kommen v. a. bei der Untersuchung von Proben mit geringer Durchlässigkeit bzw. verfestigten Abfällen zum Einsatz, da deren Elution in erster Linie diffusionskontrolliert ist. Im Vergleich zu den Schüttel- bzw. Flaschentests haben die *Säulentests* den Vorteil einer „realistischeren Simulierung von Verhältnissen" (JACKSON et al. 1986). Dem steht aber entgegen, daß durch Wandeffekte und Ausbildung bevorzugter

Sickerwege die Reproduzierbarkeit von Säulentests beeinträchtigt wird. Außerdem müssen in Abhängigkeit vom untersuchten Material z. T. sehr lange Zeiträume für den Test angesetzt werden. *Lysimetertests* als spezielle Form der Säulentests zur Simulation von Versickerungsprozessen können insgesamt die Verhältnisse bei Deponien- und Altlasten am besten simulieren, da bei Anwendung über längere Zeiträume auch mikrobielle Umsetzungen und Einflüsse erfaßt werden (HÜNERT 1986).

Kombiniert werden können die Elutionsversuche mit *sequentiellen Extraktionen* zur Bestimmung wichtiger Bindungsformen von Schwermetallen. Der unbestrittene Vorteil dieses Ansatzes für die Abschätzung von Langzeiteffekten besteht darin, daß nicht nur aus der Löslichkeit einzelner Substanzen, sondern auch bereits aus Verschiebungen innerhalb des Spektrums an Bindungsformen vor und nach der Anwendung der einzelnen Reagenzien bestimmte Trends zu einer verstärkten oder geschwächten Einbindung des Schadstoffs in seine Matrix erkennbar sind (FÖRSTNER 1985). Die Schwierigkeiten für die Abschätzung des Langzeitverhaltens liegen darin, daß sowohl „realistische" Annahmen hinsichtlich Art, Intensität und zukünftiger Entwicklung bestimmter Umwelteinflüsse zu treffen sind als auch die Langzeitentwicklung im Experiment zeitlich „gerafft" werden muß.

Elutionstests und sequentielle Extraktion:	Kap. 4.5.5, Bd. 6, Kap. 3.4.1 und 3.4.5, REICHERT & RÖMER (1997), LANDESANSTALT FÜR UMWELTSCHUTZ BADEN-WÜRTT. (1994a und 1994b)

4.6.3.4 Sorptionstests

Sorptionsdaten (Adsorption, Desorption) für Schadstoff/Feststoff-Kombinationen lassen sich mit Hilfe von Schüttel-, Säulenperkolations- und Diffusionsversuchen ermitteln. Dabei wird in der Regel eine bestimmte Feststoffmenge mit einer wäßrigen Lösung des zu untersuchenden Schadstoffes ins Gleichgewicht gebracht. Der Anteil des Schadstoffes, der sich in der Lösung befindet, und der Anteil, der an dem Feststoff sorbiert vorliegt, werden bestimmt, und das Verhältnis der Konzentrationen ergibt den Feststoff/Wasser-Verteilungskoeffizienten.

Schüttel-(Batch-)versuche sind methodisch am einfachsten und besonders gut für Screening-Untersuchungen z. B. zur Bewertung der Sorption von Schadstoffen an unterschiedlichen Sorbenten oder bei unterschiedlichen Milieubedingungen geeignet. Dabei weichen die Versuchsbedingungen jedoch in mehrfacher Hinsicht stark von den natürlichen Gegebenheiten ab. So werden durch Zerkleinerung und Aufschwemmung des Feststoffs sonst nicht zugängliche Oberflächen freigelegt und die Sorptionseigenschaften dadurch künstlich verbessert. Durch Abrieb während des Schüttelvorgangs werden Partikel kolloidaler Größe erzeugt, die ebenfalls Schadstoffe binden, aber bei der Trennung von Lösung und Feststoff in der Lösung verbleiben und somit eine verringerte Sorption vortäuschen können. Das Lösung/ Feststoff-Verhältnis ist beim Schüttelversuch gegenüber natürlichen Bedingungen weit überhöht. Besonders auf die Schwermetalladsorption hat dieses Verhältnis einen erheblichen Einfluß. Zudem wird das Gefüge des Feststoffs zerstört, so daß sorptionsanaloge Vorgänge, wie Porenfiltration und Diffusion, in blind endende Porenräume nicht stattfinden können.

Mit *Säulenperkolationsversuchen* können Schadstofftransport und -retardation unter weitgehend naturnahen Bedingungen untersucht werden. Aus dem Retardationskoeffizienten läßt sich bei bekannter Korndichte, Porosität und Impedanz der Verteilungskoeffizient des untersuchten Schadstoffs berechnen (s. Kap. 4.6.2.2).

Bei Materialien mit geringer Durchlässigkeit sind die Durchbruchszeiten meist extrem lang. Unter diesen Bedingungen werden Schadstoffe hauptsächlich durch Diffusion verlagert, so daß der Verteilungskoeffizient sehr viel einfacher aus *Diffusionsversuchen* bestimmt werden kann.

<table>
<tr><td>Sorptionsversuche
• Schüttel-(Batch-)versuche
• Säulenperkolationsversuche
• Diffusionsversuche</td><td>Bd. 5, Kap. 4.3.3</td></tr>
<tr><td>Ermittlung von Migrationsparametern
• Batchversuche
• Säulenversuche</td><td>Bd. 6, Kap. 3.4.3</td></tr>
</table>

4.6.3.5 Diffusionstests

Für die Bestimmung des Diffusionsverhaltens kommen Untersuchungen zur stationären und instationären Diffusion in Betracht. Bei der *stationären Diffusion* befindet sich der Probenkörper zwischen zwei Durchflußzellen. Aufgrund eines Konzentrationsgefälles zwischen der schadstoffhaltigen Lösung der einen Durchflußzelle und dem destillierten Wasser der anderen Durchflußzelle kommt es zur Diffusion, die über die Konzentrationszunahme im destillierten Wasser ermittelt wird. Mit dem *instationären Ein- oder Zweikammerverfahren* wird eine zylindrische Probe mit der offenen Stirnfläche entweder einer Schadstofflösung ausgesetzt und die In-diffusion in Abhängigkeit von der Tiefe durch Probenstratigraphierung und Schadstoffextraktion bestimmt oder der Probenkörper enthält bereits die Schadstoffe und die Out-diffusion wird in regelmäßigen Abständen durch Analyse des Wassers ermittelt. Eine andere *instationäre* Methode ist die *Halbzellenmethode*, bei der ein unbelasteter Körper gegen einen mit Schadstoffen kontaminierten Probenkörper gesetzt wird. Die Migration der Schadstoffe in die unbelastete Halbzelle wird durch Probenstratigraphierung und Schadstoffextraktion bestimmt.

Beide Versuchsanordnungen kommen sowohl für *gestörte* als auch *ungestörte* Proben in Frage. Ungestörte Proben sind z. B. bei konsolidierten Proben mit einer anisotropen Anordnung erforderlich. Die *Impedanz* als Summe der matrixbedingten Einflußfaktoren (s. Kap. 4.6.2.2) erhält man bei Versuchen mit einem nichtsorptiven Tracer, z. B. Cl^- oder ^3H_2O.

Das einfache instationäre Van-der-Slootsche-Röhrenverfahren (VAN DER SLOOT et al. 1987, VAN DER SLOOT & DE GROOT 1988) erlaubt eine Unterscheidung des effektiven Diffusionskoeffizienten für die verschiedenen Formen eines Schadstoffes (z. B. Metallspezies). Mit dieser Methode lassen sich auch detailliert Prozesse erfassen, die an der Grenzfläche zwischen zwei unterschiedlichen Materialien (z. B. Abfall/Boden) stattfinden.

<table>
<tr><td>Diffusionsversuche</td><td>Bd. 5, Kap. 4.3.4</td></tr>
<tr><td>• stationäre Diffusionsversuche</td><td></td></tr>
<tr><td>• instationäre Diffusionsversuche</td><td></td></tr>
<tr><td>Probenahme</td><td>Bd. 4, Kap. 3.1</td></tr>
</table>

Die *Matrixdiffusion* als geschwindigkeitsbestimmender Schritt bei der Sorption und insgesamt beim Stofftransport in geklüfteten, porösen Gesteinen kann durch eine Kombination von Diffusions- und Sorptionsversuchen abgeschätzt werden (s. auch MAIER & DÖRHÖFER 1995). Mit Grundwassermarkierungsversuchen (Bd. 4, Kap. 10) in Form von Multi-Tracer-Versuchen mit unterschiedlich reaktiven Tracern kann das Transport-, Diffusions- und Sorptionsverhalten im System Kluft-Matrix unter realistischen Bedingungen und für große Untergrundvolumina ermittelt werden (MAIER & DÖRHÖFER 1995). Voraussetzung für die aufwendigen Grundwassermarkierungsversuche ist eine umfassende hydrogeologische Vorerkundung.

4.6.3.6 Geochemische Potentiale und kapazitative Eigenschaften

Die Rolle der geologischen Barriere als Puffermedium für schadstoffhaltige Sickerlösungen ist ein typisches Beispiel für den in Kap. 4.6.2.3 beschriebenen Systemansatz von geochemischen Steuerprozessen, die über die wäßrige Phase wirksam werden, und den kapazitativen Eigenschaften der nachgeordneten Feststoffmatrices. *Abbildung 4.28* verdeutlicht diese Beziehung zwischen den (zeitlich variablen) geochemischen Potentialen, die

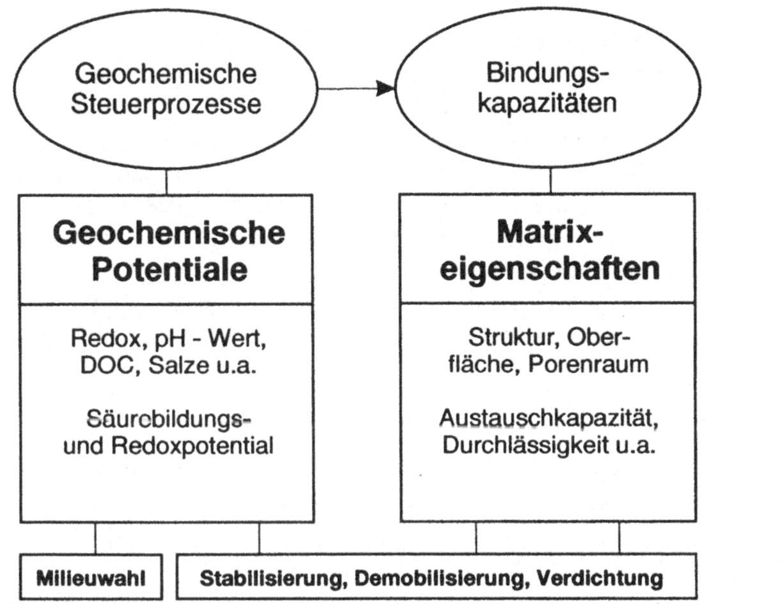

Abb. 4.28: Beziehungen zwischen geochemischen Potentialen des Abfalls und Matrixeigenschaften der geologischen Barriere

über Änderungen der Redox- und pH-Werte, Konzentrationen an gelöstem organischen Kohlenstoff, Salzen und anderen Lösungsparametern auf Struktur, Oberfläche und Porenraum der nachgeschalteten Barriere- und Puffersysteme einwirken. Eine Bewertung der langfristigen Funktionsfähigkeit der Barrieren sollte beide Parametergruppen – geochemische Potentiale und Matrixeigenschaften – gegeneinander abwägen. Es liegen Ansätze vor, mit denen die geochemischen Steuerprozesse und kapazitiven Eigenschaften der Feststoffmatrices quantifiziert werden können.

Säurebildungspotential (APP) / Säureneutralisationskapazität (ANC)

Der pH-Wert ist für das *Verhalten von Schwermetallen* in diesen Systemen die „Meister-Variable". Ein typischer Prozeß, der zum Aufbau eines Säurebildungspotentials führt, ist die Umwandlung von Sulfat in Sulfid im Redoxzyklus. Bei der mikrobiellen Reduktion von Sulfat und Eisenoxid - organische Substanz wird dabei abgebaut - entstehen unter anderem Eisensulfid und Hydrogencarbonate. Wäre das System geschlossen, so würde sich an den pH-Bedingungen nichts ändern. Es ist jedoch möglich oder sogar wahrscheinlich, daß die Hydrogencarbonatkomponente, die das Säureneutralisationspotential des Systems darstellt, weggeführt wird, während das Eisensulfid, das Säurebildungspotential, als Feststoffphase zunächst an Ort und Stelle verbleibt, wo es bei erneuter Sauerstoffzufuhr oxidiert werden kann und dabei Säure erzeugt. Entsprechend dem Inventar an Puffersubstanzen wird es früher oder später zum Durchbruch der Säure und damit zum Weitertransport gelöster Schwermetalle kommen. So kann man sich vorstellen, daß sich beim Eintrag von Sauerstoff in die anoxische Deponie durch eine Folge von Auflösungs- und Fällungsreaktionen allmählich eine Front erhöhter Metallkonzentrationen durch die Deponie, die geologische Barriere und letztlich in das Grundwasser bewegt. Die experimentellen Untersuchungen von PEIFFER (1989) zur Langzeitentwicklung von Deponien bestätigen die Möglichkeit solcher langfristig wirksamen Freisetzungsprozesse.

Generell setzt sich die Säureneutralisationskapazität (ANC) in aquatischen Systemen aus den Anteilen im Feststoff und im Wasser zusammen:

$$ANC = ANC_s + ANC_{aq}$$

Der Anteil in Lösung (der im Verhältnis zur ANC_s meist relativ klein ist) kann durch die folgende Gleichung beschrieben werden:

$$ANC_{aq} = [HCO_3^-] + 2[CO_3^{2-}] + 2[S^{2-}] + [HS^-] + [NH_3] - [H^+].$$

Ähnlich kann man mit dem Säureneutralisationspotential für Feststoffe verfahren, das sich bei pH > 5 wie folgt errechnen läßt:

$$ANC_s = 2[CaO]+2[MgO]+2[Na_2O]+2[K_2O]+2[MnO] +2[FeO] -2[SO_3]-2[P_2O_5]-[HCl].$$

Aus den beiden Größen Säurebildungspotential (APP) und Säureneutralisationskapazität (ANC) läßt sich das *effektive Säurebildungspotential APP$_{eff}$* errechnen:

- Ein Testverfahren von SOBEK et al. (1978) zur Berechnung des Säurebildungspotentials beruht auf der Bestimmung des gesamten Pyritschwefels. Das Netto-Säurepotential errechnet sich nach Abzug der Säureneutralisationskapazität, die durch die Zugabe einer bekannten Säuremenge und anschließender Titration mit Natriumhydroxid bis zu pH 7 gemessen wird.

- BRUYNESTEYN & HACKL (1984) ermittelten das Säurebildungspotential aus der Analyse des Gesamtschwefels nach Abzug der ANC, die durch die Titration mit Standard-Schwefelsäure bis pH 3,5 bestimmt wird.

- Eine *„Worst-case"-Abschätzung für das effektive Säurebildungspotential* wurde von KERSTEN & FÖRSTNER (1991) vorgeschlagen. Während die Bildung von freiem Sulfid durch die Reduktionsraten von Sulfat bestimmt ist, läßt sich die Fixierung des gebildeten HS^- durch den Anteil an reaktiven Metallionen extrapolieren, in diesem Fall v. a. durch die Gehalte an reduzierbarem dreiwertigen Eisen, mit denen sich Sulfidminerale bilden lassen (verfügbare Sulfidbindungskapazität).

- Wenn man ein sequentielles Auslaugungsverfahren (z. B. die dreistufige BCR-Standardmethode, *Tab. 4.32*, URE et al. 1993), mit der die relative Bindungsstärke von Metallen an Feststoffproben ermittelt wird, auf diese Fragestellung anwendet, können aus den Konzentrationen von Ca^{2+} und Fe^{2+} (für Calcium- und ggf. Eisencarbonate) im ersten Extraktionsschritt die Säureneutralisationskapazität und aus dem Sulfidgehalt (meist FeS) im dritten Schritt das aktuelle Säurebildungspotential (APP) bestimmt werden; das effektive Säurebildungspotential einer aktuellen Probe ergibt sich aus der Formel:

$$FeS_2 + 2CaCO_3 + 15/4 O_2 + 1/2 H_2O = FeOOH + 2\ SO_4^{2-} + 2Ca^{2+} + 2CO_2.$$

- Aus dem *Gehalt an reduzierbarem („reaktivem") Eisen* in Schritt 2 läßt sich - wie oben beschrieben - die mögliche Sulfidbindung und damit das langfristige mögliche Säurebildungspotential in einem Deponiekörper hochrechnen. Um die theoretisch mögliche Säurewirkung abschätzen zu können, müßte dieses Potential auf die Pufferreaktionen in der geologischen Barriere bezogen werden. Darüber hinaus entsteht auch beim aeroben Abbau von organischen Substanzen durch Oxidation der organischen Schwefel- und Stickstoffanteile Säure (SWIFT 1977), die mit den Komponenten der mineralischen Abdichtungen reagieren kann.

Tabelle 4.32: Bestimmung des effektiven Säurepotentials aus Daten der sequentiellen Extraktion von Feststoffen

Auslaugungsschritt	freigesetzte Elemente
Schritt 1 austauschbare Ionen, Carbonat	Ca^{2+} und Fe^{2+} aus Carbonaten
Schritt 2 reduzierbare Metalle	Fe^{3+} aus reaktiven Oxiden
Schritt 3 sulfidisch und organisch gebundene Metalle	S aus leicht oxidierbarem Sulfid (=FeS)

Redoxpotentiale

Beim Eintritt von Deponiesickerwasser in den Untergrund finden drastische geochemische und mikrobiologische Veränderungen statt. Der Eintrag von organischen und reduzierten anorganischen Substanzen, wie Methan, Ammonium, Schwefelwasserstoff und gelösten Eisenspecies, in einen aeroben Grundwasserleiter führt zu Redoxpufferreaktionen, aus denen eine Serie von typischen Redoxzonen hervorgeht (*Abb. 4.29 oben*). Dabei spielen insbesondere die *Eisenspecies* eine größere Rolle, auch im Hinblick auf die Umsetzungen und den Abbau organischer Schadstoffe. In flachen unbelasteten Grundwasserleitern tritt Eisen vorwiegend als Eisen(III)oxid und -hydroxid in verschiedenen Kristallinitäten und Mineralstrukturen auf.

Ein Teil des dreiwertigen Eisens kann als Bestandteil von Tonmineralen vorkommen, doch ist bei den relevanten pH-Bedingungen nicht mit Fe(III) in Lösung zu rechnen. Solche Lösungseffekte werden aber durch Sickerwässer induziert, wie inzwischen in einer Reihe von Untersuchungen nachgewiesen wurde (CHRISTENSEN et al. 1994). Eisen(III) in den Untergrundmaterialien einer Deponie ist deshalb ein wichtiger Redoxpuffer und besitzt entscheidende Funktionen für die Begrenzung der anaeroben Zone bei der Ausbreitung von Sickerwässern unterhalb von Reaktordeponien. Reduziertes Fe(II) kann in gelöster Form im Grundwasser migrieren, an Untergrundmaterialien adsorbieren bzw. gegen andere Ionen ausgetauscht oder ausgefällt werden, z. B. als Eisensulfid bzw. Eisencarbonat. Wenn solche Ausfällungen stattfinden, kann dadurch die Ausbreitung der anaeroben Zone im Untergrund begrenzt werden. Die Fällungsprodukte steigern aber auch die Reduktionskapazität der Aquiferfeststoffe.

Eine Technik zur *Charakterisierung des reaktiven Eisen-„Pools"* wurde von HERON et al. (1994) entwickelt. Danach errechnen sich die gesamten Oxidations- (OXC) und Reduktionskapazitäten (REC), in *Abb. 4.29* am Beispiel einer Deponie dargestellt, wie folgt:

$$OXC = 4[O_2] + 5[NO_3^-] + 2[Mn(IV)] + [Fe(III)] + 8[SO_4^{2-}] + 4[C_{ox}].$$

$$REC = 8[NH_4^+] + [Fe(II)] + 2[Mn(II)] + 8[S(II)] + 4[C_{red}].$$

Abb. 4.29: Querschnitt durch die Redoxzonen (zentrale Fließlinie) der Deponie von Vejen in Dänemark (HERON & CHRISTENSEN 1995);
oben: Redoxzonen abgeschätzt nach der Zusammensetzung von Grundwasserproben (LYNGKILDE & CHRISTENSEN 1992);
mitte: Geschätzte Verteilung von Fe(II) und Fe(III) entlang der zentralen Fließlinie (Pyrit wurde durch sequentielle Extraktion, Eisen(III)oxide mittels einer Ti(II)-EDTA-Extraktion, residual gebundenes Eisen(III) als in 5 M HCl lösliches Eisen minus Eisen(III)oxide bestimmt (HERON et al. 1994);
unten: Gemessene Reduktions- (REC) und Oxidationskapazität (OXC) der Untergrundmaterialien entlang der zentralen Fließlinie der Sickerwasserwolke

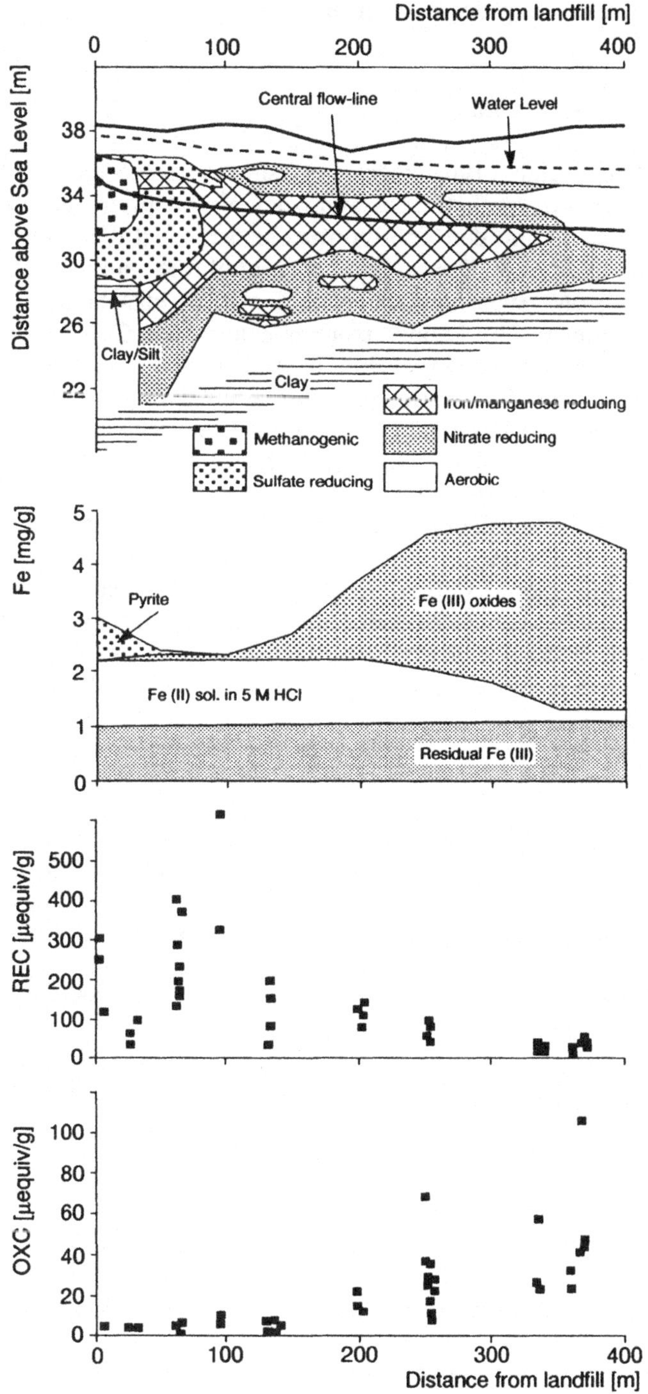
Distance from landfill [m]
Distance above Sea Level [m]
Central flow-line
Water Level
Clay/Silt
Clay
Iron/manganese reducing
Methanogenic
Nitrate reducing
Sulfate reducing
Aerobic
Fe [mg/g]
Pyrite
Fe (III) oxides
Fe (II) sol. in 5 M HCl
Residual Fe (III)
REC [µequiv/g]
OXC [µequiv/g]
Distance from landfill [m]

4.6.3.7 Kennzeichnung des Barrierematerials

Physikalische Eigenschaften

Zur Beurteilung eines Barrieregesteins sind verschiedene physikalische Untersuchungen erforderlich: Aufgrund der Verknüpfung des Schadstoffrückhaltevermögens mit den Transportmechanismen ist die Bestimmung der Wasserleitfähigkeit bzw. *Durchlässigkeit* zentral, die senkrecht und parallel zur Schichtung untersucht werden sollte. Dabei ist entscheidend, daß nicht nur Gesteinsparameter im Laborversuch, sondern auch Gebirgsparameter im Feldversuch ermittelt werden. Denn auch ein als „ideal" einzustufendes Barrieregestein, wie Tongestein mit sehr geringer Gesteinsdurchlässigkeit, kann örtlich Wasserwegsamkeiten als Folge feinster oder auch größerer Klüfte aufweisen, die seine Gebirgsdurchlässigkeit erheblich vergrößern können (OELTZSCHNER 1995).

Oftmals unberücksichtigt bleibt der Schadstofftransport unter *ungesättigten Bedingungen*, der besonders für die geologische Barriere relevant ist. Für die Modellierung des Schadstofftransports sind weitere *bodenphysikalische Kennwerte* erforderlich, die in die Transportgleichung eingehen. Die bodenphysikalischen Eigenschaften liefern darüber hinaus bereits qualitative Aussagen zum Schadstoffrückhaltevermögen des Untergrundes.

Durchlässigkeit	
• Durchlässigkeit der ungesättigten Zone	STEPHENS (1994), HERZOG (1994)
• Durchlässigkeit der gesättigten Zone	DANIEL (1994)
• Gesteinsdurchlässigkeit (Durchlässigkeitsbeiwert)	Bd. 5, Kap. 4.1.8
• Gebirgsdurchlässigkeit (Bohrlochuntersuchungen, Pumpversuche)	Bd. 4, Kap. 8 und 9
Bodenphysikalische Parameter	
• Bestimmungsmethoden	Bd. 5, Kap. 4.1
• Aussagen bodenphysikalischer Parameter	Bd. 5, Kap. 2 und 3.3

Chemische Eigenschaften

Die für das Schadstoffrückhaltevermögen relevanten chemischen Parameter umfassen einerseits die Milieu- bzw. Reaktionsbedingungen im Barrierematerial und andererseits die Kationenaustauschkapazität.

Mit der *Kationenaustauschkapazität* (KAK) werden die positiven Oberflächenladungen pro Masseeinheit erfaßt. Die KAK ist primär ein Maß für den Anteil an Ladungsträgern mit permanenter negativer Ladung (3-Schicht-Tonminerale) und wird als indirektes Maß für den Anteil an Tonmineralen sowie zur qualitativen Abschätzung des Schadstoffrückhaltevermögens und der Durchlässigkeit herangezogen. Für die Schadstoffrückhaltung sind die permanenten Ladungen jedoch nur bedingt von Bedeutung (polare und kationische organische Schadstoffe, Schwermetalle). Unpolare organische sowie anionische Schadstoffe werden dadurch nicht retardiert. Von untergeordneter Bedeutung ist die KAK auch für die Bindung von Schwermetallkationen im Spurenbereich, die vielmehr durch spezifische (chemische) Wechselwirkungen adsorbiert werden.

Zur Kennzeichnung der aktuellen *Reaktionsbedingungen im Barrierematerial*, die im Zusammenhang mit dem Verhalten von Spurenmetallen und dem Abbau der organischen Stoffe von Bedeutung sind, werden der pH-Wert des Porenwassers und das Redoxpotential bestimmt. Eine für Langzeitbetrachtungen wichtige Eigenschaft ist das *Säure-Puffervermögen*, das mit Hilfe eines pH_{stat}-Versuchs ermittelt werden kann. Die chemische Analyse des Eluats liefert gleichzeitig Informationen über die labilen und nicht dauerbeständigen Anteile des Feststoffs.

Kationenaustauschkapazität	Bd. 5, Kap. 4.3.1
	Bd. 6, Kap. 3.4.3
Säurepuffervermögen	Bd. 6, Kap. 3.4.1.5
(pH_{stat}-Versuch)	OBERMANN & CREMER (1992)

Mineralogische und stoffliche Zusammensetzung

Maßgeblich für die Schadstoffrückhaltung ist die mineralogische Zusammensetzung, insbesondere der Anteil an Tonmineralen. Erste Hinweise auf den Tonmineralgehalt geben bereits die *Korngrößenanalye* und das *Wasseraufnahmevermögen nach Ensslin-Neff*, das die Quellfähigkeit der Probe anzeigt. Die Art der Tonminerale wird durch mineralogische Verfahren bestimmt. Das Ergebnis sollte wenigstens semiquantitative Angaben zu den Haupt- und Nebenkomponenten umfassen. Tonminerale sind die Hauptträger der Ladungen und reaktiven Oberflächen und besitzen je nach Mineraltyp ein stark unterschiedliches Sorptionsvermögen. Auch die Beständigkeit gegenüber den Komponenten aus schadstoffhaltigen Sickerwässern ist unterschiedlich.

Die zentrale Bestimmungsgröße für die Rückhalteeigenschaften des Barrierematerials gegenüber unpolaren organischen Schadstoffen ist der *Gehalt an organischem Kohlenstoff.* Dieser Parameter ist sowohl für die qualitative Einschätzung des Schadstoffrückhaltevermögens als auch für Transportberechnungen erforderlich.

Mit der Bestimmung des *Carbonatanteils* wird das Puffervermögen gegenüber sauren Stoffeinträgen gekennzeichnet. Carbonat ist als milieubestimmender Bestandteil von besonderer Bedeutung für das Verhalten von Schwermetallen. Die chemische Stabilität der Carbonate wird über das Calcit/Dolomit-Verhältnis erfaßt. Für langfristige Prognosen im Hinblick auf das Schadstoffrückhaltevermögen ist v. a. von Interesse, ob der Eintrag an Säureäquivalenten in der Barriere abgepuffert werden kann oder ob mit Milieuveränderungen zu rechnen ist.

<table>
<tr><td colspan="2">Tonminerale</td></tr>
<tr><td colspan="2">   *Grobe Hinweise*</td></tr>
<tr><td>   • Korngrößenanalyse</td><td>Bd. 5, Kap. 4.1.1</td></tr>
<tr><td>   • Wasseraufnahmevermögen</td><td>Bd. 5, Kap. 4.1.3</td></tr>
<tr><td colspan="2">   *Qualitativ und semiquantitativ*</td></tr>
<tr><td>   • Mineralogische Verfahren</td><td>Bd. 5, Kap. 4.2</td></tr>
<tr><td colspan="2">   *Quantitativ*</td></tr>
<tr><td>   • Kombination mineralogischer/chemischer Verfahren</td><td>Bd. 5, Kap. 4.2</td></tr>
<tr><td colspan="2">Organische Substanz</td></tr>
<tr><td>   • chemische Verfahren</td><td>Bd. 5, Kap. 4.4.3</td></tr>
<tr><td colspan="2">Carbonat</td></tr>
<tr><td>   • chemische Verfahren</td><td>Bd. 5, Kap. 4.4.1</td></tr>
<tr><td colspan="2">Eisenoxide/-hydroxide, (Sesquioxide)</td></tr>
<tr><td>   • chemische Verfahren</td><td>Bd. 5, Kap. 4.4.2</td></tr>
<tr><td>Aussagen mineralogischer Verfahren</td><td>Bd. 5, Kap. 2.3</td></tr>
</table>

Die Oberflächeneigenschaften der geologischen Barriere können ebenfalls durch *Eisenoxide/-hydroxide* geprägt sein, die effektive Senken für Schwermetalle und anionische Metalloide wie Arsen darstellen. Im Hinblick auf ihre Rückhaltefunktion ist zu berücksichtigen, daß die Stabilität von Eisenoxiden sehr stark von den Redoxverhältnissen abhängig ist. Unter dem Einfluß von Sickerwässern entstehen daher Bereiche der Auflösung und Wiederausfällung. So können z. B. an Sickerwasserfronten oder auch an Kluftwänden im Tongestein Eisenoxidabscheidungen auftreten und zu einer wirksamen Eliminierung von Schadstoffen aus der Sickerlösung beitragen.

Mineralogische Untersuchungsmethoden bieten sich auch an, um neben der stofflichen Zusammensetzung das *Gefüge* (z. B. Poren, Einregelung der Minerale, Größe, Verteilung und Zusammensetzung der Mineralphasen, Feinklüftung) sowie *Mineralneu- und Umbildungen* und die *Art der Einbindung von Schadstoffen* im Gesteinsmaterial oder zu deponierendem Material zu bestimmen. Anhand dieser Kriterien lassen sich detaillierte Aussagen zum Langzeitverhalten von Stoffen im Gestein treffen.

Polarisationsmikroskopie • Bd. 5, Kap. 4.2.2.3	Mit Hilfe der Polarisationsmikroskopie an Dünnschliffpräparaten lassen sich der Mineralbestand, Anordnung und Verteilung sowie das Porenraumgefüge erkennen. Weiterhin können mineralische Phasenneu- und -umbildungen, die z. B. aus den Reaktionen zwischen Bindemittel und Porenlösungen entstanden sind und die Mikroporen füllen sowie Feinklüftungen nachgewiesen werden.
Rasterelektronenmikroskopie/Rasterelektronenmikroskopie mit energiedispersiver Röntgenfluoreszenza Analyse (EDAX) • Bd. 5, Kap. 4.2.2.4	Die Rasterelektronenmikroskopie erlaubt die Untersuchung der Gefügeelemente mit deutlich höherer Vergrößerung, besserer Tiefenschärfe und einem weiten Vergrößerungsspielraum. Mit Hilfe der EDAX kann über die Gefügeanalyse hinaus die chemische Zusammensetzung v. a. der neugebildeten mineralischen Phasen ermittelt werden. Zum Beispiel lassen sich auf diese Weise Schadstoffe und deren „Wegsamkeiten" im Gefüge nachweisen.

Elektronenstrahlmikrosonde	Sie wird angewandt zur Erstellung mineralchemischer Analysen an Dünn- und Anschliffpräparaten, die der Identifikation der Mineralphasen und der Feststellung ihrer Stoffbilanz dienen. Aus der Stoffbilanz ist die Stoffwanderung bei Phasenum- und neubildungen zu ersehen. Dazu zählen auch der eventuelle Einbau und die Bindung von Schadstoffen in den Kristallgittern solcher neugebildeten Minerale. Bei diesem Verfahren können Flächenscannings durchgeführt werden, um die Existenz und Verteilung bestimmter Elemente im Mikrobereich zu überprüfen.
Protonenmikrosonde (Proton Induced X-Ray Emission, PIXE)	Die PIXE als eine zerstörungsfreie qualitative und quantitative Elementaranalysenmethode (GROSSMANN 1990) ist gegenüber der ähnlich arbeitenden Elektronenstrahlmikrosonde aufwendiger, weist dafür aber erheblich günstigere Nachweisgrenzen auf. Bei einer relativen Nachweisgrenze der Elementkonzentration bis in den ppm-Bereich und einer absoluten bis hin zu 10^{-15} g können mit Hilfe von Elementverteilungsbildern der Probenoberfläche vielfältige Lösungs-, Mobilisierungs- und Austauschprozesse im Mikrogefüge untersucht werden.
Röntgenpulverdiffraktometrie • Bd. 5, Kap. 4.2.1.1	Sie ermöglicht qualitative und semiquantitative Phasenanalysen. Im Falle einer wie auch immer gearteten Behandlung lassen sich beim Vergleich von unbehandelten und behandelten Proben anhand von Intensitätsverringerungen, Phasenverschiebungen und dem Auftreten und Verschwinden von Phasen Aussagen darüber machen, ob und in welchem Ausmaß es zu Mineralum- und -neubildungen gekommen ist.

Differentialthermoanalyse (DTA) • Bd. 5, Kap. 4.2.1.4	Durch diese Methode lassen sich eine ganze Reihe von Mineralbildungen erkennen und identifizieren. Sie wird besonders dort angewandt, wo die röntgenographische Methode schwierig oder nicht möglich ist, d. h. bei kryptokristallinen oder feindispersen Stoffen und röntgenamorphen Substanzen. Für einige Minerale ist die Nachweisempfindlichkeit größer als bei der Röntgenpulverdiffraktometrie.

Bewährt haben sich diese Verfahren z. B. bei der Untersuchung von verfestigten Sonderabfällen, wie Hamburger Hafenschlick (KHORASANI et al. 1988) und Sickerölen der Deponie Georgswerder (WIENBERG et al. 1989). Bei MATTIAT & BERNHARDT (1994) wurden rasterelektronenmikroskopische und röntgenanalytische Untersuchungen zur Analyse des Mikrogefüges von Tongesteinen und dessen Veränderungen durch Schadstoffe angewendet.

Da die untersuchten Präparate sehr klein sind im Vergleich zum gesamten Gesteinskomplex, ist eine sorgfältige Probenahme erforderlich, die gewährleistet, daß die gewonnenen Daten repräsentativ für den untersuchten Gesteinskomplex sind. Für eine *Voruntersuchung* von Bohrkernen hinsichtlich einer artefaktfreien und repräsentativen Probenauswahl für die detaillierten Gefügeuntersuchungen sind die einfach zu handhabende *radiometrische Dichtebestimmung* sowie die *Transmissions-Computertomographie* (CT) und weitere zerstörungsfreie Bohrkernaufnahmeverfahren geeignet (s. Bd. 5, Kap. 4.2.2.2 und Bd. 4, Kap. 7).

4.6.3.8 Übertragung von Labor- auf Feldbedingungen

Transport- und Reaktionsparameter von Schadstoffen und Untergrundmaterialien werden vorzugsweise über Laborversuche erhoben, da sie gegenüber Feldversuchen weitaus kostengünstiger sind und meist innerhalb kürzerer Zeitspannen durchgeführt werden können. Nach FARQUHAR & PARKER (1989) ergeben sich hinsichtlich ihrer Aussagekraft jedoch folgende Einschränkungen:

• Besonders die verkürzten Zeitspannen schließen die Anwendbarkeit der Ergebnisse auf Langzeitverhältnisse unter Feldbedingungen weitgehend aus.

• Zur Beschleunigung des Versuchsablaufs werden häufig hydraulische oder Konzentrationsgradienten angewendet, die oft viel höher sind als unter Feldbedingungen.

- Das Probenvolumen ist meist nicht groß genug, so daß Heterogenitäten im Barrierematerial nicht oder nicht ausreichend erfaßt werden.

- Zudem besteht ein nur unzureichendes Verständnis darüber, wie Labordaten auf Feldbedingungen zu übertragen wären.

Angesichts dieser Einschränkungen können Laborexperimente meist nur qualitativ zur Abschätzung der Schadstoffretardation in realen Systemen interpretiert werden. Auch bei Anwendung umfassender Untersuchungsprogramme bestehen hinsichtlich der Schadstoffrückhaltung des Barrierematerials zahlreiche Unsicherheiten. Diese beziehen sich besonders auf

- die richtige Bewertung von Schadstofffracht im Sickerwasser und Bindungskapazität der Barriere,

- mögliche Wechselwirkungen verschiedener Schadstoffe durch gegenseitige Verdrängung an Bindungspositionen,

- die nur schwer einschätzbaren Effekte durch bevorzugte Wegsamkeiten (Klüfte),

- den biologischen Abbau,

- Änderungen im Stoffbestand und in den Reaktionsbedingungen.

- Nach FARQUHAR & PARKER (1989) ergeben sich weitere Unsicherheiten aus der Nichtlinearität von Sorptionsvorgängen und dabei vorherrschenden Ungleichgewichten.

Sorptionsparameter

Zur Bestimmung von Sorptionsparametern werden häufig Schüttel-(Batch-) Versuche durchgeführt, die einfach und schnell gut reproduzierbare Daten liefern. Diese sind jedoch für eine Übertragbarkeit auf Feldbedingungen und Modellierung im System Sickerwasser/Grundwasser/Gestein nicht geeignet. Nach SCHULZ (1996, mündl. Mitt.) sind Batchversuche nur im Zusammenhang mit Vorerkundungen zur Klärung möglicher Prozesse einsetzbar. Quantitative Aussagen zur Frage Transport/Reaktion sind jedoch prinzipiell unmöglich. Auch WAGNER (1992) empfiehlt den Einsatz von Batchversuchen nur zur groben Orientierung über die Schadstoffsorption in verschiedenen Bodensystemen oder zur Abschätzung der zur Einstellung von Gleichgewichtsbedingungen erforderlichen Zeit. Nach SCHNEIDER & GÖTTNER (1991) läßt sich mit Batchversuchen lediglich das unterschiedliche Adsorptionsvermögen verschiedener Stoffe miteinander vergleichen. Auch lassen sich für einzelne Substanzen Adsorptionsmaxima ermitteln, die aber auf natürliche Bedingungen nicht übertragbar sind. Durch das gegenüber natürlichen Verhältnissen extrem überhöhte Flüssigkeits/Feststoff-Verhältnis und v. a. durch die aufbereitete, für die gesamte Flüssigkeit zugängliche

Oberfläche des Feststoffs werden gegenüber natürlichen Bedingungen stark abweichende Adsorptionswerte ermittelt. Für die Ableitung von Sorptionskoeffizienten für unpolare organische Schadstoffe und sorptives toniges Material ergeben nach WIENBERG (1997) Batchversuche zwar in der Größenordnung brauchbare Werte, die aber stets mit Hilfe einer zweiten Methode zu verifizieren sind.

Übertragbare und quantitative Informationen liefern dagegen Säulen- und Lysimeterversuche. Nach SCHULZ (1996, mündl. Mitt.) sind Säulenversuche zur Parametrisierung von Transport-/Reaktionsmodellen derzeit „state of the art" und dies sowohl für den Grundwasserbereich als auch für die ungesättigte Zone (Sickerwasserbereich). Die Randbedingungen (eingesetztes Material, Wassergehalt, Fließgeschwindigkeit, pH- und Redoxbedingungen, Temperatur) können so gewählt werden, daß der Versuch einen maßstabsgerechten Ausschnitt aus dem natürlichen System darstellt und somit realistische Daten liefert. Grundsätzlich stellt sich aber auch hier die Frage nach der Übertragbarkeit, dem „upscaling" der allenfalls im Meterbereich erkundeten Transport-/Reaktionsparameter auf den Geländemaßstab. Aus diesem Grunde ist auf jeden Fall auf eine sorgfältige, repräsentative Probenahme zu achten. Der experimentelle Aufwand bei Säulenversuchen ist beträchtlich. In Abhängigkeit von dem eingebauten Substrat und der Versuchsdauer können sehr leicht Versuchsartefakte auftreten. So besteht v. a. bei feinkörnigem Material die Gefahr von bevorzugten Wegsamkeiten und Randumläufigkeiten an der Gefäßwand. Auch gibt es keine Kontrolle darüber, ob der Probenquerschnitt vollständig und gleichmäßig durchströmt wird. Bedingt durch die meist längere Versuchsdauer können nicht kontrollierbare biologische Prozesse ablaufen und die Transportvorgänge nachhaltig beeinflussen (REICHERT & ROEMER 1997). Kennzeichnend für Säulenversuche ist außerdem der hohe personelle Aufwand. Gegenüber dem Zeitaufwand für Batchversuche von Stunden bis Tagen liegt der Zeitrahmen für Säulenversuche bei Wochen und Monaten. Allerdings sind nach SCHULZ (1996, mündl. Mitt.) zur Erzielung realitätsnaher Parameter und angesichts der komplexen Systeme aus gleichzeitig ablaufenden Transport- und vielen (bio)geochemischen Prozessen derartig aufwendige Untersuchungen für eine sachgerechte Bearbeitung der Fragestellungen des Schadstoffrückhaltevermögens erforderlich.

Fällungs- und Komplexierungsreaktionen sind nach SCHNEIDER & GÖTTNER (1991) gut im Labormaßstab zu erfassen, da als Steuergröße für diese Vorgänge hauptsächlich die Konzentrationen der Reaktionspartner in der Lösung anzusehen sind. Matrix- und Oberflächeneffekte sind hierbei gering.

Transportparameter

Bei Barrierematerial mit geringer Wasserleitfähigkeit in Kombination mit Schadstoffen hoher Sorptivität findet kaum konvektiver Transport statt, so daß bei Säulenversuchen extrem lange Versuchszeiten erforderlich würden. Für derartige Fälle sind Diffusionsversuche angebracht, aus denen sich neben *Diffusionsparametern* auch Sorptionskonstanten ableiten lassen. Da diese Untersuchungen mit ungestörtem Substrat vorgenommen werden können, lassen sich auch hiermit übertragbare Ergebnisse ermitteln. Die Diffusion wird v. a. von der mikroskopischen Struktur des Barrierematerials bzw. durch die matrixbedingte Diffusionsstrecke (Impedanz) geprägt. Vereinzelt auftretende Klüfte haben daher kaum einen Einfluß auf die mittlere Diffusionsgeschwindigkeit. Auch Störungen, wie partielle Kornumlagerungen bei der Probenahme, scheinen nach SCHNEIDER & GÖTTNER (1991) einen nur geringen Einfluß auf die Diffusion zu haben. Diffusionskoeffizienten können daher mit ausreichender Genauigkeit im Labor gemessen werden.

Der *Dispersionskoeffizient* ist sowohl von der mikroskopischen Struktur des Barrierematerials als auch von dessen makroskopischer Heterogenität abhängig. Ist das Material makroskopisch homogen, halten SCHNEIDER & GÖTTNER (1991) Laborversuche mit ungestörten Bodensäulen für die Bestimmung übertragbarer Dispersionskoeffizienten für ausreichend. Für den sehr wahrscheinlichen Fall, daß Inhomogenitäten vorliegen, die als bevorzugte Transportwege für Schadstoffe wirken, reichen Laborversuche mit ihren relativ kleinvolumigen Ansätzen nicht mehr aus. Bei zufälliger Verteilung von Inhomogenitäten in der Barriere kann der Dispersionskoeffizient nur über Feldversuche ermittelt werden, und zwar durch Injektion definierter Mengen eines Tracers und Messung der Konzentration an mehreren Punkten im Abstrombereich. Dabei ist die Abmessung der Meßfelder so zu wählen, daß die Inhomogenitäten repräsentativ erfaßt werden. Bei systematisch angeordneten Klüften ist der Dispersionsansatz zur Beschreibung des Stofftransports nicht mehr anwendbar (SCHNEIDER & GÖTTNER 1991).

Im Labor ermittelte Daten zum Einfluß der *Konvektion* sind auf Feldbedingungen nicht übertragbar. An nicht geklüfteten Gesteinsproben läßt sich zwar im Labor die Wasserleitfähigkeit und damit ein Gesteinsparameter ermitteln, der aber, bedingt durch die im anstehenden Boden und Gestein auftretenden Klüfte und Risse, deutlich von der Gebirgsdurchlässigkeit abweicht. So konnten SCHNEIDER & GÖTTNER (1991) bei einem Vergleich von Labor- und Feldmessungen eine um das 10fache erhöhte Durchlässigkeit im Gelände feststellen. Labormessungen an gering durchlässigen Proben werden außerdem zur Beschleunigung meist mit stark überhöhten Gradienten vorgenommen, so daß unter natürlichen Bedingungen unbewegliches Porenwasser zum konvektiven Transport beiträgt. Dadurch wird das Verhältnis von konvektiven zu diffusiven Transportanteilen verändert, so daß die so ermittelten Durchlässigkeiten auf Feldbedingungen nicht anwendbar sind.

4.6.3.9 Modellierung des Schadstofftransports

Ziel der Modellierung ist die zeitliche und räumliche Prognose der Schadstoffausbreitung, um z. B. Aussagen darüber zu erhalten, wann und unter welcher Faktorenkonstellation ein Durchbruch von Schadstoffen durch die Barriere zu erwarten ist. Aufgrund der Langsamkeit der ablaufenden Transport- und Reaktionsprozesse können diese Aussagen nicht aus Experimenten gewonnen werden, so daß die zu erwartende Schadstoffausbreitung mit Hilfe von Stofftransportmodellen berechnet werden muß. Entscheidende Voraussetzung für eine Modellierung des Schadstofftransportes ist die Ermittlung realitätsnaher Transport- und Reaktionsparameter. Je nach Aufgabenstellung und Komplexität der zu beschreibenden Standortsituationen und Vorgänge werden analytische, halbanalytische und numerische Methoden zur Lösung der Transportgleichung(en) angewandt.

Abschätzung der Schadstoffausbreitung	Kap. 5
Berechnung des Schadstofftransports als Bewertungsinstrument: Grundlagen und Anwendung der Transportmodellierung	Bd. 5, Kap. 3.5
Umfassende Behandlung der Grundlagen der Schadstoffausbreitung und Leitfaden zur Durchführung einer Strömungs- und Transportmodellierung mit Hilfe des von den Autoren entwickelten Programmpaketes ROCKFLOW; Demonstration am Beispiel der Simulation der Schadstoffausbreitung im wassergesättigten, geklüfteten Festgestein (ehemalige Sonderabfalldeponie Münchehagen); Simulation der Matrixdiffusion;	Bd. 2
Zusammenstellung von Modellen und Berechnungsverfahren	Materialien zum Altlastenhandbuch Niedersachsen

Relativ weit verbreitet sind die von ROWE & BOOKER (1986) für Deponie- und Altlastenfragen entwickelten Programme POLLUTE und MIGRATE.

<table>
<tr><td>

Die Bestimmung von Reaktionsparametern (Sorption/Desorption, Lösung/Fällung, Speziation) läßt sich mit thermodynamischen Gleichgewichtsmodellen (z. B. PHREEQUE) vornehmen.

Zur gemeinsamen Bestimmung von Reaktions- und Transportparametern eignet sich das Programm CoTAM (HAMER & SIEGER 1994), das insbesondere für die Modellierung von Reaktionen und Transportvorgängen in Laborsäulen entwickelt wurde.

</td><td>

Bd. 6, Kap. 3.4.5

</td></tr>
</table>

4.6.4 Situationsgerechte Vorgehensweise

Wie muß die chemische und hydrologische Situation im Umfeld einer Deponie oder Altlast beschaffen sein, damit eine geologische Barriere hinsichtlich der Schadstoffrückhaltung (zusammen mit den vorgelagerten Sicherungen) eine ausreichende Schutzfunktion erfüllt? OELTZSCHNER (1989) nennt aus geologischer Sicht vier Forderungen:

1. Die Menge des Schadstoffaustrags aus der Deponie sollte auf ein Minimum beschränkt bleiben.

2. Der Austrag und Weitertransport der Schadstoffe sollte nur sehr langsam vonstatten gehen.

3. Die Ausbreitung der „Schadstoffwolke" sollte so gering wie möglich gehalten werden.

4. Die ausgetretenen Schadstoffe sollten so rasch und nachhaltig wie möglich bereits im unmittelbaren Umfeld der Deponie fixiert werden.

Gesamtökologisch hat die Forderung nach einem *minimalen Austrag von Schadstoffen* erste Priorität und stellt deshalb das zentrale Ziel bei der Umsetzung der TA Siedlungsabfall dar. Der Mengenaspekt ist jedoch um eine differenzierte Bewertung des Gefährdungspotentials einzelner oder kombinierter Schadstoffausträge aus der Deponie zu erweitern (Kap. 4.6.4.1).

Die übrigen drei Forderungen, die über den Begriff „*Schadstoffrückhaltung*" miteinander verbunden sind, stellen allgemeine, von der TA Siedlungsabfall nicht konkret definierte Zielsetzungen dar. Weitertransport, Ausbreitung und Fixierung der „Schadstoffwolke" hängen von den natürlich vorgegebenen Eigenschaften des Deponieauflagers und der geologischen Barriere im engeren Sinne ab. Bei kontaminierten Standorten/Altlasten ist die Schadstoffrückhaltung des Untergrundes in gleicher Weise ein entscheidendes Kriterium zur Beurteilung des langfristigen Gefährdungspotentials.

Für die weitere Prioritätensetzung und situationsgerechte Vorgehensweise erscheint es vorteilhaft, das *Gesamtziel eines möglichst hohen Schadstoffrückhaltepotentials* des Untergrundes und insbesondere der geologischen Barriere in *Teilziele* zu untergliedern, deren Erfüllung einzeln überprüft werden kann (s. a. Bd. 5, Kap. 1.3):

1. Die geologische Barriere soll möglichst gering durchlässig sein, um den konvektiven Schadstofftransport maßgeblich zu behindern. Das Gestein sollte darüber hinaus eine so geringe Porosität und eine derartige Porengeometrie besitzen, daß auch die diffusive Schadstoffausbreitung stark eingeschränkt wird (*Minimierung der Durchlässigkeit*, Kap. 4.6.4.2).

2. Die Schadstoffe sollen möglichst stark sorbiert werden, so daß die Gleichgewichtskonzentrationen weit auf der feststoffgebunden Seite liegen. Bei anorganischen Schadstoffen sollen die Milieubedingungen die Bildung von schwer löslichen Phasen begünstigen (*Sorption und Einbindung*, Kap. 4.6.4.3).

3. Das geochemische Milieu im Untergrund soll bei organischen Schadstoffen den biotischen oder abiotischen Abbau erlauben (*Verbesserter Abbau von Schadstoffen*, Kap. 4.6.4.4).

WIENBERG stellt fest, daß zwischen den abgeleiteten Teilzielen z. T. ausgesprochene Zielkonflikte bestehen. So ist ein guter biochemischer Abbau in der Regel unter Sauerstoffzutritt in einer gut wasser- bzw. gaswegsamen Matrix zu erwarten. Dies verträgt sich jedoch nicht mit der Forderung nach einer möglichst hohen hydraulischen Barrierewirksamkeit. Weiterhin treten schwer lösliche Schwermetallphasen häufig im stark anaeroben Bereich (unter Sulfidbildung) auf. Hier sind jedoch bestimmte hoch oxidierte organische Verbindungen nur schlecht abbaubar. Auch innerhalb eines abgeleiteten Zieles ergeben sich stoffspezifisch widersprüchliche Anforderungen. So ist für die meisten kationisch vorliegenden Schwermetalle ein schwach basisches Milieu am günstigsten für eine möglichst hohe Schadstoffrückhaltung. Allerdings sind die besonders problematischen Anionen einiger amphoterer Elemente, wie z. B. das Arsenat oder das Chromat unter diesen Bedingungen besonders mobil. Daher sind die Anforderungen an die Schadstoffrückhaltung auf die spezifischen, zurückzuhaltenden Schadstoffe bzw. Schadstoffgruppen abzustimmen.

Nachfolgend werden die Möglichkeiten der Optimierung an jedem dieser drei Teilziele untersucht. Im Kap. 4.6.4.5 wird die Wirkung der drei Rückhalte- bzw. Eliminierungsmechanismen gegeneinander abgewogen und es werden die kombinierten Effekte aus praktischen Erfahrungen dargestellt. Daraus werden im Kap. 4.6.5 die Handlungsempfehlungen für die Erfassung und Bewertung des Schadstoffrückhaltepotentials des Untergrundes abgeleitet.

4.6.4.1 Prioritäten bei der Emissionsminderung

Von den in Sickerwässern aus (Alt-)Ablagerungen und Altlasten auftretenden Belastungs- und Schadstoffgruppen (Kap. 4.6.2) hat insgesamt die Gruppe der anthropogenen organischen Verbindungen Priorität, von denen wichtige Beispiele in *Tab. 4.33* zusammengestellt sind.

Tabelle 4.33: Chemische und physikalische Eigenschaften von organischen Verbindungen, die bei Boden und Grundwasserkontaminationen häufig auftreten (Nach SCHNEIDER & GÖTTNER 1991)

Substanz	Wasser-löslichkeit log S [µg/l]	Verteilungs-koeffizient log K_{OW}	Adsorp-tion log K_{OC} [cm³/g]	Abbau-raten T/2 [a]	Toxizität Geschätzt	Wasser-gefährdung Geschätzt
Trichlorethen	6,2	2,3	4,7-5,2	>100	Mittel	Groß
Tetrachlorethen	5,2	2,6	5,0-5,7	>100	Mittel	Groß
Trans-1,2-Dichlorethen	5,8	1,8	3,5-4,6	>100	Mittel	Groß
Trichlormethan	6,9	0,9	3,4-3,8	>100	Mittel	Groß
1,2-Dichlorethen	5,6	1,5	3,4-4,6	>100	Mittel	Groß
Dichlormethan	7,3	1,3	2,9-3,0	<1	Mittel	Groß
1,1,1-Trichlorethan	6,6	2,5	3,5-5,0	>100	Mittel	Groß
1,1-Dichlorethan	6,7	1,8	2,2	>100	Mittel	Groß
1,2-Dichlorethan	6,9	1,5	2,1	>100	Mittel	Groß
Phenol	7,8	1,5	3,8-4,3	<10	Groß	Groß
4-Methyphenol	2,0	1,9	2,4	<10	Groß	Gering
Pentachlorphenol	4,1	5,0	4,6-5,5	<10	Sehr groß	Mittel
2,4-Dimethylphenol	7,2	2,3	4,1-5,2	<10	Groß	Groß
2,4,6-Trichlorphenol	5,9	3,7	4,5-5,2	<10	Sehr groß	Mittel
2,4-Dichlorphenol	6,7	1,4	4,1-6,5	<10	Mittel	Groß
Benzol	6,2	2,1	3,3-3,7	<100	Groß	Groß
2,3,7,8-TCDD	-1,7	7,1	5-6	<100	Sehr groß	Gering
Hexachlorcyclo-hexan	2,3-3,8	3,7-3,8	5,5-7,4	<100	Sehr groß	Mittel
PCB-1254	3,1	3,6	5,9-6,9	>100	Sehr groß	Mittel

Weitere Differenzierungen können anhand von physikalischen und chemischen Eigenschaften (*Tab. 4.33*) getroffen werden. Nach dem *Kriterium der Toxizität* sind v. a. die Phenolverbindungen 4- und 2-Methylphenol, die chlorierten Phenole 2,4,6-Trichlorphenol und Pentachlorphenol, Benzol, Hexachlorcyclohexan sowie PCB und TCDD zu nennen. Nach dem *Kriterium der Wassergefährdung* sind in erster Linie die aliphatischen chlorierten Kohlenwasserstoffe zu beachten, die neben ihrer großen Wasserlöslichkeit und geringen Sorbierbarkeit teilweise auch schwer abbaubar sind. Ganz oben in der Liste der Grundwassergängigkeitspotentiale als Summe der Mobilitäts-, Akkumulierbarkeits- und Persistenzpotentiale (s. *Tab. 4.31*) stehen die auch mengenmäßig bedeutsamen aliphatischen chlorierten Kohlenwasserstoffe Trichlorethen und Tetrachlorethen.

4.6.4.2 Minimierung der Durchlässigkeit

Transport vom Deponiekörper zur geologischen Barriere

Bei der Bewertung des Schadstoffaustrags aus der Deponie und des nachfolgenden Transports im Untergrund ist zu berücksichtigen, daß in aller Regel im Nahfeld einer durchsickerten Abfallablagerung eine starke Differenzierung in der Vertikalen stattfindet. Bei flachgründigen Grundwasserleitern fließt dann das Sickerwasser vorwiegend dichtekontrolliert im basalen Bereich ab. Als weitere Ursachen für eine Differenzierung kommen Löslichkeit und Mischbarkeit in Betracht, die sich auf Stoffgruppen oder auch nur einzelne Sickerwasserinhaltsstoffe auswirken können (DÖRHÖFER 1993).

Forderungen nach dem Stand von Wissenschaft und Technik

Das Ausmaß der konvektiven Stoffverlagerung ist unabhängig von der Schichtdicke. Es ist lediglich abhängig vom hydraulischen Gradienten, der Permeabilität des Materials und der Stoffkonzentration im Sickerwasser. Die Schichtdicke der geologischen Barriere hat jedoch einen besonders großen Einfluß auf den diffusiven Schadstofftransport (SCHNEIDER 1990), der überproportional durch eine zunehmende Schichtdicke der Barriere verringert wird:

- Bei Filtergeschwindigkeiten von $q < 10^{-10}$ m/s und Diffusions koeffizienten von $D = 10^{-10}$ m^2/s (bzw. bei $D = 10^{-9}$ m^2/s dann für $q < 10^{-9}$ m/s) wird die Verweilzeit der Stoffe in der Barriere bzw. die Permeationsrate überwiegend durch die Diffusion bestimmt. Das bedeutet, daß unter derartigen Bedingungen eine reduzierte Filtergeschwindigkeit keine wesentliche Verringerung des Schadstoffaustrags bewirkt.

- Bei Filtergeschwindigkeiten $q > 10^{-10}$ m/s und Diffusionskoeffizienten $D < 10^{-10}$ m^2/s wird der Transportprozeß unter Gleichgewichtsbedingungen durch die Konvektion bestimmt. Dies hat zur Folge, daß eine größere Schichtdicke die maximale Permeationsrate nicht weiter verringert.

In diesem Zusammenhang können die Ergebnisse der Modelluntersuchungen von HENSEL et al. (1991) zum Schadstofftransport an typischen Standorten für Deponien in Illinois genannt werden, die gezeigt haben, daß die Forderung, Deponieschadstoffe in einem 100jährigen Prognosezeitraum innerhalb eines Pufferraumes von 30 m zu halten, nur durch solche Szenarien erfüllt wird, bei denen mindestens 15 m geringdurchlässige feinkörnige Barrieregesteine anstehen.

4.6.4.3 Sorption und Einbindung

Dieses Teilziel kann mit Hilfe von Modellrechnungen (Kap. 4.6.3.7) quantitativ untersucht werden. Voraussetzung dazu ist jedoch neben einer möglichst genauen Erfassung des Schadstoffpotentials bzw. des Schadstoffaustritts aus dem Deponiekörper die Kennzeichnung der Sorptionseigenschaften der geologischen Barriere.

Versuchstechniken und Kenngrößen der Sorption

Für die Bestimmung der Sorptionseigenschaften von Substrat/Schadstoff-Kombinationen stehen erprobte Labormethoden wie Schüttel (Batch)-, Diffusions- und Perkolations (Säulen)-Versuche zur Verfügung. Die Vor- und Nachteile sowie Anwendbarkeit dieser Methoden werden in Kap. 4.6.3.3 und 4.6.3.6 beschrieben. Je nach angewandter Methode werden z. T. stark unterschiedliche Sorptionsparameter erhalten, wobei deren Übertragbarkeit auf natürliche Verhältnisse bei Säulenversuchen am ehesten gewährleistet ist. Materialien mit geringer Wasserleitfähigkeit schließen die Anwendung von Perkolationsversuchen jedoch wegen extrem langer Versuchszeiten meist aus. Da unter diesen Bedingungen die Diffusion als transportbestimmender Vorgang überwiegt, sollten Diffusionsversuche durchgeführt werden. Aus Diffusionsdaten und physikalischen Kenngrößen des Materials sind ebenfalls Sorptionsparameter ableitbar. Schüttelversuche lassen sich am einfachsten durchführen, erfordern aber einen unrealistisch hohen Lösungsanteil und die Vereinzelung der aggregierten Feststoffpartikel. Daher weichen die so ermittelten Sorptionsparameter von realen Verhältnissen meist sehr stark ab. Die Schadstoffsorption sollte daher an ungestörtem Probenmaterial unter Anwendung von Diffusions- oder Perkolationsversuchen untersucht werden.

Die Schadstoffsorption läßt sich im einfachsten Fall mit dem Verteilungs-koeffizienten (K_d-Wert) kennzeichnen, der in bestimmten Grenzen einen linearen Zusammenhang zwischen den adsorbierten und den gelösten Anteilen beschreibt (lineare Sorptionsisotherme, überwiegend bei organischen Schadstoffen anwendbar) und die Anwendung des Retardations-konzeptes beim Diffusions- und Perkolationsversuch ermöglicht. Eine lineare Abhängigkeit liegt immer dann vor, wenn die Oberflächen nur gering belegt sind und die Adsorption von Bindungspositionen mit hoher einheit-licher Bindungsenergie bestimmt wird. Nach deren Absättigung werden bei zunehmendem Belegungsgrad Bindungspositionen mit zunehmend schwächerer Bindungsenergie belegt, so daß der gebundene Anteil geringer wird und die Beziehung zwischen sorbiertem und gelöstem Anteil von einem linearen in einen gekrümmten Verlauf übergeht (BENJAMIN & LECKIE 1981). Nichtlineare Sorptionsisothermen lassen sich mit der Freundlich- oder Langmuir-Gleichung beschreiben (s. Bd. 5, Kap. 4.3.3). Die Anwendung von Sorptionsisothermen impliziert ein Gleichgewicht zwischen den gelösten und gebundenen Anteilen. Kennzeichnend für die Sorption organischer Schadstoffe, insbesondere der unpolaren, sind hydrophobe Wechsel-wirkungen mit der wäßrigen Phase und eine bevorzugte Bindung durch die organischen Komponenten der Festsubstanz. Die Sorption läßt sich dabei mit dem auf den C_{org}-Gehalt des Feststoffs normierten Verteilungskoeffizienten (K_{oc}) beschreiben, der wiederum eng mit dem Octanol/Wasser-Koeffizienten (K_{ow}) korreliert (Kap. 4.6.2.2, HASSETT & BANWART 1989). Reaktions-gleichgewichte sind auch Grundlage für die Anwendung thermodynamischer Gleichgewichtsmodelle (Bd. 6, Kap. 3.4.5) zur Beschreibung der Adsorption von z. B. Schwermetallen an Eisenoxiden. Dabei wird die Reaktivität der Bindungspositionen durch thermodynamische Konstanten erfaßt. Des-weiteren können ionare Interaktionen, wie Lösung/Fällung, Speziesbildung und -verteilung sowie der Einfluß variierender Redox- und pH-Bedingungen, beschrieben werden.

Komplexität von Sorptionsprozessen

Die erprobten Versuchstechniken und verschiedenen Möglichkeiten zur Ableitung von Sorptionsparametern sind für die Untersuchung von Einzel-schadstoff/Sorbent-Kombinationen bzw. für die Beschreibung relativ einfacher geochemischer Systeme geeignet. Unter realen Bedingungen herrschen, bedingt durch den Schadstoffeintrag mit dem Sickerwasser, überwiegend komplexe und stofflich schwer einschätzbare Verhältnisse vor. Meist liegen konkurrierende Einflüsse verschiedener Stoffe einschließlich der Schadstoffe um Bindungsposititionen vor. Dazu ergeben sich Wechselwirkungen mit gelösten organischen Stoffen sowie den Kationen und Anionen der gelösten Salze bis hin zu möglichen Veränderungen der Feststoffmatrix bei wenig stabilen Komponenten. Auch im Hinblick auf inhomogene Verhältnisse im Barrierematerial sowie auf verschieden reaktive Oberflächen und deren Zugänglichkeit sind Sorptionsreaktionen von Schadstoffen in der Barriere schwer zu quantifizieren.

Oft sind auch die Voraussetzungen für die Anwendbarkeit der Untersuchungsmethoden nicht erfüllt. Bei organischen Schadstoffen ist z. B. das K_{ow}/K_{oc}-Konzept nur auf unpolare Verbindungen und solche Substrate anwendbar, die nennenswerte Anteile an organischer Substanz aufweisen und nicht auf solche mit geringem C_{org}-Gehalt (s. Kap. 4.6.2.2). Bei der Sorption von Schwermetallen ist das Retardationskonzept nicht anwendbar, da die Adsorptionsisothermen nicht linear sind und auch keine volle Reversibilität der Bindung gegeben ist (ISENBECK et al. 1985). Schadstoffe unterliegen bei der Bindung an Feststoffpartikel nicht nur reinen Oberflächenreaktionen, sondern werden nach einer schnellen anfänglichen Adsorption in einer langsamen Reaktion absorbiert und festgelegt. Als Mechanismus wird bei der Sorption von Schwermetallen durch Eisenoxide eine Diffusion in die mineralische Festsubstanz vermutet (GERTH et al. 1993). FULLER & DAVIS (1987) konnten zeigen, daß Cadmium an der Oberfläche von Carbonat zunächst schnell gebunden wird und dann während einer langsam ablaufenden Reaktion diffusiv in die Kristallstruktur eindringt und dort fest eingebunden wird. Auch bei der Bindung organischer Schadstoffe finden lang andauernde Reaktionen mit Feststoffpartikeln statt (BALL & ROBERTS, 1991). Dieser Prozeß bedingt bei teilweiser Festlegung eine sehr langsame Desorbierbarkeit der gebundenen Anteile (PIGNATELLO 1989).

Aufgrund der starken Aggregierung von Tonpartikeln sind die Partikeloberflächen im Barrierematerial zum überwiegenden Teil nicht frei zugänglich und können nur durch Matrixdiffusion der Schadstoffe erreicht werden. Dieser Umstand hat zur Folge, daß sich Reaktionsgleichgewichte zwischen den in gröberen Poren gelösten und den in der Matrix gebundenen Anteilen praktisch nicht einstellen können. Die Annahme von homogenen Verhältnissen bezüglich der Porenverteilung und von sich schnell einstellenden Sorptionsgleichgewichten trifft damit beim Stofftransport unter natürlichen Verhältnissen nicht zu. Besonders beim relativ schnellen Schadstofftransport in Klüften werden Sorptions-/Desorptionsvorgänge eher durch Diffusionsraten als durch Gleichgewichts-Sorptionsparameter bestimmt (BRUSSEAU 1992). Die Komplexität von Sorptionsvorgängen wird zudem durch eventuellen Kolloidtransport erhöht. Im Gegensatz zu den gelösten Anteilen können kolloidal gebundene Schadstoffe nicht in die Matrix hineindiffundieren. Sie werden praktisch ohne Sorption mit dem Porenwasser transportiert und weisen daher wesentlich höhere Transportraten auf als die gelösten Schadstoffe (MCKAY et al. 1993).

Vorgehensweise

Angesichts der aufgezeigten Komplexität von Sorptionsvorgängen erhebt sich die Frage nach der Sinnhaftigkeit einer experimentellen Bestimmung von Sorptionsparametern. Bei allen Beschränkungen bleibt festzustellen, daß auf jeden Fall Anhaltswerte erhalten werden, die eine Transportmodellierung unterstützen. Die Ergebnisse gewinnen um so mehr an Aussagekraft, je weitgehender das geochemische Milieu im Modellversuch den realen Bedingungen angepaßt ist. Dabei sollten Säulen- oder Diffusionsversuche zum Einsatz kommen. Mit Hilfe von Schüttelversuchen lassen sich einfach und schnell verschiedene Schadstoff/Feststoff-Kombinationen sowie die Wirkung unterschiedlicher Einflußfaktoren (z. B. Begleitionen, konkurrierende Schadstoffe, pH) miteinander vergleichen. Bestehen grundsätzliche Zweifel an der Verwendbarkeit der ermittelten Parameter, bleibt abzuwägen, ob Sorptionsparameter aus den physikochemischen Eigenschaften des Schadstoffs und den stofflichen Eigenschaften des Feststoffs abgeleitet werden können. Als schadstoffunabhängiges Kriterium für die Sorptivität und die generelle Eignung von Feststoffen als Barrierematerial wird die Kationenaustauschkapazität verwendet (MAIER-HARTH 1996). Sorptionsparameter sind daraus jedoch nicht direkt ableitbar.

Grundlage für Sorptionsuntersuchungen ist die vorherige Ermittlung der stofflichen Komponenten und der physikalischen Eigenschaften des Barrierematerials. Hervorzuheben sind dabei die mineralogische Zusammensetzung (Tonminerale, Carbonatgehalt), der Gehalt an organischer Substanz sowie Dichte und Porenvolumen. Desweiteren sind möglichst weitgehende Informationen über die Zusammensetzung des Sickerwassers mit Angaben über den Konzentrationsbereich des Schadstoffs/der Schadstoffe sowie Art und Konzentration der Salze und der gelösten organischen Substanz erforderlich. Mit Hilfe dieser Daten kann auch über thermodynamische Gleichgewichtsmodelle abgeschätzt werden, inwieweit Fällungsvorgänge für die Schadstoffrückhaltung von Bedeutung sind.

4.6.4.4 Verbesserter Abbau von Schadstoffen

Viele Erfahrungen, die in den vergangenen Jahren sowohl aus Experimenten als auch unter den realen Bedingungen von Sicker- und Grundwässern gewonnen wurden, deuten darauf hin, daß Redoxeffekte eine wesentliche Ursache für den abiotischen Abbau von organischen Schadstoffen im Untergrund darstellen.

Praktische Anwendung findet der Befund bei der reduktiven Dechlorierung durch elementares Eisen in Form einer „reaktiven Wand" (DAHMKE 1995, STARR & SHERRY 1994). Davon ausgehend läßt sich eine generelle Strategie für den Abbau von organischen Kontaminanten in geochemischen

Barrieren entwickeln. In DAHMKE et al. (1996) sind die Standard-reduktionspotentiale [E_H^0 (W), berechnet für pH = 7 und Cl$^-$ = 10^{-3} M] relevanter Redoxpaare organischer Kontaminanten in Verbindung mit den Standardreduktionspotentialen im Grundwasser dominierender Redoxpaare aufgeführt. Danach sind höher chlorierte Verbindungen, wie z. B. Tetrachlorethen (PCE) und Trichlorethen (TCE), selbst relativ starke Oxidationsmittel. Thermodynamisch begünstigt ist deshalb eine Reduktion der höher chlorierten Verbindungen mit beispielsweise S^{2-}, H$_2$ oder Fe^0 als Reduktionsmittel. Beispiele sind die Reaktionen von Dihalomethanen mit Schwefelwasserstoff (ROBERTS et al. 1992) und die Umsetzung von Tetra-chlorkohlenstoff zu Chloroform (Trichlormethan) durch Pyrit in wäßriger Lösung (KRIEGMAN-KING & REINHARD 1994). Demgegenüber sind weniger chlorierte Verbindungen wie zum Beispiel Vinylchlorid, das aus der sequen-tiellen reduktiven Dehalogenierung von Trichlorethen entstehen kann, im Hinblick auf das Standardreduktionspotential eher intermediäre Ver-bindungen, die sowohl durch starke Oxidationsmittel als auch durch starke Reduktionsmittel mit nur vergleichsweise geringem Energiegewinn abzu-bauen sind. Mit den in natürlichen Systemen dominierenden schwächeren Oxidations- oder Reduktionsmitteln sind kaum noch Energiegewinne beim Abbau von Vinylchlorid erzielbar, was auch die chemische Persistenz dieser Verbindungen zum Teil erklärt (DAHMKE et al. 1996).

Weitere Einsichten in die Wirkungsweise von Redoxprozessen auf den Abbau von organischen Schadstoffen brachten die Untersuchungen von KLAUSEN et al. (1995) zur Reduktion von substituierten Nitrobenzolen durch Fe(II) in wäßrigen Mineralsuspensionen. Während reine Fe(II)-Lösungen inaktiv waren, reduzierten Suspensionen mit Fe(III)-haltigen Mineralen, wie Magnetit, Goethit und Lepidokrokit, bei pH-Werten oberhalb 6,5 die Nitrobenzolverbindungen rasch zu den entsprechenden Anilinen. Die Autoren nehmen an, daß die Fe(III)-Überzüge an den Mineraloberflächen - vermutlich können diese Funktion auch Aluminiumoxide, amorphe Kieselsäure, Titandioxid und Kaolinit übernehmen - durch Mikroorganismen zu Fe(II) umgewandelt werden können und damit ständig neues aktives Fe(II) als Reduktionsmittel zur Verfügung steht. Dieser Prozeß zeigt erstmals und exemplarisch die enge Verknüpfung von mikrobieller Aktivität und einer abiotischen oberflächenvermittelten Umwandlung xenobiotischer Verbindungen.

Aromatische Kohlenwasserstoffe, wie Benzol, Toluol oder Xylol, sind selbst recht starke Reduktionsmittel, die in natürlichen Systemen, z. T. bis hin zu Sulfatreduktion, oxidativ abgebaut werden können. Injektionen von FeCl$_3$-Lösungen in einem kalkhaltigen Aquifer erzeugten reaktive Zonen aus Fe(III)-Oxiden, die als Sorptionsbarrieren gegenüber Schwermetallen wirken und den Abbau von BTEX (Benzol, Toluol, Ethylbenzol, Xylol) beschleunigen können (MORRISON et al. 1996).

Insgesamt ist den verschiedenen Fe(III)-Oxiden im Untergrund eine besondere Bedeutung beizumessen, da sie eine 10- bis 1 000fach höhere Oxidationskapazität haben können als die Summe der gelösten Oxidationsmittel (O_2, NO_3^- und SO_4^{2-}; *Tab. 4.25* im Kap. 4.6.2.1). Ihre Bioverfügbarkeit und Abbaukinetik ist bislang jedoch vergleichsweise wenig bekannt, so daß diese Parameter noch nicht bei einer Simulation realer Kontaminationssituationen eingesetzt werden konnten (DAHMKE et al. 1996).

4.6.4.5 Effekte der Konzentrationsminderung im Vergleich

Während die Wirkungsweise der einzelnen Rückhaltemechanismen insbesondere aus Laboruntersuchungen relativ gut bekannt ist, gibt es bislang kaum Informationen über ihre Bedeutung unter den realen Bedingungen im Untergrund von Deponien. Ein grundsätzlich geeignetes Fallbeispiel für einen solchen Vergleich stellt wiederum das Untersuchungsgebiet „Insel Hengsen" dar, dessen hydrologische, geochemische und mikrobiologische Randbedingungen bekannt waren und an dem ein breiter Datensatz zum Verhalten typischer Schadstoffspezies gewonnen wurde (SCHÖTTLER & SCHULTE-EBBERT 1995). In *Tab. 4.34* sind die bei der Untergrundpassage zur Konzentrationsminderung der betrachteten Schadstoffe führenden Vorgänge in Gewichtung dargestellt. Vereinfachend wurden Filtration, Sorption, Fällung und mikrobieller Abbau als entscheidende Eliminierungsprozesse angenommen. Vorgänge wie Ausgasung (z. B. bei den leichtflüchtigen halogenierten Kohlenwasserstoffen) oder Inkorporation von Schadstoffen in unbeweglicher Biomasse (z. B. die Fixierung von polyzyklischen aromatischen Kohlenwasserstoffen in Humussubstanzen) wurden im System „Insel Hengsen" als für diese Fragestellung untergeordnet angesehen. Unter Filtration wird hier ausschließlich das Zurückhalten von Partikeln/Kolloiden durch die geringe Porenweite des Filters verstanden. Die möglicherweise ebenfalls wirksame Sorption wird als eigenständiger Vorgang betrachtet. Unter dem Begriff Fällung werden hier sowohl die eigentliche Fällung (z. B. von Eisenoxidhydroxid) als auch die Mitfällung (z. B. von Cadmium an ausfallenden Carbonaten) zusammengefaßt. Die Anzahl der Kreuze in *Tab. 4.34* gibt keinen Hinweis auf den Grad der Konzentrationsverminderung, sondern nur auf die Gewichtung der jeweiligen zur Abnahme führenden Vorgänge (SCHULTE-EBBERT & SCHÖTTLER 1995):

- Enterobakterien werden bei der Infiltration und Untergrundpassage aufgrund ihrer relativen Größe vornehmlich durch mechanische Festlegung eliminiert.

- Bei den Schwermetallen Eisen und Mangan dominiert die Fällung, bei Nickel überwiegt die Sorption als Prozeß der Eliminierung. Die Gruppe mit Cadmium, Kupfer, Blei und Zink wird vornehmlich durch Sorption und Fällung beeinflußt.

- Bei den polyzyklischen aromatischen Kohlenwasserstoffen (PAK) bestimmen Filtration und Sorption die Konzentrationsminderung. Hier fallen die kleineren, besser wasserlöslichen PAK, wie Fluoranthen, mit einem geringeren Anteil an der Filtration und einem größeren Anteil an der Sorption auf.

- Die untersuchten Triazine, biogenen Stoffe und leichtflüchtigen halogenierten Kohlenwasserstoffe (LHKW) werden vornehmlich durch mikrobiellen Abbau eliminiert und dadurch auch tatsächlich aus dem System entfernt. Diesem mikrobiellen Abbau geht in der Regel die Sorption an fester Phase voraus.

Tabelle 4.34: Für die Eliminierung von Schadstoffen bei Infiltration und Untergrundpassage im Untersuchungsgebiet „Insel Hengsen" verantwortliche Vorgänge. (Nach SCHULTE-EBBERT & SCHÖTTLER 1995)

Stoffgruppe	Stoff	Eliminierungsprozesse			
		Filtration	Sorption	Fällung	mikrobieller Abbau
Mikroorganismen	Enterobakterien	xx	x	-	x
Schwermetalle	Fe, Mn	-	-	xxxx	-
	Cd, Cu, Pb, Rn	-	xx	xx	-
	Ni	-	xxx	x	-
PAK	Fluoranthen	x	xxx	-	?
	Benzo(a)pyren	xx	xx	-	?
	Indeno(1,2,3-cd)pyren	xx	xx	-	?
Triazine z. B	Atrazin	-	x	-	xxx
Biogene Stoffe z. B	Toluol	-	x	-	xxx
LHKW z. B	Vinylchlorid	-	x	-	xxx

- : nicht oder nur sehr gering

x: gering

xx: bedeutend

xxx: sehr bedeutend

xxxx: dominant

?: kann aus den vorliegenden Untersuchungen nicht beantwortet werden, gelten im allgemeinen als persistente Stoffe

Für die Einschätzung der absoluten Konzentrationsminderungen aus schadstoffhaltigen Sickerwässern gibt die Literaturübersicht von CHRISTENSEN et al. (1994) zusätzliche Hinweise:

1. Pathogene Bakterien scheinen - bei bislang relativ wenigen Erfahrungen - keine wesentlichen Kontaminanten in der Sickerwasserfahne darzustellen.

2. Auch Schwermetalle sind kein vorrangiges Problem, weil diese Sickerwasserkomponenten in der Sulfatreduktionszone wirkungsvoll durch Fällung festgelegt werden.

3. Kationen und Anionen (ausschließlich des Chlorid-Anions als konservativer Substanz) werden durch Ionenaustausch, Reduktion/Oxidation (Sulfat, Nitrat, Eisen, Mangan und Ammonium), Komplexierung und Fällung in ihrem Verteilungsmuster beeinflußt. Obwohl Verallgemeinerungen schwierig sind, scheinen Ammonium und Kalium die am stärksten retardierten Makroionen zu sein, während Calcium und Natrium häufig am weitesten von der Emissionsquelle entfernt gefunden werden.

4. Für die Konzentrationsminderung spezifisch anthropogener organischer Verbindungen sind Sorptionsprozesse von eher untergeordneter Bedeutung. Das Zwischenfazit lautet, daß diese Schadstoffe unter den realen Sickerwasserbedingungen meist besser abgebaut werden als nach bisher vorliegenden Labordaten zu erwarten war.

Solche Befunde haben dazu geführt, daß v. a. in den USA die Vorgehensweise der „natürlichen Konzentrationsminderung" („natural attenuation"; COONEY 1996) bzw. der „selbsttragenden biologischen Sanierung" („intrinsic bioremediation"; HINCHEE et al. 1995, HART 1996) zunächst im Bereich der Altlastenbehandlung einen kräftigen Aufwind erhalten haben. Während die Kritiker dieser „Methode", die sich vorrangig auf die natürlichen Abbauprozesse verläßt, lediglich die Rechtfertigung für weiteres Nichtstun sehen, wird von den Befürwortern ins Feld geführt, daß dabei immerhin die Betonung mehr auf die Situationsbeschreibung und Gefährdungsabschätzung - also wissenschaftlich fundierte Entscheidungskriterien - gelegt werden müßte als dies bei den traditionellen Ingenieurmaßnahmen meist der Fall ist.

Ein ähnliches Konzept wurde bereits 1970 von MATTHEß und Mitarbeitern (GOLWER et al. 1970) unter dem Motto „Nutzung der Selbstreinigungskraft des Bodens" zur Diskussion gestellt. Mit diesem Vorgehen wäre zwar ein erhöhter Erkundungsaufwand verbunden, es kann aber u. U. auf die sehr kostenintensiven, aktiven Sanierungs- und Sicherungsverfahren teilweise oder vollständig verzichtet werden. Die Umsetzung in die Praxis scheiterte noch lange Zeit an den fehlenden Methoden zur Charakterisierung der Reaktivität des Gesteins gegenüber dem Schadstoff sowie an fehlenden Modellprogrammen, die eine zuverlässige Prognose der Entwicklung der Schadstoffausbreitung erlaubt hätten (DAHMKE et al. 1996). Nachdem diese Werkzeuge weitgehend vorhanden sind, sollten die empirischen Befunde über selbsttragende Konzentrationsminderungen in Sickerwasserfahnen Anlaß für intensivere Forschungsbemühungen zu deren Ursachen sein, wobei sich das Augenmerk besonders auf die mikrobiellen Prozesse in den verschiedenen Redoxzonen richten sollte.

4.6.5 Handlungsempfehlungen

Die geologische Barriere ist die letzte und entscheidende Stufe in einem System von konzentrationsmindernden Elementen vor dem Eintritt von Schadstoffen in den Grundwasserbereich. Anders als bei den technischen Barrieren gibt es für die geologische Barriere keine genormten Anforderungen. Dies eröffnet die Möglichkeit, Handlungsempfehlungen für ihre optimale Funktionstüchtigkeit und Erkundung im Einzelfall auf der Basis eines umfassenden Konzepts zu erstellen, bei dem die geforderte Schadstoffrückhaltekapazität der geologischen Barriere(n) aus der langfristigen Entwicklung kritischer Komponenten im Sickerwasser und der konzentrationsmindernden und rückhaltenden Wirkung verschiedener Untergrundbedingungen abgeleitet wird.

Für Deponien gilt diese Vorgehensweise zunächst für die bis zur Umsetzung der TA Siedlungsabfall angelegten Reaktordeponien. In der Zukunft sollten die thermisch vorbehandelten Abfälle soweit konditioniert werden, daß in Kenntnis der langfristigen Mineralneu- und -umbildungen auf die geologische Barriere verzichtet werden kann. Der hier vorgeschlagene Ansatz mit einem Methodenpaket zur Erfassung wichtiger Parameter im Gesamtsystem Deponie / Abdichtung / Auflager / Sickerwasser / geologische Barriere / Grundwasser kann auch für die Bewertung des langfristigen Gefährdungspotentials von Altlasten herangezogen werden. Es bestehen aber in beiden Bereichen noch wesentliche Kenntnislücken, so daß eine standardisierte Vorgehensweise sowohl im Rahmen von Gefährdungsabschätzungen von Altablagerungen und Altstandorten als auch bei Entscheidungsprozessen für Neuanlagen noch in weiter Ferne liegt.

Die Funktion der geologischen Barriere in der heutigen und künftigen Abfallwirtschaft läßt sich wie folgt charakterisieren:

1. Bis zur Optimierung des Deponiekörpers mit dem Ziel der Immissionsneutralität leistet die geologische Barriere einen wichtigen Beitrag zur Konzentrationsminderung von Schadstoffen vor deren Übergang in den Grundwasserbereich. Ihre Wirkung beruht v. a. auf den Verzögerungsmechanismen der Filtration, Sorption und Fällung, der zeitlichen Streckung von Vermischungs- und Verdünnungsprozessen sowie auf dem Abbau von organischen Schadstoffen. Ihre Bedeutung innerhalb des Gesamtsystems an Rückhaltemaßnahmen wird sich im Laufe der Zeit verändern.

2. Die Prognosezeiträume für das Eindringen von Schadstoffen in die geologischen Barrieren als letzte Sicherungsstufe unter Altablagerungen und Reaktordeponien liegen im Bereich von mehreren Jahrhunderten bis Jahrtausenden. Maßgebende kritische Komponenten für diese Zeitvorstellungen sind organische Schadstoffe mit einem hohen Toxizitäts- und Grundwassergängigkeitspotential, möglicherweise auch Spurenmetalle, die bei einer Oxidation von Sulfiden nach Abschluß der methanogenen Deponiephase freigesetzt werden können.

Großräumig gesehen liegen die vorrangigen Gefährdungspotentiale in den gemischten Altablagerungen ohne ausreichende Basisabdichtungen und Sickerwasserdränagen. Vergleiche von Grundwasserkontaminationen im Abstrom und Zustrom von Deponien der 50er und 60er Jahre zeigen in der Mehrzahl der Fallbeispiele bereits heute teilweise extreme Anreicherungen leicht wassergängiger organischer und anorganischer Schadstoffe. Wenn man bei diesen Erfahrungen die Basisabdichtungen unter „modernen" Reaktordeponien auf einen Zeitraum von 100 Jahren auslegt, mißt man der traditionellen „geologischen Barriere" eine Sicherungsfunktion bei, die sie nach den heutigen Kenntnissen nur in seltenen Fällen erfüllen könnte. Die Annahme liegt nahe, daß bei dem Begriff „geologische Barriere" der natürliche Untergrund als ein umfassendes „Sicherheitspaket" gemeint ist, in dem die Schadstoffkonzentrationen der Sickerwässer soweit gemindert werden, daß daraus langfristig keine Einschränkungen für die Grundwassernutzung entstehen können. Die Bewertung des Schadstoffrückhaltevermögens und entsprechende Handlungsempfehlungen müssen deshalb die Entlastungsfunktionen der biogeochemischen Wechselwirkungen zwischen den Sickerwasserinhaltsstoffen und den Untergrundmaterialien im Vorfeld der traditionellen geologischen Barriere berücksichtigen. Die beiden Bereiche lassen sich wie folgt charakterisieren:

- Geologische Barriere: Ton - Austausch/Diffusion - Sorption,

- Sickerwasser/Aquifer: Sand - Redoxeffekte - mikrobieller Abbau.

Als Folge der unterschiedlichen Wirkungsmechanismen für die Rückhaltung und Konzentrationsminderung von Schadstoffen sind die Bewertungskriterien in den beiden Bereichen verschieden. Auch die daraus abgeleiteten Handlungsempfehlungen weisen unterschiedliche Schwerpunkte auf. Sowohl für den Aquiferbereich als auch für die geologische Barriere gilt jedoch dem Verhalten der organischen Schadstoffe vorrangiges Interesse.

Rückhaltevermögen der geologischen Barriere

Die Wirkung der geologischen Barriere beruht einerseits auf physikalisch
- mechanischen Effekten wie einer geringen Wasserleitfähigkeit und
Diffusion, sowie auf physikalisch-chemischen und geochemischen Mechanismen. Letztere bedingen das Schadstoffrückhaltevermögen, das den gegenüber der reinen Wasserbewegung verzögerten Transport bezeichnet.
Ursachen für eine Schadstoffrückhaltung sind die Vorgänge Adsorption/De-
sorption mit transportverzögernder Wirkung sowie Absorption und Fällung
mit festlegender Wirkung. Bevorzugtes Barrierematerial ist wenig durchlässiges tonreiches Substrat, das wie kein anderes Material zugleich eine
geringe Wasserleitfähigkeit und eine große, für Schadstoffe reaktive
Oberfläche aufweist. Entscheidend für die Sorptionswirkung ist bei
gegebenen sorptiven Wechselwirkungen die Anzahl der Bindungsplätze in
Relation zum potentiellen Schadstoffeintrag. Bei der Funktion der
geologischen Barriere treten Abbauprozesse in den Hintergrund. Die
Rückhaltung und Konzentrationsminderung für organische Schadstoffe
erfolgt im wesentlichen durch Sorption an feinkörnigen mineralischen
Komponenten.

Die nachfolgend formulierten Handlungsempfehlungen 1-10 für den
Bereich geologische Barriere beziehen auch die Erkundung des Untergrundes
ein. Ziel ist dabei zum einen die Ermittlung von Sorptionsparametern zur
modellhaften Beschreibung des Stofftransports und zum anderen die
Kennzeichnung der mineralogischen und geochemischen Eigenschaften von
nicht kontaminiertem sowie von bereits kontaminiertem Untergrundmaterial,
um qualitative Hinweise auf Immobilisierungsvorgänge zu erhalten.

1. Die Erkundung des Untergrundes erfaßt Aufbau, Mächtigkeit und
   Homogenität der geologischen Barriere und ermöglicht die Unter-
   scheidung durchlässiger und barrierewirksamer Gesteinstypen sowie die
   Abschätzung deren Mengenanteile. Dabei wird auch die Positionierung
   der Barriere geklärt, um festzustellen, ob ein Umfließen bzw. bei
   geneigten Schichten ein Abfließen der Sickerlösungen möglich ist.
   Insbesondere bei Geschiebemergeln kann dies den treppenförmigen
   Abwärtstransport bedeuten.

2. Neben einer Ermittlung des Schadstoffspektrums und dessen Zusammensetzung sollte eine Abschätzung des Schadstoffemissionspotentials
   sowie der mittel- und langfristigen Emissionsraten vorgenommen
   werden. Grundlagen dazu liefern orientierende Deponie- und Altlastenuntersuchungen hinsichtlich der Sickerwasser-, Grundwasser- und
   Bodenbelastung und Vergleiche der Schadstoffkonzentration im Grund-
   wasserab- und -zustrom.

3. Die Kennzeichnung des Barrieregesteins bzw. der unterschiedlichen
   Gesteinstypen umfaßt die Bestimmung aller wesentlichen, das Schad-

stoffrückhaltevermögen beeinflussenden geochemischen und mineralogischen Substrateigenschaften. Dazu zählen nach WIENBERG (1997):

- tonmineralogische Zusammensetzung,

- organischer Kohlenstoffgehalt als Meisterfaktor für die Sorption organischer Schadstoffe,

- Gehalte an Eisenverbindungen und Carbonat als puffer- und (insbesondere für Schwermetalle) sorptionswirksame Komponenten,

- Kationenaustauschkapazität, Ionenbelag und austauschbare Kationen zur Beurteilung des Rückhaltevermögens von ionischen organischen Schadstoffen und Schwermetallen,

- Hauptionen im wäßrigen Auszug zur Einschätzung von Austausch-Gleichgewichten und Dispergierungs-/Flockungs-Vorgängen bei Tonmineralen,

- pH-Wert sowie Säure- und Basenkapazität zur Bestimmung der Langzeit-Pufferwirkung gegenüber sauren oder basischen Stoffeinträgen. Außerdem sind Durchlässigkeit, Trockenrohdichte, Korndichte, Wassergehalt und Porosität (Kap. 4.6.3.7) zu erfassen. Zusätzlich sollte die Feinstruktur des Barrierematerials auf Klüfte und deren Anordnung hin untersucht werden.

4. Im Modellversuch sowie durch direkten Vergleich von kontaminiertem und nicht kontaminiertem Substrat ist das Barrierematerial auf seine Stabilität gegenüber Schadstoffen und aggressiven Sickerwasserkomponenten zu prüfen. Hauptsächlich sind hierbei diejenigen Einflüsse zu berücksichtigen, die eine Veränderung im Schrumpfungs-/Quellungs-Verhalten von Tonmineralen und damit eine erhöhte Porosität bewirken können (z. B. die Einwirkung hochkonzentrierter organischer Schadstofflösungen oder der Eintausch von Zwischenschicht-Kationen gegen weniger stark quellend wirkende Kationen). Auch sind die Wechselwirkungen des Sickerwassers mit labilen Komponenten, wie Carbonaten, zu prüfen (Kap. 4.6.3.7).

5. Mineralogische Verfahren am kontaminierten Barrierematerial sollten zur Bestimmung evtl. vorhandener Fällungsprodukte und Bereiche bevorzugter Schadstoffanreicherung eingesetzt werden. Sie dienen der Kontrolle der ebenfalls durchzuführenden geochemischen Modellierung (Kap. 4.6.3.7).

6. Ein emittierter bzw. relevanter Schadstoff ist vor dem Hintergrund der stofflichen Zusammensetzung des Barrierematerials sowie auf der Grundlage seiner Mobilitäts-, Akkumulierbarkeits- und Grundwassergängigkeitspotentiale dahingehend zu bewerten, ob sich überhaupt die Frage der Retardation stellt oder ob nicht eher von einem nicht

retardierenden (konservativen) Verhalten auszugehen ist. Eine entsprechende Schadstoffbewertung könnte auf der Grundlage des von MILDE et al. (1990) vorgeschlagenen Verfahrens erfolgen. Demnach wären in der gesättigten Zone z. B. Arsen und die aliphatischen CKW Trichlorethen und Tetrachlorethen als konservativ einzustufen und weitere Sorptionsuntersuchungen nicht erforderlich (Kap. 4.6.3.2).

7. Sorptionsparameter werden im einfachsten Fall als lineare Verteilungskoeffizienten erhoben. Von besonderem Interesse ist dabei der Konzentrationsbereich, für den die Linearität gültig ist. Somit sind Sorptionsversuche bei unterschiedlichem Schadstoffangebot und die Erstellung von Sorptionsisothermen erforderlich. Um anwendbare Ergebnisse zu erzielen, sollten die übrigen Inhaltsstoffe des Sickerwassers, wie z. B. Elektrolytkonzentration und gelöste organische Substanz, im Modellversuch berücksichtigt werden. Hinweise auf Absorptions- und Festlegungsprozesse sind aus der Zeitabhängigkeit der Sorption sowie aus der Desorbierbarkeit der gebundenen Anteile abzuleiten. Sofern zur Bestimmung von Sorptionsdaten Schüttelversuche eingesetzt werden, ist die Anwendbarkeit der Ergebnisse für Transportberechnungen, insbesondere bei Schwermetallen nicht gegeben. Sie dienen jedoch zur qualitativen Abschätzung der Schadstoffrückhaltung (Kap. 4.6.3.4).

8. Mit Untersuchungen zum diffusiven Schadstofftransport durch die ungestörte Matrix wird ein wichtiger Teil des Gesamttransportes erfaßt. Bei orientierter Lagerung der Tonpartikel ist der diffusive Transport längs und quer zur Orientierung zu bestimmen. Diffusionsversuche sollten auch zur Bestimmung von Sorptionsdaten (Verteilungskoeffizienten) für unpolare organische Stoffe eingesetzt werden (Kap. 4.6.3.5 und 4.6.3.4).

9. Im System Kluft/Matrix ist Matrixdiffusion der geschwindigkeitsbestimmende Vorgang bei der Schadstoffsorption und verzögert die Einstellung von Gleichgewichtszuständen. Umgekehrt wird auch die Geschwindigkeit der Schadstoffdesorption durch Rückdiffusion kontrolliert. Über Sorptions- und Diffusionsdaten sollte abgeschätzt werden, inwieweit die Matrixdiffusion in Kombination mit der Sorption unter Berücksichtigung der Rückdiffusion nach Beendigung des Schadstoffeintrages den Schadstofftransport verzögern (Kap. 4.6.3.4 und 4.6.3.5).

10. Die gewonnenen Daten dienen als Grundlage für die Modellierung des Schadstofftransports (Kap. 4.6.3.9). Das Ziel der Modellierung, die Prognose des Stofftransports über lange Zeiträume, ergibt nur dann zuverlässige Ergebnisse, wenn alle wesentlichen Einflußgrößen und Vorgänge im System Sickerwasser/Feststoff berücksichtigt werden. Dies

ist teilweise nicht oder nur unzureichend der Fall. Auf folgenden Gebieten besteht Forschungsbedarf:

- Entstehung und Stabilität von Mikropartikeln und ihre Bedeutung für den Schadstofftransport (Kap. 4.6.2.4),

- Kennzeichnung von Reaktionsungleichgewichten und deren Modellierung sowie

- Berücksichtigung geochemischer Gradienten beim diffusiven Transport.

Konzentrationsminderung im Sickerwasser-/Aquifer-Bereich

Die Sorption von anthropogenen organischen Schadstoffen zeigt bis zu Anteilen von etwa 0,1 % an den Untergrundmaterialien eine gute Korrelation zu den Gehalten an organischem Kohlenstoff. Daraus lassen sich Prognosemodelle hinsichtlich des Rückhaltevermögens der Feststoffmatrices ableiten. Bei niedrigen C_{org}-Gehalten kommen Sorptionsmechanismen an Mineraloberflächen zum Zuge (HADERLEIN & SCHWARZENBACH 1993, PIATT et al. 1996), doch sind diese Effekte bislang noch nicht in einem Modell generalisiert. Insgesamt dürfte der Beitrag der Sorption zur Konzentrationsminderung von organischen Sickerwasserinhaltsstoffen im Aquiferbereich relativ gering sein.

Der Abbau organischer Schadstoffe, insbesondere durch mikrobielle Prozesse, funktioniert am besten bei Vorliegen dieser Stoffe in wäßriger Phase und in einem gut durchlüfteten Medium. Die Sorption an Feststoffoberflächen, besonders an feinkörnigen Matrices, mindert ihre Verfügbarkeit (VAN AFFERDEN et al. 1992). Man kann erwarten, daß vornehmlich der aerobe Abbau im sandigen Aquiferbereich wesentlich rascher verläuft als in einem gering durchlässigen tonigen Material (OBST & SEIBEL 1997), wie es auch in der geologischen Barriere vorliegt.

Durch das Deponiesickerwasser wird der Aquiferbereich sowohl in seinen Sorptionseigenschaften als auch insbesondere im Hinblick auf die Bedingungen für den Schadstoffabbau nachhaltig verändert. Die Front erhöhter TOC-Gehalte bewegt sich ähnlich rasch wie das Sickerwasser, da deren Sorption an das Aquifermaterial relativ schwach ist (CHRISTENSEN et al. 1994). Der Abbau der organischen Makrokomponenten betrifft v. a. die Fettsäuren, während refraktäre huminähnliche Stoffe vorrangig für die Fixierung hydrophober Xenobiotika, wie z. B. PAK, in Frage kommen.

Die wichtigste Konsequenz der Sickerwasserausbreitung ist die Entstehung einer Abfolge von Redoxzonen im Aquiferbereich. Für die Größe der einzelnen Zonen spielt der Gehalt an Eisen und Mangan im Untergrundmaterial die Hauptrolle (CHRISTENSEN et al. 1994). Viel Eisen und Mangan vermindern den Umfang der methanogenen und sulfatreduzierenden Zonen. Im Hinblick auf den reduktiven Abbau v. a. von aliphatischen halogenierten Kohlenwasserstoffen leistet die Fe-Oxid -Reduktionszone den höchsten Mengenumsatz. Für einen weitergehenden Abbau von Vinylchlorid scheinen die Bedingungen der Sulfatreduktion erforderlich zu sein. Neue Erkenntnisse aus Laborexperimenten zeigen die Bedeutung von Mineraloberflächen als Katalysatoren und als Medien für mikrobielle Umsetzungen. Von zentraler Bedeutung sind die Fe(III)/Fe(II) -Übergänge, wobei bestimmte Randbedingungen hinsichtlich der Feinkörnigkeit, der pH-Werte und der Redoxverhältnisse vorliegen müssen (KLAUSEN et al. 1995).

Auf den ersten Blick zeichnet sich ein für die Praxis positiver Befund ab, daß die unter den realen Aquiferbedingungen gemessenen Abbauraten für viele kritische Schadstoffe günstiger sind, als nach den Laborexperimenten erwartet werden konnte. Allerdings werden diese Resultate unter mehr oder weniger ausgeprägten anaeroben Bedingungen erzielt, die aus übergeordneter ökologischer Sicht für einen Grundwasserleiter unvorteilhaft sind. Diese Verhältnisse im Aquifer sind technisch kaum beherrschbar und würden z. B. bei einer großräumigen Sanierung zu sehr problematischen Effekten, u. a. zur Bildung von Säure mit forcierter Freisetzung von Schwermetallen, führen.

Für den Bereich Sickerwasser/Aquifer werden acht Handlungsempfehlungen in der Reihenfolge der praktischen Vorgehensweise aufgeführt:

1. Die Ausbreitung von Sickerwasserinhaltsstoffen wird wesentlich von den dreidimensionalen Strukturen des Grundwasserleiters beeinflußt. Kleinräumige hydrogeologische Kartierungen des Deponieuntergrunds sind sinnvoll sowohl im Hinblick auf die Ausbreitung einer bestehenden Sickerwasserfahne als auch für Prognosen über die Dispersion von Sickerwasserinhaltsstoffen (Kap. 4.4).

2. Die Erfassung grundwassergefährdender Sickerwasseremissionen erfolgt zweckmäßigerweise nach dem Schema der 3-Stufen-Analytik. Weiterhin eignet sich der Vergleich der Schadstoffkonzentrationen im Grundwasserab- und -zustrom, wie er für orientierende Untersuchungen an z. B. Altablagerungen angewendet wird (Kap. 4.6.3.1).

3. Die Prioritätensetzung bei den anthropogenen organischen Schadstoffen erfolgt entsprechend ihrer „Grundwassergängigkeit", die die physikochemischen Stoffkenndaten der Persistenz, Mobilitäts- und Akkumulierbarkeitspotentiale verknüpft (*Abb. 4.27*) (Kap. 4.6.3.2).

4. Für die Beschreibung der aktuellen Ausdehnung einer Sickerwasserfahne sind vorrangig die Chloridkonzentrationen geeignet. Bei der Abschätzung der künftigen räumlichen Entwicklung der Sickerwasserfahne kommt den Gehalten an gelöstem organischen Kohlenstoff besondere Bedeutung zu. Reaktive Organika stellen den wichtigsten geochemischen Steuerfaktor

für die mikrobielle Sukzession und Ausbildung von Redoxzonen dar und beeinflussen dadurch nachhaltig die Wechselwirkungsprozesse mit den gelösten Schadstoffen (Kap. 4.6.2.1 und 4.6.2.3).

5. Zentraler Aspekt für den Bereich Sickerwasser/Aquifer ist die geochemische Charakterisierung der Untergrundmaterialien. Nach der Bestimmung des effektiven Säurebildungspotentials und der Säurepufferkapazität ist v. a. der reaktive Eisen-Pool eine wichtige Größe für die Abschätzung der Sorptions- und Abbaukapazitäten im sickerwasserdurchströmten Untergrund (Kap. 4.6.3.6).

6. Die Gewichtung der Steuerprozesse (Handlungsempfehlung 4) und der kapazitativen Eigenschaften (Handlungsempfehlung 5) bietet die Grundlage für Prognosen zur langfristigen Entwicklung im Bereich Sickerwasser/Aquifer. Dabei interessiert neben der Ausdehnung sulfatreduzierender und methanogener Bereiche, in denen die Eliminierung bestimmter CKW-Komponenten erwartet werden kann, v. a. die Größe der Fe-Reduktionszone, da hier die wesentliche Abbauleistung deponiebürtiger organischer Schadstoffe stattfindet.

7. Die Bindungsformen von Schwermetallen in den verschiedenen Aquiferbereichen und die Möglichkeiten der Wiederfreisetzung unter geänderten hydrochemischen Bedingungen werden mittels Elutionstests untersucht. Im Hinblick auf die überwiegend anoxischen Bedingungen müssen besondere Vorsichtsmaßnahmen bei der Probenahme und Probenaufbereitung beachtet werden. Bei der Interpretation der Meßergebnisse sind v. a. Änderungen der Redox- und pH-Bedingungen in Rechnung zu stellen (Kap. 4.6.3.3 und 4.5.5.5).

8. Forschungsbedarf besteht in mehreren Punkten (Beispiele aus der vorliegenden Übersicht):

- Transport schwerlöslicher Schadstoffe durch Mikropartikel (Kap. 4.6.2.4),

- Aufklärung von Prozessen der natürlichen Selbstreinigung, u. a. vermittelt durch Redoxpaare, wie z. B. Fe(III)/Fe(II) (Kap. 4.6.4.4),

- Modellierung der Auswirkung der Fe(III)-Reduktion auf organische Schadstoffe in der Sickerwasserfahne (DAHMKE et al. 1996),

- Laborsimulation von mikrobiellen Abbauprozessen bei definierten anaeroben Bedingungen (Kap. 4.6.2.1).

Aus den vorliegenden Handlungsempfehlungen zum Schadstoffrückhaltevermögen der geologischen Barriere läßt sich eine - ggf. standardisierte - Vorgehensweise ableiten, bei der

1. die Eigenschaften der deponiebürtigen Substanzen und ihrer Umwandlungsprodukte,

2. die geochemischen Bedingungen im Aquiferbereich,

3. die Eigenschaften der Barrierematerialien, einschließlich ihrer Durchlässigkeit für Lösungen und

4. die Wechselwirkungen zwischen den gelösten und festen Phasen in den Barriereschichten untersucht und bewertet werden.

Es gibt Bewertungsansätze für die einzelnen Bereiche:

1. für das Verhalten der deponiebürtigen Schadstoffe das „Grundwassergängigkeitspotential" (MILDE et al. 1990),

2. für die Geochemie des Grundwasseraquifers den „reaktiven Eisen-Pool" (HERON et al. 1993),

3. für die mineralischen Dichtungsschichten ein Ablaufschema von MAIER -HARTH (1996) auf der Basis der Kationenaustauschkapazität, des Carbonatgehalts und der Kaolinit/Illit/Smektit-Verhältnisse.

4. Für die Wechselwirkungen zwischen den gelösten und festen Phasen in den Barriereschichten hat WIENBERG (1997) ein Methodenpaket vorgeschlagen, dessen praktische Umsetzung derzeit in einem Verbundforschungsprogramm „Untergrund der Deponie Ihlenberg" überprüft wird.

Literatur

BACCINI, P. (Hrsg.) (1989): The landfill - reactor and final storage. Lecture Notes in Earth Sciences, **20**, Springer, Berlin.

BACCINI, P., BELEVI, H. & LICHTENSTEIGER, T. (1992): Die Deponie in einer ökologisch orientierten Volkswirtschaft., Gaia 1, 34-49.

BACKHUS, D. A. (1993): PH. D. Thesis. Massachusetts Institute of Technology 1990. Zit. in Haderlein & Schwarzenbach.

BAILEY, G. W. & WHITE, J. L. (1970): Factors influencing the adsorption, desorption and movement of pesticides in soil. Residue Review, **32**, 30-92.

BALL, W. P. & ROBERTS, P. V. (1991): Long-term sorption of halogenated organic chemicals by aquifer material. 1. Equilibrium. Environ. Sci. Technol., **25**, 1223-1236.

BARCELONA, M. J. & HOLM T. R. (1991): Oxidation-reduction capacities of aquifer solids. Environ. Sci. Technol., **25**, 1565-1572.

BAUMANN, T., KLEIN, T. & NIEßNER, R. (1996): Die Rolle der Kolloide beim Transport von Schwermetallen aus Deponien und Altlasten. In: Geologische Stoffkreisläufe und ihre Veränderungen durch den Menschen. 148. Hauptversammlung der Deutschen Geologischen Gesellschaft, Bonn 1.-3. Oktober 1996. Kurzfassungen der Vorträge und Poster, Heft 1, 18-19.

BENJAMIN, M. M. & LECKIE, J. O. (1981): Multiple-site adsorption of Cd, Cu, Zn, and Pb on amorphous iron oxyhydroxide. J. Colloid Interface Sci., **79**, 209-221.

BJERG, P. L. & CHRISTENSEN, T. (1993): A field experiment on cation exchange affected multicomponent solute transport in a sandy aquifer. J. Contam. Hyderol., **12**, 269-276.

BOULEGUE, J.; LORD, C. J. & CHURCH, T. M. (1982): Sulfur speciation and associated trace metals (Fe, Cu) in the pore water of Great Marsh, Delaware. Geochim. Cosmochim. Acta **46**, 453-464.

BOURG, A. C. M. & LOCH, J. P. G. (1995): Mobilization of heavy metals as affected by ph and redox conditions. In: SALOMONS W., STIGLIANI, W. M. (Hrsg.) Biogeodynamics of Pollutants in Soils and Sediments. Springer, Berlin, 87-102.

BRÜMMER, G., GERTH, J. & TILLER, K. G. (1988): Reaction kinetics of the adsorption and desorption of nickel, zinc, and cadmium by goethite. I. Adsorption and diffusion of metals. J. Soil Sci., **39**, 37-52.

BRUSSEAU, M. L. (1992): Transport of rate-limited sorbing solutes in heterogeneous porous media: application of a one-dimensional multifactor nonideality model to field data. Water Resour. Res., **28**, 2485-2497.

BRUYNESTEYN, A. & HACKL, R. P. (1984): Evaluation of acid production potential of mining waste materials. Miner. Environ., **4**: 5-8.

BUFFLE, J. & LEPPARD, G. G. (1995): Characterization of aquatic colloids and macromolecules. Environ. Sci. Technol., **29**, 2169-2184.

CALMANO, W. (1989): Schwermetalle in kontaminierten Feststoffen - chemische Reaktionen, Bewertung der Umweltverträglichkeit, Behandlungsmethoden am Beispiel von Baggerschlämmen. Verlag TÜV Rheinland.

CHIAN, E. S. K. & DEWALLE, F. B. (1977): Characterization of soluble organic matter in leachate. Environ. Sci. Technol., **11**, 158-164.

CHRISTENSEN, T. H., KJELDSEN, P., LYNGKILDE, J. & TJELL, J. C. (1987): Behaviour of leachate pollutants in groundwater. In: Proc. Intern. Symp. on Process, Technology and Environmental Impact of Sanitary Landfill, Cagliari/Italy. October 1987, Paper No. XXXVIII.

CHRISTENSEN, T. H., KJELDSEN, P., ALBRECHTSEN, H. J., HERON, G., NIELSEN, P. H., BJERG, P. L. & HOLM, P. E. (1994): Attenuation of pollutants in landfill leachate polluted aquifers. Crit. Rev. Environ. Sci. Technol., **24**, 119-202.

CHRISTENSEN, T. H. & KJELDSEN, P. (1989): Basic biochemical processes in landfills. In: CHRISTENSEN, T. H., COSSU, R. & STEGMANN, R. (Hrsg.) Sanitary Landfiling: Process, Technology and Environmental Impact. Academic Press London, 29-49.

COONEY, C. M. (1996): EPA near completion of „natural attenuation" remediation policy. Environ. Sci. Technol., **30** (11), 478A.

D'ASTOUS, A. Y., RULAND, W. W. & BRUCE, J. G. R. (1989): Fracture effects in the shallow groundwater zone in weathered Sarnia-area clay. Canadian Geotechnical Journal, **26**, 43-56.

DAHMKE, A., LENSING, H. J., SCHÄFER, D., SCHÄFER, W. & WÜST, W. (1996): Perspektiven der Nutzung geochemischer Barrieren. Ein Konzept zur In-Situ-Sanierung und Sicherung von Grundwasserkontamination. Geowissenschaften, **14**, 186-195.

DAHMKE, A. (1995): Literaturstudie „Reaktive Wände" - pH-Redox-reaktive Wände. Technischer Bericht Nr. 95/21 (HG 223) des Instituts für Wasserbau. Lehrstuhl für Hydraulik und Grundwasser (Prof. Dr. h. c. H. KOBUS, Ph. D.). Im Auftrag der Landesanstalt für Umweltschutz Baden-Württemberg, Stuttgart.

DANIEL, D. E. (1994): State-of-the-art: Laboratory hydraulic conductivity tests for saturated soils. In: DANIEL, D. E. & TRAUTWEIN, J. T. (Hrsg.) Hydraulic Conductivity and Waste Contaminant Transport in Soil. ASTM STP 1142, 30-78.

DAVIES-COLLEY, R. J., NELSON, P. O. & WILLIAMSON, K. J. (1985): Sulfide control of cadmium and copper concentrations in anaerobic estuarine sediments. Mar. Chem., **16**, 173-186.

DOBBINS, D. C., AELION, C. M. & PFAENDER, F. (1992): Subsurface terrestrial microbiology ecology and biodegradation of organic chemicals: A review. CRC Crit. Rev. Environ. Control, **22**, 67-134.

DÖRHÖFER, G. (1993): Die Umsetzung der Anforderungen an die Geologische Barriere bei der Einrichtung von Deponien. In: DÖRHÖFER, G., THEIN, J. & WIGGERING, H. (Hrsg.) Abfallbeseitigung und Deponien - Anforderungen an Abfall und Deponie. Umweltgeologie heute, Bd. 1, Ernst & Sohn, Berlin, 21-31.

EHRIG, H. J. (1983): Quality and quantity of sanitary landfill leachate. Waste Management Res., **1**, 53-68.

ELLIOTT, S. (1988): Linear free energy techniques for estimation of metal sulfide complexation constants. Mar. Chem., **24**, 203-213.

FARQUAR, G. J. & PARKER, W. (1989): Interactions of leachates with natural and synthetic envelopes. In: BACCINE, P. (Hrsg.) The landfill-reactor and final storage. Lecture Notes in Earth Science, **20**, Springer, Berlin, 175-200.

FLETCHER, P. & BECKETT, P. H. T. (1987): The chemistry of heavy metals in digested sewage sludge. II. Heavy metal complexation with soluble organic matter. Water Res., **21**, 1163-1172.

FÖRSTNER, U., CALMANO, W. & KIENZ, W. (1991): Assessment of long-term metal mobility in heat-processing wastes. Water Air Soil Pollution, **57-58**, 319-328.

FÖRSTNER, U. (1985): Chemical forms and reactivities of metals in sediments. In: LESCHBER, R., DAVIS, R. D. & L'HERMITE, P. (Hrsg.) Chemical methods for assessing bio-available metals in sludges and soils. Elsevier Appl. Sci. London, 1-30.

FÖRSTNER, U. (1989): Contaminated sediments. Springer, Berlin.

FRONIUS, A. & KALLERT, U. (1994): Chemisches Untersuchungsprogramm für Grundwasser bei Orientierungsuntersuchungen an Altablagerungen. Altlasten-Fakten 3, Niedersächsisches Landesamt für Bodenforschung, Niedersächsisches Landesamt für Ökologie als Landesarbeitsgruppe Altlasten (LAA). Hannover/Hildesheim.

FULLER, C. C. & DAVIS, J. A. (1987): Processes and kinetics of Cd^{2+} sorption by a calcareous aquifer sand. Geochim. Cosmochim. Acta, **51**, 1491-1502.

GELHAR, L. W., WELTY, C. & REHFELDT, K. R. (1992): A critical review of data on field-scale dispersion in aquifers. Water Resour. Res., **28**, 1955-1964.

GDA (Geotechnik der Deponien und Altlasten) (1993): Arbeitskreis der Deutschen Gesellschaft für Geotechnik e.V. (1993) Empfehlungen des Arbeitskreises „Geotechnik der Deponien und Altlasten", 2. Aufl., Ernst & Sohn, Berlin.

GERTH, J., BRÜMMER, G. W. & TILLER, K. G. (1993): Retention of Ni, Zn and Cd by Si-associated goethite. Z. Pflanzenernähr. Bodenk., **156**, 123-129.

GOLWER, A., MATTHEß, G. & SCHNEIDER, A. (1970): Selbstreinigungsvorgänge im aeroben und anaeroben Grundwasserbereich. Vom Wasser, **36**, 64-92.

GRATHWOHL, P. (1994): Persistenz organischer Schadstoffe in Boden und Grundwasser - können einmal entstandene Untergrundverunreinigungen wieder beseitigt werden? In: MATSCHULLAT, J. & MÜLLER, G. (Hrsg.) Geowissenschaften und Umwelt. Springer, Heidelberg, 263-273.

GROSSMANN, D. (1990): Untersuchung über Leistung und Grenzen der Elementanalytik mit protoneninduzierter Röntgenemission. Dissertation am Fachbereich Physik der Universität Hamburg.

HAAG, W. R. & MILL, T. (1988): Effect of a subsurface sediment on hydrolysis of haloalkanes and epoxides. Environ. Sci. Technol., **22**, 658-663.

HADERLEIN, S. B. & SCHWARZENBACH, R. P. (1993): Adsorption of substituted nitrobenzines and nitrophenols to mineral surfaces. Environ. Sci. Technol., **27**, 316-326.

HAMER, K. & SIEGER, R. (1994): Anwendung des Modells CoTAM zur Simulation von Stofftransport und geochemischen Reaktionen. Ernst & Sohn, Berlin, 186.

HART, S. (1996): In situ bioremediation: defining the limits - new approaches to engineered and intrinsic bioremediation are being developed and field tested. Environ. Sci. Technol., **30** (9), 398A-401A.

HASENPATT, R. (1988): Bodenmechanische Veränderungen reiner Tone durch Adsorption chemischer Verbindungen. Mitt. Inst. Grundbau Bodenmechanik ETH Zürich, Nr. 134, Zürich.

HASSETT, J. J. & BANWART, W. L. (1989): The sorption of nonpolar organics by soils and sediments. In: SAWHNEY, B. L. & BROWN, K. (Hrsg.) Reaction and movement of organic chemicals in soils. SSSAJ Special Publication Number 22, Soil Science Society of America, 31-44.

HENSEL, B. L., KEEFER, D. A., GRIFFIN, R. A. & BERG,R. C. (1991): Numerical assessment of a landfill compliance limit. Groundwater **29**, 218-224.

HERON, G., CHRISTENSEN, T. H. & TJELL, J. CH. (1994): Oxidation capacity of aquifer sediments. Environ. Sci. Technol., **28**, 153-158.

HERON, G. & CHRISTENSEN, T. H. (1995): Impact of sediment-bound iron on redox buffering in a landfill leachate polluted aquifer (Vejen, Denmark). Environ. Sci. Technol., **29**, 187-192.

HERZOG, L. H. (1994): Slug tests for determining hydraulic conductivity of natural geologic deposits. In: DANIEL, D. E., TRAUTWEIN, J. T. (Hrsg.) Hydraulic Conductivity and Waste Contaminant Transport in Soil. ASTM STP 1142, 95-110.

HINCHEE, R. E., WILSON, J. T. & DOWNEY, D. C. (Hrsg.)(1995): Intrinsic Bioremediation. Batelle Press, Columbus Ohio.

HOLLEDERER, G. & CALMANO, W. (1994): Sorption aromatischer Mineralölmetabolite durch mineralische Modellbodenkomponenten. In: Matschullat, J. Müller, G. (Hrsg.) Geowissenschaften und Umwelt. 79-82, Springer, Berlin.

HOLLEDERER, G. & FÖRSTNER, U. (1996): Soprtion organischer Spurenstoffe in organikarmen Systemen. In: STEGMANN, R. (Hrsg.) Neue Techniken der Bodenreinigung. Economica, Bonn, 113-122.

HÜNERT, R. (1986): Entwicklung von Verfahren zur Beurteilung des Deponieverhaltens. Dissertation Universität Paderborn.

HUTZINGER, O. & VEERKAMP, W. (1981): Xenobiotic chemicals with pollution potential. In: LEISINGER, T., HÜTTER, R., COOK, A. M. & NÜESCH, J. (Hrsg.) Microbial degradation of xenobiotic and recalcitrant compound. Academic Press London, 3-45.

ISENBECK, M., SCHRÖTER, J., KRETSCHMER, W., MATTHES, G., PEKDEGER, A. & SCHULZ, H. D. (1985): Die Problematik des Retardationskonzeptes - dargestellt am Beispiel ausgewählter Schwermetalle. Meyniana, **37**, 47-64.

JACKSON, D. R., GARRETT, B. C. & BISHOP, T. A. (1986): Comparison of batch and column methods for assessing leachability of hazardous waste. Environ. Sci. Technol., **18**, 668-679.

JORGENSEN, B. B. (1982): Mineralization of organic matter in the sea bed - the role of sulphate reduction. Nature, **296**, 643-645.

KÄSTNER, M., MAHRO, B. & WIENBERG, R. (1993): Biologischer Schadstoffabbau in kontaminierten Böden unter besonderer Berücksichtigung der Polyzyklischen Aromatischen Kohlenwasserstoffe. Hamburger Berichte Abfallwirtschaft 5. Economica, Bonn.

KERNDORFF, H., MILDE, G., SCHLEYER, R., ARNETH, J. D., DIETER, H. & KAISER, U. (1988): Grundwasserkontaminationen durch Altlasten. Erfassung und Möglichkeiten der standardisierten Bewertung. In: WOLF, K. et al. (Hrsg.) Altlastensanierung 88. Bd 1, Kluwer Academic Publ. Dordrecht/Niederlande, 129-145.

KERNDORFF, H. (1997): Chemische und humantoxikologische Grundlagen. In: Fachgruppe Wasserchemie in der GDCh (Hrsg.) Chemie und Biologie der Altlasten. VCH, Weinheim, 1-42.

KERSTEN, M., FÖRSTNER, U., CALMANO, W. & AHLF, W. (1985): Freisetzung von Metallen bei der Oxidation von Schlämmen - umweltchemische Aspekte der Baggergutdeponierung. Vom Wasser, **65**, 21-35.

KERSTEN, M. & FÖRSTNER, U. (1991): Geochemical characterization of the potential trace metal mobility in cohesive sediment. Geo-Marine Letts., **11**, 184-187.

KERSTEN, M., MOOR, C. & JOHNSON, C. A. (1995): Emissionspotential einer Müllverbrennungsschlacken-Monodeponie für Schwermetalle. Müll und Abfall, **22**, 748-758.

KERSTEN, M. (1996): Emissionspotential einer Schlackenmonodeponie. Schwermetalle im Sickerwasser von Müllverbrennungsschlacken - ein langfristiges Umweltgefährdungspotential. Geowissenschaften, **14**, 180-185.

KHORASANI, R., CALMANO, W. & FÖRSTNER, U. (1988): Verfestigung von Hafenschlick durch chemisch und mineralogisch verschiedene Bindemittel. In: WOLF, K., VAN DEN BRINK, W. J. & COLON, F. J. (Hrsg) Altlastensanierung 88 Kluwer Academic Publ. Dordrecht Boston London, 1465-1469

KINZELBACH, W. (1987): Wanderung in Boden und Grundwasser. Kapitel 5.3.2 der HOV-Studie (Halogenorganische Verbindungen in Wässern) der Fachgruppe Wasserchemie. 371-393.

KLAUSEN, J., TRÖBER, S. P., HADERLEIN, S. B. & SCHWARZENBACH, R. (1995): Reduction of substituted nitrobenzenes by Fe(II) in aqueous mineral suspensions. Environ. Sci. Technol., **29**, 2396-2404.

KNOX, K. & JONES, P. H. (1979): Complexation characteristics of sanitary landfill leachates. Water Res., **13**, 839-846.

KRIEGMAN-KING, M. R. & REINHARD, M. (1994): Transformation of carbon tetrachloride by pyrite in aqueous solution. Environ. Sci. Technol., **28**, 692-700.

Landesanstalt für Umweltschutz Baden-Württemberg (LfU B-W) (1994a): Derzeitige Anwendung und Entwicklungen von Elutionsverfahren. Texte und Berichte zur Altlastenbearbeitung 11/94, Karlsruhe.

Landesanstalt für Umweltschutz Baden-Württemberg (LfU B-W) (1994b): Literaturstudie Elutionsverfahren für schwer lösliche organische Schadstoffe in Boden- und Abfallproben. Texte und Berichte zur Altlastenbearbeitung 12/94, Karlsruhe.

LEGE, T., KOLDITZ, O. & ZIELKE, W. (1996): Handbuch zur Erkundung des Untergrundes von Deponien und Altlasten, Bd. 2: Strömungs- und Transportmodellierung. Springer, Berlin.

LION, L. W., ALTMAN, R. S, & LECKIE, J. O. (1982): Trace-metal adsorption characteristics of estuarine particulate matter: evaluation of contribution of Fe/Mn oxide and organic surface coatings. Environ. Sci. Technol., **16**, 660-666.

LUTHER, G. W., MEYERSON, A .L., KRAJEWESKI, J. J. & HINES, R. (1980): Metal sulfides in estuarine sediments. J. Sediment. Petrol., 50, 1117-1120.

LYNGKILDE, J. & CHRISTENSEN, T. H. (1992): Fate of organic contaminants in the redox zones of a landfill leachate plume (Vejen, Denmark). J. Contam. Hydrol., 10, 291-296.

MABEY, W. & MILL, T. (1978): Critical review of hydrolysis of organic compounds in water and environment conditions. J. Phys. Chem. Ref. Data, 7, 383-415.

MACKENZIE, F. T. & WOLLAST, R. (1977): Thermodynamic and kinetic controls of global chemical cycles of the elements. In: STUMM, W. (Hrsg.) Global Chemical Cycles and their Alteration by Man. Dahlem-Konferenzen. Physical and Chemical Sciences Report 2. VCH, Weinheim, 45-59.

MADSEN, F. & MITCHELL, J. K. (1989): Chemical effects on clay fabric and hydraulic conductivity. In: BACCINI, P. (Hrsg.) The Landfill, Reactor and Final Storage. Springer, Berlin Heidelberg New York, 201-251.

MAIER, J. & DÖRHÖFER, G. (1995): Feld- und Laboruntersuchungen zum Stofftransport in grundwasserführenden, geklüfteten Tongesteinen. Forschungsbericht (unveröff.) zum Forschungsverbundvorhaben „Deponieuntergrund", Niedersächsisches Landesamt für Bodenforschung, Hannover.

MAIER, J., DÖRHÖFER, G., WINKLER, A. & PEKDEGER, A. (1995): Feld- und Laboruntersuchungen zum Schadstofftransport in geklüfteten Tongesteinen am Beispiel der Sonderabfalldeponie Münchehagen. Z. dt. geol. Ges., 146, Hannover, 201-207.

MAIER-HARTH, U. (1996): Bewertung und Ergänzung des „Deponieauflagers" als Teil der „Geologischen Barriere" - Auswahl geeigneter mineralischer Rohstoffe für Kompensations- und Dichtungsschichten. Müll und Abfall, 23, 100 -109.

MATTIAT, B. & BERNHARD, J. (1994): Modelluntersuchungen zur Wirkung organischer und metallorganischer Schadstoffe auf das Mikrogefüge und die Rückhaltewirkung von Tongesteinen. Forschungsbericht (unveröff.) zum Forschungsverbundvorhaben „Deponieuntergrund", Niedersächsisches Landesamt für Bodenforschung, Hannover.

MCCARTHY, J. F. & ZACHARA, J. M. (1989): Subsurface transport of contaminants. Mobile colloids in the subsurface environment may alter the transport of contaminants. Environ. 1 Sci. and Technol., 23, 496-502.

MCKAY, L. D., GILLHAM, R. W. & CHERRY, J. A. (1993): Field experiments in a fractured clay till 2. solute and colloid transport. Water Resour. Res., 29, 3879-3890.

MILDE, G., KERNDORFF, H., SCHLEYER, R. & VOIGT, H. J. (1990): Zur Bewertung hydrogeologischer Barrieren - welche Möglichkeiten bietet der Großraum Berlin. In: Proceedings Abfallwirtschafts-Symposium Berlin.

MORRISON, S. J., SPANGLER, R. R. & MORRIS, S. A. (1996): Subsurface injection of dissolved ferric chloride to form a chemical barrier: Laboratory investigations. Ground Water, 34, 75-83.

NICHOLSON, R. V., CHERRY, J. A. & REARDON, E. J. (1983): Migration of contaminants in groundwater at a landfill: a case story. 6. Hydrochemistry. J. Hydrol., 63, 131-167.

OBERMANN, P. & CREMER, S. (1992): Mobilisierung von Schwermetallen in Porenwässern von belasteten Böden und Deponien: Entwicklung eines aussagekräftigen Elutionsverfahrens. Materialien zur Ermittlung und Sanierung von Altlasten, Bd. 6, Landesamt für Wasser und Abfall Nordrhein-Westfalen, Düsseldorf.

OBST, U. & SEIBEL, F. (1997): Biologische und ökotoxikologische Grundlagen. In: Fachgruppe Wasserchemie in der GDCh (Hrsg.) Chemie und Biologie der Altlasten. VCH, Weinheim, 43-88.

OELTZSCHNER, H. (1989): Aufgabe der geologischen Barriere bei Abfalldeponien. AbfallwirtschaftJournal, **1**, 26-53.

OELTZSCHNER, H. (1995): Geologische Barriere: ein unrealistischer Wunschtraum? In: Geotechnische Probleme beim Bau von Abfalldeponien - 11. Nürnberger Deponieseminar, Veröffentlichungen des Grundbauinstituts der Landesgewerbeanstalt Bayern, **74**, Nürnberg, 39-48.

PEIFFER, S. (1989): Biogeochemische Regulation der Spurenmetallöslichkeit während der anaeroben Zersetzung fester kommunaler Abfälle. Dissertation Universität Bayreuth.

PIATT, J. J., BACKHUS, D. A., CAPEL, P. D. & EISENREICH, S. J. (1996): Temperature-dependent sorption of naphthalene, phenanthrene, and pyrene to low organic carbon aquifer sediments. Environ. Sci. Technol., **30**, 751-760.

PIGNATELLO, J. J. (1989): Sorption dynamics of organic compounds in soils and sediments. In: SAWHNEY, B. L. & BROWN, K. (Hrsg.) Reaction and movement of organic chemicals in soils. SSSAJ special publication number 22, Soil Science Society of America, 45-80.

RAO, P. S. C. (1990): Sorption of organic contaminants. Water Sci. and Technol., **22**, 1-6.

REEBURGH, W. S. (1983): Rates of biogeochemical processes in anoxic sediments. Ann. Rev. Earth Planet. Sci., **11**, 269-298.

REES, T. F. (1991): Transport of contaminants by colloid-mediated processes. In: HUTZINGER, O. (Hrsg.) The Handbook of Environmental Chemistry, Volume 2, Part F, 165-184.

REICHERT, J. K. & ROEMER, M. (1997): Probenahme- und Untersuchungsmethoden. In: Fachgruppe Wasserchemie in der GDCh (Hrsg.) Chemie und Biologie der Altlasten. VCH Weinheim, 211-395.

ROBERTS, A. L. , SANBORN, P. N. & GSCHWEND, P. M. (1992): Nucleophilic substitution reactions of dihalomethanes with hydrogen sulfide. Environ. Sci. Technol. **26**, 2263-2274.

ROEMER, M. (1996): Grundlagen zur Aufstellung einer optimierten Untersuchungsstrategie für Altlastenverdachtsflächen. Dissertation an der Fakultät für Bauingenieur und Vermessungswesen der Rheinisch-Westfälischen Technischen Hochschule Aachen.

RUMP, H. H. & SCHOLZ, B. (1995): Elutionsverfahren. In: Untersuchung von Abfällen, Reststoffen und Altlasten. VCH, Weinheim, 78-90.

ROWE, R. K. & BOOKER, J. R. (1986): A finite layer technique for calculating three-dimensional pollutant migration in soil. Geotechnique, **36**, 205-214.

SABLJIC, A. (1987): On the prediction of soil sorption coefficients of organic pollutants from molecular structure: Application of molecular topology model. Environ. Sci. Technol., **21**, 358-366.

SALOMONS, W. & FÖRSTNER, U. (1984): Metals in the Hydrocycle. Springer, Berlin.

SALOMONS, W. & FÖRSTNER, U. (Hrsg) (1988): Chemistry and biology of solid waste - dredged materials and mine tailings. Springer, Berlin.

SALOMONS, W. (1993): Non-linear and delayed responses of toxic chemicals in the environment. In: ARENDT, F., ANNOKÉE, G. J., BOSMAN, R. & VAN DEN BRINK, W. J. (Hrsg.) Contaminated Soil '93. Kluwer Publ. Dordrecht, 225-238.

SALOMONS, W. & STIGLIANI, W. M. (Hrsg.) (1995): Biogeodynamics of pollutants in soils and sediments. Springer, Berlin.

SALOMONS, W. (1995): Long-term strategies for handling contaminated sites and large-scale areas. In: SALOMONS, W. & STIGLIANI, W. M. (Hrsg.) Biogeodynamics of pollutants in soils and sediments. Springer, Berlin, 1-30.

SCHACHTSCHABEL, P., BLUME, H. P., BRÜMMER, G., HARTGE, K. H. & SCHWERTMANN, U. (1989): SCHEFFER/SCHACHTSCHABEL, Lehrbuch der Bodenkunde. 12. Aufl., Enke, Stuttgart.

SCHINCARIOL, K. & SCHWARTZ, F. W. (1990): An experimental investigation of variable density flow and mixing in homogeneous and heterogeneous media. Water Resour. Res., **26**, 2317-2325.

SCHNEIDER, W. (1990): Untersuchungen zum Stofftransport im wassergesättigten Ton - Feldversuche und mathematische Modellrechnungen. Dissertation TU Berlin.

SCHNEIDER, W. & GÖTTNER, J. J. (1991): Schadstofftransport in mineralischen Deponie-abdichtungen und natürlichen Tonschichten. Geol. Jb. Reihe, **C58**, Hannover.

SCHÖTTLER, U. & SCHULTE-EBBERT, U. (Hrsg.) (1995): Schadstoffe im Grundwasser. Band 3: Verhalten von Schadstoffen im Untergrund bei der Infiltration von Oberflächenwasser am Beispiel des Untersuchungsgebietes „Insel Hengsen" im Ruhrtal bei Schwerte. Deutsche Forschungsgemeinschaft. VCH, Weinheim.

SCHULTE-EBBERT, U. & SCHÖTTLER, U. (1995): Systemanalyse des Untersuchungs-gebietes „Insel Hengsen". In: SCHÖTTLER, U. & SCHULTE-EBBERT, U.: Schadstoffe im Grundwasser. Band 3: Verhalten von Schadstoffen im Untergrund bei der Infiltration von Oberflächenwasser am Beispiel des Untersuchungsgebietes „Insel Hengsen" im Ruhrtal bei Schwerte. Deutsche Forschungsgemeinschaft. VCH, Weinheim, 475-513.

SCHWARZENBACH, R. P., GIGER, W., HOEHN, E. & SCHNEIDER, J. K. (1983): Behaviour of organic compounds during infiltration of river water to groundwater. Field studies. Environ. Sci. Technol., **17**, 472-479.

SELENKA, F. & HACK, A. (1995): Transport, Umsetzung und mikrobieller Abbau natürlicher und anthropogener organischer Substanzen im Grundwasser bei Uferfiltration und künstlicher Grundwasseranreicherung. In: SCHÖTTLER, U. & SCHULTE-EBBERT, U.: Schadstoffe im Grundwasser. Band 3: Verhalten von Schadstoffen im Untergrund bei der Infiltration von Oberflächenwasser am Beispiel des Untersuchungsgebietes „Insel Hengsen" im Ruhrtal bei Schwerte. Deutsche Forschungsgemeinschaft. VCH, Weinheim, 123-153.

SHEA, D. & HELZ, G. R. (1988): The solubility of copper in sulfide waters: Sulfide and polysulfide complexes in equilibrium with covellite. Geochim. Cosmochim. Acta, **52**, 1815-1825.

SOBEK, A. A., SCHULLER, W. A., FREEMAN, J. R. & SMITH, R. M. (1978): Field and laboratory methods applicable to overburden and mine spoils. Report EPA-600/2-78-054. US Environmental Protection Agency, Washington DC.

STARR, R. C. & CHERRY, J. A. (1994): In situ remediation of contaminated ground water. The funnel-and-gate system. Ground Water, **32**, 465-476.

STEPHENS, D. B. (1994): Hydraulic conductivity assessment of unsaturated soils. In: DANIEL, D. E. & TRAUTWEIN, J. T. (Hrsg.) Hydraulic conductivity and waste contaminant transport in soil. ASTM STP, **1142**, 169-183

STIGLIANI, W. M. (1992): Chemical time bombs, predicting the unpredictable. In: Chemical Time Bombs. European State-of-the-Art Conference on Delayed Effects of Chemicals in Soils and Sediments. Veldhoven/Niederlande, 2.-5. September 1992.

STUMM, W. & MORGAN, J. J. (1981): Aquatic chemistry. Wiley, New York.

STUMM, W. (1987): Aquatic surface chemistry. Chemical processes at the particle-water interface. Wiley, New York.

SWIFT, R. S. (1977): Soil organic matter studies. 275-281, International Atomic Energie Agency (IAEA), Wien.

TAUCHNITZ, J., KNOBLOCH, G., WIESENER, G., SCHUMANN, H., KUNZE, V., MAHRLA, W., HANRIEDER, M., KIESEL, G. & HENNIG, H. (1983): Zur Ablagerung der industriellen Abprodukte. 27. Mitt.: Zum Verhalten von Schwermetallionen in Deponiestandorten. Z. Angew. Geol., **29**, 311-317.

URE, A. M., QUEVAUVILLER, P. H., MUNTAU, H. & GRIEPINK, B. (1993): Speciation of heavy metals in soils and sediments, an account of the improvement and harmonization of extraction techniques undertaken under the auspices of the BCR of the Commission of the European Communities. Intern J Environ. Anal. Chem., **51**, 135-151.

VAN AFFERDEN, M., BEYER, M. & KLEIN, J. (1992): Significance of bioavailability for the microbial remediation of PAH-contaminated soil. In: KREYSA, G. & DRIESEL, A. J. (Hrsg.) DECHEMA Biotechnology Conferences 5, Part B. VCH, Weinheim, 1055-1059.

VAN BREEMEN, N. (1987): Effects of redox processes on soil acidity. Neth. J. Agric. Sci., **35**, 271-279.

VAN DEN BERG, C. M. G. & DHARMVANIJ, S. (1984): Organic complexation of zinc in estuarine interstitial and surface water samples. Limnol. Oceanogr., 29, 1025-1036.

VAN DER SLOOT, H. A., DE GROOT, G. J., EGGENKAMP, H. G. M., TIELEN, J. A. L. W. & WIJKSTRA, J. (1987): Versatile method for the measurement of the trace element mobility's in waste materials, soils and bottom-sediments. Stichting Energie Onderzoek Centrum, Petten, Niederlande, ECN-87-085.

VAN DER SLOOT, H. A. & DE GROOT, G. J. (1988): Mobility of trace elements derived from combustion residues and products containing these residues in soil and groundwater. Report for the period 1.7.1986 to 31.12.1987, Commission of the European Communities, Directorate-General for Science, Research and Development XII/E-6, Contract Nr. EN3F-0032 (NL) Brüssel.

WAGNER, J. F. (1992): Verlagerung und Festlegung von Schwermetallen in tonigen Deponieabdichtungen - Ein Vergleich von Labor- und Geländestudien. Schriftenreihe Angewandte Geologie Karlsruhe, 22, Karlsruhe.

WALLMANN, K. (1990): Die Frühdiagenese und ihr Einfluß auf die Mobilität der Spurenelemente As, Cd, Co, Cu, Ni, Pb und Zn in Sediment- und Schwebstoffsuspensionen. Dissertation Technische Universität Hamburg-Harburg.

WIENBERG, R., HEINZE, E. & FÖRSTNER, U. (1986): Experiments on specific retardation of some organic contaminantsby slurry trench materials. In: ASSINK, J. W., VAN DEN BRINK, J. W. (Hrsg.) Contaminated Soil. 849-857, Martinus Nijhoff, Dordrecht.

WIENBERG, R. & FÖRSTNER, U. (1990): Chemische Umwandlungsvorgänge in Altlasten/Mobilisierung von Schadstoffen. In: FRANZIUS, V., STEGMANN, R. & WOLF, K. (Hrsg.) Handbuch der Altlastensanierung. 6. Lieferung 8/90, Kap. 1.2.1. R. v. Decker's Verlag, G. Schenck, Heidelberg.

WIENBERG, R., KHORASANI, R., SCHWEER, C. & FÖRSTNER, U. (1989): Verfestigung, Stabilisierung und Einbindung organischer Schadstoffe aus Deponien. In: THOME-KOZMIENSKY (Hrsg) Altlasten 3, EF-Verlag für Energie und Umwelttechnik Berlin, 227-259

WIENBERG, R. (1990): Zum Einfluß organischer Schadstoffe auf Deponietone - Teil 2: Spezifische Interaktionen. AbfallwirtschaftsJournal, 2, 393-403.

WIENBERG, R. (1997): Geochemische Untersuchungen - Methodenpaket. In: Fachgruppe Wasserchemie der GDCh (Hrsg.) Chemie und Biologie der Altlasten. Kap. 4.3.2. VCH, Weinheim.

WÜSTENHAGEN, K., BAERMANN, A., BRUNS, J., BUSSE, R., GEY, M., SCHNEIDER, W. & WIENBERG, R. (1990): Glazial geprägter Glimmerton als Schadstoffbarriere im Elbtal des Hamburger Raumes. Geol. Jb. Reihe, C55, Hannover.

5 Prognose des Standortverhaltens

PETER W. BOOCHS, THOMAS LEGE, ROLF MULL & MATTHIAS SCHREINER

Das wesentliche Ziel einer Prognose des Standortverhaltens ist die Beantwortung der Frage, wann und mit welcher Konzentration ein Stoff an einem Ort erscheint. Die Prognose ist durch eine Wahrscheinlichkeitsangabe zu präzisieren bzw. es sind Unsicherheiten zu benennen. Zur Lösung dieser Aufgabe sind folgende Kenntnisse und Voraussetzungen erforderlich:

- Standorteigenschaften: geologische Struktur, hydraulische Eigenschaften,

- Stoffeigenschaften: Aggregatzustand, physikalische und chemische Eigenschaften (Reaktionsfähigkeit),

- Modelle zur Beschreibung der Stoffausbreitung im Untergrund,

- Verfügbarkeit von Daten zur Vorgabe von Rand- und Anfangsbedingungen.

Zu den Standorteigenschaften gehören:

- Geometrie und geologischer Aufbau des Untergrundes:

  1. geologischer Aufbau: Lockergesteins-, Festgesteinsgrundwasserleiter, tektonische Strukturen. Bei den Festgesteinsgrundwasserleitern ist zwischen klüftigen und verkarsteten Gesteinen zu unterscheiden.

  2. Mächtigkeit der ungesättigten und gesättigten Zone, Mächtigkeit und Lage von Grundwasserleitern, Hemmschichten und Nichtleitern.

- Hydraulische Eigenschaften am Standort:

  1. Durchlässigkeiten, prioritäre Fließwege, Grundwasserstände, Neubildung, Abfluß in Vorfluter.

  2. Lage und Form der Stoffquelle. Bei der Form der Quelle ist deren Ausdehnung und deren Lage über oder im Grundwasser von Bedeutung.

  3. Quellstärke und Wirkungsdauer.

Wasserbewegung:

Wesentlich ist die Kenntnis der *Bewegung des Sickerwassers* von der Stoffquelle bis zum Grundwasser und die Bewegung des Grundwassers selbst.
Die Wasserbewegung wird gekennzeichnet durch:

1. Durchfluß bzw. Durchflußrate (Volumen an Wasser, das in einer
   bestimmten Zeit durch eine Fläche fließt),

2. Fließrichtung und Fließgeschwindigkeit (Abstandsgeschwindigkeit).
   Einflußnehmende Parameter sind die Durchlässigkeit in der ungesättigten
   und der gesättigten Zone (Grundwasser), Gradient der Standrohrspiegelhöhe, durchflußwirksamer Hohlraumanteil, Wassergehalt und Gradient
   des Wassergehalts bei ungesättigter Strömung.

Stoffeigenschaften:

Als Aggregatzustände kommen für eigenständige Phasen in Betracht: fest,
flüssig, gasförmig. Darüber hinaus können die Stoffe in gelöster Form im
Wasser oder anderen Flüssigkeiten auftreten. Die wesentlichen
physikalischen Eigenschaften der Stoffe sind: Dichte, Viskosität, Dampfdruck und Löslichkeit in Wasser. Physikalische, chemische und biologische
Reaktionen führen i. allg. zu einem Abbau der Ausgangsstoffe und zum
Aufbau von Reaktionsprodukten. Die Intensität dieser Reaktionen hängt u. a.
von den Stoffen selbst und von Milieubedingungen ab, wie: pH-Wert,
Sauerstoffgehalt im Wasser, Redoxpotential, Verfügbarkeit von Reaktions-
partnern und Nährstoffen (Organika) für Bakterien.

Beschreibung der Stoffausbreitung:

In einfachen Fällen und unter speziellen Randbedingungen können
analytische Gleichungen verwendet werden. Bei komplexerem Untergrundaufbau und komplizierteren Randbedingungen sind numerische Verfahren
anzuwenden. Die Auswahl des geeigneten Modells und damit der Aufwand
richtet sich einerseits nach dem Aufbau des Untergrundes und den
vorgegebenen Randbedingungen, aber auch nach der Problemstellung und
der Betrachtungsweise. Deterministische Modelle geben einen bestimmten
Wert der gesuchten Konzentration, der mit einer Ungenauigkeit behaftet ist.
Stochastische Modelle liefern die Wahrscheinlichkeit für die Über- oder
Unterschreitung von vorgegebenen Konzentrationen.
   Für die Beschreibung der Ausbreitung von Stoffen als eigenständige
Phase müssen Werte für die oben bereits genannten Parameter zur
Verfügung stehen. Bei wasserlöslichen Stoffen kommen die Dispersion,
Adsorption mit zugeordneter Retardation und der Abbau von Stoffen hinzu.

Als Randbedingungen sind der Wassergehalt in der ungesättigten Zone, die Standrohrspiegelhöhen und die Stoffkonzentrationen an den Rändern der betrachteten Gebiete oder deren Gradienten vorzugeben. In Festgesteinen: Geometrie der Matrix, der Klüfte, der Schichtflächen, sonstiger Trennflächen. Zu Beginn der Simulationsrechnungen sind Werte für die Verteilung des Wassergehaltes in der ungesättigten Zone, der Standrohrspiegelhöhen und der Stoffkonzentrationen im gesamten betrachteten Raum vorzugeben (Anfangsbedingungen).

5.1 Standortszenarien

Zur Veranschaulichung der Vorgehensweise bei der Auswahl und Anwendung des jeweils geeigneten Modells werden zunächst die in *Abb. 5.1* dargestellten Fälle A - D betrachtet.

- Die Stoffquelle befindet sich oberhalb des Grundwassers:

  A keine Dichtung vorhanden (Altablagerung, Altstandort),

  B mit Basisabdichtung (Deponie).

- Die Stoffquelle liegt im Grundwasser:

  C keine Dichtung vorhanden (Altablagerung, Altstandort),

  D mit Basisabdichtung (Deponie).

Im Fall A durchströmt das aus der Altablagerung austretende Sickerwasser eine wasserungesättigte Bodenzone, bevor es in das Grundwasser gelangt. Die Wasserbewegung ist vornehmlich vertikal nach unten gerichtet. Im Fall B geht das Sickerwasser direkt in das Grundwasser über.

Eine mineralische Dichtung mit geringer Durchlässigkeit reduziert die Masse der Stoffe, die pro Zeiteinheit aus der Deponie austritt (Fall C und D). Die Wirksamkeit einer mineralischen Dichtung hängt von deren Durchlässigkeit und von der Wirksamkeit der Dränung ab, wodurch ein Teil des aus dem Deponat austretenden Sickerwassers abgeführt wird. Die Drainung hat die Aufgabe, den Wasserstand über der Dichtung möglichst gering zu halten. Nach der TA Abfall (SCHMEKEN 1993) sollte die Drainschicht mindestens eine Dicke von 0,3 m haben.

Liegt der Deponiekörper im Grundwasser (Fall D) und wird der Grundwasserstand innerhalb der Deponie gegenüber dem Wasserstand der Umgebung abgesenkt, kann kein Sickerwasser aus der Deponie in den Außenraum strömen.

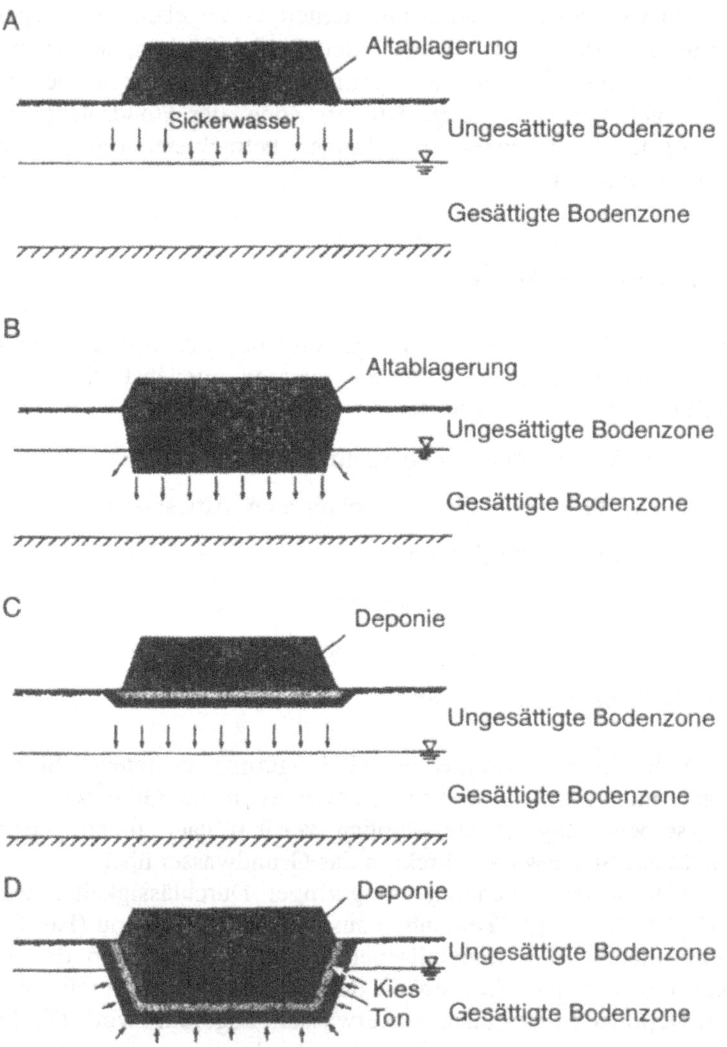

Abb. 5.1: Lage von Altablagerungen und Deponien in Bezug auf die Grundwasseroberfläche. Erklärung im Text

5.2 Systematik der Transportvorgänge

Eine ausführliche Darstellung der Strömungs- und Transportparameter findet man in Bd. 2, Kap. 4. Hier geht es um die systematische Erarbeitung der Standortmodelle durch schematische Betrachtungen einzelner Prozesse, bevor man mit einem komplizierten Modell Berechnungen anstellt.

5.2.1 Wasserbewegung

Die Ausbreitung von Altlast- und Deponieinhaltstoffen erfolgt hauptsächlich in gelöster Form im Sicker- und Grundwasser. Der Stofftransport im Boden- und Grundwasser wird wesentlich durch die Wasserbewegung selbst bestimmt. Für die Berechnung ist es daher notwendig, die Fließgeschwindigkeit und Fließrichtung des Wassers zu kennen. Dabei kann in 1. Näherung die Versickerung in der ungesättigten Bodenzone und die Bewegung des Grundwassers getrennt betrachtet werden. Die Aussickerung aus der wasserungesättigten Bodenzone ist gleich dem Eintrag ins Grundwasser.

5.2.1.1 Ungesättigte Zone

In der ungesättigten Bodenzone bewegt sich das Sickerwasser im wesentlichen unter der Wirkung der Schwerkraft vertikal nach unten. Sickerwasser aus Altablagerungen tritt direkt in das darunterliegende Gestein ein, da bei Altablagerungen in der Regel kein Dichtungssystem vorhanden ist. Aber auch aus Deponien mit einer Basisdichtung kann Sickerwasser austreten, wenn die Foliendichtung defekt ist. Es wirkt dann nur noch die mineralische Dichtung.

Fall A

Bei über dem Grundwasser liegenden Altablagerungen oder Deponien ohne Dichtungssystem entspricht die Filtergeschwindigkeit des Sickerwassers i. allg. der Grundwasserneubildung durch die Niederschläge in der Umgebung, auch wenn die Deponie mehr oder weniger durchlässig ist als die Umgebung.

Fall C

Im Fall einer Deponie mit mineralischer Dichtung stellt sich erstens die Frage nach dem Durchfluß durch die Dichtung und zweitens nach der Filtergeschwindigkeit, mit der sich die Flüssigkeit im Gestein ausbreitet, das unter der Dichtung liegt.

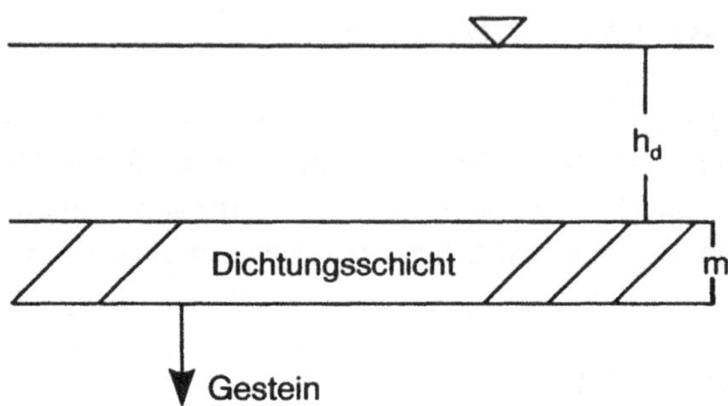

Abb. 5.2: Durchsickerung einer Dichtungsschicht. Erklärung im Text

Die Wassermenge, die pro Flächen- und Zeiteinheit durch die Basis einer Deponie tritt, ergibt sich nach dem Darcy-Gesetz aus der Durchlässigkeit und dem hydraulischen Gradienten (*Abb. 5.2*). Hierbei wird vorausgesetzt, daß die mineralische Dichtung mit dem durchsickernden Fluid gesättigt ist.

$$v_f = k_f (1 + h_d / m) \qquad\qquad (5.1)$$

mit v_f Filtergeschwindigkeit,

         k_f Durchlässigkeit bei Vollsättigung,

         h_d Überstau über der Tondichtung,

         m Mächtigkeit der Tondichtung.

Beispiel: Fall C oberhalb des Grundwassers liegende Deponie mit Tondichtung

Nachfolgende Berechnung geht von den in der TA Abfall gestellten Mindestanforderungen der Tondichtung und der Drainschicht aus.

Durchlässigkeit der Tondichtung: $k_f = 5 \cdot 10^{-10}$ m/s,

Mächtigkeit der Tondichtung: $m = 1,5$ m,

Überstauhöhe: $h_d = 0,3$ m.

Durchsickerung:

$$v_f = 5 \cdot 10^{-10}(1+0,3/1,5) = 6 \cdot 10^{-10} \text{m/s} = 19 \text{ mm/a} = 0,6 \text{ l/s km}^2 .$$

Größenordnungsmäßig liegt die Durchsickerung um den Faktor 5 - 10 unter dem der Grundwasserneubildung durch den Niederschlag auf natürlichen, unversiegelten Flächen, d. h. bei 5 bis 10fach größerem k_f - Wert ($k_f = 10^{-9}$ m/s) ist die Tondichtung nahezu unwirksam.

Die Geschwindigkeit, mit der sich das Sickerwasser und damit auch die im Sickerwasser gelösten Stoffe im Mittel bewegen ist die Abstandsgeschwindigkeit. Sie ergibt sich aus der Filtergeschwindigkeit und dem durchflußwirksamen Hohlraumanteil und dem relativen Wassergehalt.

$$v_a = v_f \, / \, (n_a \, \Theta) \tag{5.2}$$

$$\Theta = \frac{\theta - \theta_o}{\theta_s - \theta_o} \qquad \text{relativer Wassergehalt,}$$

mit $\quad v_a \qquad$ Abstandsgeschwindigkeit,

$\qquad v_f \qquad$ Filtergeschwindigkeit,

$\qquad n_a \qquad$ durchflußwirksamer Hohlraumanteil,

$\qquad \theta_s \qquad$ Wassergehalt bei Vollsättigung,

$\qquad \theta_o \qquad$ Wassergehalt bei Restsättigung,

$\qquad \Theta \qquad$ Wassergehalt.

Für das o. g. Beispiel ergibt sich bei einem durchflußwirksamen Hohlraumanteil für Ton von $n_a = 0{,}01$ (extrapoliert aus *Tab. 5.2*, S. 268) und einem relativen Wassergehalt von $\Theta = 1$ (Vollsättigung) eine Abstandsgeschwindigkeit von $v_a = 6 \cdot 10^{-8}$ m/s $= 1{,}9$ m/a. Demnach benötigt das Sickerwasser etwa 0,8 Jahre (ca. 10 Monate) um die 1,5 m mächtige Dichtungsschicht zu durchdringen.

Bei oberhalb des Grundwassers liegenden Deponien ist i. allg. der k_f - Wert des unter der Deponie befindlichen Gesteins größer als die angegebenen Sickerraten, so daß das aus der Deponie in den Untergrund eintretende Wasser in der Regel unter Wirkung der Schwerkraft ohne Überstaueffekt abfließen kann. Aufgrund der Kontinuitätsbedingung kann es jedoch nicht schneller fließen als in der Dichtungsschicht. Damit dies gewährleistet ist, stellt sich in der ungesättigten Zone unter der Deponie ein der Sickerrate entsprechender Wassergehalt ein (s. *Abb. 5.5*, S. 268).

Für das o. g. Beispiel ergibt sich nach Gleichung (5.2) bei einem schluffigen Sand ($n_a = 0{,}10$ nach *Tab. 5.2*) ein relativer Wassergehalt von

$$\Theta = v_f / (v_a \, n_a) = 6 \cdot 10^{-10} / (6 \cdot 10^{-8} \cdot 0{,}1) = 0{,}1 \text{ bzw. } 10\,\%.$$

5.2.1.2 Gesättigte Zone (Grundwasser)

Im Hinblick auf die Ausbreitung von Schadstoffen im Umfeld einer Altlast bzw. Deponie ist zwischen dem Aussagegebiet und einem Erkundungsgebiet zu unterscheiden (s. Bd. 2, Kap. 7.3.1)

Aussagegebiet	=	kleinräumige Betrachtung (dreidimensional), unmittelbare Umgebung der Quelle, kleine Zeiträume.
Erkundungsgebiet	=	großflächige Betrachtung (zweidimensional vertikal integriert), weitere Umgebung der Quelle, große Zeiträume.

Die Abgrenzung der Gebiete wird an den in *Abb. 5.3* und *5.4* dargestellten Vertikalschnitten näher erläutert (s. Kap. 5.2.2.1). Bei großflächiger Betrachtung ist die Wasserbewegung im Grundwasserleiter im wesentlichen horizontal. Die vertikalen Strömungskomponenten sind i. allg. 2 - 3 Zehnerpotenzen geringer als die horizontalen.

Die Fließrichtung und -geschwindigkeit des Grundwassers in einem Lockergesteinsaquifer ergibt sich nach dem Darcy-Gesetz:

$$v_a = - (k_f / n_a) \ \text{grad} \ h \tag{5.3}$$

mit v_a Abstandsgeschwindigkeit,

           k_f Durchlässigkeit,

           n_a durchflußwirksamer Hohlraumanteil,

           grad h hydraulisches Gefälle.

In einem klüftigen Festgesteinsaquifer fließt das Fluid praktisch nur in den Klüften, da in den Klüften die Durchlässigkeit größer ist als in der Gesteinsmatrix. Die hydraulische Durchlässigkeit einer Kluft hängt von Kluftweite ab. Es gilt (SNOW 1969):

$$k_{fd} = \text{d}^2 \ (g / 12 \ v) \tag{5.4}$$

wobei $v = \eta / \rho$

mit k_{fd} Durchlässigkeit einer Kluft,

           d Kluftweite,

           v kinematische Viskosität,

           η dynamische Viskosität,

           ρ Dichte des Fluids,

           g Erdbeschleunigung.

Beispiel: Für eine Kluft mit einer Weite von d = 1 mm ergibt sich für Wasser ($v = 10^{-6}$ m^2/s) eine Durchlässigkeit von $k_{fd} = (10^{-3})^2 \cdot (9{,}81 / 12 \ 10^{-6}) = 0{,}8$ m/s. Wie das Beispiel zeigt, ist die Durchlässigkeit einer Kluft um mehrere Zehnerpotenzen größer als die der Gesteinsmatrix (s. *Tab. 5.1*, S. 266). Im allgemeinen beträgt die Länge der Klüfte und Spalten jedoch nur Dezimeter bis Meter. Die Fluidbewegungen und entsprechend die Stoffströme gehen aber über weit größere Distanzen. Bei dieser Skalenrelation kann in der Regel eine über den gesamten Gesteinsblock integrierte Durchlässigkeit angesetzt werden, so daß die Fluidbewegung in klüftigem Gestein über Distanzen, die wesentlich größer als die Kluftlängen sind, so wie in einem porösen Medium beschrieben werden kann.

5.2.2 Stofftransport

5.2.2.1 Gelöste Stoffe

Die Konzentration der im Wasser gelösten Stoffe ist in der Regel so gering, daß die Fließeigenschaften des Wassers (Dichte und Viskosität) als unverändert anzusehen sind. Im Sinne einer „Worst-case" - Abschätzung kann zunächst vorausgesetzt werden, daß die Stoffe nicht an der Bodenmatrix adsorbiert werden und keinen physikalischen, chemischen oder bakteriologischen Umwandlungen unterliegen. Das Verhalten solcher Stoffe wird als konservativ bezeichnet. Die mittlere Geschwindigkeit, mit der sich die Schadstoffe bewegen, entspricht der des Wassers (Gleichung (5.2) und (5.3)). Für weitergehende Aussagen ist eine Spezifizierung der Stoffe und deren Eigenschaften sowie die Kenntnis des Verhaltens im Gestein notwendig. Relevante Parameter sind z. B. Diffusions- und Dispersionskoeffizienten, Adsorptionskoeffizienten, Abbauraten (Halbwertszeiten) und Milieubedingungen.

Diffusion- und Dispersion

Der Dispersionskoeffizient umfaßt die Diffusion und die mechanische Dispersion. Die Diffusion kann i. allg. vernachlässigt werden, außer bei sehr geringen Fließgeschwindigkeiten ($v_a < 10^{-8}$ m/s), da in fließendem Grundwasser Dispersion und Diffusion nicht zu unterscheiden sind. Die Matrixdiffusion ist ein Spezialfall (Bd. 2, Kap. 4.2.4). Wesentlicher ist die mechanische Dispersion. Sie bestimmt die Verbreiterung der Schadstoffwolke und damit die Verdünnung der Schadstoffkonzentration im Grundwasserstrom. Im allgemeinen Fall ist der Dispersionskoeffizient ein Tensor, dessen Komponenten sowohl von der Fließgeschwindigkeit des Wassers als auch von den Eigenschaften des durchströmten Mediums abhängen.

In *Abb. 5.3* und *5.4* ist die von einer flächigen Stoffquelle ausgehende Schadstoffahne in einem homogenen Grundwasserleiter unter Berücksichtigung der Neubildung dargestellt. Ohne Dispersion würde sich die Schadstoffahne in einer eng begrenzten Stromröhre bewegen (schraffierter Bereich). Die Dispersion wirkt sowohl in Fließrichtung (longitudinal) als auch quer dazu (transversal). Die transversale Dispersion hat eine „Verschmierung" der Schadstoffkonzentration quer zur Fließrichtung zur Folge. Je größer die tranversale Dispersivität, desto größer ist hier die „Verschmierung" über die Aquifermächtigkeit. Bei hinreichend großem Abstand von der Quelle und geringmächtigen Aquiferen (i. allg. das 10 bis 15fache der Aquifermächtigkeit; BEAR 1979) ist der Schadstoff nahezu über die gesamte Tiefe des Aquifers verteilt. Nach dieser Entfernung ist eine zweidimensionale über die Tiefe gemittelte Beschreibung der Schadstoffausbreitung zulässig (Erkundungsgebiet).

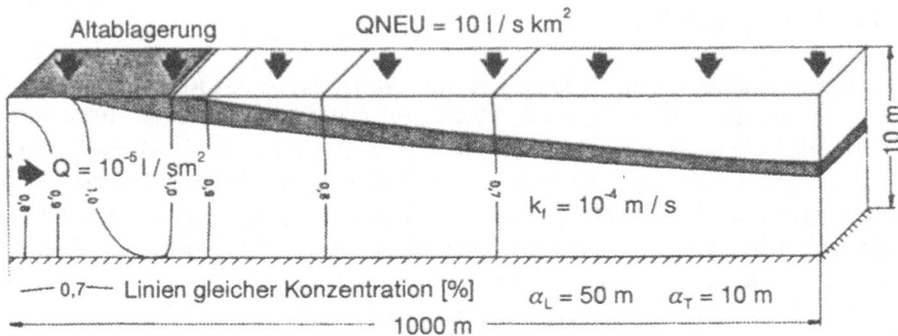

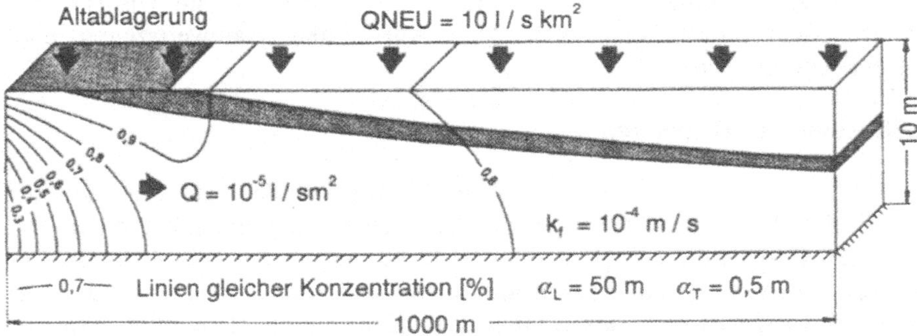

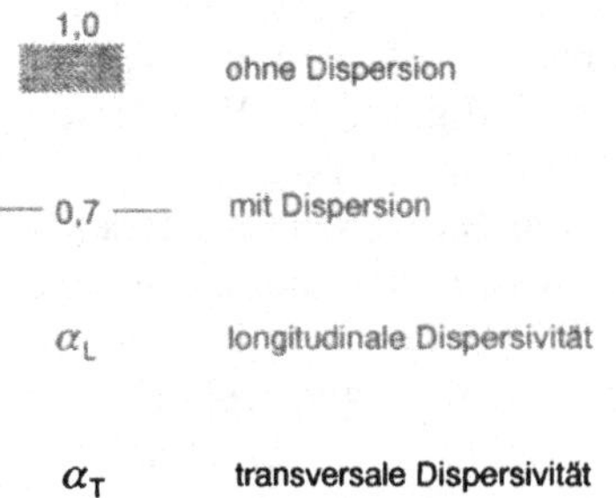

Abb. 5.3: Stoffausbreitung, dargestellt im Vertikalschnitt (stationärer Zustand) bei geringer Aquifermächtigkeit. *Oben* transversale Dispersivität groß (α_T = 10 m), *unten* transversale Dispersivität klein (α_T = 0,5 m)

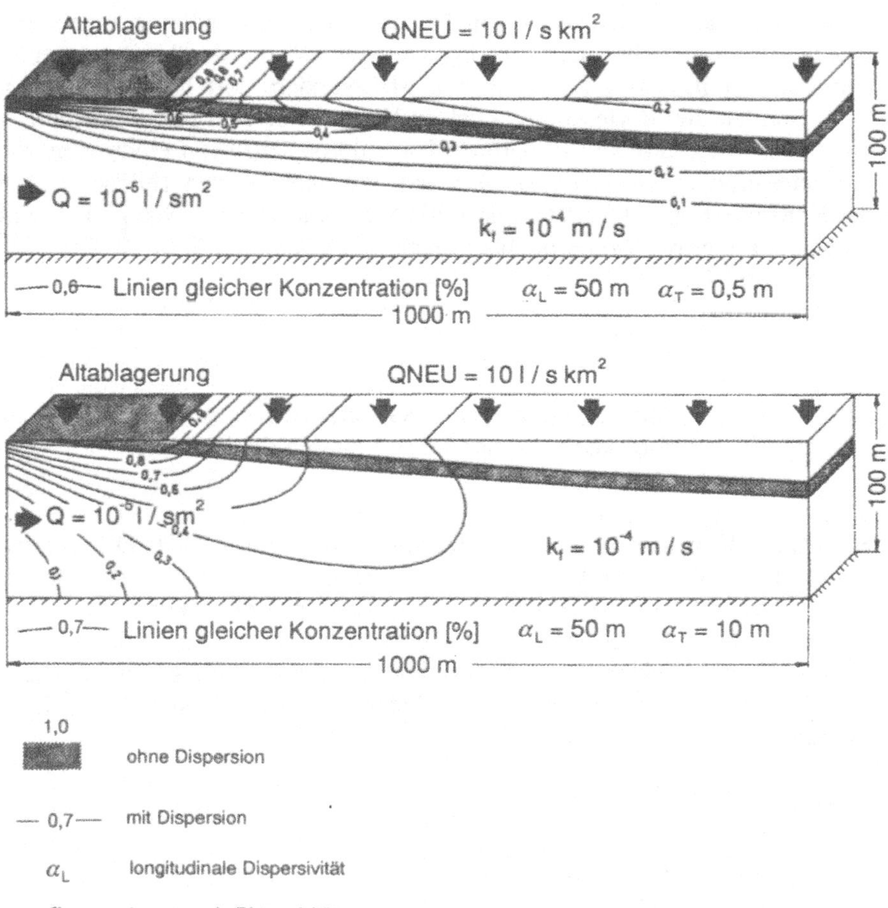

Abb. 5.4: Stoffausbreitung, dargestellt im Vertikalschnitt (stationärer Zustand) bei großer Aquifermächtigkeit. *Oben* Transversale Dispersivität klein (α_T = 0,5 m), *unten* transversale Dispersivität groß (α_T = 10 m)

Adsorption/Retardation

Neben der Anlagerung von Stoffpartikeln an die Oberfläche wird hier der Adsorption auch die Diffusion von Teilchen in die Porenräume zugeordnet, die vom Fluid nicht oder nur im geringen Maße durchströmt werden (Intrapartikeldiffusion). Dieser Prozeß ist besonders dort bedeutend, wo in Festgesteinen die Stoffe vornehmlich in Klüften mit dem Fluid transportiert werden und von dort in die poröse Matrix durch Diffusion eindringen. Die Konzentration der an oder in der Bodenmatrix angelagerten Teilchen ist von der Konzentration der Teilchen im Fluid abhängig. Diese Abhängigkeit wird durch die Langmuir-Isotherme beschrieben (vgl. Kap. 5.3.6, Bd. 2, Kap.4.2.5 sowie Bd. 5, Kap. 3).

$$s = a\,c\,/\,(1 + b\,c) \tag{5.5}$$

mit s Stoffkonzentration in der sorbierten Phase,
        c Stoffkonzentration in der mobilen Phase,
       a, b Konstanten.

Bei kleiner Konzentration von Stoffen im Fluid folgt $b\,c \ll 1$. Die Konzentration der adsorbierten Teilchen ist proportional der im Fluid herrschenden Konzentration ($s \sim c$). Es liegt eine lineare Adsorptionsisotherme vor.

Die aus der Adsorption folgende Verzögerung (Retardation) der Ausbreitung wird durch einen Verzögerungskoeffizienten R_d ausgedrückt. Dieser Koeffizient gibt das Verhältnis der Abstandsgeschwindigkeit der Teilchen mit und ohne Adsorption an:

$$R_d = v_{am}\,/\,v_{ao} \tag{5.6}$$

mit R_d Retardationsfaktor,
       v_{am} Abstandsgeschwindigkeit mit Adsorption,
       v_{ao} Abstandsgeschwindigkeit ohne Adsorption.

Abbau

Zur Beschreibung des Stoffabbaus im Boden sind u. a. folgende Degradationsmodelle gebräuchlich (RAO & JESSUP 1982, GORING et al. 1975):

Reaktion 1. Ordnung $\partial c\,/\,\partial t = -\lambda\,c.$ (5.7)

Potenzratengesetz $\partial c\,/\,\partial t = -\lambda_1\,c^{\lambda_2}.$ (5.8)

hyperbolischer Ansatz $\partial c\,/\,\partial t = -\lambda_1\,c\,/\,(\lambda_2 + c).$ (5.9)

Dabei ist $\partial c / \partial t$ die pro Zeit- und Volumeneinheit abgebaute Stoffmasse. Normalerweise läßt sich keines dieser Modelle an die Degradationskurve eines Stoffes über den gesamten Konzentrationsbereich anpassen. Die Reaktion 1. Ordnung stellt einen Spezialfall der Potenzratenkinetik dar und wird häufig als erste Näherung benutzt. Die Integration der Reaktionsgleichung 1. Ordnung über die Zeit t ergibt:

$$c = c_o e^{-\lambda t} \qquad\qquad (5.10)$$

mit $\qquad c_o \qquad$ Anfangskonzentration,

$\qquad\qquad \lambda \qquad$ Abbaukonstante,

$\qquad\qquad t \qquad$ Zeit.

Für die Vergrößerung der Konzentration von Stoffen, die aus dem Zerfall resultieren, gilt entsprechend:

$$c = c_o \left(1 - e^{-\lambda t}\right). \qquad\qquad (5.11)$$

Das Potenzratengesetz modelliert i. allg. chemische Reaktionen in homogenen Lösungen, während das hyperbolische Modell Reaktionen beschreibt, die durch Adsorption an Oberflächen oder Komplexbildung mit Katalysatormolekülen katalysiert werden. Das hyperbolische Modell entspricht der Michaels-Menten-Gleichung der Enzymkinetik mit der maximalen Abbaurate λ_1 (Sättigung bei $c \rightarrow \infty$) und der Michaelis -Konstanten λ_2, einer sog. Pseudogleichgewichtskonstanten.

5.2.2.2 Eigenständige Phase

In seltenen Fällen kommt es vor, daß die Stoffe nicht im Sickerwasser gelöst, sondern als eigenständige Phase die ungesättigte Bodenzone passieren. In diesem Fall ist die Migrationsgeschwindigkeit von den Flüssigkeitseigenschaften abhängig. Es gilt:

$$v_{fs} = v_{fw} \left(v_w / v_s\right) \qquad\qquad (5.12)$$

mit $\qquad v_{fs} \qquad$ Filtergeschwindigkeit des Fremdstoffs,

$\qquad\qquad v_{fw} \qquad$ Filtergeschwindigkeit des Wassers,

$\qquad\qquad v_w \qquad$ kinematische Viskosität des Wassers,

$\qquad\qquad v_s \qquad$ kinematische Viskosität des Fremdstoffs.

Ist die Dichte des Fluids geringer als die des Wassers, schwimmt es auf der Grundwasseroberfläche auf (Mineralöl). Im Falle einer größeren Dichte bewegt sich die eindringende Flüssigkeit im Grundwasser unter der Wirkung der Schwerkraft vertikal nach unten (Halogenkohlenwasserstoffe). Spezifisch leichte, aber viskose Stoffe (z. B. Schweröl, Teer) können als Tropfen oder Klumpen mit dem schwankenden Grundwasserspiegel verlagert werden und den Porenraum „verschmieren".

5.3 Typische Werte der Transportparameter

Die Anwendung der Modelle setzt voraus, daß repräsentative Transportparameter bestimmt werden. Typische Werte enthält auch die E6 der GDA.

5.3.1 Durchlässigkeiten

5.3.1.1 Gesättigte Zone (Grundwasser)

Tabelle 5.1 gibt eine Zusammenstellung von Durchlässigkeiten bei Vollsättigung (k_f - Werte) von Locker- und Festgesteinen. Hierbei handelt es sich um Angaben aus der Literatur (HÖLTING 1989, BUSCH & LUCKNER 1972) und Erfahrungswerte, ohne Differenzierung von Poren- /Kluftdurchlässigkeiten.

Tabelle 5.1: Durchlässigkeitsbeiwerte für Locker- und Festgesteine

Festgestein	Durchlässigkeit k_f [m/s]	Lockergestein	Durchlässigkeit k_f [m/s]
Dolomit	10^0 - 10^{-1}	Sandiger Kies	$3\ 10^{-3}$ - $5\ 10^{-4}$
Kalkstein	10^{-1} - 10^{-2}	Kiesiger Sand	$1\ 10^{-3}$ - $2\ 10^{-4}$
Mergelkalkstein	10^{-2} - 10^{-3}	Mittlerer Sand	$4\ 10^{-4}$ - $1\ 10^{-4}$
Kalksandstein	10^{-3} - 10^{-4}	Schluffiger Sand	$2\ 10^{-4}$ - $1\ 10^{-5}$
Quarzit	10^{-4} - 10^{-5}	Sandiger Schluff	$5\ 10^{-5}$ - $1\ 10^{-6}$
Sandstein	10^{-5} - 10^{-6}	Toniger Schluff	$5\ 10^{-6}$ - $1\ 10^{-8}$
Schluffstein	10^{-7} - 10^{-8}	Schluffiger Ton	$< 10^{-8}$
Tonstein	10^{-8} - 10^{-9}		
Granit, Gneis	$< 10^{-9}$		

Verfahren zur Bestimmung der k_f-Werte sind:

- Auswertung von Bohrprofilen nach Erfahrungswerten,

- Auswertung von Kornverteilungsanalysen (Bd. 5, Kap. 4.1.1),

- Messungen an Boden- und Gesteinsproben (s. Bd. 3, Kap. 14, Bd. 5, Kap. 4.1.8),

- hydraulische Bohrlochtests (Bd. 4, Kap. 8),

- Pumpversuche (Bd. 4, Kap. 9),

- Tracerversuche (Bd. 4, Kap. 10),

- Geoelektrische Messungen (Bd. 3, Kap. 5).

5.3.1.2 Ungesättigte Zone

Die Durchlässigkeit in einem ungesättigten Boden hängt vom Wassergehalt ab. Wird die sättigungsabhängige Durchlässigkeit k_{fu} auf die Durchlässigkeit bei Vollsättigung (k_f - Wert) bezogen, so ergibt sich die relative Durchlässigkeit k_r.

$$k_r(\Theta) = k_{fu} / k_f \tag{5.13}$$

mit $\quad \Theta = \dfrac{\theta - \theta_o}{\theta_s - \theta_o} \quad$ relativer Wassergehalt,

$\qquad \theta_s \qquad$ Wassergehalt bei Vollsättigung,

$\qquad \theta_o \qquad$ Wassergehalt bei Restsättigung.

Der Zusammenhang zwischen der relativen Durchlässigkeit und dem relativen Wassergehalt ist in *Abb. 5.5* dargestellt.

Wie *Abb. 5.5* zeigt, nimmt die relative Durchlässigkeit etwa mit der 3. Potenz des Wassergehaltes zu. Bei Vollsättigung θ_s ist die Durchlässigkeit am größten. Die Wasserbewegung kommt zum Stillstand, wenn die relative Durchlässigkeit den Wert Null erreicht. Es liegt dann die sog. Restsättigung $\theta_o = n - n_a$ vor. In Sanden beträgt die Restsättigung etwa 10 %. In Schluffen und Tonen sind die Werte größer (*Tab. 5.2*). Für nichtwäßrige Flüssigkeiten, z. B. Mineralöl, liegen die Werte entsprechend der geringeren Oberflächenspannungen (Kapillarkräfte) niedriger.

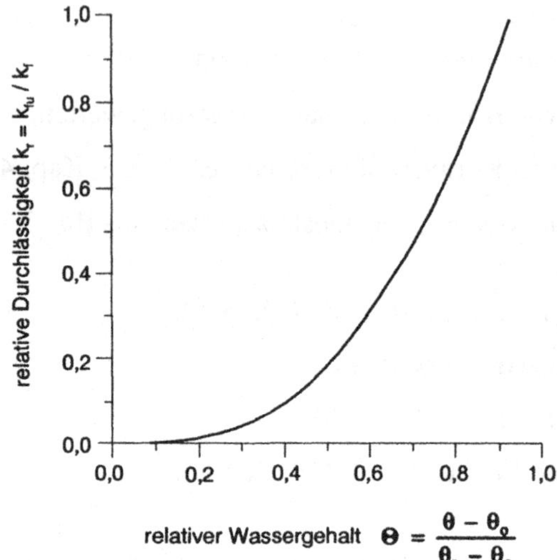

$$\text{relativer Wassergehalt} \quad \Theta = \frac{\theta - \theta_o}{\theta_s - \theta_o}$$

Abb. 5.5: Abhängigkeit der relativen Durchlässigkeit vom relativen Wassergehalt

5.3.2 Durchflußwirksamer Hohlraumanteil

Bei dem Hohlraumanteil (Porosität) des Bodens muß zwischen Gesamt- und durchflußwirksamen Hohlraum (effektiver Porosität) unterschieden werden, da ein Teil des Wassers am Korngerüst der Bodenmatrix gebunden ist und sich in Hohlräumen befindet, die nicht durchflossen werden. Tabelle 5.2 gibt eine Zusammenstellung der Bereiche für den durchflußwirksamen Hohlraumanteil von Lockergesteinen. Hierbei handelt es sich um Angaben aus der Literatur (BUSCH & LUCKNER 1993) und Erfahrungswerte.

Tabelle 5.2: Porosität n und effektive Porosität n_a (durchflußwirksamer Hohlraumanteil) für verschiedene Lockergesteine

Material	Porosität n	Effektive Porosität n_a
Sandiger Kies	0,25 - 0,35	0,20 - 0,25
Kiesiger Sand	0,28 - 0,35	0,15 - 0,20
Mittlerer Sand	0,3 - 0,38	0,10 - 0,15
Schluffiger Sand	0,33 - 0,40	0,08 - 0,12
Sandiger Schluff	0,35 - 0,45	0,05 - 0,10
Toniger Schluff	0,40 - 0,55	0,03 - 0,08
Schluffiger Ton	0,45 - 0,65	0,02 - 0,05

5.3.3 Grundwasserneubildung und Sickerwasserraten

Auf der Bodenoberfläche befindliche wasserlösliche Stoffe werden im Boden überwiegend advektiv mit dem Sickerwasser transportiert. Die Dispersion spielt dann eine Rolle, wenn große Sekundärporen vorhanden sind. Die Menge des Sickerwassers, die in das Grundwasser gelangt (Grundwasserneubildung), ist in erster Linie eine Funktion der räumlichen und zeitlichen Niederschlagsverteilung und der Verdunstung. Einfluß nehmen u. a. die Bodenarten, die Flächennutzung, das Relief sowie die Grundwasserflurabstände. In erster Näherung kann die Abschätzung der Grundwasserneubildungsrate nach der Wasserhaushaltsgleichung erfolgen (DÖRRHÖFER & JOSOPAIT 1980):

$$Q_{neu} = N - V - A_O \tag{5.14}$$

mit Q_{neu} Grundwasserneubildung,

           N Niederschlag,

           V Verdunstung (Evapotranspiration),

           A_O Oberflächenabfluß.

Vorzugeben sind der langfristige Mittelwert der Niederschläge und der Oberflächenabfluß. Richtwerte für die Verdunstung gibt *Tab. 5.3*.

Tabelle 5.3: Richtwerte für die Verdunstung (Evaporation)

Verdunstung [mm/a]	
Freie Wasserflächen	550 - 600
Wald	450 - 475
Acker/Grünland	375 - 400
Siedlungsgebiete	100 - 200

Ebenfalls in erster Näherung läßt sich die Grundwasserneubildung über die in *Abb. 5.6* dargestellten Lysimetergeraden abschätzen, wenn vom Niederschlag der Oberflächenabfluß abgezogen wird. Die Kurven beruhen auf Lysimetermessungen von ARMBRUSTER & KOHM (1976), die in der badischen Oberrheinebene durchgeführt wurden. Weitere Methoden s. JOSOPAIT (1984).

Für genauere Aussagen ist zu beachten, daß nicht nur die absolute Höhe des Niederschlags von Bedeutung ist, sondern auch die Intensität und die Verteilung über das Jahr. Bei Altablagerungen oder Deponien ohne Basisabdichtung beträgt die Filtergeschwindigkeit i. allg. etwa 60 - 80 % der Grundwasserneubildung durch die Niederschläge in der Umgebung. Im Mittel liegen die Werte der Grundwasserneubildung bei 4 - 8 l/s km^2 = 4 - 8 10^{-9} m/s. Bei geringmächtigen Deponien hängt die Sickerrate von der Jahreszeit und der Niederschlagtätigkeit ab. In Extremfällen können kurzfristig Sickerwasserraten bis zu 2,5 10^{-8} m/s auftreten.

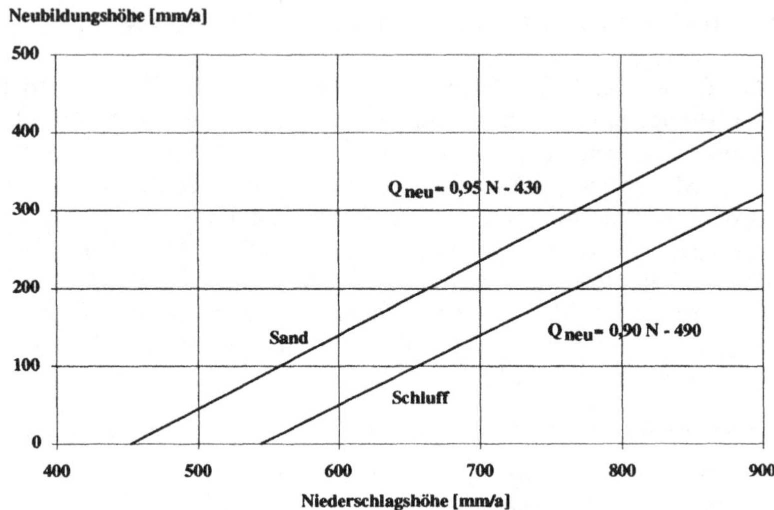

Abb. 5.6: Beziehung zwischen Niederschlag und Neubildung (Lysimetergerade).(Nach ARMBRUSTER & KOHM 1976)

Ist die Deponie mit einer Sohlabdichtung aus mineralischem Material (Ton) versehen, bestimmen zwei Parameter das Wasservolumen, das pro Zeit- und Flächeneinheit durch die Dichtung sickert, die Überstauhöhe und die Mächtigkeit der Tonschicht. Eine geringe Sickerrate durch die Dichtung bedeutet, daß die Überstauhöhe möglichst klein ($h_d \rightarrow 0$) und die Durchlässigkeit wesentlich kleiner als der geringste Wert der mittleren Grundwasserneubildung ($4 \cdot 10^{-9}$ m/s) sein muß. Die geringe Überstauhöhe wird durch eine Dränschicht erreicht, aus der das Wasser abgepumpt werden muß, wenn keine freie Vorflut vorhanden ist. Die geringe Durchlässigkeit der Dichtungsschicht wird durch die Wahl eines geeigneten Materials und einen sorgfältigen Einbau erzielt.

5.3.4 Quellstärke

Für die weitere Berechnung der Ausbreitung der Stoffe im Grundwasser ist es wichtig, die Quellstärke zu kennen, d.h. die von der jeweiligen Stoffquelle pro Zeiteinheit ausgehende Stoffmenge. Zur Abschätzung der Quellstärke ist die Konzentration des jeweiligen Stoffes c_s in der Stoffquelle (Deponie, Altablagerung, Altstandort) zu bestimmen (Sickerwasseranalysen, Elutionsversuche) und die Sickerwassergeschwindigkeit sowie die durchströmte Fläche A zu ermitteln.

$$J_s = v_{fs} \; A \; c_s \tag{5.15}$$

mit J Quellstärke,

    v_{fs} Filtergeschwindigkeit des Sickerwassers,

    A Grundfläche der Schadstoffquelle,

    c_S Konzentration des Schadstoffs im Sickerwasser.

Für jeden relevanten Stoff ist die Quellstärke gesondert zu berechnen.

Die Konzentration des jeweiligen Schadstoffs im Grundwasser ergibt sich für eine vorgegebene Quellstärke aus der Mischungsregel (*Abb. 5.7*).

$$c = \frac{J_s + J_g}{Q_s + Q_g} \tag{5.16}$$

mit c Konzentration des Schadstoffs im Abstrom der Schadstoffquelle,

    J_S primäre Quellstärke (Sickerwasser),

    J_g Stoffstrom im Grundwasser unterhalb der Quelle (Hintergrundfracht),

    Qs Zufluß des Sickerwasser aus der Quelle zum Grundwasser,

    Qg Durchfluß des Grundwassers unterhalb der Quelle.

Die Wasserflüsse ergeben sich aus den Filtergeschwindigkeiten multipliziert mit der entsprechenden Querschnittsfläche.

Es gilt $Q_s = a\,b\,v_{fs}$ und $Q_g = m\,b\,v_f$ (5.17a, b)

mit v_{fs} Filtergeschwindigkeit des Sickerwassers,

    v_f Filtergeschwindigkeit des Grundwassers,

    m Mächtigkeit des Aquifers,

    a Ausdehnung der Stoffquelle in GW-Fließrichtung,

    b Ausdehnung der Stoffquelle senkrecht zur GW-Fließrichtung.

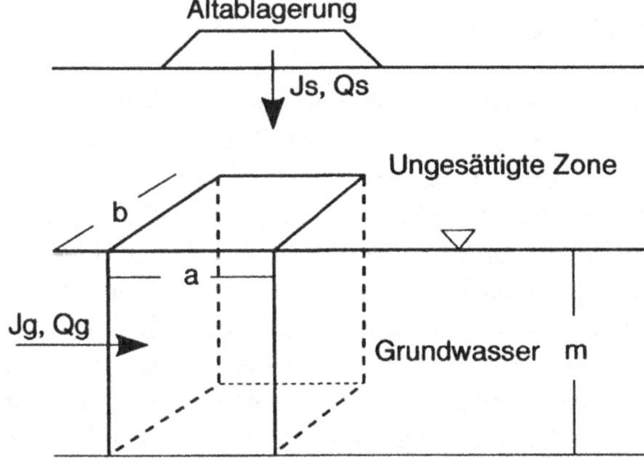

Abb. 5.7: Prinzipskizze für die Abschätzung des Schadstoffeintrags in das Grundwasser

Auf dem Wege von der Stoffquelle bis zum Grundwasser kann sich der Stofffluß durch Dispersion, Adsorption und Abbau verringern, so daß der in das Grundwasser eindringende Massenfluß J_s geringer als die Quellstärke J sein kann.

Beispiel:

Konzentration des Schadstoffs im Sickerwasser	c_s	=	10	mg/l,
Filtergeschwindigkeit des Sickerwassers	v_{fs}	=	10^{-9}	m/s,
Filtergeschwindigkeit des Grundwassers	v_f	=	10^{-7}	m/s,
Mächtigkeit des Aquifers	m	=	10	m,
Ausdehnung der Altlast in GW-Fließrichtung	a	=	100	m,
Ausdehnung der Altlast quer zur GW-Fließrichtung	b	=	20	m.

Die Quellstärke ergibt sich nach Gleichung 5.15 zu

$$J_s = 10 \cdot 100 \cdot 20 \cdot 10^{-9} = 2 \cdot 10^{-5} \text{ mg/s.}$$

Die Durchflüsse ergeben sich aus Gleichung 5.17a, b

$$Q_s = 100 \cdot 20 \cdot 10^{-9} = 2 \cdot 10^{-6} \text{ m}^3/\text{s} \quad \text{und} \quad Q_g = 10 \cdot 20 \cdot 10^{-7} = 2 \cdot 10^{-5} \text{ m}^3/\text{s.}$$

Unter der Voraussetzung, daß das Grundwasser im Anstrom der Schadstoffquelle nicht mit Schadstoff belastet ist und der Stoffeintrag in das Grundwasser der Quellstärke (Sickerwasser) entspricht, ergibt sich nach Gleichung 5.16 für die Konzentration des Schadstoffs im Abstrom der Schadstoffquelle (bei stationären Bedingungen):

$$c = 2 \cdot 10^{-5} / (2 \cdot 10^{-6} + 2 \cdot 10^{-5}) = 0,9 \text{ mg/l.}$$

5.3.5 Grundwassergefälle

Die Bewegung des Grundwassers resultiert aus der Wirkung der Schwerkraft bei einer Potentialdifferenz (hydraulischer Gradient). Der hydraulische Gradient ist ein Vektor, der die Größe und Richtung des Grundwassergefälles angibt. Er ergibt sich aus der Differenz der Standrohrspiegelhöhen an zwei Grundwassermeßstellen dividiert durch ihren Abstand. Größenordnungsmäßig liegen die hydraulischen Gradienten unter natürlichen Verhältnissen im Promillebereich. Durch künstliche Eingriffe (Grundwasserentnahmen) erhöhen sich die Werte. Die flächige Verteilung der Grundwasserstände wird in einem Grundwassergleichenplan (Hydroisohypsenplan) dargestellt. Zur Erstellung eines solchen Plans sind mindestens drei Meßstellen erforderlich (RICHTER & LILLICH 1975).

Ein generelles Problem bei punktuell vorliegenden Daten ist die Übertragung auf die Fläche. Im allgemeinen müssen für eine weitere Bearbeitung die unregelmäßig verteilten Meßwerte auf ein regelmäßiges (Quadrat-)Raster interpoliert werden. Folgende Verfahren sind gebräuchlich:

- Methode des nächsten Nachbarn,

- arithmetische Mittelwertbildung,

- Quadrantenmethode (Rasterpunktverfahren),

- inverses Entfernungsquadrat,

- Dreieckszerlegung (lineare Interpolation),

- Polygonmethode (Bd. 4, Kap. 13),

- Spline-Interpolation,

- Kriging.

Die Auswahl des geeigneten Verfahrens richtet sich nach der Anzahl und Verteilung der Meßpunkte. Die Anwendung der ersten drei Verfahren bedingt eine sehr große Anzahl von Meßpunkten. Gute Erfahrungen in Bezug auf die Interpolation von Grundwasserständen wurden bisher mit der Methode der Dreieckszerlegung erzielt, während sich das Kriging-Verfahren bei der Interpolation von Bodenkennwerten bewährt hat.

5.3.6 Fließgeschwindigkeit und Fließzeiten des Grundwassers

Die mittlere Fließgeschwindigkeit des Grundwassers (Abstandsgeschwindigkeit) ergibt sich nach dem Darcy-Gesetz aus der Durchlässigkeit, dem durchflußwirksamen Hohlraumanteil und dem hydraulischen Gradienten [Gleichung (5.3)]. Im Lockergestein liegen die Abstandsgeschwindigkeiten des Grundwassers zwischen 10 und 500 m/a.

Die Bewegung des Grundwassers erfolgt in Richtung des hydraulischen Gradienten, also senkrecht zu den Grundwassergleichen - jedoch nur bei isotroper Durchlässigkeitsfunktion. Oft ist der Untergrund auch hinsichtlich der Durchlässigkeit deutlich anisotrop strukturiert. Wenn eine der Hauptachsen der Anisotropie nicht mit der Richtung des Gradienten übereinstimmt, verlaufen die Geschwindigkeitsvektoren schräg dazu. Makroskopisch gesehen bewegen sich die Wasserteilchen auf Stromlinien. Diese sind dadurch gekennzeichnet, daß für jeden Punkt dieser Kurve der Geschwindigkeitsvektor tangential zur Stromlinie gerichtet ist.

Die Bestimmungsgleichung für die Stromlinien eines in kartesischen Koordinaten gegebenen zweidimensionalen Geschwindigkeitsfeldes ist:

$$\frac{dy}{dx} = \frac{v_y}{v_x} \tag{5.18}$$

mit v_x x-Komponente der Fließgeschwindigkeit,

              v_y y-Komponente der Fließgeschwindigkeit.

Damit lautet die Gleichung für eine Stromlinie:

$$y = \int \frac{v_y}{v_x}\, dx\,. \tag{5.19}$$

Die Fließzeit entlang einer solchen Stromlinie ergibt sich bei Integration der Gleichung:

$$v_a = \frac{ds}{dt} \tag{5.20}$$

d. h.

$$t = \int \frac{ds}{v_a} \tag{5.21}$$

mit v_a Betrag der Abstandsgeschwindigkeit,

              ds Differential der Weglänge.

Das Inkrement der Wegstrecke erhält man aus :

$$ds = \sqrt{dx^2 + dy^2} \tag{5.22}$$

und den Betrag der Geschwindigkeit aus:

$$v_a = \sqrt{v_x^2 + v_y^2}\,. \tag{5.23}$$

5.3.7 Dispersivität

Die Größe der Dispersion hängt sowohl von der Fließgeschwindigkeit des Wassers als auch von den Eigenschaften des durchströmten Mediums ab. Quantifiziert wird der Effekt durch den Dispersionskoeffizienten. Für Geschwindigkeiten, wie sie im Grundwasserbereich vorliegen (Abstandsgeschwindigkeit 10 - 500 m/a), gilt für die Dispersion in Fließrichtung (logitudinal) (SCHEIDEGGER 1963):

$$D_{dl} = \alpha_L \, v_a \tag{5.24}$$

mit v_a Abstandsgeschwindigkeit,
D_{dl} longitudinaler Dispersionskoeffizient,
α_L longitudinale Dispersivität.

Die Dispersivität ist jedoch keine reine Bodenkenngröße, da sie vom Betrachtungsmaßstab abhängt. Bei Laborversuchen wurden Dispersivitäten im cm- und dm-Bereich gefunden. Im Felde sind die Dispersivitäten 2 bis 3 Zehnerpotenzen größer. Dies ist insbesondere auf die bei großen Fließstrecken vorliegenden Heterogenitäten (Tonlinsen, Schluffeinlagerungen etc.) im Untergrund zurückzuführen (Makrodispersion). Die *Abb. 5.8* zeigt die Zunahme der longitudinalen Dispersivität α_L mit der Fließstrecke (s. Bd. 2, Kap. 4.2.3).

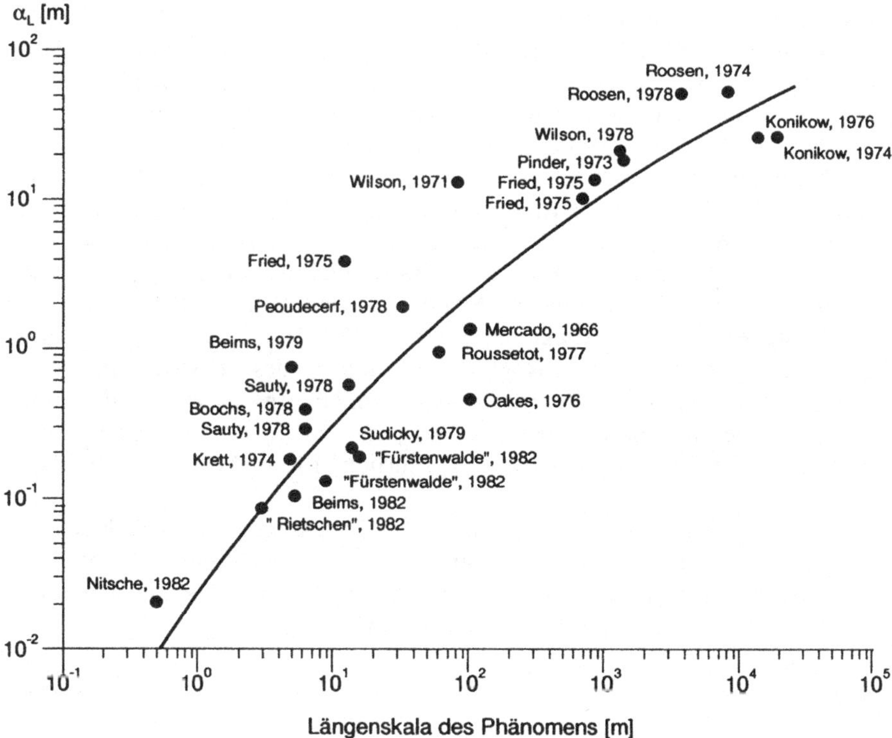

Abb. 5.8: Abhängigkeit der Dispersivität von der Fließstrecke. (Nach BEIMS et al. 1982)

Entsprechende Zusammenhänge gelten auch für die Dispersionskoeffizienten quer zur Fließrichtung (transversal). Die Werte sind allerdings kleiner. In Lockergesteinen gilt etwa das Verhältnis:

$$D_{dl} : D_{th} : D_{tv} = 1 : 0{,}2 : 0{,}01$$

mit D_{th} Dispersionskoeffizient, transversal horizontal,

          D_{tv} Dispersionskoeffizient, transversal vertikal.

Diffusion kann im fließenden Medium nicht von der Dispersion getrennt werden. In Festgesteinen können je nach Lage der Klüfte zur makroskopischen Fließrichtung größere Werte vorliegen. Hier ist der Spezialfall der Matrixdiffusion näher zu untersuchen (Bd. 2, Kap. 4.2.4).

5.3.8 Sorption

Sorptionseffekte können einen wesentlichen Einfluß auf die Migrationsgeschwindigkeit der Schadstoffe in der ungesättigten Bodenzone haben. Neben Huminstoffen und Sesquioxiden (FeOOH · n H_2O; AlOOH · n H_2O) sind Tonminerale aufgrund ihrer physikalischen und chemischen Eigenschaften in der Lage, feste und gelöste Stoffe an den Oberflächen und in den Zwischenräumen aufzunehmen. Die Sorption durch Tonmineralteilchen führt so zu einer Verzögerung der Migrationsgeschwindigkeit der Schadstoffe im Untergrund. Wie schnell die Stoffe bei der Durchwanderung der ungesättigten Bodenzone bzw. der Basisabdichtung der Deponie die Grundwasseroberfläche erreichen, hängt von den Schadstoffmengen, der Durchlässigkeit und dem Rückhaltevermögen des Bodens ab. Überschreitet die Kontaminatmenge das Rückhaltevermögen des Bodens für den jeweiligen Stoff, so breitet dieser sich weiter im Untergrund aus. Ändert sich die chemische Beschaffenheit des Wassers, kann es zur Desorption (Umkehrung der Sorption) kommen (ausführlich in Kap. 4.6 und Bd. 2, Kap. 4.2.5)

Im Grundwasserleiter gibt es weniger Tonpartikel, so daß hier die Sorption wesentlich geringer ist als in der ungesättigten Zone. Zur quantitativen Beschreibung von Sorptionsvorgängen kann in erster Näherung eine lineare Adsorptionsisotherme verwendet werden.

$$s = K_d\, c \tag{5.25}$$

mit s Masse des adsorbierten Stoffes,

       c Konzentration des Adsorbats,

      K_d Adsorptions- (Verteilungs-) koeffizient.

Die *Abb. 5.9* zeigt als Beispiel den Verlauf der Adsorptions-Isotherme für Toluol. Aus dieser Darstellung läßt sich die Verteilung des zur Sorption befähigten Stoffes zwischen Lösung und Bodenmatrix ablesen. Die Steigung gibt den Adsorptionskoeffizienten K_d an, der in diesem Beispiel 0,5 l/g beträgt. Aus dem K_d - Wert, dem spezifischen Gewicht ρ und dem Porenvolumen n erhält man den Verzögerungsfaktor (Retardierung) R_d für die Schadstoffausbreitung:

$$R_d = 1 + \rho \ K_d / n \tag{5.26}$$

mit R_d Retardierungsfaktor,
           K_d Adsorptionskoeffizient,
           ρ spezifisches Gewicht des Bodens,
           n Porosität.

In dem angegeben Beispiel für Toluol erhält man mit $\rho = 1,9 \ g/cm^3$ und $n = 0,55$ einen Retardierungsfaktor $R_d = 1\ 700$, d. h. die Sorption führt zu einer Reduzierung der Geschwindigkeit der Schadstoffversickerung um den Faktor 1 700.

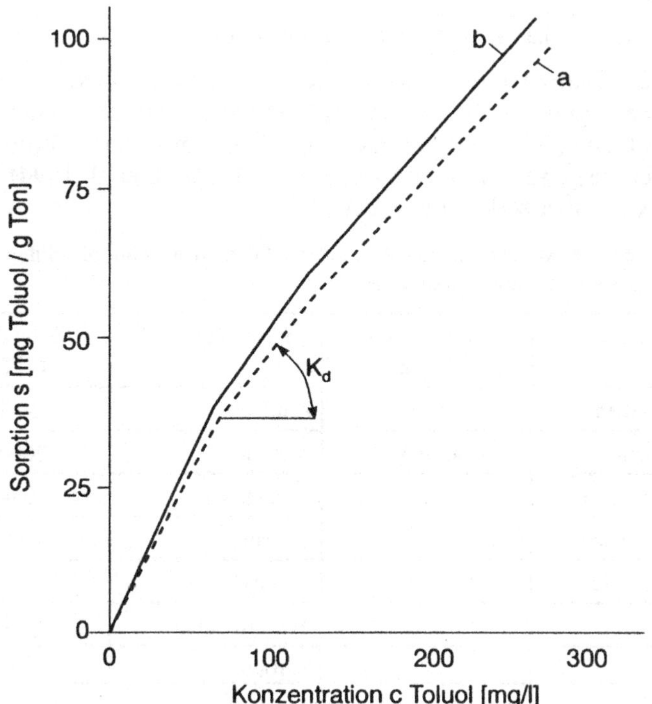

Abb. 5.9: Adsorptionsisotherme von Toluol an Tonminerale aus wäßriger Lösung. a Montmorillonit, b Kaolinit

5.3.9 Abbau

Unter Abbau werden alle Prozesse verstanden, die einen Stoff so verändern, daß seine ursprünglichen physikalischen und chemischen Eigenschaften verloren gehen. Dies kann sowohl durch abiotische (chemische, photochemische) als auch durch biotische (mikrobielle) Reaktionen bzw. Prozesse geschehen. Zumeist verläuft der Abbau über mehrere Stufen. Dabei entsteht eine Reihe von Abbauprodukten, die als Metabolite bezeichnet werden. Ein Beispiel einer solchen Abbaukette geben Ethene, die zur Gruppe der chlorierten Kohlenwasserstoffe (CKW) zählen. Die Ausgangsstoffe Tetrachlorethen (Per) und Trichlorethen (Tri), die als Reinigungs- und Fettlösungsmittel eingesetzt werden, werden über Dichlorethen zu Vinylchlorid und schließlich zu Methan abgebaut. In erster Näherung kann für die Berechnung des Abbaus die mit Gleichung (5.10) gegebene Exponentialfunktion verwendet werden.

In der Praxis wird in der Regel nicht die Abbaukonstante, sondern die Halbwertzeit τ angegeben. Die Halbwertszeit ist die Zeit, in der die Hälfte des Ausgangsstoffes abgebaut ist. Beide Größen sind miteinander verknüpft durch die Gleichung

$$\tau = \ln 2 / \lambda \tag{5.27}$$

mit λ = Zerfallskonstante (Abbaukonstante).

Die Größe der Halbwertszeiten hängt außer von den Stoffeigenschaften von den Milieubedingungen ab. In *Tab. 5.4* sind die Halbwertszeiten für den Zerfall der Ethene (GILLHAM & HANNESIN 1994) sowie zum Vergleich auch die Werte für ausgewählte Pflanzenschutzmittel (MULL et al. 1994) in einem natürlichen Grundwasserleiter gegeben.

Tabelle 5.4: Halbwertszeiten für den Abbau von Ethenen und ausgewählten Pflanzenschutzmitteln (PSM) im Grundwasserleiter

Ethen	Halbwertszeit τ [Tage]	PSM-Wirkstoff	Halbwertszeit τ [Tage]
Tetrachlorethen	$3,6 \; 10^{9}$	Aldicarb	730-1095
Trichlorethen	$4,6 \; 10^{8}$	Atrazin	200-981
1,1-Dichlorethen	$4,6 \; 10^{10}$	Desmetryn	265-392
Cis-Dichlorethen	$1,6 \; 10^{13}$	Lindan	67-268
Trans-Dichlorethen	$1,6 \; 10^{13}$	Oxamyl	< 1
Vinylchlorid		Terbuthylazin	191-700
		Terbutryn	282-242

Tabelle 5.4 zeigt, daß der Abbau der Ethene verglichen mit dem der PSM sehr gering ist. Weitere Beispiele findet man in (DVWK 1993) (s. Bd. 2, Tab. 4.13)

5.4 Ausbreitungsbetrachtungen

Nachfolgend werden Fragestellungen und Vorgehensweise bei der Prognose des Standortverhaltens von einfachen zu komplizierteren Problemen skizziert. Folgende Problemstellungen werden unterschieden:

- Vorhersage der Stoffkonzentration in einem oder mehreren Pumpbrunnen (stationär),

- Vorhersage der Stoffkonzentration im Grundwasserleiter als Funktion der Zeit (instationär).

Vorweg sei gesagt, daß einfache Fälle und überschlägige Berechnungen häufig auch ohne Einsatz von Computern durchgeführt werden können. Bei einfacher Geometrie, konstanten Parametern und speziellen Randbedingungen sind analytische Lösungsverfahren ausreichend. Im allgemeinen sind jedoch numerische Modelle erforderlich.

5.4.1 Analytische Verfahren

Fall 1: Maximal zu erwartende Stoffkonzentration in einem Förderbrunnen.

Da in diesem Fall nach dem Endzustand gefragt wird, d. h. die Zeit, wann dieser Zustand eintritt, keine Rolle spielt, kann das Problem zeitunabhängig (stationär) betrachtet werden. Vorausgesetzt wird, daß der Stoff, der die Grundwasseroberfläche erreicht, auch zum Brunnen gelangt (unabhängig vom Zeitpunkt). Wird ferner in 1. Näherung eine Verringerung der eingetragenen Masse durch biochemischen Abbau oder irreversible Adsorption vernachlässigt, so ergibt sich die Konzentration des Stoffes im Brunnen c_{Br} aus dem Mischungsmodell (*Abb. 5.10*) bzw. der Mischungsformel (5.28)

$$c_{Br} = \frac{\sum\limits_{i} q_i\, c_i\, A_i + Q_u\, c_u}{Q_{Br}} \qquad (5.28)$$

mit c_i Stoffkonzentration im Sickerwasser, welches die Grundwasseroberfläche im i-ten Flächenelement erreicht,

        q_i Sickerwasserrate im jeweiligen Flächenelement,

        Q_{Br} Entnahme aus dem Brunnen,

        Q_u unterirdischer Zufluß,

        c_u Stoffkonzentration im unterirdischen Zufluß,

        A_i Flächenelement.

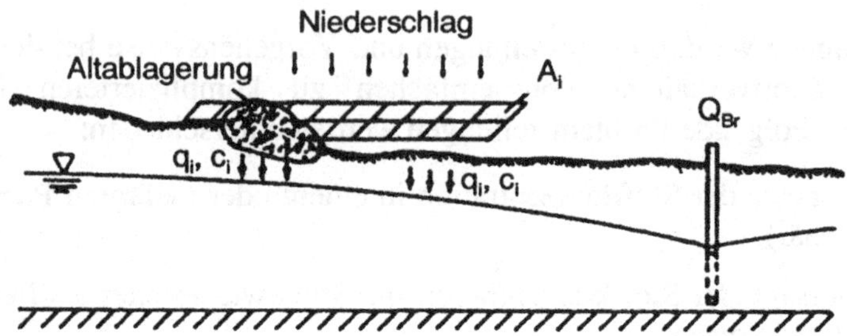

Fall 1

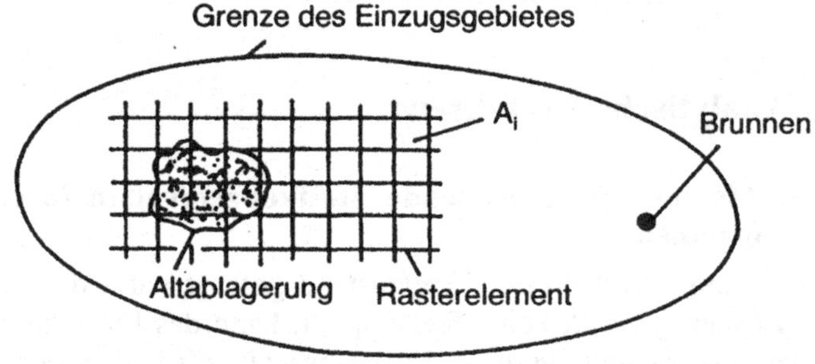

Fall 2

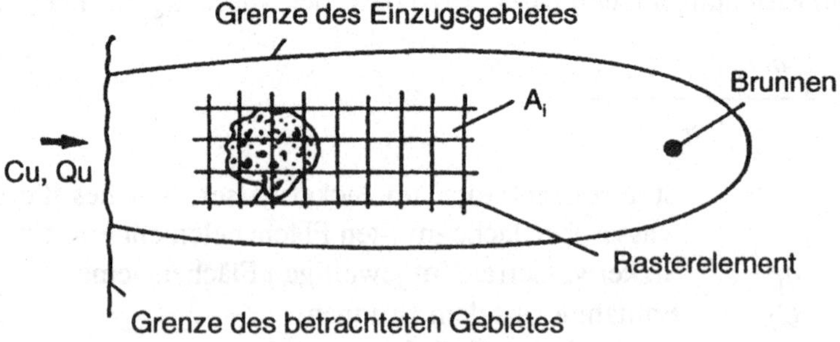

Abb. 5.10: Mischungsmodell zur Berechnung der Schadstoffkonzentration in einem Förderbrunnen. Erklärung im Text

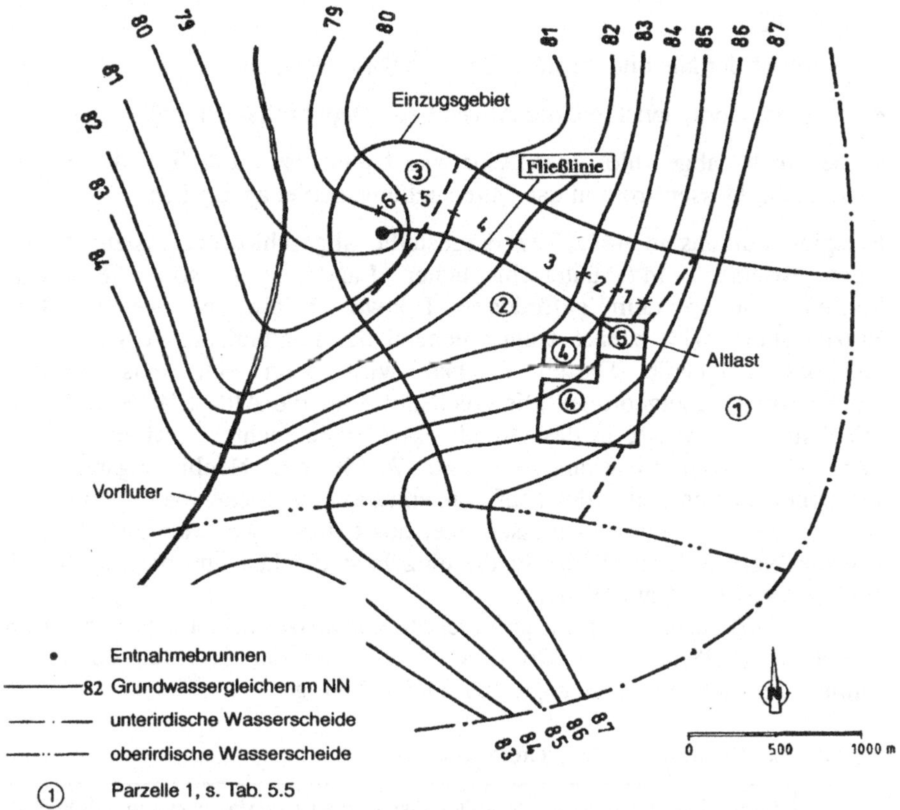

Abb. 5.11: Einzugsgebiet eines Förderbrunnens mit unterschiedlicher Landnutzung. (S. *Tab. 5.5*)

Sollten sich bei dieser Berechnung Stoffkonzentrationen im Brunnenwasser ergeben, die weit unter der zulässigen Höchstkonzentration liegen, ist der Nachweis erbracht, daß die Beeinflussung der Rohwasserqualität im Rahmen des Tolerierbaren liegt und weitere Untersuchungen nicht erforderlich sind. Ergeben sich Werte, die im Bereich der zulässigen Höchstwerte liegen, kann in einer 2. Näherung ein Abbau der Stoffe berücksichtigt werden (Fall 2).

Vorgehensweise:

- Ermittlung des Einzugsgebietes bei vorgegebener Grundwasserentnahme an Hand eines Grundwassergleichenplans und einer Wasserhaushaltsbetrachtung,

- Rasterung des Einzugsgebietes Einteilung entsprechend der Flächennutzung,

- Vorgabe der Neubildungsrate für jedes Rasterelement,

- Vorgabe der Quellstärke der Altlast bzw. Deponieflächen und

- bei nicht abgeschlossenen Einzugsgebieten ist zusätzlich der unterirdische Massenstrom in das Untersuchungsgebiet anzugeben.

Beispiel: Für das in *Abb. 5.11* dargestellte abgeschlossene Einzugsgebiet eines Brunnens mit unterschiedlicher Landnutzung soll die Stoffkonzentration in dem geförderten Rohwasser ermittelt werden. Das Einzugsgebiet wird zunächst entsprechend der Landnutzungen in einzelne Parzellen eingeteilt. Diesen Flächen wird dann eine entsprechende Neubildungsrate zugeordnet. Die Quellstärke für die Altlastfläche, d. h. die mit dem Sickerwasser in das Grundwasser eingebrachte Stofffracht, erhält man durch Multiplikation von etwa 70 % der Neubildungsrate des Flächenelementes 5 mit der Stoffkonzentration im Sickerwasser unter der Altlast. Dieser Wert ist zu messen oder aus Erfahrungswerten zu schätzen. Die hier verwendeten Werte für die einzelnen Flächen und die Ergebnisse sind in der *Tab. 5.5* aufgelistet.

Die Stoffkonzentration im geförderten Rohwasser ergibt sich dann nach Gleichung (5.28) aus der Division der Summe der Frachten durch die Summe der Sickerraten zu: $c_{Br} = 10 / 24{,}5 \approx 0{,}4$ mg/l.

Tabelle: 5.5: Parameter für Beispielrechnung Fall 1

Parzelle	Fläche [ha]	Landnutzung [%]		Neubildungsrate [l/(s ha)]	Sickerrate [l/s]	Konzentration [mg/l]	Quellstärke (Fracht) [mg/s]
1	200,0	Wald	40,0	0,04	8,0		
2	240,0	Acker	47,8	0,06	14,4		
3	28,0	Wiese	5,6	0,05	1,4		
4	29,0	Siedlung	5,8	0,02	0,6		
5	3,5	Altlast	0,6	0,03	0,1	100	10
Summe	500		100		24,5		
Mittel				0,04			

Fall 2: Wie groß ist die Fließzeit zu dem Entnahmebrunnen?

Die Kenntnis der Fließzeit zu einem Entnahmebrunnen ist im Hinblick auf die Abschätzung der Zeitdauer für den Eintritt einer Gefährdung von großer Bedeutung. Vernachlässigt man in 1. Näherung Dispersion, Sorption und Abbau, so errechnet sich die mittlere Fließzeit zu dem Brunnen (s. Gleichung 5.20):

$$t = \sum \frac{\Delta s}{v_a} \tag{5.29}$$

mit $\quad v_a$ (s) $\quad$ Betrag der Abstandsgeschwindigkeit,
$\quad\quad\quad s \quad\quad\quad$ Weglänge,
$\quad\quad\quad \Delta s \quad\quad$ Teilstrecke der Fließlinie.

Als Fließweg ist in erster Näherung der Abstand zwischen dem Mittelpunkt der Atlastfläche bzw. Deponie und dem Brunnen anzusetzen. Die Fließgeschwindigkeit (Abstandsgeschwindigkeit) ergibt sich nach Gleichung (5.3) aus dem hydraulischen Gefälle, der Durchlässigkeit und dem durchflußwirksamen Hohlraumanteil.

$$v_a = (k_f / n_a)\ \Delta h / \Delta s \tag{5.30}$$

mit $\quad v_a \quad\quad\quad$ Abstandsgeschwindigkeit,
$\quad\quad\quad k_f \quad\quad\quad$ Durchlässigkeit,
$\quad\quad\quad n_a \quad\quad\quad$ durchflußwirksamer Hohlraumanteil,
$\quad\quad\quad \Delta h \quad\quad\quad$ Differenz der Standrohrspiegelhöhen längs der Wegstrecke Δs.

Vorgehensweise:

- Ermittlung des Fließweges an Hand eines Grundwassergleichenplans, vom Schwerpunkt der Altlastfläche bis zum Brunnen, wobei die Fließlinie senkrecht zu den Grundwassergleichen verläuft.

- Einteilung der Fließlinie in Teilstrecken entsprechend dem Gefälle.

- Vorgabe der Durchlässigkeit und des durchflußwirksamen Hohlraumvolumens für jedes Teilstück.

Beispiel: Für das gesamte Untersuchungsgebiet wird in diesem Beispiel eine konstante Durchlässigkeit und ein konstantes durchflußwirksames Hohlraumvolumen vorausgesetzt.

$k_f = 10^{-4}$ m/s $\quad\quad$ Durchlässigkeit,
$n_a = 0{,}2 \quad\quad\quad\quad$ durchflußwirksames Hohlraumvolumen.

Die weiteren Parameter und die Ergebnisse gibt *Tab. 5.6.*

Tabelle 5.6: Beispielrechnung Fall 2

Teilstück	Fließstrecke [m]	Gefälle [$^o/_{oo}$]	Geschwindigkeit [m/a]	Fließzeit [Jahre]
1	166	6	976	0,17
2	167	6	928	0,18
3	500	2	313	1,60
4	300	3,3	500	0,60
5	200	5	800	0,25
6	167	6	928	0,18
Summe	1500			2,98
Mittel		4,7	741	

Damit beträgt die mittlere Fließzeit eines Schadstoffs zu dem Brunnen ohne Berücksichtigung der Dispersion: $t \approx 3$ Jahre.

Fall 3: Wie Fall 2, jedoch mit Berücksichtigung der Dispersion.

Mit dem Grundwasser werden auch die darin befindlichen gelösten Stoffe transportiert und infolge der unterschiedlichen Geschwindigkeiten in den Poren im Untergrund verteilt (Dispersion). Der Mittelpunkt der Schadstofffront (50 % der Maximalkonzentration) bewegt sich mit der mittleren Grundwasserfließgeschwindigkeit, wenn keine Verzögerung durch Adsorption erfolgt. 50 % des Grundwassers fließt schneller, 50 % langsamer als die mittlere Fließgeschwindigkeit (*Abb. 5.12*). Durch die Dispersion gelangen einige Stoffteilchen daher schon eher, einige erst später in den Brunnen als die mittlere Fließzeit angibt.

Die Wegstrecke, mit der 16 % Maximalkonzentration dem Mittelpunkt der Konzentrationsfront voraus- bzw. nachläuft, beträgt:

$$\sigma = \sqrt{2\, \alpha_L\, s_m} \qquad (5.31)$$

mit $\quad s_m \quad$ Wegstrecke des Konzentrationsmaximums,
$\quad\;\;\; \alpha_L \quad$ longitudinale Dispersivität.

Die Fließzeit, nach der im Brunnen bereits 16 % der Maximalkonzentration auftritt, verringert sich damit um σ/v_a.

$$t = \sum \frac{\Delta\,(s - \sigma)}{v_a}. \qquad (5.32)$$

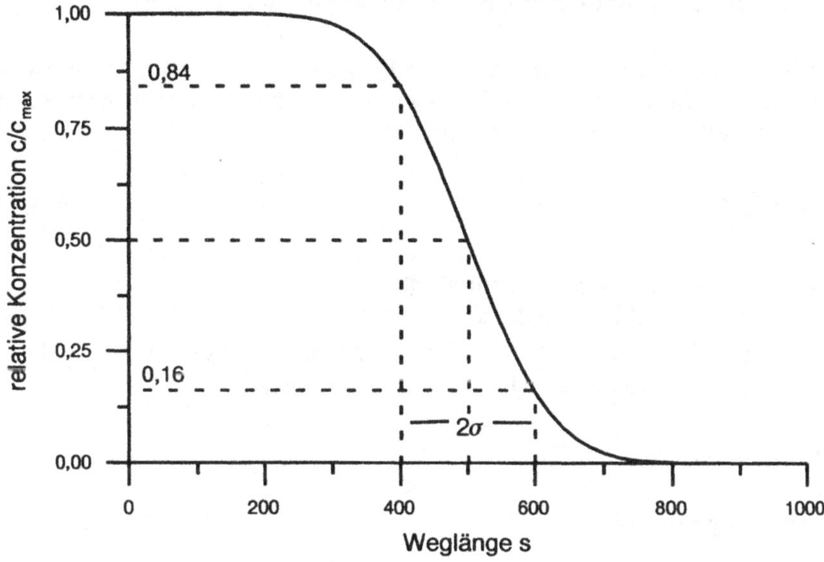

Abb. 5.12: Konzentrationsprofil längs des Fließwegs

Beispiel: gegeben sei eine longitudinale Dispersivität von α_L = 10 m.

Die weiteren Parameter und die Ergebnisse gibt nachfolgende *Tab. 5.7*.

Tabelle 5.7: Berechnete Parameter für Beispielrechnung Fall 3

Teilstück	Fließstrecke [m]	Geschwindigkeit [m/a]	Dispersion [m]	Fließzeit [Jahre]
1	166	976	58,6	0,11
2	167	928	58,8	0,12
3	500	313	101,8	1,27
4	300	500	78,9	0,44
5	200	800	64,4	0,17
6	167	928	58,8	0,12
Summe	1500			2,23
Mittel		741		

Bei Berücksichtigung der Dispersion verringert sich die Fließzeit, nach der bereits 16 % des Maximalwerts der Schadstoffkonzentration im Brunnen angelangt sind, auf t ≈ 2,2 Jahre.

Fall 4: Wie Fall 1, jedoch mit Berücksichtigung eines Abbaus.

Für die Berechnung des Abbaus nach Gleichung (5.10) müssen außer der Laufzeit der Stoffe bis zum Brunnen die Abbaukonstante λ bzw. die Halbwertszeit τ bekannt sein. Es gilt:

$$c = c_0\, e^{-\lambda t} \qquad\qquad (5.33)$$

mit $\quad c_o\quad$ Anfangskonzentration,

$\qquad\quad\lambda\quad$ Abbaukonstante,

$\qquad\quad$ t $\quad$ Laufzeit der Stoffe vom Ort des Eintrags in die Grundwasseroberfläche bis zum Brunnen.

Vorgehensweise wie bei Fall 2.

Beispiel: gegeben sei

Abbaukonstante $\quad\lambda = \ln 2\, /\, \tau = 0{,}173\ \ 1/\text{Jahr}$
Halbwertszeit $\qquad\tau = \ 4\,\text{Jahre.}$

Ferner aus Fall 2:

Anfangskonzentration $\quad c_o = 0{,}4\,\text{mg/l}$
Laufzeit $\qquad\qquad\qquad$ t $= 3\,\text{Jahre.}$

Die im geförderten Grundwasser durch den Abbau verminderte Stoffkonzentration ergibt sich dann zu $c_{Br} = 0{,}4\,e^{-0{,}173\,\cdot\,3} = 0{,}24\,\text{mg/l}$. Dieser Wert ist etwa um die Hälfte geringer als der ohne Abbau.

Fall 5: Reichweite einer bestimmten Stoffkonzentration im Grundwasserleiter.

Im Nahfeld von Deponien muß mit einer dreidimensionalen Stoffausbreitung gerechnet werde. Setzt man einen homogen und isotrop aufgebauten Grundwasserleiter sowie eine konstante, parallel zur x-Achse verlaufende Grundwasserströmung voraus, so errechnet sich nach HUNT (1978) bei einer kontinuierlichen Quelle mit konstanter Quellstärke die Stoffkonzentration:

$$c = \frac{1}{2}\, c_{\max}\ erfc\left(\frac{R - v_a\, t}{2\,\sqrt{D_{xx}\, t}}\right) \qquad\qquad (5.34)$$

mit

$$c_{max} = \frac{J}{4\pi R \sqrt{D_{yy} D_{zz}}} \exp\left(\frac{v_a}{2 D_{xx}}(x - R)\right)$$ (5.35)

wobei:

$$R = \sqrt{x^2 + y^2 \frac{D_{xx}}{D_{yy}} + z^2 \frac{D_{xx}}{D_{zz}}}$$ (5.36)

mit J Quellstärke,

D_{xx}, D_{yy}, D_{zz} Komponenten des Dispersionstensors,

$erfc(x)$ komplementäre Fehlerfunktion.

Bei Gleichung (5.34) handelt es sich um eine Näherungslösung, die erst bei hinreichend großem Abstand von der Quelle gültig ist.

Wie in *Abb. 5.13* dargestellt, liegen die Punkte gleicher Konzentration auf der einen Hälfte von Rotationskörpern (unter der Grundwasseroberfläche), die sich im Laufe der Zeit vergrößern. Für $t \to \infty$ (große Zeiten) erhält man einen Endzustand, der mit Gleichung (5.35) gegeben ist. Die maximale Reichweite einer bestimmten Konzentration c_g liegt auf der x-Achse an der Stelle x = R_{max}, wie aus *Abb. 5.13* zu erkennen ist. Für diesen Punkt gilt nach Gleichung (5.35).

$$R_{max} = \frac{J}{4\pi c_g \sqrt{D_{yy} D_{zz}}}.$$ (5.37)

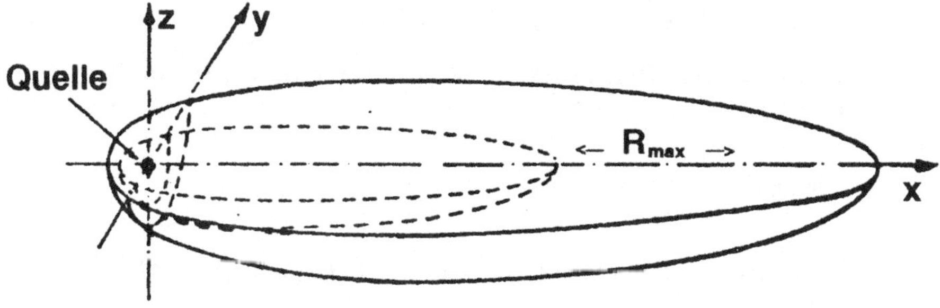

Abb. 5.13: Ausbreitung von gelösten Schadstoffen im Grundwasser bei punktförmiger Quelle mit konstanter Quellstärke (Prinzipskizze)

Beispiel: gegeben sei

Quellstärke	$J = 10\ \text{mg/s} = 315\ \text{kg/Jahr},$
Fließgeschwindigkeit des Grundwassers	$v_a = 100\ \text{m/Jahr},$
longitudinale Dispersivität	$\alpha_L = 10\ \text{m}.$

Ferner gilt:

$$D_{xx} = D_{dl} = \alpha_L\, v_a$$

$$D_{xx} : D_{yy} : D_{zz} = 1 : 0{,}2 : 0{,}01.$$

Fragestellungen:

1. Wie groß ist die Konzentration im stationären Zustand am Ort x = 100 m, y = 50 m, z = 0 m ?

2. Wie groß ist die maximale Reichweite dieser Konzentration in Fließrichtung ?

3. Zu welcher Zeit betrug die Konzentration am o.g. Ort die Hälfte ?

Zu 1. Der Konzentrationswert errechnet sich aus Gleichung (5.35). Mit den angegeben Werten ergibt sich:

$$R = \sqrt{100^2 + 50^2 \cdot \frac{1}{0{,}2}} = 150\ \text{m}$$

und damit

$$c_{\max} = \frac{315}{4\pi \cdot 150 \cdot \sqrt{200 \cdot 10}} \cdot \exp\left(\frac{100}{2\ 10^3}\,(100 - 150)\right)$$

$$= 0{,}3 \cdot 10^{-3}\ \text{kg} / \text{m}^3 = 0{,}3\ \mu\text{g} / \text{l}.$$

Zu 2. Die maximale Reichweite dieser Konzentration folgt aus Gleichung (5.37):

$$R_{\max} = \frac{315}{4\pi \cdot 0{,}3 \cdot 10^{-3} \cdot \sqrt{200 \cdot 10}} = 1827\ \text{m}.$$

Zu 3. Die Antwort auf den 3. Teil der Frage gibt Gleichung (5.34).

Für die Fehlerfunktion gilt: erfc(0) = 1.
Hieraus folgt: $c/c_{\max} = 0{,}5$ für $R - v_a\, t = 0$, so daß $t = R / v_a$.

Mit den angegebenen Werten erhält man $\quad t = \dfrac{1827}{100} = 18{,}27\ \text{Jahre}.$

5.4.2 Beispiel für diskretisierende (numerische) Modelle

Mit dem letzten Beispiel sind auch die Grenzen eines Taschenrechners nahezu erreicht. Für die im folgenden behandelten Fälle ist nunmehr der Einsatz eines PC erforderlich, womit die Strömungs- und Transportgleichung auf numerischem Wege gelöst werden kann. Generell basieren numerische Lösungsverfahren auf einer Diskretisierung der Werte der Variablen, sowohl in örtlicher als auch in zeitlicher Form. Das kontinuierliche System wird in diskrete Elemente eingeteilt, der zeitliche Ablauf in Zeitschritte, so daß die Systemparameter und auch die Randbedingungen örtlich und auch zeitlich variabel vorgegeben werden können. Bewährte Rechenverfahren sind die Methode der finiten Differenzen und der finiten Elemente. Bei der Methode der finiten Elemente können Dreieckselemente und auch höhere Elementformen verwendet werden. Dies ermöglicht zwar eine flexiblere Anpassung an die geometrischen Gegebenheiten, bedingt jedoch einen höheren Aufwand an Rechentechnik und rechentechnischer Organisation. Die Methode der finiten Differenzen verwendet i. allg. ein quadratisches oder allenfalls ein rechteckiges Raster. Die Speicherkapazität der heutigen Rechner erlaubt eine ausreichend genaue Aufrasterung des Gebietes, so daß dem Differenzenverfahren in den Beispielen der Vorzug gegeben wird. Verwendet wurden die 3D-Modellprogramme GWMOD und MIXCELL (BOOCHS & MULL 1990).

Die Modellkonzeption zur numerischen Berechnung der Stoffausbreitung im Untergrund von Altlasten und Deponien geht zunächst von einer großflächigen Betrachtung (Fernfeld) aus. Sie erfordert folgende Vorgehensweise:

1.   Ermittlung der Ausgangsdaten,
1.1   geometrischer Aufbau des Aquifers (Mächtigkeit etc.),
1.2 k_f - Werte,
1.3   durchflußwirksamer Hohlraumanteil,
1.4   Grundwasserstände,
1.5   Quellstärke für jeden Stoff, der von den Altlastflächen ins Grundwasser gelangt,
1.6   vorhandene Stoffverteilung im Grundwasser,
2.   Übertragung der Daten auf die Fläche,
3.   Berechnung der Fließrichtung und Geschwindigkeit des Grundwassers (Abstandsgeschwindigkeit),
4.   Berechnung von Fließlinien und Fließzeiten,
4.1   Ermittlung der Abstrombereiche von den Altlastflächen,
5.   Berechnung des Stofftransports längs einer Fließlinie,
6.   Darstellung der Stoffkonzentration in Abhängigkeit von Ort und Zeit.

Sorptions-, Reaktions-, und Abbauprozesse im Grundwasser verzögern oder vermindern in der Regel die Ausbreitung der Schadstoffe. Bei einer „Worst-case" Betrachtung, die im Rahmen einer Bewertung von möglichen Deponiestandorten angebracht ist, sollten diese Faktoren zunächst außer acht gelassen werden.

Die nachfolgend aufgeführten praxisbezogenen Beispiele sollen die Unterschiedlichkeit der geologischen und hydraulischen Gegebenheiten aufzeigen und die Vorgehensweise bei den Untersuchungen in der Praxis demonstrieren. Die Beispiele wurden unter folgenden Gesichtspunkten ausgewählt:

- unterschiedliche Geometrie der geologischen Struktur und Grundwassersysteme,

- unterschiedliche hydraulische Parameter der Gesteine,

- Anzahl und Verteilung der Grundwasserbeobachtungsbrunnen zur Ermittlung von Grundwasserfließrichtungen und -geschwindigkeiten,

- Anzahl und Verteilung der Meßstellen zur Feststellung und Überwachung der Schadstoffausbreitung sowie

- Möglichkeiten und Grenzen von Modelluntersuchungen.

5.4.2.1 Fall Kertess

Aufgrund unsachgemäßer Lagerung und leichtfertigen Umgangs mit Chemikalien aller Art gelangten im Stadtgebiet Hannovers auf dem Gelände der ehemaligen Firma Kertess in den 50er und 60er Jahren große Mengen an chlorierten Kohlenwasserstoffen (CKW) in das Grundwasser. Hierbei handelte es sich vorwiegend um Tetrachlorethen (Per) und Trichlorethen (Tri), die als Reinigungs- und Fettlösungsmittel eingesetzt wurden. Eine hydraulische Sicherungsmaßnahme durch Brunnen auf dem Kertessgelände verhindert ab Mitte der 80er Jahre zwar das weitere Austreten der Schadstoffe aus der Quelle. Durch die natürliche Grundwasserströmung bewegen sich die bereits ausgetretenen Schadstoffe jedoch weiter in Richtung der Vorfluter Leine und Ihme. Die Ausgangsstoffe werden zwar abgebaut, z. T. sind die Metabolite jedoch gefährlicher als die Ausgangsstoffe. Aus diesem Grund ist hier nicht ein einzelner Stoff, sondern die Summe der CKW zu betrachten. Die Frage ist nun, wie sich die im Grundwasser befindlichen CKW in Zukunft ausbreiten und wie durch künstliche Maßnahmen (Sanierungsbrunnen) die CKW-Konzentration reduziert werden kann.

Geologischer Aufbau, k_f-Werte und durchflußwirksamer Hohlraumanteil:
Der geologische Aufbau des Untersuchungsgebietes geht aus zahlreichen Bohrungen hervor, die für verschiedene Zwecke abgeteuft wurden. Als Beispiel sind in *Abb. 5.14* Bohrprofile dargestellt, die im Rahmen des U-Bahnbaus erstellt wurden. Für die Berechnung der k_f- Werte wurde die in *Tab. 5.8* gegebene Zuordnung zwischen den in den Bohrprotokollen aufgeführten Bodenklassen und der jeweiligen Durchlässigkeit verwendet.

Tabelle 5.8: Abschätzung des k_f- Wertes und des durchflußwirksamen Hohlraumanteils n_a an Hand der Bodenklassifizierung

Bodenart	Symbol	k_f-Werte [m/s]	Hohlraumanteil n_a
Grobkies	gG	$1\ 10^{-2}$	
Mittelkies	mG	$1\ 10^{-3}$	0,25
Feinkies	fG	$8\ 10^{-4}$	0,19
Grobsand	gS	$1\ 10^{-3}$	0,20
Mittelsand	mS	$1\ 10^{-4}$	0,22
Feinsand	fS	$6\ 10^{-5}$	0,18
Schluff	U	$1\ 10^{-7}$	0,10
Ton	T	$1\ 10^{-10}$	

Die in der *Tab. 5.8* angegebenen k_f- Werte basieren auf den in Kap. 5.3.1 (*Tab. 5.1*) angegebenen Werten. Diese wurden jedoch etwas modifiziert, da bei den Literaturwerten jeweils nur die Hauptklassen berücksichtigt werden, die Durchlässigkeit aber wesentlich von den Nebenkomponenten bestimmt werden kann. Erfahrungsgemäß enthalten die in den Bohrprotokollen aufgeführten, als gut durchlässig bezeichneten Schichten fast immer geringdurchlässige Nebenkomponenten, was bei der in *Tab. 5.8* gegebenen Zuordnung berücksichtigt wurde. So wurde z. B. für Grobsand und Mittelkies die gleiche Durchlässigkeit angesetzt, da die in den Bohrprotokollen als reiner Kies bezeichneten Schichten fast immer geringdurchlässige Nebenkomponenten enthalten. Die Abschätzung des durchflußwirksamen Hohlraumanteils wurde ebenfalls an Hand der Bodenklassifizierung durchgeführt. Die in der *Tab. 5.8* verwendete Zuordnung wurde in Anlehnung an die bei DAVIS & DE WIEST (1966) gegebenen Werte vorgenommen.

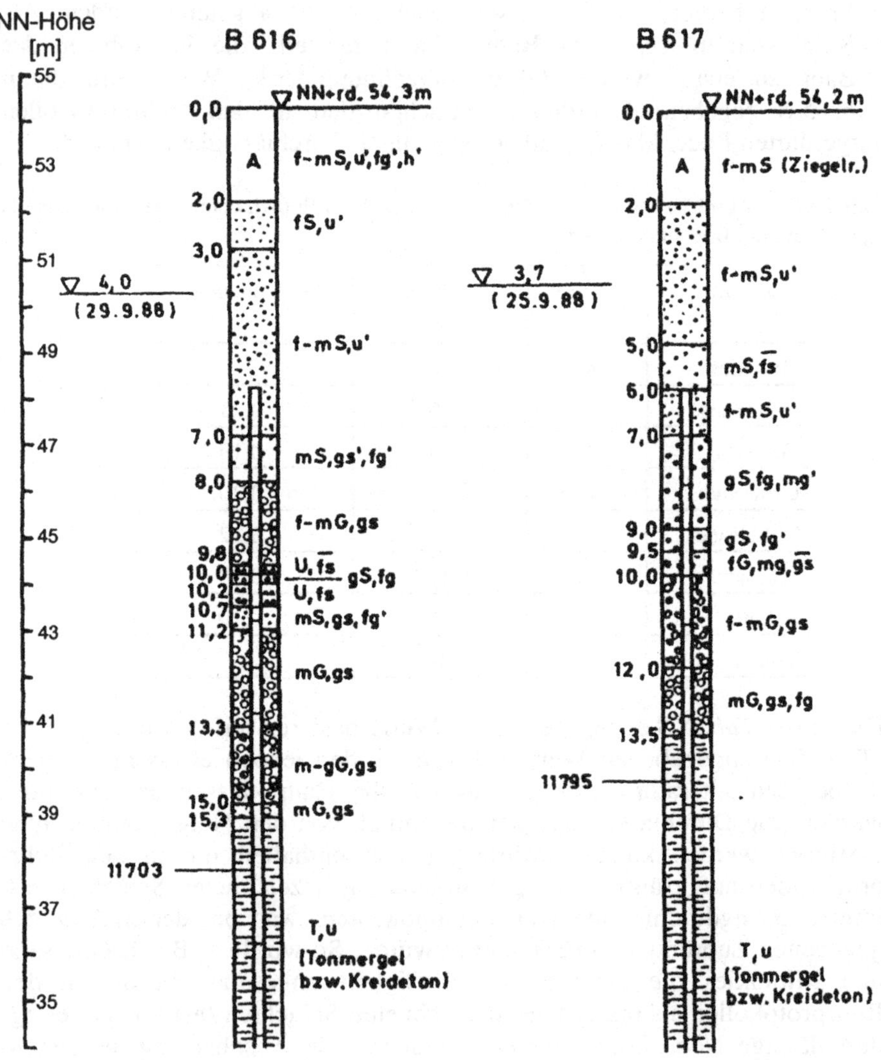

Abb. 5.14: Kertess, ausgewählte Bohrprofile

Die mittlere, horizontale Durchlässigkeit und der mittlere durchflußwirksame Hohlraumanteil des betrachteten Aquifers ergibt sich nach Gleichung (5.38) aus der mit der Mächtigkeit gewichteten Summe der k_f-Werte bzw. n_a - Werte der einzelnen Schichten.

$$k_f = \frac{1}{m} \sum_i k_{fi}\, m_i \qquad\qquad (5.38)$$

mit $\quad m \qquad$ Gesamtmächtigkeit des Grundwasserleiters,

$\qquad\quad m_i \qquad$ Mächtigkeit der einzelnen Schichten,

$\qquad\quad k_{fi} \qquad$ Durchlässigkeit der einzelnen Schichten.

In dieser Formel wird sowohl die Durchlässigkeit als auch die Mächtigkeit der einzelnen Schichten berücksichtigt. Schichten geringer Durchlässigkeit oder geringer Mächtigkeit tragen entsprechend weniger zur Gesamtdurchlässigkeit bei. Man erhält somit einen integralen Durchlässigkeitskoeffizienten an dem jeweils betrachteten Ort des Grundwasserleiters. In *Tab. 5.9* sind die aus den Bohrprofilen ermittelten Parameter für die ausgewerteten Bohrungen tabellarisch zusammengestellt.

Tabelle 5.9: k_f-Werte und Transmissivitäten T des GW-Leiters

Bohrung	Rechts	Hoch	Basis [mNN]	Mächtigkeit [m]	k_f (x 10^{-3}) [m/s]	T (x 10^{-2}) [m²/s]
B616	3550820	5805230	39,00	15,30	1,81	2,77
B617	3551140	5805020	40,80	13,50	1,97	2,66
B618	3551270	5804800	39,50	14,30	2,11	3,02
B619	3551400	5804600	39,80	14,50	2,43	3,52
B620	3551280	5804470	40,00	14,50	3,21	4,65

Die Werte wurden durch Auswertung von Pumpversuchen ergänzt.

Grundwasserstände und CKW - Konzentrationen im Grundwasser: Die Grundwasserstände im Stadtgebiet Hannovers werden regelmäßig in 14 bis 30tägigen Abständen an über 200 Beobachtungsbrunnen gemessen. Die Konzentration der chlorierten Kohlenwasserstoffe wurde in Wasserproben aus 32 Brunnen ermittelt. Zur Verfügung standen Daten aus den Jahren 1992 und 1995. Die Lage der Meßstellen im Untersuchungsgebiet ist in *Abb. 5.15* gegeben.

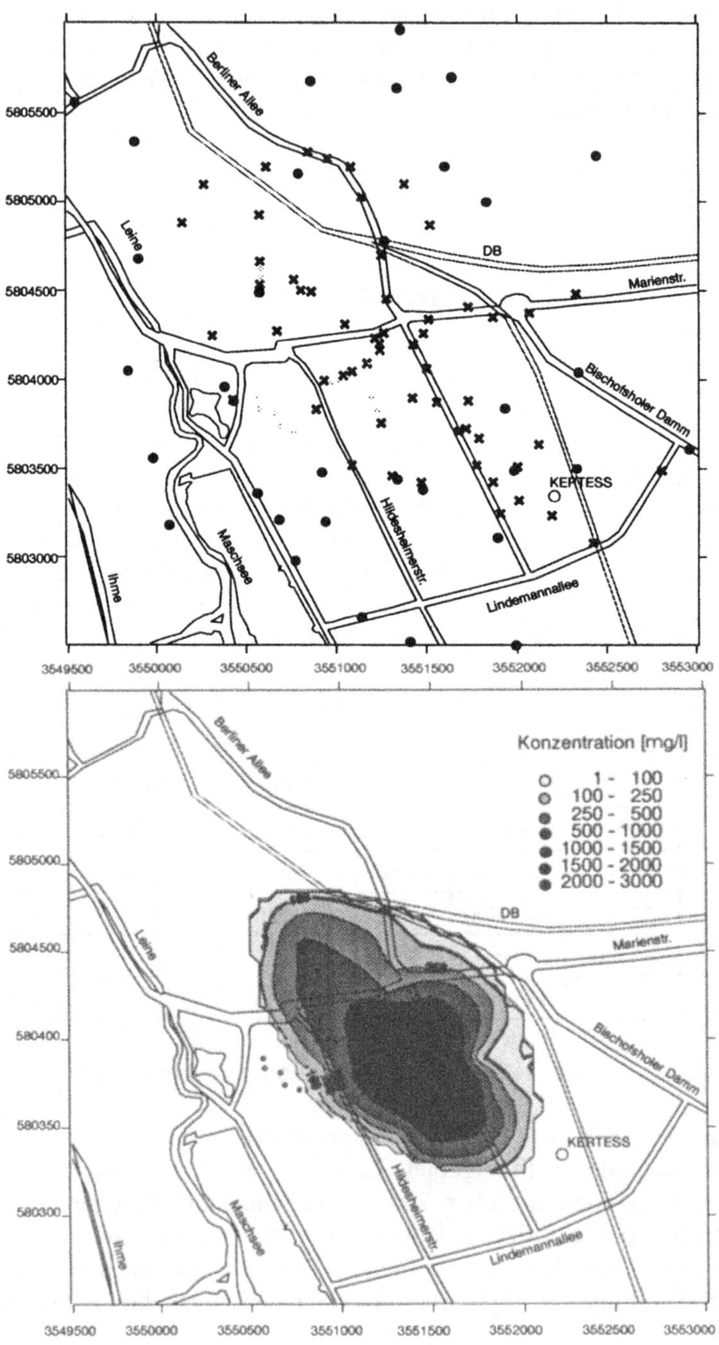

Abb. 5.15: *Oben* Kertess, Lage der Meßstellen, O - GW-Stände, × - GW-Güte
Abb. 5.16: *Unten* Kertess, Gemessene CKW-Verteilung 1/95 [µg/l] (Anfangszustand)

Übertragung der Daten auf die Fläche: An dieser Stelle ist anzumerken, daß es generell schwierig ist, aus punktförmig gemessen Werten eine räumliche Verteilung abzuleiten. Zum einen hängt dies von der Verteilung und Filtertiefe der Meßstellen, zum anderen von der Interpolationsmethode ab. Meistens hat man keine Meßwerte unmittelbar unter bzw. am Abstromrand der Altlasten, an denen die höchsten Konzentrationen auftreten. Hier müssen zumeist Schätzwerte als Stützstellen herangezogen werden, da sonst die Lage der Altablagerungen nicht sichtbar wird. Zum anderen stammen die Wasserproben aus unterschiedlichen Tiefen und werden zu unterschiedlichen Zeiten genommen, wodurch man „irgendwie" gemittelte Werte erhält. Zusätzlich werden die Schadstoffe dann je nach Interpolationsverfahren mehr oder weniger stark über die Fläche „verschmiert".

Als Beispiel soll die in *Abb. 5.16* dargestellte CKW-Verteilung dienen. Die Darstellung basiert auf einem quadratischen Raster mit einer Maschenweite von $\Delta x = 50$ m. Zur Interpolation der Meßwerte auf das Raster wurde das Kriging-Verfahren verwendet, wobei zusätzliche Stützstellen mit Nullwerten hinzugefügt wurden, da sonst die Werte zu stark in die unbelasteten Bereiche verschmiert werden. Grob gesehen ist der kontaminierte Bereich ellipsenförmig mit einem Schwerpunkt zwischen der Hildesheimer- und der Sallstraße. Hier treten mit ca. 2 000 µg/l die größten CKW-Konzentrationen auf. Die Hauptachse der „CKW-Ellipse" verläuft nahezu parallel zu den genannten Straßen und hat eine Ausdehnung von ca. 2,5 km.

Modelleinsatz: Die weiteren Untersuchungen galten der Berechnung von zukünftigen Verteilungen der Schadstoffe im Untergrund. Hierzu wurde ein mathematisch-numerisches Grundwasserströmungs- und Transportmodell eingesetzt. Das Strömungsmodell gestattet die Berechnung der Grundwasserströmung und der Grundwasserstände in einem größeren Gebiet. Vorzugeben sind die Transmissivität des Grundwasserleiters und die Grundwasserneubildungsrate im Untersuchungsgebiet. Die Ermittlung dieser Parameter und damit die Anpassung des Modells an die natürlichen Gegebenheiten erfolgt mittels einer Eichung. Mit dem geeichten Modell ist es möglich, Veränderungen von Grundwasserständen und -strömungen, die durch die Entnahme aus den Sanierungsbrunnen hervorgerufen werden, zu ermitteln. Das Transportmodell benötigt die Vorgabe von Grundwasserfließrichtung und -geschwindigkeit aus dem Strömungsmodell sowie die Ausgangsverteilung der Inhaltsstoffe aus Messungen. Berechnet werden die zeitliche Veränderung der Schadstoffverteilung und die Stofffrachten.

Prognoserechnungen: Die Prognoserechnungen hinsichtlich der Stoffausbreitung erfolgten unter der Annahme stationärer Grundwasserströmungen. Ausgegangen wurde dabei von dem in *Abb. 5.17* dargestellten Grundwassergleichenplan. Wie die eingezeichneten Fließvektoren zeigen, verläuft die Hauptfließrichtung des Grundwassers von Ost nach West zu den Vorflutern.

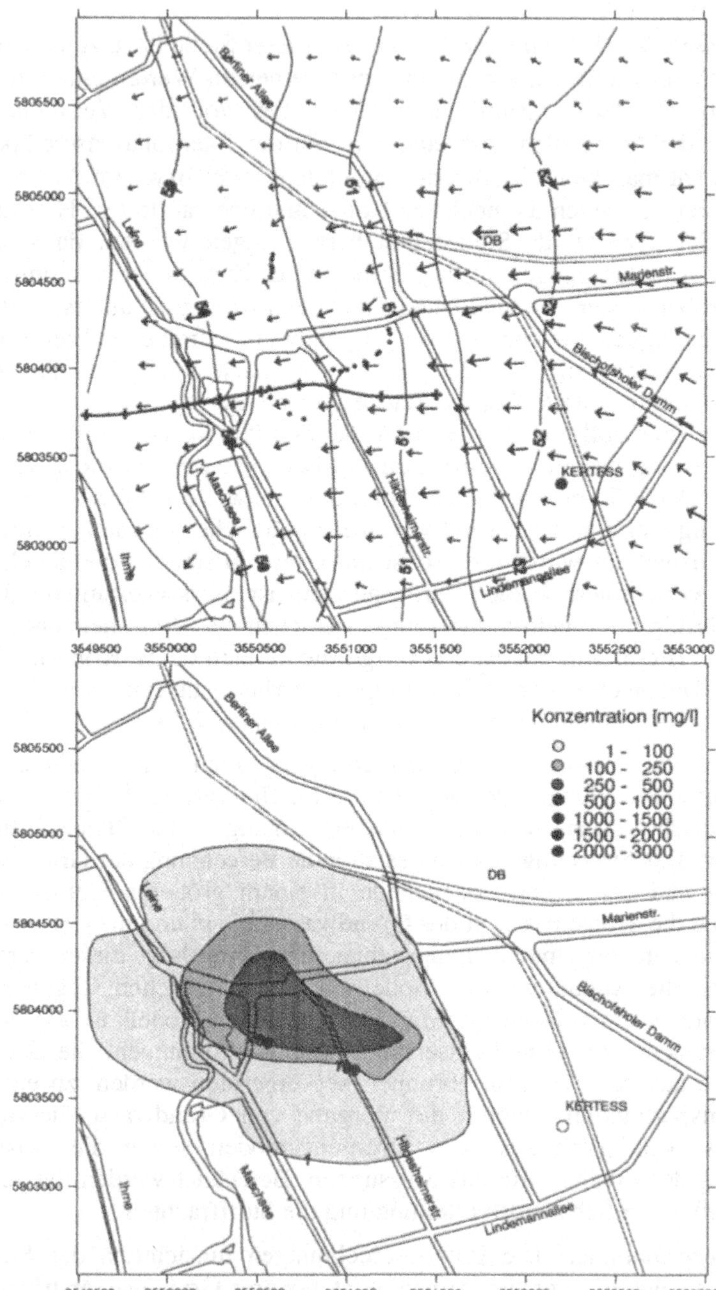

Abb. 5.17: *Oben* Kertess, Grundwassergleichen, Fließweg und Fließzeit ($\Delta t = 2$ Jahre) des CKW-Maximums

Abb. 5.18: *Unten* Kertess, berechnete CKW-Verteilung nach 6 Jahren [µg/l] mit Sanierungsbrunnen im Kontaminationszentrum, Förderrate 100 [l/s]

In *Abb. 5.17* sind auch die Fließlinie und die Fließzeiten des Maximums der CKW-Konzentration eingezeichnet. Ohne Sanierungsmaßnahmen wird das Maximum nach mehr als 20 Jahren die Ihme erreichen.

Abb. 5.18 zeigt die berechnete Konzentrationsverteilung nach 6 Jahren. Das Maximum der CKW-Konzentration liegt nunmehr bei 1600 µg/l. Der schnellste Sanierungserfolg wird erzielt, wenn das Grundwasser direkt im Zentrum des kontaminierten Bereiches in großer Menge abgepumpt wird. Die Berechnung mit einer Brunnengalerie im derzeitigen Zentrum der Kontamination zeigt, daß bei einer Entnahme von 100 l/s das Maximum der CKW-Konzentration nach 6 Jahren unter 500 µg/l liegt. Diese hohe Entnahme wurde anläßlich des Baus der U-Bahnstrecke Marienstraße getätigt. Die Maßnahme ist jedoch abgeschlossen. Die derzeitige Förderrate der Sanierungsbrunnen im Bereich der Großen Barlinge / Kleine Düwelstr. liegt bei 30 l/s. Dementsprechend geringer wird auch der Sanierungserfolg sein.

Bei den durchgeführten Berechnungen wurde eine Dispersivität von 10 m und ein Retardierungsfaktor von 2 konstant über das gesamte Modellgebiet angesetzt. Die Dispersivität wurde entsprechend der Länge des Fließweges (s. Kap. 5.3, *Abb. 5.8*) ausgewählt. Der Retardierungsfaktor ergab sich aus einem Vergleich der Grundwasserbeprobungen von 1992 und 1995.

5.4.2.2 Fall Glinde

Die *Abb. 5.19* zeigt mehrere Altablagerungen in der Nähe von Pumpbrunnen, aus denen Grundwasser für die öffentliche Trinkwasserversorgung gefördert wird. Der geologische Aufbau des Gebietes ist recht kompliziert. Bei dem in *Abb. 5.20* dargestellten geologischen Profil lassen sich zwei geologische Formationen unterscheiden: Quartär und Tertiär. Obgleich die Sedimente des Quartärs und des Tertiärs mehrere grundwasserführende Schichten umfassen, können sie grob als oberer und unterer Grundwasserleiter angesehen werden. In einigen Bereichen sind beide durch pleistozäne Rinnen miteinander verbunden. Deutlich wird dies an den in *Abb. 5.21a* und *b* dargestellten Grundwassergleichenplänen. Im oberflächennahen Grundwasserstockwerk sind zwei Absenktrichter in der Umgebung der Förderbrunnen Br 9 und Br 7 zu erkennen. Beide Brunnen sind jedoch in dem tieferen Stockwerk verfiltert. Die Erklärung hierfür ist, daß in diesem Bereich ein enger hydraulischer Kontakt zwischen beiden Stockwerken besteht und das Grundwasser vom oberen in das untere Grundwasserstockwerk fließt.

Alle Altablagerungen befinden sich im oberen Grundwasserleiter und werden teilweise vollständig von Grundwasser durchströmt. Eine Vielzahl von Schadstoffen wird herausgelöst und mit dem Grundwasserstrom ins Umfeld transportiert. In den letzten Jahren wurden etwa 55 Beobachtungsbrunnen gebohrt um die Grundwasserqualität zu untersuchen. In der ersten

Stufe der Untersuchungen wurde Chlorid als Leitstoff ausgewählt. Es wurde versucht, die derzeit existierende räumliche Verteilung des Chlorids zu ermitteln. Die Übertragung der gemessenen Werte auf die Fläche war ähnlich schwierig wie im zuvor geschilderten Beispiel. Auch hier mußten für die Interpolation zusätzliche Stützstellen eingefügt werden. Da auf den Gebieten der Altablagerungen keine Meßwerte vorlagen, man aber davon ausgehen kann, daß hier die höchsten Werte vorliegen, wurde für diese Flächen ein Chloridgehalt von 350 mg/l angesetzt. Bei diesem Wert handelt es sich um einen Erfahrungswert für die Chloridkonzentration des Sickerwassers von Hausmülldeponien. *Abbildung 5.22* zeigt die nach mehreren Versuchen erzeugte „beste" Chloridverteilung für das Untersuchungsgebiet. Die Modellrechnungen zur Nachbildung dieser Verteilung wurden mit einem 2-schichtigen Strömungs- und Transportmodell durchgeführt. Als Anfangsbedingung wurde nur auf den Altlastflächen im oberen Grundwasserleiter eine Schadstoffbelastung vorgegeben. Alle Flächen erhielten den gleichen Wert von 350 mg/l (100 %).

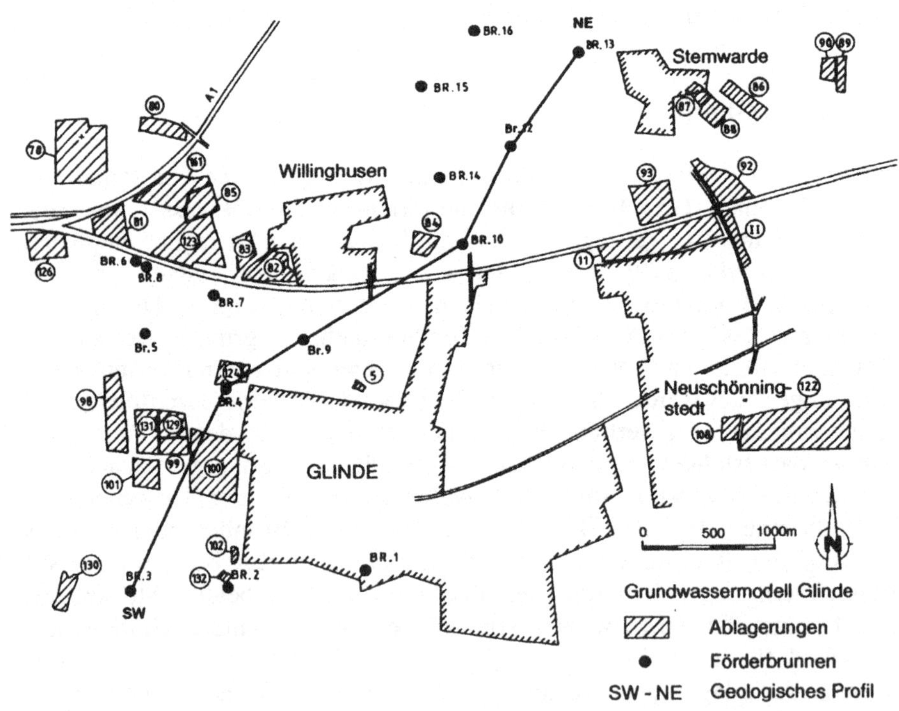

Abb. 5.19: Glinde, Untersuchungsgebiet und Lage des geologischen Schnitts

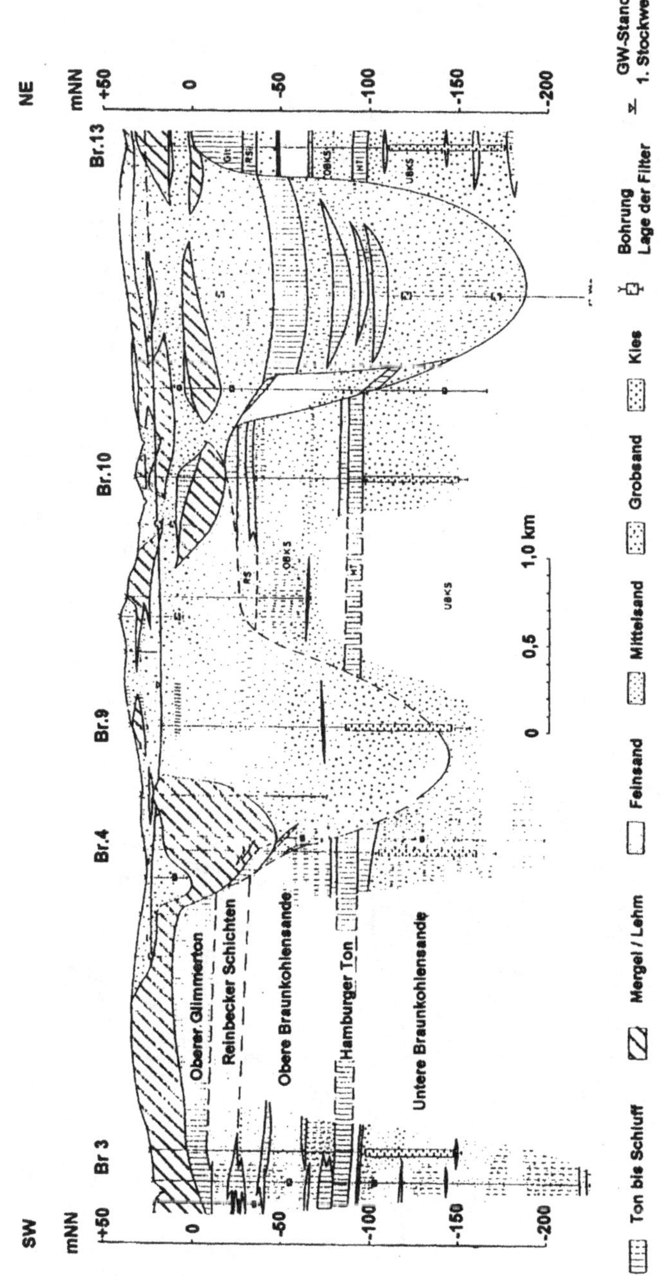

Abb. 5.20: Glinde, geologischer Schnitt Südwest - Nordost

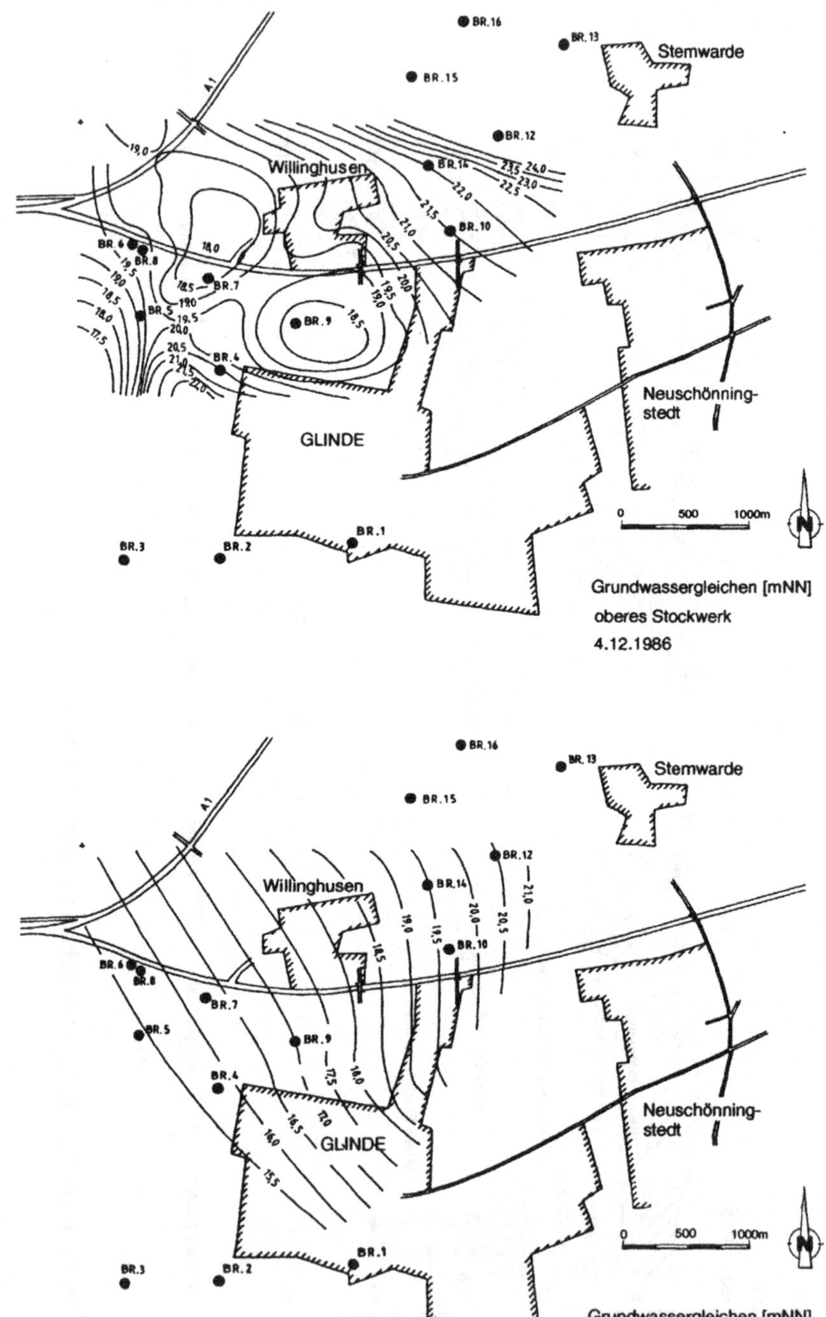

Abb. 5.21a: Glinde, Grundwassergleichenplan oberes Stockwerk
Abb. 5.21b: Glinde, Grundwassergleichenplan unteres Stockwerk

Die sich mit diesen Bedingungen im oberen und im unteren Stockwerk ergebende maximale Schadstoffausbreitung ist in den *Abb. 23a* und *b* dargestellt. Vergleicht man die „gemessene" und die berechnete Schadstoffverteilung miteinander, so ist nur eine recht grobe Übereinstimmung festzustellen. Hierbei ist jedoch zu bedenken, daß generell eine Vergleichbarkeit der „gemessenen" Schadstoffverteilung mit der Modellrechnung nur in beschränktem Maße möglich ist. Die Gründe hierfür sind sowohl die Vielzahl der Unbekannten in der Modellrechnung als auch die Ungenauigkeit der „gemessenen" Schadstoffverteilung, auf die oben bereits eingegangen wurde. Die hier erzielte Genauigkeit ist für eine erste Einschätzung jedoch ausreichend. Wie *Abb. 5.23b* zeigt, erreicht die Schadstoffkonzentration im Bereich des Brunnens 9 weniger als 20 % der Maximalkonzentration im Sickerwasser unter den Deponieflächen.

Ein wichtiges Kriterium für die Beurteilung der Gefährdung der Wasserqualität in den Förderbrunnen ist, neben dem Maximalwert, der zeitliche Verlauf des Konzentrationsanstiegs im Förderwasser der Brunnen Br. 4, Br. 7 und Br. 9. Er ist in *Abb. 5.24a* und *b* dargestellt.

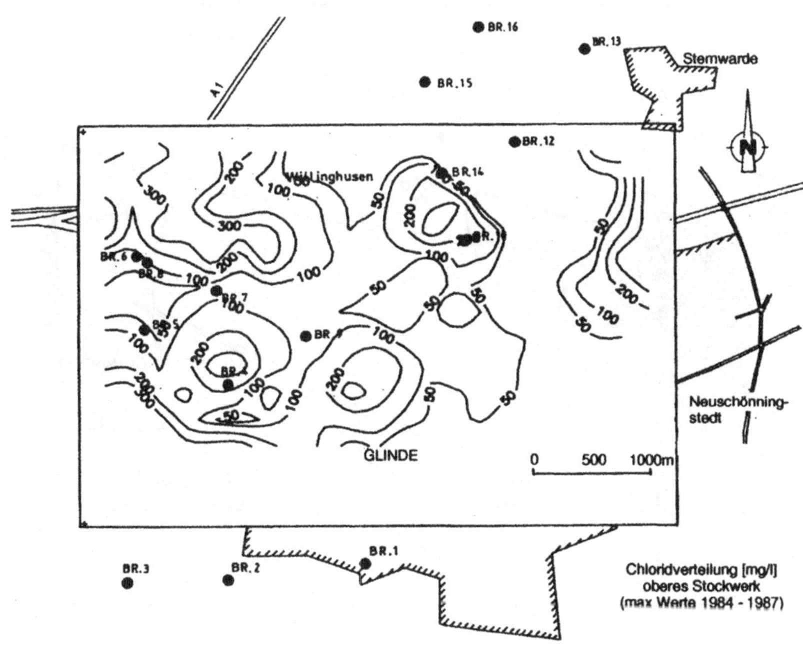

Abb 5.22: Glinde, gemessene Chloridverteilung

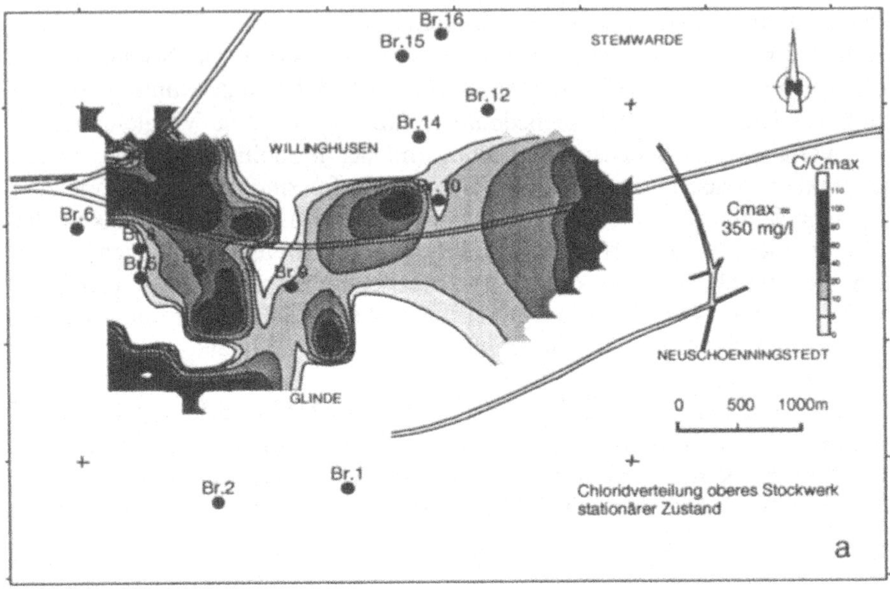

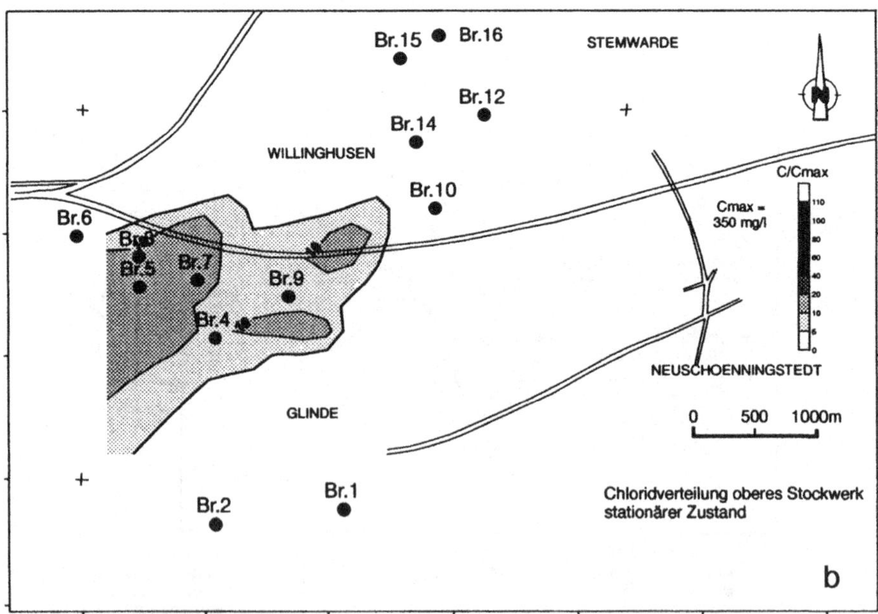

Abb. 5.23: a Glinde, berechnete Chloridverteilung oberes Stockwerk. **b** Glinde, berechnete Chloridverteilung unteres Stockwerk

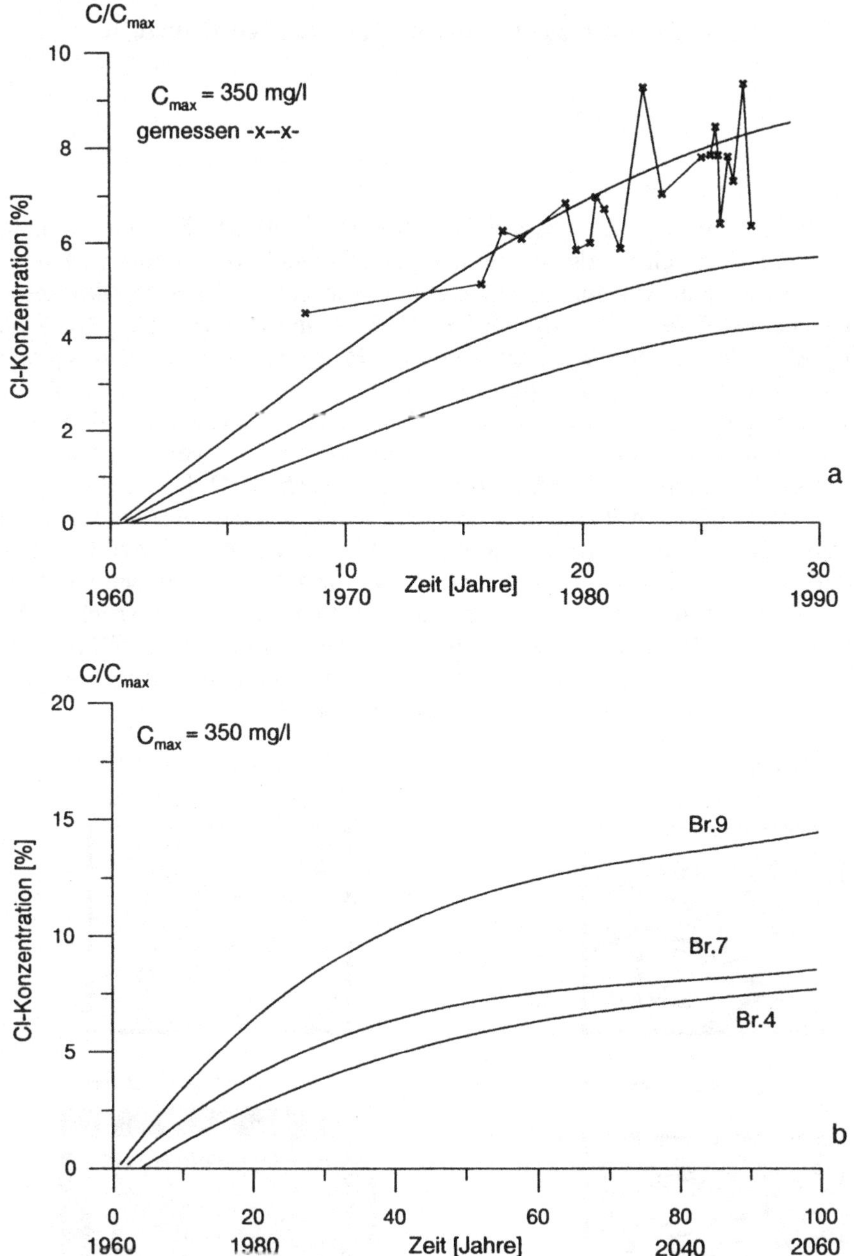

Abb. 5.24: a Glinde, Zeitlicher Verlauf der Chloridkonzentration in kritischen Förderbrunnen Zeitraum 1960 - 1990. **b** Zeitlicher Verlauf der Chloridkonzentration in kritischen Förderbrunnen Zeitraum 1960 - 2060

5.4.3 Strömungs- und Transportmodelle im Kluftgestein

THOMAS LEGE

Bei der Strömungs- und Transportsimulation in geklüfteten Medien kommen je nach Lage und Größe des interessierenden Gebietes verschiedene Modellkonzeptionen zur Anwendung. Generell lassen sich zwei Modellkonzepte unterscheiden (*Abb. 5.25*): *Kontinuum-Modelle* und *diskrete Kluft-Modelle*. Kluft-Modelle werden eingesetzt, wenn die Prozesse im Berechnungsgebiet maßgeblich durch die Klüftung beherrscht werden und eine explizite Betrachtung der Klüfte erfordern. Eine Erweiterung des Kluftmodells ist das kombinierte *Kluft-Matrix-Modell*. Es wird angewandt, wenn bedeutsame Wechselwirkungen (z. B. Matrixdiffusion) zwischen Kluft und Gesteinsmatrix beobachtet werden. Der Einsatz eines *Kontinuum-Modells* setzt voraus, daß sich die relevanten Kenngrößen bereichsweise sinnvoll mitteln lassen. Die Erweiterung zum *Mehrkontinua-Modell* wird bei der Existenz von Kluftnetzen auf verschiedenen Skalenebenen erforderlich. Die Kluftnetze werden jeweils getrennt in äquivalente Kontinua überführt. Eine neuere und ausführliche deutschsprachige Ausarbeitung zu Strömungs- und Transportprozessen im Kluftgestein findet sich bei KOLDITZ (1997).

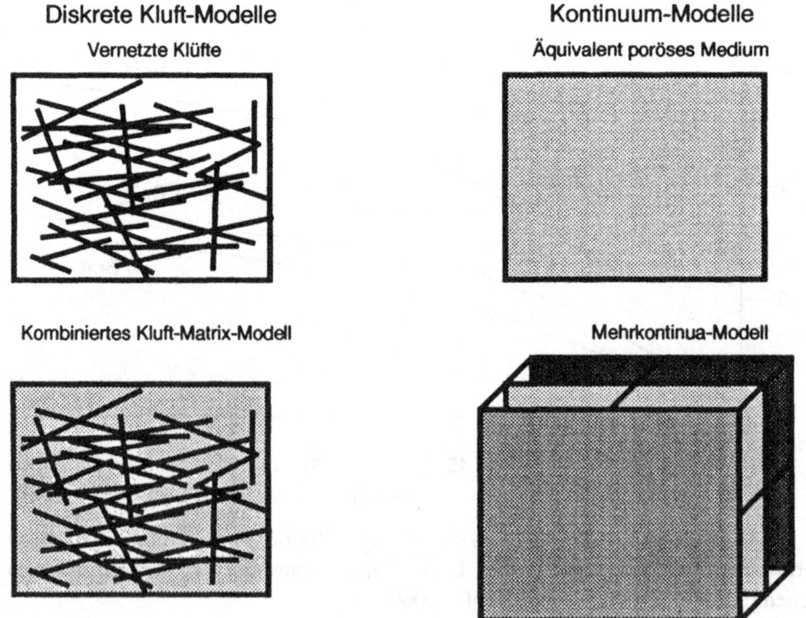

Abb. 5.25: Verschiedene Modellkonzepte für geklüftete Grundwasserleiter

5.4.3.1 Äquivalentes poröses Kontinuum

Um im Modell ein geklüftetes Gestein durch ein äquivalentes poröses Kontinuum zu ersetzen, muß nachgewiesen werden, daß das Ersatzsystem dieselben hydraulischen und transportrelevanten Eigenschaften besitzt wie das Ausgangssystem. Grundlage hierfür ist die Existenz eines repräsentativen Elementarvolumens (REV) (BEAR 1972). Bei der Bildung des REVs werden die physikalischen Eigenschaften des Aquifers nicht mehr an jedem Punkt betrachtet, sondern es werden Mittelwerte über ein Volumen gebildet. Diese Mittelwerte bilden die Kenngrößen des Aquifers im REV. Entscheidend ist die Abmessung des REV: Es muß einerseits sehr viel kleiner als das Berechnungsgebiet sein, da sonst die durchgeführte Mittelung keine Aussagen für einen Punkt innerhalb des Gebietes zuläßt. Andererseits muß das REV genügend groß sein, um darin eine hinreichende Vermischung zu gewährleisten, deren Ergebnis durch mittlere Größen dargestellt werden kann. Die Anforderungen an ein REV im klüftigen Gestein benennt WOLLRATH (1990) mit:

- Das REV muß sehr viel kleiner als das Berechnungsgebiet sein.

- Das REV muß eine genügend große Anzahl hydraulisch aktiver, vernetzter Klüfte enthalten.

- Eine geringfügige Änderung der Größe des REVs darf zu keiner Änderung der das REV definierenden Kennwerte führen.

Als Orientierungsgröße für die Größe des REVs kann für die Zwecke der numerischen Modellierung der Diskretisierungsabstand angesehen werden. Für viele Kluftaquifere, die nur wenige hydraulische Verbindungen aufweisen, ist es allerdings nicht möglich, ein REV zu finden.

5.4.3.2 Mehrkontinua-Modelle

Ein weiterer Modellansatz zur Erfassung der Heterogenität von Kluftgrundwasserleitern ist das Mehrkontinua-Modell. Liegen Kluftnetze in verschiedenen Skalenbereichen vor und läßt sich für jedes Kluftnetz ein geeignetes REV finden, so können die verschiedenen Kluftsysteme jeweils getrennt durch ein äquivalentes Kontinuum schematisiert werden. Gleiches gilt für ein permeables Gestein, das von Klüften durchzogen wird: Die Gesteinsmatrix und das Kluftnetzwerk werden durch miteinander gekoppelte Kontinua repräsentiert. Die Strömungs- und Transportprozesse werden gemäß einer von BARENBLATT et al. (1960) vorgeschlagenen Methode mit Hilfe von Austauschtermen gekoppelt. Das Verfahren ist auch unter den Begriffen Double- oder Dual-Porosity-Verfahren bekannt. In Erweiterung dieser

Methode können in einem Multiple-Porosity-Verfahren auch mehr als zwei Kontinua gebildet werden (NARASIMHAM 1982).

HEER et al. (1994) modellieren mit einem Dual-Porosity-Verfahren den Transport eines Tracers in einer Lamprophyrzone im Felslabor Grimsel. Weitere typische geologische Formationen, die durch Mehrkontinua-Modelle abgebildet werden können, sind poröse, geklüftete Sandsteine, Karstaquifere (TEUTSCH & SAUTER 1991) und Lockergesteinsablagerungen mit gering-durchlässigen Einlagerungen (Tonlinsen, Schluffbänder) (KOBUS et al. 1992).

5.4.3.3 Diskrete Klüfte

Werden die Strömungs- und Transportvorgänge von Klüften oder Kluft-scharen dominiert, können die einzelnen Klüfte unter Vernachlässigung der Felsmatrix mit einem diskreten Einzelkluft- oder Kluftnetzwerkmodell be-schrieben werden. Dieses Vorgehen ist jedoch nur dort sinnvoll, wo ausrei-chend genaue Informationen über die Lage der Klüfte und ihre hydraulischen und transportwirksamen Eigenschaften vorliegen. Ein Beispiel für ein Einzelkluftmodell findet sich im Bd. 2, Kap. 6.5.

Ein erster Schritt zur Transportsimulation in einem Kluftnetzwerkmodell wurde im Rahmen des Bohrlochkranzversuchs im Felslabor Grimsel (LIEDTKE & ZUIDEMA 1988) von KRÖHN & PERL (1989) mit einem Finite-Elemente-Ansatz getan. Im Granit des Grimselgebietes wurden zwei Kluftscharen identifiziert. Beide Kluftscharen bestehen aus einer Anzahl von Einzelklüften, die im Zuge der Modellbildung zu zwei einzelnen Klüften idealisiert werden. Die Klüfte schneiden sich unter einem Winkel von 10° und sind durch eine Bohrung hydraulisch miteinander verbunden. Die Durchlässigkeit ist mit $9 \cdot 10^{-5}$ m/s und die Kluftöffnungsweite beider Klüfte mit 2 mm angegeben. Bei der Diskretisierung der beiden Klüfte ist zu beachten, das die Verschneidungslinie mit Elementkanten zusammenfällt. Im transportrelevanten Strömungsbereich wird eine Elementgröße von $1 \cdot 1$ m^2 gewählt. Im stationären Zustand verläßt Gebirgswasser das Kluftsystem mit einer Rate von 2 l/min durch die Bohrung und strömt vom oberen Rand beider Kluftebenen unter dem Druck einer Standrohrspiegelhöhe von 400 m nach. Mit dem Durchstoßungspunkt der zweiten Bohrung als Mittelpunkt wird in Kluft II eine kreisförmige initiale Stoffverteilung eingebracht. Der isotrope Dispersionskoeffizient wird mit 10^{-5} m^2/s angenommen.

Die Standrohrspiegelhöhenverteilung (*Abb. 5.26*) zeigt, daß das Wasser über den langgestreckten Bereich der oberen Berandung zuströmt. In Bohr-lochnähe erkennt man sehr eng beieinander liegende Isolinien, was auf hohe Strömungsgeschwindigkeiten hindeutet. Das hydraulische Regime führt auch zu Strömungen via Verschneidungslinie von Kluft II zu Kluft I. In der *Abb. 5.27* erkennt man, wie die anfänglich kreisförmige Stoffverteilung

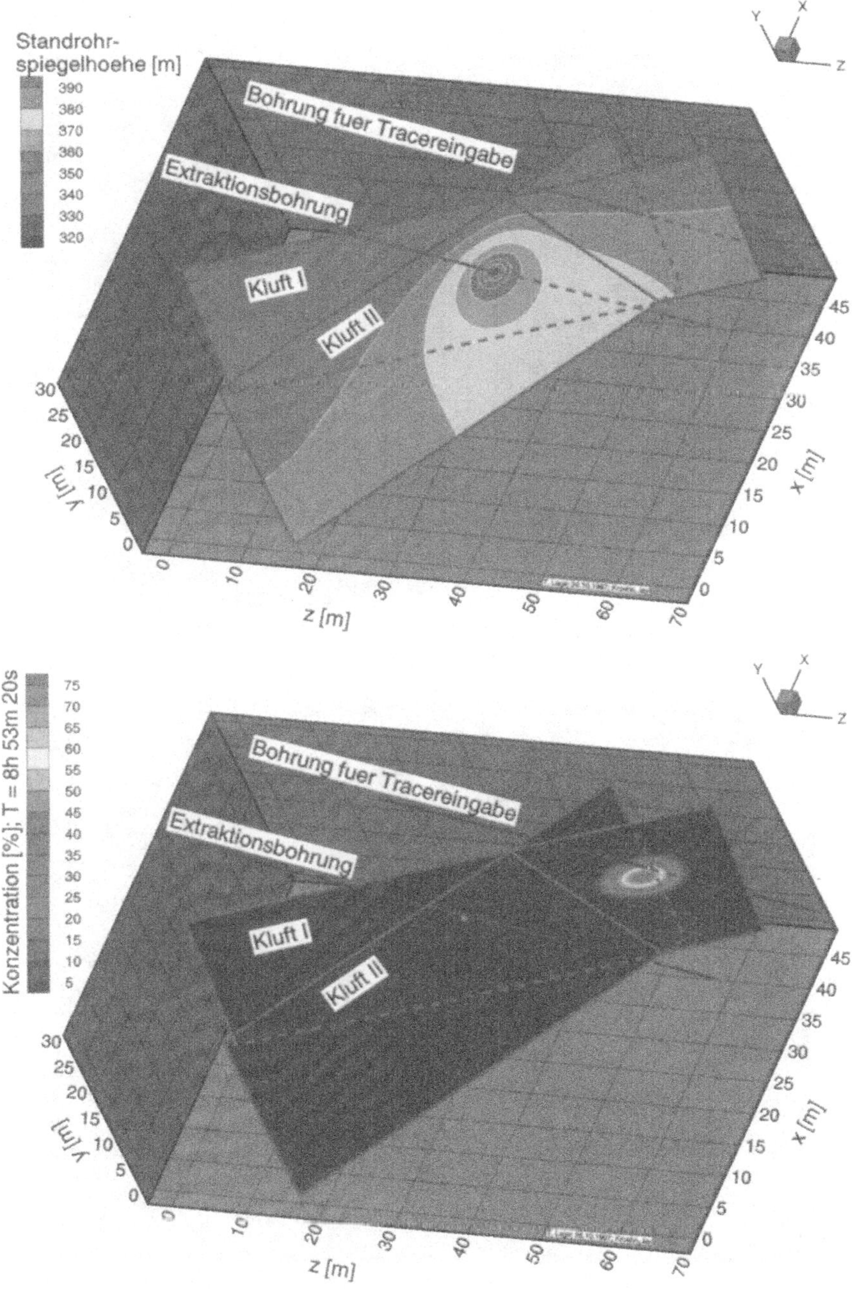

Abb. 5.26: *Oben* Verteilung der Standrohrspiegelhöhen
Abb. 5.27: *Unten* Konzentration in % der Ausgangskonzentration knapp 9 Stunden nach Beginn der Tracereingabe

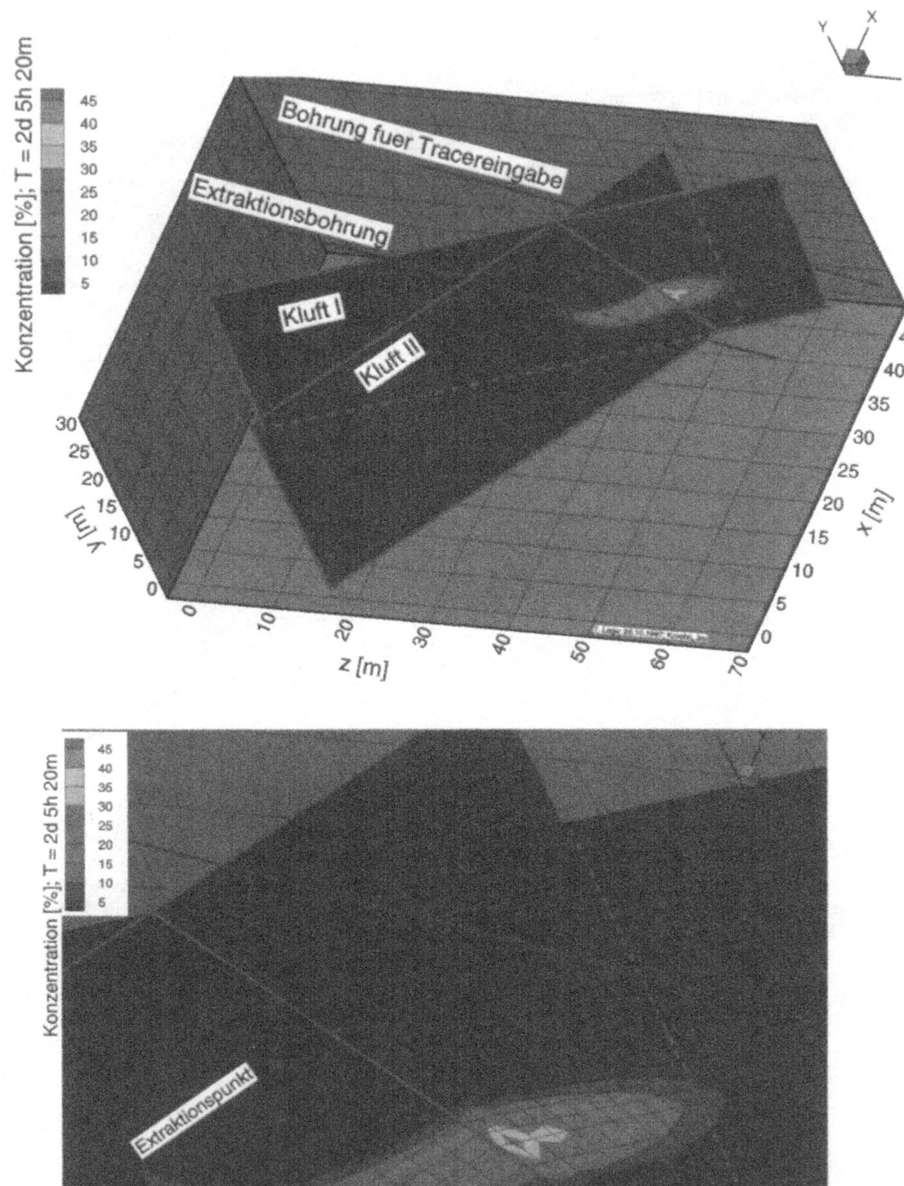

Abb. 5.28: *Oben* Konzentration in % der Ausgangskonzentration ca. 2 Tage nach Tracereingabe

Abb. 5.29: *Unten* Konzentration in % nach Tracereingabe, Ausschnittsvergrößerung von Abb. 5.28

bereits nach knapp 9 h ihre Form verliert. In *Abb. 5.28* und der Vergrößerung in *Abb. 5.29* ist dargestellt, wie die Konzentrationswolke über die Verschneidungslinie hinweg zur Extraktionsbohrung bewegt wird. Dabei nimmt die Transportgeschwindigkeit von $8{,}7 \cdot 10^{-5}$ m/s auf $4{,}5 \cdot 10^{-4}$ m/s in unmittelbarer Nähe der Entnahmestelle zu. Aus Stabilitätsgründen muß das Courant-Kriterium (Bd. 2, Kap. 6.3) an der Front des transportierten Stoffes immer eingehalten werden. Daher ist im Verlauf der Rechnung die Zeitschrittweite immer weiter zu reduzieren.

Liegen aus statistischen Auswertungen charakteristische Verteilungsfunktionen der Kluftparameter vor, so lassen sich auf dieser Basis deterministische (z. B. KOLDITZ 1994), fraktale (z. B. KOSAKOWSKI 1996) oder stochastische Kluftnetzwerkmodelle (z. B. WOLLRATH & ZIELKE 1990, WENDLAND 1996) bilden. Weiterführende Informationen und Literaturhinweise zu Kluftnetzwerkmodellen finden sich bei SAHIMI (1995) und KOLDITZ (1997).

5.4.3.4 Kombiniertes Kluft-Matrix-Modell

Reine Kluftnetzwerkmodelle beschränken sich auf den Transport konservativer Schadstoffe und vernachlässigen die Matrixdiffusion. Für die Bestimmung der Langzeitsicherheit von Deponien und Altlasten ist die Berücksichtigung dieser Wechselwirkung zwischen Kluft und Gesteinsmatrix unbedingt notwendig. Die numerische Modellierung mit einem kombinierten Kluft-Matrix-Modell erfordert die vollständige Diskretisierung der Gesteinsmatrix. Damit können für Standortuntersuchungen Modelle in einer Größenordnung entstehen, die einen hohen Aufwand an Rechenleistung und Preprozessing verursachen. Allein der Diskretisierungsaufwand für praktisch relevante Modellgebiete ist bereits erheblich. Geeignete Gittergeneratoren auf der Basis unstrukturierter Kluftgeometrien befinden sich gegenwärtig noch in der Entwicklung (z. B. TANIGUCHI et al. 1994, 1996).

Die Anwendung deterministischer Kluftnetzwerkmodelle erlaubt die Verwendung regelmäßiger Berechnungsgitter, wobei Einschränkungen bezüglich der modellierbaren Anzahl von Kluftscharen hingenommen werden müssen (KOLDITZ 1997). Durch Ausnutzung von Symmetrieüberlegungen lassen sich in bestimmten Fällen Parallelkluftmodelle auf eine transportwirksame Kluft mit angeschlossenen Matrixelementen reduzieren (LEGE 1995). So kann die Matrixdiffusion, die beispielsweise an Standorten im geklüfteten Tongestein einen wesentlichen Rückhaltemechanismus darstellt (MAIER & DÖRHÖFER 1994), in Kluftnetzwerkmodellen berücksichtigt werden.

Beispiele zur Modellierung der Matrixdiffusion mit kombinierten Kluft-Matrix-Modellen finden sich bei KRÖHN & ZIELKE (1990). Bei LEGE & SHAO (1998) findet sich eine Anwendung auf den Deponiestandort

Münchehagen und bei KOLDITZ (1994 und 1997) die Modellierung geothermischer Fragestellungen. Der Standort Malsch im Rheingraben, der durch eine intensive Bruchtektonik gekennzeichnet ist, wird von HANSTEIN (1995) und WENDLAND (1996) mit einem kombinierten Kluft-Matrix-Modell modelliert. WENDLAND (1996) simuliert mit dieser Technik ebenfalls das hydraulische System im Umfeld einer Untertagedeponie.

5.5 Modellierungsleitfaden

Die Zusammenführung der verfügbaren hydrogeologischen Daten mit den entsprechenden physikalischen Gesetzen in einem mathematischen Modell ermöglicht eine vereinfachte Darstellung der Realität, hilft das natürliche System zu verstehen und Prognosen über sein zukünftiges Verhalten zu stellen. In diesem Kapitel wird in kurzer Form ein Leitfaden für den Einsatz von Grundwassermodellen zur Gefährdungsabschätzung an Altlasten- und Deponiestandorten vorgestellt. Der Leitfaden ist ausführlicher und mit Beispielen im Bd. 2, Kap. 7 (LEGE et al. 1996) dargestellt. Die dort aufgeführten *Checklisten* erleichtern die Bearbeitung von Modellierungs-aufgaben ohne einen zu starren Schematismus vorzugeben. Der Leitfaden erhebt nicht den Anspruch einer universellen Bearbeitungsvorschrift, sondern ist vielmehr als Empfehlung für das Vorgehen bei einer numerischen Modellierung zu sehen. Jeder Standort hat seine Besonder-heiten, deren ganz speziellen Anforderungen eine Grundwassermodellierung Rechnung tragen muß. Für den Bearbeiter kann es anfänglich hilfreich sein, die Arbeitsempfehlungen mehrerer Autoren durchzuarbeiten. Neuere Veröffentlichungen zu diesem Thema sind beispielsweise: HELMIG (1997), KOLDITZ (1997), HOLZBECHER (1996), LEGE et al. (1996), NLÖ (1996), KINZELBACH & RAUSCH (1995), FETTER (1994), ISTOK (1989), KINZELBACH (1987). Mit zunehmender Erfahrung wird sich schließlich der eigene Stil entwickeln. Die zentralen Arbeitsschritte einer Modellierung sind immer:

1. Einordnung der Problemstellung,

2. Datenakquisition,

3. Modellierung,

4. Ergebnispräsentation.

5.5.1 Einordnung der Problemstellung

Die Modellierung eines Standortes mit einem numerischen Grundwasser-modell erfordert neben entsprechender Soft- und Hardware hoch-qualifiziertes Personal. Sie stellt daher einen signifikanten Kostenfaktor dar, und sollte in Umfang und erwarteter Aussagekraft fundiert geplant und begründet werden. Die Zielsetzung und die Genauigkeitsanforderungen der Modellierung müssen festgelegt werden. Der zeitliche Bezug der Simu-lationsrechnungen ist zu definieren. Das betrifft sowohl den Berechnungs-zeitraum als auch zeitabhängige Variationen der Modellgrößen. Grund-sätzlich lassen sich drei Problembereiche abgrenzen: die *Erkundungs-*, die *Prognose-* und die *Optimierungsprobleme* (DVWK 1985).

Den *Erkundungsproblemen* sind alle Fragestellungen zuzuordnen, die sich mit der Erfassung und Beschreibung des Systemzustandes zum Zeitpunkt der Untersuchung befassen. Darunter fallen insbesondere die Bestimmung der Standrohrspiegelhöhen, der Fließraten, der Durchlässig-keitsverteilungen sowie der Stärke und Lokation von Kontaminations-quellen. Die Kenntnis dieser Parameter ist die entscheidende Voraussetzung für die Lösung von Prognose- und Optimierungsproblemen.

Zur Lösung der Erkundungsprobleme werden schon seit langer Zeit mathematische Modelle eingesetzt: Beispielsweise läßt sich auch die Auswertung von Pumpversuchen nach dem Theis-Verfahren zur Grund-wassermodellierung zählen. Die Transmissivität eines Aquifers wird durch den Vergleich von Typkurven mit Meßdaten bestimmt. Dabei wird als Modellvorstellung ein unendlich ausgedehnter, homogener, isotroper und gleichmäßig mächtiger Aquifer mit anfänglich horizontalem Wasserspiegel vorausgesetzt. Bei MATTHEß & UBELL (1983) und BUSCH et al. (1993) findet sich eine Liste weiterer Berechnungsverfahren. Darüber hinaus gibt es auf dem Markt eine große Anzahl von Software-Paketen zur Auswertung von hydraulischen oder hydrologischen Feldversuchen. Einerseits handelt es sich dabei um die Computercodes der klassischen analytischen Formeln zur Pumpversuch- und Tracertestauswertung. Andererseits geht diese Software bereits in den Bereich der numerischen Modelle über (z. B. NLÖ 1996, WALTON 1996).

Die Erkundungsphase dient nicht nur der möglichst genauen Abbildung des Ist-Zustandes. Es geht auch darum, die Datenqualität und -dichte sowie die Komplexität des hydrogeologischen Systems einzuschätzen. Darauf aufbauend läßt sich das Konzeptmodell des untersuchten Standorts (vgl. Kap. 5.5.3.1) entwerfen. Auf der Basis einer sorgfältigen Erkundung kann das Systemverhalten des Standorts mit guter Wahrscheinlichkeit vorher-gesagt werden. Dafür ist ein *kalibriertes* und *validiertes* Modell Voraus-setzung (vgl. Kap. 5.5.3.2).

Als *Prognoseprobleme* werden Fragestellungen nach der Wirkung geplanter Maßnahmen im Umfeld eines Standorts klassifiziert. Dazu gehören

z. B. der beabsichtigte Bau einer Dichtwand oder die Absenkung des
Grundwasserspiegels. Für eine korrekte Prognose müssen die genauen Pläne
der einzelnen Maßnahmen bekannt sein. Wenn nicht alle wirksamen
Veränderungen des Systemverhaltens abzusehen sind, geben Worst-case
-Szenarien die obere Grenze des Streuungsbereichs möglicher Lösungen an.
Die Risikoanalyse über die Eintrittswahrscheinlichkeit verschiedener
Szenarien stellt gegenüber den Worst-case-Szenarien eine verfeinerte
Lösung des Prognoseproblems dar.

Bei den *Optimierungsproblemen* ist die Wirkung alternativer
Maßnahmen zu berechnen und eine Empfehlung über den bestmöglichen
Einsatz technischer und finanzieller Mittel zur Erreichung des potentiell
geringsten Risikos abzugeben. Vorgesehene, jedoch in Art, Umfang und
Dauer nicht festgelegte Maßnahmen sind einzeln bzw. in ihrem Zusam-
menwirken zu optimieren. Die Variationsmöglichkeiten der vorgesehenen
Maßnahmen müssen berücksichtigt werden. Die Lösung eines Optimierungs-
problems ist die Bestimmung der günstigsten Kombination möglicher
Maßnahmen zur Sicherung oder Sanierung eines Standorts.

5.5.2 Datenakquisition

Bei der Modellierung eines Deponie- oder Altlastenstandortes interessieren
hauptsächlich die Schadstoffausbreitungsvorgänge. Zuerst muß als Basis
wichtiger Transportprozesse jedoch die hydrogeologische und hydrologische
Situation erfaßt werden. Bei der *hydrogeologischen Bestandsaufnahme*
werden die bereits vorhandenen Informationen über das interessierende
Gebiet gesammelt. Liegen genügend Daten vor, wird das regionale
hydraulische System, das aus dem Neubildungsgebiet und der Vorflut
besteht, erkennbar. Bleibt das Bild noch verschwommen, müssen die
fehlenden Daten beschafft werden (Bd. 2, Kap. 7.4.2).

In diese Bearbeitungsphase fällt auch die Festlegung des Erkundungs-,
Berechnungs- und Aussagegebietes. Die Abgrenzung des *Aussagegebietes*
wird bei einer Altlast durch das bereits verschmutzte Gebiet und die durch
Verunreinigung bedrohte Umgebung definiert. Letztere läßt sich, wie auch
bei der Neuanlage einer Deponie, durch Vorrechnungen mit vereinfachenden
analytischen oder halbanalytischen Verfahren eingrenzen. Liegen Wasser-
werke oder andere Grundwassernutzer in der Nähe, so müssen deren
Einzugsgebiete berücksichtigt werden. Wichtig ist auch die Festlegung des
Erkundungsgebietes. In ihm müssen die Randbedingungen für ein
Berechnungsgebiet liegen. Das Erkundungsgebiet ist größer als das
Berechnungsgebiet, welches wiederum größer ist als das *Aussagegebiet*
(*Abb. 5.30*).

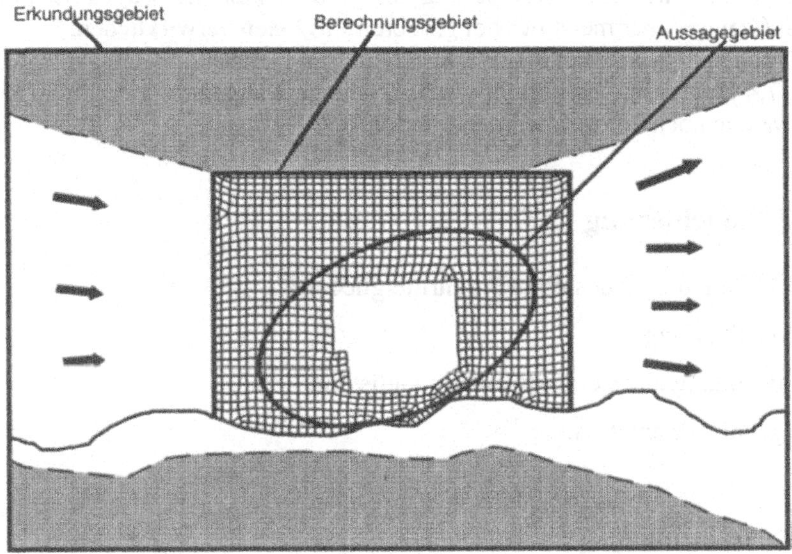

Abb. 5.30: Festlegung des Erkundungs-, Berechnungs- und Aussagegebietes für eine Modellierung (schematisch)

Die Ausdehnung des Untersuchungsgebiets ist aus Sicht des Modellierers besonders wichtig, weil nur innerhalb dieses Raums Daten gesammelt werden, die bei einer späteren Modellierung zur Verfügung stehen. Das Berechnungsgebiet kann nur innerhalb der Grenzen des Untersuchungsgebiets gewählt werden. Die Festlegung des Berechnungsgebiets wiederum ist bereits ein integraler Bestandteil der Modellierung (vgl. Kap. 5.5.3.1). Daher ist es erforderlich, daß der Modellierer von Anfang an in die Projektplanung eingebunden wird. Es besteht sonst die Gefahr, daß zwar eine große Datendichte in unmittelbarer Nähe einer geplanten Baumaßnahme besteht, aber essentielle Daten aus der näheren und weiteren Umgebung nur unvollständig erhoben werden. In dieser frühen Phase werden die Entscheidungen über die Wahl der Rand- und Anfangsbedingungen des numerischen Modells vorbereitet.

Ein Vorteil der Projektbeteiligung des Modellierers von Anfang an ist, daß er bereits früh Modellvorstellungen über die Hydrogeologie und Hydrologie „seines" Bearbeitungsraums entwickeln kann. Ein weiterer Vorteil ist, daß der Anwender numerischer Modelle in Verbindung mit der „Realität" steht. So kann er die Qualität der verfügbaren Daten besser einschätzen. Wenn genügend Zeit verfügbar ist, können Datenlücken durch die Aufstellung und Berechnung eines vorläufigen Modells identifiziert werden. Eine Datenergänzung kann dann auf die Untersuchung von Punkten mit hohem Informationsgehalt konzentriert werden. Der hier angedeutete Iterationsprozeß zwischen Grundwassermodellierung und der Erhebung ergänzender Daten zur Verbesserung des Modells läßt sich wegen des hohen Zeitaufwandes aber meist nur bei größeren Projekten verwirklichen.

Durch die Abarbeitung der Checkliste zur Datenakquisition aus Bd. 2, Kap. 7.4 kann rasch festgestellt werden, welche Daten zur Verfügung stehen und welche noch erhoben werden müssen.

5.5.3 Modellierung

Die Modellierung läßt sich in 3 Schritte gliedern:

- Modellbildung,

- Anwendung eines Grundwassermodells und

- Ergebnispräsentation.

5.5.3.1 Modellbildung

Nach der Datenakquisition folgt die *Modellbildung*. Das natürliche System wird durch ein Modell dargestellt, das die Realität nachbildet und somit eine Vorhersage des künftigen Systemverhaltens gestattet. Dazu muß das in der Natur vorliegende System vereinfacht, d. h. schematisiert werden. Die Schematisierung ist erforderlich, da weder die Datendichte genügend hoch ist, noch die verfügbaren Rechenmodelle eine ausreichende Auflösung liefern können, um das natürliche System detailgetreu nachzubilden. Die Schematisierung der Natur setzt *Zusammenfassung, Mittelwert- und Integralbildung* aus vorhandenen Informationen und die Interpolation nicht direkt verfügbarer Kennwerte voraus. Einige Schematisierungsschritte sind:

- Vereinfachung unregelmäßiger geometrischer Ränder,

- Bildung zeitlicher und räumlicher Mittelwerte der Anfangs- und Randbedingungen,

- Bildung hydrogeologischer und hydrologischer Einheiten unter Vernachlässigung kleinräumiger Heterogenitäten sowie

- Beschränkung auf charakteristische Schadstoffe.

Um die Simulationsergebnisse nicht durch Randeffekte zu überlagern, wird der Rand des Berechnungsgebiets in angemessener Entfernung vom Aussagegebiet gewählt. Die Ränder des Berechnungsgebiets sollten echten hydrogeologischen und hydrologischen Grenzen oder Symmetrieachsen folgen. Dieses sind beispielsweise Grenzflächen zwischen gut und gering durchlässigen geologischen Formationen, Gewässer als Anreicherungsgrenzen, Ränder mit bekanntem Zu- oder Abfluß und Trennstromlinien.

Das Berechnungsgebiet wird weiter in *flächenhafte oder räumliche Einheiten* unterteilt. Die Problemstellung und die verfügbaren Daten geben den Grad der Detailliertheit und die erforderliche Diskretisierung vor. Der Modelltyp wird durch die jeweilige hydrogeologisch-geohydraulische Situation bestimmt: stationäres/instationäres Verhalten, 2-D-/3-D-Ansatz, gespannter/ungespannter Aquifer usw.

Den geometrischen Strukturen des Modells wird durch die Zuordnung von Parameterwerten „Leben eingehaucht". Die Kennwerte des Aquifers sind:

- Transmissivitäten bzw. Durchlässigkeitsbeiwerte,

- Speicherkoeffizienten (bei instationärer Modellierung),

- Kluftparameter (bei Modellierung klüftigen Gesteins),

- effektive Porositäten (bei Transportmodellierung).

Die treibenden Kräfte der Wasserbewegung im Aquifer sind:

- Randzuflüsse,

- Festpotentiale,

- Quellen oder Senken innerhalb des Berechnungsgebietes (Brunnen, Oberflächengewässer),

- Grundwasserneubildungsraten.

Die Parameter des Stofftransports sind:

- Quellen und Senken von Kontaminationen,

- Diffusionskoeffizienten,

- Dispersionskoeffizienten,

- Zerfalls- oder Abbaukonstanten,

- Retardationsfaktoren,

- Wechselwirkungen verschiedener Schadstoffe untereinander.

5.5.3.2 Modellanwendung

Die Anwendung numerischer Modelle wird in vier Schritte gegliedert: Verifizierung, Kalibrierung, Validierung und Erstellung eines Standortmodells. Bevor man jedoch diese Schritte - das sog. Prozessing - gehen kann, müssen die Daten im Präprozessing in eine Form gebracht werden, die vom Rechenprogramm gelesen werden kann. Nach dem Prozessing wird man die errechneten Ergebnisse im Postprozessing in einer aussagekräftigen Form betrachten und präsentieren wollen.

Präprozessing

Das Berechnungsgebiet wird diskretisiert, indem das kontinuierliche Gebiet durch eine Anzahl von Knoten (-punkten) und Elementen oder Zellen ersetzt wird. So entsteht ein Finite-Elemente- oder Finite-Differenzen-Netz. Die folgenden Aussagen bezüglich der Stabilität des Rechenmodells und der Gitterdichte sind sinngemäß auch auf Finite-Differenzen-Netze anwendbar. Auf ihre speziellen Erfordernisse wird an dieser Stelle nicht weiter eingegangen, sondern auf die entsprechende Literatur (z. B. KINZELBACH 1987, KINZELBACH & RAUSCH 1995, HELMIG 1996) verwiesen.

In der Finite-Elemente-Methode stehen für ein-, zwei- und dreidimensionale Probleme sowie radialsymmetrische Geometrien verschiedene Elementtypen zur Verfügung. Die Elemente können prinzipiell jede Größe und Form annehmen. Die äußerere Berandung und Größe eines Gitters sind nahezu beliebig. Ebenso können je nach Software verschieden dimensionale Elemente in einem Netz kombiniert werden. Das Gitter sollte am Problem orientiert sein (z. B. Elementkanten an Stromlinien, Verfeinerungen in Bereichen mit starken Gradienten usw.). Jedem Element bzw. seinen Knoten werden Materialparameter zugeordnet. Für die Zwecke der Netzgenerierung stehen heute Computerprogramme – sog. Netzgeneratoren – zur Verfügung. Aber auch wenn der Diskretisierungsschritt weitgehend automatisiert ist, so ist es doch hilfreich, einige Grundregeln der Netzgestaltung zu kennen und ihre Einhaltung zu überprüfen. Eine ungünstige Netzgeometrie kann das Berechnungsergebnis verfälschen oder zum Programmabbruch führen.

Die Genauigkeit des Ergebnisses und die benötigte Rechenzeit hängen hauptsächlich von der Anzahl der Knoten und Elemente des gewählten Netzes ab. Es ist jedoch schwer, den Verfeinerungsgrad des Netzes, der eine akzeptable Lösung liefert im voraus abzuschätzen. Ein Weg zur Genauigkeitsbestimmung ist die Wiederholung einer Modellrechnung mit sukzessiv verfeinerten Diskretisierungen. Das grobe Netz des ersten Modells wird im Laufe der Arbeit verfeinert. Die errechneten Lösungen der Modelle müssen bei zunehmender Verfeinerung gegen ein Ergebnis konvergieren. Es sei noch darauf hingewiesen, daß es kein „richtiges" Netz gibt: Eine vergleichbare Lösung mit derselben Genauigkeit kann mit unterschiedlichen Gittergeometrien erzeugt werden. Im folgenden werden einige Hinweise zur Wahl der Elementgeometrie und der Plazierung von Knotenpunkten gegeben.

Knotenpunkte werden plaziert an

- Rändern des Berechnungsgebiets,

- Punktquellen oder -senken (z. B. Extraktions- bzw. Infiltrationsbrunnen),

- Punkten, an welchen exakte Berechnungsergebnisse benötigt werden (z. B. Beobachtungsbrunnen),

- linienhaften Strukturen (Klüften, Störungen) und

- Materialgrenzen (z. B. Schichtflächen).

- Knoten sollten dort möglichst dicht gesetzt werden, wo man erwartet, daß sich die Feldvariable schnell ändert (z. B. starke Konzentrations- oder Druckgradienten).

Elemente

- Die Ränder benachbarter Elemente dürfen sich weder überlappen noch dürfen Lücken entstehen.

- Elemente dürfen nicht die Grenze zwischen 2 Materialien schneiden, da die Materialparameter in einem Element konstant sind.

- Die Elementgröße bestimmt bei instationären Rechnungen die Größe des Zeitschritts.

- Die Verwendung stark verzerrter Elemente ist insbesondere bei der Berechnung instationärer Strömungen oder bei der Modellierung von Transportprozessen zu vermeiden.

- Die Elementgröße darf nicht abrupt geändert werden. Kleine Elemente müssen kontinuierlich in große übergehen.

Folgende Bemerkungen gelten gleichermaßen für die Finite-Elemente- und Finite-Differenzen-Methode: Bis vor kurzem war die Rechengeschwindigkeit und das Speichervermögen des eingesetzten Computers der beschränkende Faktor bei der numerischen Grundwassermodellierung. Aber die stark verbesserte Leistungsfähigkeit der Hardware ermöglicht inzwischen die Berechnung von Modellen mit einer dichten räumlichen und zeitlichen Diskretisierung auf verhältnismäßig preisgünstigen PCs.

Eine sehr große Anzahl von Knotenpunkten erfordert im Präprozessing einen hohen Aufwand, der meist stark nichtlinear mit der Modellgröße ansteigt. Modelle mit einigen hundert Zellen oder Elementen lassen sich noch mit vertretbarem Aufwand per Hand oder mit Batch-orientierten Präprozessoren erstellen. Die Gitterqualität und die Anpassung an die natürlichen Gegebenheiten lassen sich noch mit Hilfe eines geübten Blicks kontrollieren und verbessern. Die Zeit, in der der Modellierer, salopp gesagt, die Elemente noch beim Namen kannte, ist jedoch vorbei. Schnell können die Modellgeometrien unübersichtlich werden und beliebig lange Zeiträume bei der Fehlersuche verstreichen.

Ein besonderer Nachteil des hohen Aufwandes beim Präprozessing ist das Entstehen „heiliger Netze": Wenn es in mühevoller Kleinarbeit gelungen ist eine stabile Diskretisierung zu erzeugen, wird leicht vor der Ergebnisüberprüfung durch eine Gittergeometrievariation zurückgeschreckt.

Eine weitere Aufgabe des Präprozessings ist die Zuordnung von Anfangs- und Randbedingungen sowie weiterer Parametern zu den Diskretisierungspunkten und -elementen. Je ausgedehnter das Berechnungsgebiet, je komplexer die hydrogeologischen Verhältnisse und je feiner die Diskretisierung, desto aufwendiger wird auch diese Aufgabe.

An dieser Stelle sei darauf hingewiesen, daß die zentrale Aufgabe eines Grundwassermodells nicht das Präprozessing ist. Entscheidend sind die Berechnungsergebnisse. Daher muß der Zeitaufwand des Präprozessings durch den Einsatz hochentwickelter Software möglichst klein gehalten werden. Auch muß trotz zunehmender Modellgröße und -komplexität die Möglichkeit zur Gittervariation erhalten bleiben.

Günstig kann hier der Einsatz interaktiver grafischer Präprozessoren sein. Häufig sind in diese Systeme Funktionalitäten implementiert, mit denen die Qualität der erzeugten Gitter kontrolliert und optimiert werden kann. In ausgewählten Bereichen kann das Gitter per Mausklick verändert oder ergänzt werden. Interessante Möglichkeiten bieten Softwarepakete, die GIS -Funktionalitäten aufweisen (GIS: geographisches Informationssystem) (*Abb. 5.31*). Mit Ihnen lassen sich Gittergeometrien und Parameterverteilungen in Informationsebenen vorhalten. Durch mathematische Operatoren können die Parameterebenen miteinander verknüpft und einer Gittergeometrieebene zugeordnet werden. Ebenso wird mit Rand- und Anfangsbedingungen verfahren. Wichtig ist die Definition klarer Schnittstellen für das eingesetzte Grundwassermodell. Entweder kann der Anwender eigene Schnittstellen definieren, um seine bevorzugten Rechenprogramme anzuschließen, oder die Rechnungen können direkt aus dem Präprozessor gestartet werden.

Zur Erzeugung einer Diskretisierung sind, trotz der umfassenden Möglichkeiten, die gerade geschildert wurden, die Kenntnis der Diskretisierungskriterien (Bd. 2, Kap. 6.2 und 6.3) und viel Erfahrung notwendig. Viele Modellierer betrachten diesen Teil der Aufgabe weiterhin als eine besondere „Kunst". Moderne Software kann dem Modellierer aber einen großen Teil der Handarbeit abnehmen.

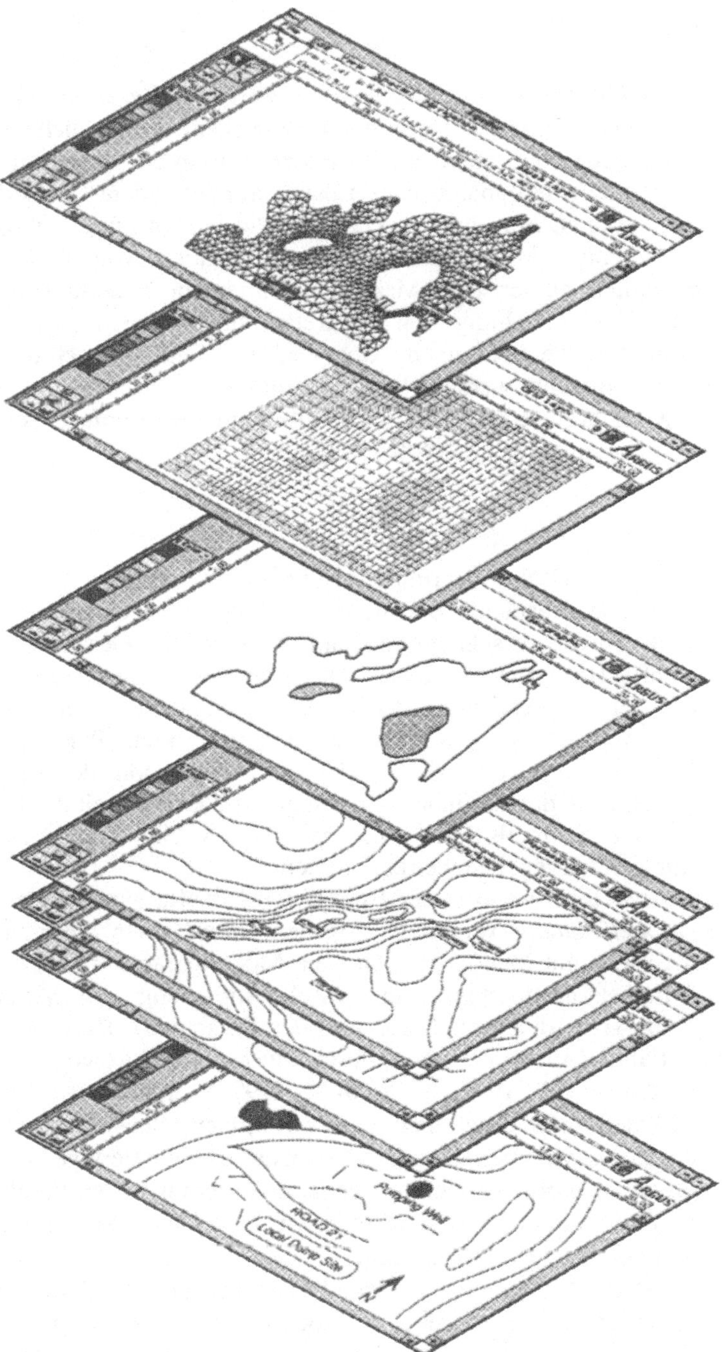

Abb. 5.31: Argus One Konzept (ARGUS INTERWARE) der Einbindung von Geographischen Informationssystemen in die Arbeit mit numerischen Modellen

Verifizieren

Für den Entwickler von Programmen ist die *Verifizierung*, d. h. der Nachweis der korrekten Umsetzung der mathematischen Grundgleichungen in einen Computercode von fundamentaler Bedeutung. In der Regel wird dazu ein Ergebnisvergleich mit analytischen Lösungen oder anderen numerischen Rechencodes verlangt. Für den Anwender ist die Überprüfung der Modellgenauigkeit wichtig, da die diskrete Approximation von Differentialgleichungen mittels numerischer Methoden immer nur Näherungslösungen liefert. Neben der Einhaltung von Diskretisierungskriterien (vgl. Bd. 2) sollten Konvergenzbetrachtungen über Orts- und Zeitschrittweitenvariationen durchgeführt werden. Eine Sammlung von Beispielen, die die Verifizierung der Software nachweisen, sollte zum Lieferumfang von Softwarepaketen gehören (z. B. DIERSCH 1998).

Kalibrieren

Beim Einsatz numerischer Verfahren steht man vor dem Problem der Nachprüfbarkeit der Resultate. Beispielsweise läßt die Methode der Finiten Elemente dem Anwender sehr große Spielräume bei der Gestaltung seiner Modelle. Häufig ist es unvermeidbar, daß subjektive Einschätzungen über den Standort bei der Festlegung der Simulationsmodelle einfließen. Man denke nur an die Aufteilung des Kontinuums in diskrete Punkte, an die Gitterdichte, die Form, den Grad oder die Dimension der einzelnen Elemente. Es sei auch daran erinnert, daß wegen der Endlichkeit der Modelle sowohl im zeitlichen als auch im räumlichen Sinn Anfangs- und Randbedingungen vorgegeben werden müssen.

Bei der *Modellkalibrierung*, der Begriff wird häufig synonym mit dem Ausdruck *Modelleichung* verwendet, werden durch einen Vergleich der simulierten Größen mit Meßdaten noch freie Modellparameter fixiert. Diese indirekte Parameterbestimmung kann durch Anpassung von Meßkurven erfolgen (z. B. Tracerdurchbruchskurven oder Pumptests). Dabei kann das klassische Trial-und-Error-Verfahren durch *inverse Modellierung*stechniken (z. B. HÄFNER et al. 1992, KUHLMANN 1994) ergänzt werden. Das kalibrierte Modell muß durch Parametervariationen, Sensitivitätsanalysen und Diskretisierungsvariationen abgesichert werden. Eine geringe Änderung der Parameterwerte darf dabei nur eine geringe Änderung in den Ergebnissen hervorrufen. Eine Änderung der Diskretisierung darf nicht zu signifikanten Änderungen im Rechenergebnis führen.

Generell ist die Eichung eines Grundwassermodells im Rahmen eines Projekts die zeitintensivste Aufgabe des Modellierungsprozesses. Gründliche Arbeit an dieser Stelle zahlt sich in teilweise erheblicher Zeitersparnis in den Schritten „Validierung" und „Standortmodellierung" aus. Umgekehrt kann eine oberflächliche Abarbeitung dieses Punktes zu schweren Fehlern in der

Ergebnisaussage führen, die das Ergebnis der gesamten Arbeit in Frage stellen. Umfassende Hinweise zur Modellkalibrierung geben beispielsweise KINZELBACH & RAUSCH (1995). Von dort ist auch das Ablaufschema der Modellkalibrierung (*Abb. 5.32*) übernommen.

Validieren

Mit *Validierung* wird hier die gelungene Reproduktion oder Vorhersage eines Experiments, die vom Eichdatensatz unabhängig ist, bezeichnet. Ein Modell kann beispielsweise anhand der Durchbruchskurve eines Tracerversuches geeicht werden. Ist es möglich, mit den durch die Eichung bestimmten Modellparametern die Durchbruchskurve eines zweiten Tracertests, der unabhängig vom ersten durchgeführt wurde, mit genügender Genauigkeit vorherzusagen, so kann das Modell in seiner Aussagekraft als gestärkt bzw. validiert angesehen werden. Eine Validierung im strengen Sinne ist in der Praxis nur unter großem Aufwand zu erreichen. Es ist notwendig, eine genügend große Datenmenge über einen langen Zeitraum zu sammeln, um beispielsweise eine Vorhersage zu überprüfen.

Standortmodell

Nach Abschluß der bisher aufgeführten Arbeiten wird ein *Standortmodell* erstellt. Dabei kann kein Standardverfahren angeboten werden, da es bei jedem Standort Besonderheiten gibt, die sich nicht in ein festes Schema pressen lassen. Im Fall einer Altlastmodellierung sollte im *History-Matching* nachgewiesen werden, daß die heutige Verschmutzungssituation durch die Simulation der Vergangenheit korrekt berechnet wird. Leider stehen dafür häufig die Anfangs- und Randbedingungen, die in der Vergangenheit geherrscht haben, nur unvollständig zur Verfügung. Trotz der vielfach mangelhaften Datenbasis zu vergangenen Entwicklungen ist das History-Matching aber oft die geeignetste Methode, den hydrogeologischen Werdegang des Systems sowie die ausgetragene Schadstoffmenge und -kombination abzuschätzen und auf dieser Basis eine Prognose für die Zukunft zu erstellen. Wie bereits oben dargelegt, sind die Modellparameter in vernünftigen Grenzen zu variieren und die Auswirkungen zu deuten. Es ist hilfreich, durch die Wahl der größten und kleinsten Werte obere und untere Grenzen der Modellergebnisse zu definieren.

In der Prognose- oder Optimierungsphase können durch die Modellierung von Grenzfällen obere und untere Schranken für die Auswirkungen alternativer Sanierungskonzepte aufgezeigt werden. Damit läßt sich zeigen, welche Ziele erreichbar sind und welche Risiken durch die Maßnahmen minimiert werden können.

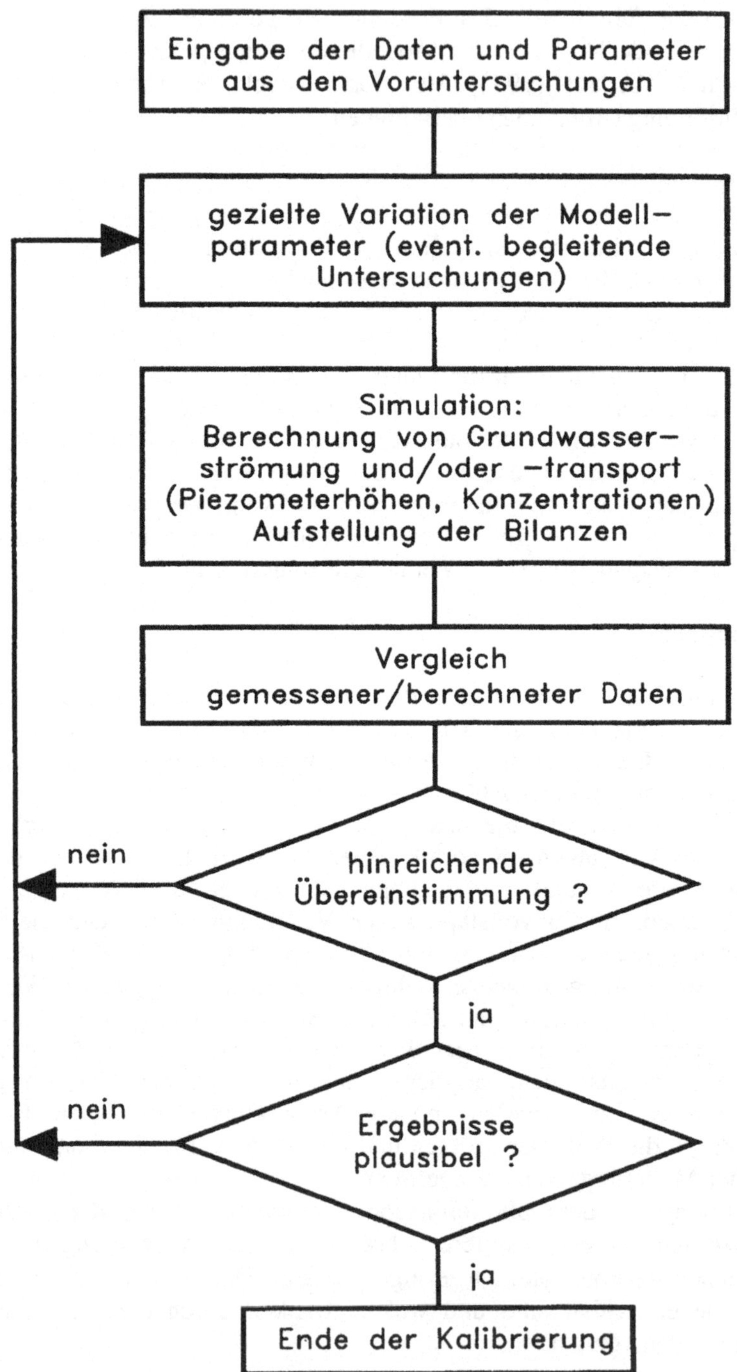

Abb. 5.32: Ablaufschema der Modellkalibrierung. (KINZELBACH & RAUSCH 1995)

Postprozessing

Als Postprozessing wird die Aufarbeitung der umfangreichen Berechnungsergebnisse in eine übersichtliche und aussagekräftige Form bezeichnet. Bei
der anfallenden Datenfülle ist dies nur mit graphischen Methoden erreichbar
(Bd. 2, Kap 10). Das Postprozessing ist eng mit der Präsentation der Ergebnisse verbunden (folgendes Kapitel). Die Darstellungen, die dem Bearbeiter
den größten Wissenszuwachs während der Arbeit liefern, sind jedoch häufig
nicht identisch mit den Abbildungen oder Animationen, die dem Auftraggeber den höchsten Informationszuwachs bieten.

5.5.4 Ergebnispräsentation

Die Darstellung der Modellergebnisse erfolgt nach der Devise *„Wem will ich
die Ergebnisse vorlegen und wofür will ich Verständnis wecken?"*. Von der
Präsentation der Ergebnisse wird ein Großteil des Erfolgs der Arbeit
abhängen, so daß für diese Phase der Projektbearbeitung ein angemessener
Zeitraum eingeplant werden muß.

Ziel der Ergebnispräsentation ist es, Menschen mit anderen Hinter-
gründen, Erfahrungen, Absichten und Prioritäten die in der Natur herrschenden Verhältnisse und die Konsequenzen von Maßnahmen anschaulich und
effizient darzulegen. Dabei ist auf die möglichen Unsicherheiten und Risiken
hinzuweisen, die immer bei der Bearbeitung hydrogeologischer und
hydrologischer Fragestellungen auftauchen. Entscheidungsträger müssen die
Besonderheiten des Standortes verstehen, so daß sie in die Lage versetzt
werden, auf einer fachlich fundierten Basis handeln zu können. Dazu müssen
die Modellergebnisse in die Sprache der Entscheidungsträger übersetzt
werden. Beispielsweise wird ein wirtschaftlich denkender Auftraggeber das
berechnete Szenario in eine Risikoabschätzung übersetzen und dann fragen:
„Welche Kosten entstehen durch den Eintritt dieses Szenarios?" Moderne
Visualisierungs- und Animationssoftware bieten hier eine Vielzahl von
Möglichkeiten zur Ergebnisdarstellung und zur Übersetzung der wissenschaftlich und ingenieursmäßig gewonnenen Erkenntnisse (Bd. 2, Kap. 10).
Der Einsatz von GIS-Techniken (Kap. 5.5.3.2) ermöglicht die an-
schauliche Präsentation umfangreicher Ergebnisdaten. Die Projektion von
Ergebnisebenen auf Kartenebenen in 2D- und 3D-Abbildungen erleichtert
dem Betrachter die Orientierung. Resultate instationärer Modelle lassen sich
sehr anschaulich in Form von Animationen darstellen. Der Abdruck
charakteristischer Ergebnisse in der Anlage eines Berichts kann durch die
Sammlung einer Vielzahl von Informationen und Animationen auf
elektronischem Datenträger (z. B. CD-ROM, Videoband) ergänzt werden.
Essentiell ist, daß der Datenträger eine logische und schnell erfaßbare
Benutzerführung aufweist. Der Auftraggeber wird in die Lage versetzt, in

Ruhe verschiedene Modellvarianten am eigenen Bildschirm betrachten zu können. Er muß sich dazu nicht mehr durch die Papierberge früher üblicher Berichtsanlagen wühlen. Abschließend sei angemerkt, daß ein raffiniertes Postprozessing mit einer hochauflösenden Grafik und faszinierenden Animationen gute Ergebnisse auch gut darzustellen vermag. Schlechte oder falsche Resultate können jedoch genauso gut aussehen, werden dadurch aber nicht richtiger.

Literatur

ARGUS INTERWARE (1998): Manual of Argus open numerical environments. Argus Interware Inc., New York.<http://www.argusint.com>

ARMBRUSTER, J., KOHM, J. (1976): Auswertung der Grundwasserneubildung in der badischen Oberrheinebene. Wasser und Boden, **28**, 302.

BARENBLATT, G. E., ZHELTOV, I. P. & KOCHINA, I. N. (1960): Basic concepts in theory of homogeneous liquids in fissured rocks. J. Appl. Math. Mech. USSR, **24**, 5, 12861303.

BEAR, J. (1972): Dynamics of fluids in porous media. Elsevier, New York.

BEAR, J. (1979): Hydraulics of groundwater. McGraw-Hill, New York.

BEIMS, U., LUCKNER, L. & NITSCHE, C. (1982): Beitrag zur Ermittlung von Parametern in Migrationsprozessen in der Boden- und Grundwasserzone. Wissenschaftliche Zeitschrift der TU Dresden, **31**, 5, 211-217.

BOOCHS, P. W. & MULL, R. (1990): Analyse und Prognose von Schadstoffausbreitungen im Grundwasser im Umfeld von Altablagerungen. Mitt. Inst. f. Wasserwirtschaft, Hydrologie und landwirtschaftlichen Wasserbau, Universität Hannover, Heft 71, 132-228.

BUSCH, K. F. & LUCKNER, L. (1972): Geohydraulik. Deutscher Verlag für Grundstoffindustrie, Leipzig, Lizenzauflage: Enke, Stuttgart.

BUSCH, K. F. LUCKNER, L. & TIEMER, K. (1993): Geohydraulik. Lehrbuch der Hydrogeologie, Band 3, 3. neubearbeitete Aufl. Bornträger, Berlin.

DAVIS, N.S. & DE WIEST, R. J. M. (1966): Hydrogeology. Wiley, New York.

DIERSCH, H. J. (1998): Reference Manual FEFLOW. WASY GmbH, Berlin, 123-289.

DÖRHÖFER, G. (1994): Altlasten II - Sanierung und Kontrolle. Universität Hannover, Weiterbildendes Studium Bauingenieurwesen, Wasser und Umwelt, Kurs SW30.

DÖRHÖFER, G. & JOSOPAIT, V. (1980): Eine Methode zur flächendifferenzierten Ermittlung der Grundwasserneubildungsrate. Geol. Jb., C 27, 45-65.

DVWK - Deutscher Verband für Wasserwirtschaft und Kulturbau e.V. (1985): Voraussetzungen und Einschränkungen bei der Modellierung der Grundwasserströmung. DVWK-Fachausschuß „Grundwasserhydraulik und -modelle", DVWK Merkblätter Heft 206, Vertrieb: WVGW, Bonn.

Empfehlungen des Arbeitskreises „Geotechnik der Deponien und Altlasten" GDA. Ernst, Berlin, 3. Aufl., 1997.

FETTER, C. W. (1994): Applied hydrology. 3. ed., Prentice Hall, Englewood Cliffs.

GILLHAM, R. W. & O'HANNASIN, S. F. (1994): Enhanced degradition of halogenated aliphatics by zero-valent iron. Groundwater, 32, 6, 958-967.

GUTJAHR, A. L., BONANTO, E. J. & CRANWELL, R. M. (1985): Treatment of parameter uncertainties in modeling contaminant transport in geologic media: Stochastic models vs. deterministic models with statistical parameter sampling. In: Proceedings of the symposium „The stochastic approach to surface flow" Ecole des Mines de Paris, Fontainebleau, 332-350.

HÄFNER, F., SAMES, D. & VOIGT, H. D. (1992): Wärme- und Stofftransport, Mathematische Methoden. Springer, Berlin.

HANSTEIN, P. (1995): Modellrechnungen der Grundwasserströmung unter Berücksichtigung komplexer geologischer Verhältnisse am Beispiel der Sonderabfalldeponie Malsch. Schr. Angew. Geol. Karlsruhe Nr. 36.

HELMIG, R. (1996): Einführung in die Numerischen Methoden in der Hydromechanik. Mitt. d. Inst. f. Wasserbau d. Uni. Stuttgart, Nr. 86.

HELMIG, R. (1997): Multiphase flow and transport processes in the subsurface: A contribution to the modeling of hydrosystems. Springer, Berlin.

HEER, W., HADERMANN, J. & JACOB, A. (1994): Modelling the radionuclide migration experiments at the Grimsel Test Site. In DRACOS, T., STAUFFER, F. (eds.): Proceedings of the IAHR Symposium on Transport and Reactive Processes in Aquifers, Zürich, 11.-15.4.1994, Balkema, Rotterdam, 297-302.

HÖLTING, B. (1989): Hydrogeologie - Einführung in die allgemeine und angewandte Hydrogeologie. (4. Aufl. 1992), Enke, Stuttgart.

HOLZBECHER, E. (1996): Modellierung dynamischer Prozesse in der Hydrologie: Grundwasser und ungesättigte Zone. Springer, Berlin.

HUNT, B. (1978): Dispersive sources in uniform groundwater flow. Journal of the Hydraulics Division, HY1, 75-85.

ISTOK, J. (1989): Groundwater modeling by the finite element method. American Geophysical Union, Water Resources Monograph, No. 13.

JEFFERS, P. M., WARD, L. M., WOYTOWITCH, L. M. & WOLFE, N. L. (1989): Homogeneous hydrolysis rate constants for selected chlorinated methanes, ethanes, ethenes and propanes., Environ. Sci. Technol., 23, 8, 965-969.

JOSOPAIT, V. (1984): Grundwasserneubildung. In BENDER, F. (Hrsg.): Angewandte Geowissenschaften, Bd. III. Enke Stuttgart.

KINZELBACH, W., (1987): Numerische Methoden zur Modellierung des Transports von Schadstoffen im Grundwasser. (2. Aufl. 1992). Oldenbourg, München.

KINZELBACH, W. & RAUSCH, R. (1995): Grundwassermodellierung: eine Einführung mit Übungen. Bornträger, Berlin, Stuttgart.

KLÖKE, A. & LÜHR, H.-P. (1996): Aspekte zur Altlastenbewertung. In NEUMAIER, H., WEBER, H. H. (Hrsg.): Altlasten, 3. Aufl., 181-188. Springer, Berlin.

KOBUS, H., SCHÄFER, G., SPITZ, K. & HERR, M. (1992): Dispersive Transportprozesse und ihre Modellierung. In KOBUS, H. (Hrsg.): Schadstoffe im Grundwasser, Bd. 1: Wärme und Schadstofftransport im Grundwasser. VCH, Weinheim, 17-79.

KOLDITZ, O. (1994): Modellierung von Strömungs- und Transportprozessen im geklüfteten Festgestein. NLfB-Bericht 112281, Niedersächsisches Landesamt für Bodenforschung, Hannover.

KOLDITZ, O. (1997): Strömung, Stoff- und Wärmetransport im Kluftgestein. Bornträger, Berlin, Stuttgart.

KOSAKOWSKI, G. (1996): Modellierung von Strömungs- und Transportprozessen in geklüfteten Medien: Vom natürlichen Kluftsystem zum numerischen Gittemetzwerk. VDI-Reihe 7, Nr. 304.

KRÖHN, K. P. & ZIELKE, W. (1990): FE-Simulation von Transportvorgängen im klüftigen Gestein. DGM 35, 3/4, 82-88.

KRÖHN, K. P. & PERL, A. (1989): ROCKFLOW - Fallbeispiel für den Transport in zwei sich durchdringenden Klüften. Bericht des Inst. f. Strömungsmechanik u. Elektronisches Rechnen im Bauwesen, Uni. Hannover.

KUHLMANN, U. (1994): Inverse Modellierung in geklüfteten Grundwasserträgern. NTB 93-19, NAGRA, Wettingen.

LANDESAMT FÜR WASSER UND ABFALL NRW (1989): Leitfaden zur Grundwasseruntersuchung bei Altablagerungen und Altstandorten. LAWA-Materialien 7/89, 1-95.

LEGE, T. (1995): Modellierung des Kluftgesteins als geologische Barriere für Deponien. Institut für Strömungsmechanik und Elektronisches Rechnen im Bauwesen, Univ. Hannover, Nr. 45.

LEGE, T, KOLDITZ, O. & ZIELKE, W. (1996): Handbuch zur Erkundung des Untergrundes von Deponien und Altlasten. Bd. 2, Bundesanstalt f. Geowissenschaften und Rohstoffe (Hrsg.): Strömungs- und Transportmodellierung. Springer, Berlin.

LEGE, T. & SHAO, H. (1998): The brush model - a new approach to numerical modelling of matrixdiffusion in fractured claystone. In: „Fluid flow through faults and fractures in argillaceous formations", Proceedings of a Joint NEA/EC Workshop, Berne, Switzerland, 10-12 June 1996, 317-330.

LIEDTKE, L. & ZUIDEMA, P. (1988): Der Bohrlochkranzversuch. Nagra informiert, Nr. 1+2, Wettingen, 41-45.

MAIER, J. & DÖRHÖFER, G. (1994): Schadstofftransport in klüftigen Tongesteinen - Feld und Laboruntersuchungen unter besonderer Berücksichtigung organischer Schadstoffe. In: DÖRHÖFER, G., THEIN, J., WIGGERING, H.: Altlast Sonderabfalldeponie Münchehagen. Ernst & Sohn, Berlin, Umweltgeologie heute, 4, 119-127.

MATTHEß, G. & UBELL, K. (1983): Lehrbuch der Hydrogeologie (1) Allgemeine Hydrogeologie - Grundwasserhaushalt. Bornträger, Berlin.

MULL, R., NORDMEYER, H., BOOCHS, P. W. & LIETH, H. (1994): Pflanzenschutzmittel im Grundwasser. Springer, Berlin.

NARASIMHAM, T. N. (1982): Multidimensional numerical solution of fluid flow in fractured porous media. Water Resources Research, **18**, 4, 1235-1246.

NLÖ - Niedersächsisches Landesamt für Ökologie u. Niedersächsisches Landesamt für Bodenforschung (Hrsg.) (1996): Materialien zum Altlastenhandbuch Niedersachsen: Berechnungsverfahren und Modelle. Springer, Berlin.

RICHTER, W. & LILLICH, W. (1975): Abriß der Hydrogeologie. Schweizerbarth, Stuttgart.

SAHIMI, M. (1995): Flow and transport in porous media and fractured rock - from classical methods to modern approaches. VCH, Weinheim.

SCHEIDEGGER, A. E. (1963): The physics of flow trough porous media. Univ. of Toronto Press, Toronto.

SCHMEKEN, W. (1993): TA Abfall, TA Siedlungsabfall, 3. Auflage, Deutscher Gemeindeverlag.

SMITH, L. & SCHWARTZ, F. W. (1980): Mass transport: 1. A stochastic analysis of macroscopic dispersion. Water Resources Research, **16**, 2, 303-313.

SMITH, L. & SCHWARTZ, F. W. (1981a): Mass transport: 2. Analysis of uncertainty in prediction. Water Resources Research, **17**, 2, 351-369.

SMITH, L. & SCHWARTZ, F. W. (1981b): Mass transport: 3. Role of hydraulic conductivity in prediction. Water Resources Research, **17**, 5, 1463-1479.

TANIGUCHI, T., KASPER, H., KOLDITZ, O. & KOSAKOWSKI, G. (1996): 2.5D and 3D finite element models for groundwater flow analysis in 3D fractured systems. APCOM '96, Proc. of 3rd Asian Pacific Conference on Computational Mechanics, Seoul, Sept. 16-18, 1996.

TANIGUCHI, T., FILLION, E., SAUTY, J. P. & ZIELKE, W. (1994): Fast meshgeneration for groundwater flow analysis in 3D-fracture systems. Proc 4th Conference on Numerical Grid Generation in Computanional Fluid Dynamics, 665-676.

TEUTSCH, G. & SAUTER, M. (1991): Groundwater modeling in karst terranes: scale effects, data aquisition and field validation. In: Proc. 3. Int. Conf. Hydrology, Ecology, Monitoring and Management of Groundwater in Karst Terranes, Nashville.

WALTON, W. C. (1996): Aquifer test analysis with Windows^{TM} software. CRC Press.

WENDLAND, E. (1996): Numerische Simulation von Strömungen und hochadvektivem Stofftransport im geklüfteten, porösen Medium. Technisch-wissenschaftliche Mitteilungen, Institut für konstruktiven Ingenieurbau, Ruhr-Universität Bochum, Nr. 96-6.

WOLLRATH, J. (1990): Ein Strömungs- und Transportmodell für klüftiges Gestein und Untersuchungen zu homogenen Ersatzsystemen. Institut für Strömungsmechanik und Elektronisches Rechnen im Bauwesen, Uni. Hannover, Nr. 28.

WOLLRATH, J. & ZIELKE, W. (1990): FE-Simulation von Strömungen im klüftigen Gestein. DGM 34, 1/2, 2-7.

6 Hinweise zur Vergabe und Durchführung von Untersuchungsaufträgen

FRANK ENGLING

Für die Erkundung von Deponie- und Altlaststandorten steht eine Vielzahl von Untersuchungsmethoden und -verfahren zur Verfügung. Die geologische Vorerkundung liefert durch die Auswertung von Karten und Archivdaten ergänzt durch Ortsbegehungen erste Erkenntnisse über die Standortsituation. Vor ihrem Hintergrund erfolgt der gezielte Einsatz der Fernerkundungsmethoden und geophysikalischer Messungen, der Aufschlußarbeiten durch Bohrungen, Sondierungen und Schürfgruben sowie der Labor- und Feldversuche. Die Ergebnisse bilden die wesentliche Grundlage für die Beurteilung des Standortes und der von ihm ausgehenden Gefahr sowie die daraus abzuleitenden Maßnahmen. Die Qualität der Ergebnisse wird von der Qualität der durchgeführten Leistungen bestimmt. Dieses Kapitel ist ein wesentlicher Beitrag zur Qualitätssicherung, in dem Anforderungen an die Beschreibung von Untersuchungsleistungen genannt werden, und es stellt die Vergabeverfahren dar, die den wirtschaftlichen Einsatz der Finanzmittel sichern sollen.

Die Zusammenarbeit mit privatwirtschaftlich tätigen Planungsfachleuten, Gutachtern und ausführenden Fachfirmen erfordert den Abschluß eindeutiger Verträge, die mit den Rahmenbedingungen der Gesetze und der besonders von öffentlichen Auftraggebern zu beachtenden Rechtsverordnungen und Verwaltungsanweisungen übereinstimmen müssen. Die in diesen Handlungsempfehlungen beschriebenen Leistungen sind nach den jeweiligen Geltungs- und Anwendungsbereichen der zu beachtenden Rahmenvorschriften einzuteilen in

- *freiberufliche Leistungen* im Sinne der VOF und VOL/A § 1 Nr. 2,

- *Bauleistungen* im Sinne der VOB,

- *sonstige Leistungen* im Sinne der VOL.

Zu den *freiberuflichen Leistungen* sind alle Ingenieur-, Planungs- und Gutachterleistungen[1] zu zählen, unabhängig davon, ob sie in der Honorarordnung für

---

[1] Die „Gutachter-, Ingenieur- und Planungsleistungen" werden nach einmaliger Nennung nur noch „Ingenieurleistungen", Ingenieure, Gutachter und Ingenieurbüros nur noch „freiberuflich Tätige" genannt.

Architekten und Ingenieure (HOAI) erfaßt sind. Diese Ingenieurleistungen fallen in der Regel unter das Werkvertragsrecht nach § 631ff BGB. Danach hat der freiberuflich Tätige (hierzu gehört auch der „Sachverständige" nach BBodSchG.) eine entgeltliche Verpflichtung zur Erreichung eines bestimmten Arbeitserfolges (das Werk, die geistige Leistung). In Ausnahmefällen, wie z. B. bei Beratungsleistungen, ist es denkbar, daß der Erfolg nicht zugesagt werden kann. Jedoch macht die Tatsache, daß eine Leistung nicht eindeutig mit einem Leistungsbild oder Leistungskatalog beschrieben werden kann, sie nicht zu einer Dienstleistung, sondern sie führt zur Vergütung nach Aufwand. Zu den Ingenieurleistungen bei der Erkundung des Untergrundes von Deponie- und Altlaststandorten gehören auch die Geofernerkundung (Gebiet der Luftaufnahme und -auswertung), Planungsleistungen für den Arbeitsschutz, die Modellierung der Schadstoffausbreitung im Untergrund sowie Vermessungsarbeiten für das Einmessen von Sondier-, Probenahme- und Grundwassergütemeßstellen. Auch jene Leistungen, die u. U. auch von Gewerbebetrieben angeboten werden, wie z. B. Rammkernsondierungen, Probenahme für Analytik oder beprobungslose geophysikalische Erkundungen, sind den freiberuflichen Leistungen hinzuzurechnen, wenn sie von Freiberuflern selbst erbracht werden.

Aufschlußarbeiten können abhängig vom Aufschluß- und Probenahmeverfahren sowohl von freiberuflich Tätigen als auch von Bohr- oder Baufirmen ausgeführt werden. Da für die Durchführung von Handsondierungen und Kleinrammbohrungen kein Einsatz von Baumaschinen erforderlich ist, werden sie in der Regel von freiberuflich Tätigen selbst durchgeführt. Bohrungen dagegen werden von Bohr- oder Baufirmen ausgeführt. Zu den Leistungen des freiberuflich Tätigen gehört jedoch ggf. auch das Ausschreiben dieser Arbeiten und in jedem Fall die Überwachung der Aufschlußarbeiten sowie die Auswertung der bei den Aufschlußarbeiten gewonnenen Erkenntnisse.

Den *Bauleistungen* sind die Arbeiten zuzuordnen, für die im Rahmen von Aufschlußarbeiten und der Herstellung von Grundwassermeßstellen Baugerät und gewerbliches Personal eingesetzt wird und die somit dem Anwendungsbereich der Verdingungsordnung für Bauleistungen (VOB) zuzurechnen sind.

Zu den *sonstigen Leistungen* gehören weitere Leistungen, die dem Anwendungsbereich der Verdingungsordnung für Leistungen (VOL) zuzurechnen sind. Die VOL ist nach dem Wortlaut des § 1 VOL/A für alle Lieferungen und Leistungen anzuwenden, die nicht Bauleistungen sind. Jedoch sind alle „Leistungen, die im Rahmen einer freiberuflichen Tätigkeit erbracht werden" nach § 1 Nr. 2 VOL/A der VOL entzogen. Die VOL findet auch keine Anwendung, wenn eine freiberufliche Leistung gleichzeitig von einem Gewerbebetrieb angeboten wird. Die VOL ist jedoch uneingeschränkt anwendbar, wenn eine von der Natur aus freiberufliche Leistung ausschließlich durch Gewerbebetriebe angeboten wird. Leistungen der Laboranalytik, mineralogische oder bodenphysikalische Untersuchungen sowie Bohrlochuntersuchungen sind der

VOL/A zuzuweisen, soweit sie unabhängig von Ingenieurleistungen vergeben werden, da sie insgesamt vom Auftraggeber vorab eindeutig und erschöpfend beschrieben werden können. Die Bewertung der Untersuchungsergebnisse bleibt im Rahmen der Ingenieurleistungen dem freiberuflich Tätigen vorbehalten.

Privaten Auftraggebern sind die Vergabebestimmungen der VOB, VOL und VOF nicht vorgeschrieben; selbstverständlich dürfen sie sich ihrer bedienen. Hingegen sind die Vergütungsregeln der HOAI von allen privaten und öffentlichen Auftraggebern anzuwenden.

6.1 Grundlagen der Vertragsgestaltung

6.1.1 Allgemeine Geschäftsbedingungen (AGB-Gesetz) und Vertragsbedingungen

Allgemeine Vertragsbedingungen regeln die grundlegenden Rechtsbeziehungen zwischen den Vertragspartnern. Vorformulierte Vertragsbedingungen sind allgemeine Geschäftsbedingungen, die der Inhaltskontrolle nach §§ 9-11 AGB-Gesetz unterworfen sind. Dies gilt sowohl für Allgemeine Geschäftsbedingungen (AGB), die vom Auftraggeber (AG) aufgestellt sind, als auch für AGB des Auftragnehmers (AN). Auch die AGB der öffentlichen Hand zur Vergabe und Honorierung von Leistungen sind am Maßstab des AGB-Gesetzes zu messen. Sinn der AGB-Inhaltskontrolle ist es, vorformulierte Regelungen einzuschränken, die möglicherweise individualvertraglich zulässig sind.

Für Ingenieurleistungen haben öffentliche Auftraggeber „Allgemeine Vertragsbestimmungen/-bedingungen" für die rechtliche Regelung in Ingenieurverträgen eingeführt. Dazu gehören z. B. die Allgemeinen Vertragsbestimmungen (AVB) des Bundesministeriums für Raumordnung, Bauwesen und Städtebau (BMBau).

Bei Bauleistungen wenden öffentliche Auftraggeber die Verdingungsordnung für Bauleistungen (VOB) Teil B an. Sie stellt für Verträge vorformulierte Vertragsbedingungen dar, die den allgemeinen Rahmen der Vertragsgestaltung und Leistungsausführung für den Normalfall abstecken. Die Interessen der Vertragspartner werden hierin anerkannterweise ausgewogen berücksichtigt. Die VOB ist weder Gesetz noch eine Rechtsverordnung. Die VOB/B ergänzt das Werkvertragsrecht des Bürgerlichen Gesetzbuches (BGB) durch weitere Vertragsbedingungen. Die Geltung der VOB/B muß im Vertrag ausdrücklich vereinbart werden. Dem öffentlichen AG ist ihre Anwendung vorgeschrieben. Sie ist als Dienst- oder Verwaltungsanweisung anzuwenden, da sie als Ausführungsbestimmung zu den Haushaltsvorschriften zu betrachten ist. Als Vertragsbedingung vereinbart, kommt sie mit Vertragsabschluß zur Geltung. Mit Vereinbarung der VOB/B sind auch die Allgemeinen Technischen Vertragsbedingungen für Bauleistungen (ATV) sowie Allgemeinen Regelungen für Bauarbeiten jeder Art - DIN 18299 des Teils C der VOB - vereinbart.

Die Allgemeinen Vertragsbedingungen für die Ausführung von Leistungen (VOL Teil B) sind ebenso wie die VOB/B als allgemeine Geschäftsbedingungen (AGB) anzusehen.

6.1.1.1 Ingenieurleistungen

Für die Finanzbauverwaltungen der Länder hat das BMBau mit seinen „Richtlinien für die Durchführung von Bauaufgaben des Bundes im Zuständigkeitsbereich der Finanzverwaltungen - RBBau -" die Allgemeinen Vertragsbestimmungen - AVB - zu den Verträgen für freiberuflich Tätige eingeführt. Die Länderarbeitsgemeinschaft Wasser (LAWA) hat „Allgemeine Vertragsbestimmungen für Ingenieurleistungen im Bereich der Wasserwirtschaft - AVB ING - WAS -" herausgegeben. Die Gliederung der AVB in 14 Paragraphen ist identisch bis auf § 15 im AVB ING - WAS, der sich mit den Kostenbegriffen zur Ermittlung der anrechenbaren Kosten auseinandersetzt. Sie wird im folgenden als Beispiel für Allgemeine Vertragsbedingungen für Ingenieurleistungen dargestellt:

	Gliederung der AVB
§ 1	Allgemeine Pflichten des AN
§ 2	Zusammenarbeit zwischen AG, AN und anderen fachlich Beteiligten
§ 3	Vertretung des AG durch den AN
§ 4	Auskunftspflicht des AN
§ 5	Herausgabeanspruch des AG
§ 6	Urheberrecht
§ 7	Zahlungen
§ 8	Kündigung
§ 9	Haftung und Verjährung
§ 10	Haftpflichtversicherung
§ 11	Erfüllungsort, Streitigkeiten, Gerichtsstand
§ 12	Arbeitsgemeinschaft
§ 13	Anwendbarkeit (Werkvertragsrecht)
§ 14	Schriftform

Allgemeine Pflichten des AN

Abs. 1.1 der AVB formuliert die grundlegende Qualitätsanforderung, daß die Leistungen dem allgemeinen Stand der einschlägigen Wissenschaft, den allgemein anerkannten Regeln der Technik, dem Grundsatz der Wirtschaftlichkeit und den öffentlich-rechtlichen Bestimmungen entsprechen müssen. Sie enthalten darüber hinaus allgemeine Regelungen zur Verantwortung sowie den Zuständigkeiten und Verpflichtungen des Auftragnehmers:

- Vorschriften und Richtlinien, die öffentliche Auftraggeber grundsätzlich sowie die Finanzbauverwaltungen speziell zu beachten haben, z. B. RBBau, VHB, SHBau, VOB, VOL,

- als Sachwalter seines Auftraggebers keine Unternehmer- oder Lieferanteninteressen zu vertreten,

- die ihm übertragenen Leistungen in seinem Büro zu erbringen; nur mit vorheriger schriftlicher Zustimmung des Auftraggebers ist eine weitere Übertragung zulässig.

Zusammenarbeit zwischen AG, AN und anderen fachlich Beteiligten

Es wird unterstrichen, daß allein das Bauamt als Auftraggeber zuständig ist und nicht etwa die nutzende Verwaltung. Es werden die Schnittstellen zu den anderen fachlich Beteiligten beschrieben.

Vertretung des AG durch den AN

Der Auftragnehmer ist zur Wahrung der Rechte und Interessen des Auftraggebers im Rahmen der ihm übertragenen Leistungen berechtigt und verpflichtet; er darf jedoch keine finanziellen Verpflichtungen für den Auftraggeber eingehen.

Auskunftspflicht des AN

Auskunftspflicht besteht, bis das Rechnungsprüfungsverfahren der Maßnahme abgeschlossen ist.

Herausgabeanspruch des AG

Die vom Auftragnehmer zur Erfüllung des Vertrages angefertigten Unterlagen sind dem Auftraggeber herauszugeben; sie werden dessen Eigentum.

Urheberrecht

Die urheberrechtlichen Regelungen betreffen vorwiegend Werke der Baukunst im Sinne des Urheberrechtsgesetzes. Bei Maßnahmen zur Erkundung des Untergrundes von Deponien und Altlasten darf der Auftraggeber die vom Auftragnehmer erarbeiteten Unterlagen ohne seine Mitwirkung nutzen, ändern und unter Namensangabe des Auftragnehmers veröffentlichen.

Zahlungen

Es werden Handhabung von Abschlagszahlungen und Zahlungsfristen sowie Rückforderungsansprüche, die sich nach § 818 Abs. 3 BGB aufgrund der Rechnungsprüfung durch die Prüfungsbehörden ergeben können, geregelt.

Kündigung

Soweit die Leistungen der HOAI zugeordnet werden können, sind die dort festgelegten Regelungen hinsichtlich der Ansprüche des Auftragnehmers im Falle einer Kündigung, die der Auftragnehmer nicht zu vertreten hat, zu beachten. Die AVB legen darüber hinaus für alle übrigen nicht erbrachten Leistungen einen Anspruch auf 40 % des Honorars fest. Wenn z. B. ein Zeithonorar auf der Grundlage der Stundensätze durch Vorausschätzen des Zeitbedarfs als Festbetrag vereinbart wurde, wären andere Regelungen denkbar, wie die Vereinbarung einer Zahlung einer bestimmten Anzahl von Monatspauschalen.

Haftung und Verjährung

Gewährleistungs- und Schadensersatzansprüche des Auftraggebers richten sich grundsätzlich nach den gesetzlichen Vorschriften. Darüber hinaus haftet der Auftragnehmer nach AVB bei Verzug oder bei sonstigem schuldhaften Verstoß gegen seine Vertragspflichten auch für die dadurch bedingten Mehrkosten der Maßnahme.

Haftpflichtversicherung

Es empfiehlt sich für beide Vertragsparteien, daß der Auftragnehmer wegen des erheblichen Haftrisikos eine Berufshaftpflicht mit ausreichender Deckungssumme abschließt. Zur Höhe der Deckungssummen der Berufshaftpflicht hat das BMBau mit Erlaß vom 5.10.1994 festgelegt (RBBau K 12; Anhang 4):

Bei voraussichtlich honorarfähigen Herstellungskosten bis zu einer Höhe von 1,5 Mio DM ist eine Haftpflichtversicherung mit Deckungssummen

- von 1 Mio DM für Personenschäden und
- von 150 000 DM für sonstige Schäden,

bei voraussichtlich honorarfähigen Herstellungskosten ab 1,5 Mio DM bis über 50 Mio DM eine Haftpflichtversicherung mit Deckungssummen

- von 1 Mio DM für Personenschäden und
- gestaffelt von 300 000 DM bis $\geq$ 2 000 000 DM für sonstige Schäden

nachzuweisen.

In jedem Fall ist der Nachweis zu erbringen, daß die Maximierung der Ersatzleistung mindestens das Zweifache der Versicherungssumme beträgt. Ferner heißt es: „Soweit der freiberuflich Tätige Versicherungsschutz oberhalb der Basisversicherung nachzuweisen hat, besteht die Möglichkeit des Abschlusses einer Objektversicherung oder der Zusatzdeckung durch Abschluß einer zu seiner Basisversicherung hinzutretenden Berufshaftpflicht-Excedentenversicherung. Im übrigen bleibt es bei der Bestimmung, daß Kosten der Versicherung nicht in den Bundeshaushalt übernommen werden."

Erfüllungsort, Streitigkeiten, Gerichtsstand

Bei Streitigkeiten soll der Auftragnehmer zunächst die dem Bauamt vorgesetzte Behörde anrufen. Erfüllungsort und Gerichtsstand sind die Baustelle, der Sitz des Bauamtes sowie der Sitz der für die Prozeßvertretung des Auftraggebers zuständige Stelle.

Arbeitsgemeinschaft

Federführung und Vertretungsbefugnis sind zu regeln; alle Mitglieder der Arbeitsgemeinschaft haften gesamtschuldnerisch.

Werkvertragsrecht

Es gilt das Recht der Bundesrepublik Deutschland.

Schriftform

Änderungen und Ergänzungen des Vertrages bedürfen der Schriftform.

6.1.1.2 Bauleistungen

Im § 1 Nr. 2 der VOB/B sind die Vertragsbedingungen aufgezählt, die Bestandteil eines Bauvertrages werden. Es sind dies neben der Leistungsbeschreibung mit Leistungsverzeichnis oder Leistungskatalog

- die Besonderen Vertragsbedingungen (BVB),

- etwaige Zusätzliche Vertragsbedingungen (ZVB),

- etwaige zusätzliche Technische Vertragsbedingungen (ZTV),

- die Allgemeinen Technischen Vertragsbedingungen (ATV) für Bauleistungen (VOB/C) und

- die Allgemeinen Vertragsbedingungen für die Ausführung von Bauleistungen (VOB/B).

Besondere Vertragsbedingungen (BVB)

Die nach § 10 VOB/A erforderlichen Regelungen in den Besonderen Vertragsbedingungen werden hier beispielhaft anhand der vom BMBau im „Vergabehandbuch für die Durchführung von Bauaufgaben des Bundes im Zuständigkeitsbereich der Finanzbauverwaltungen (VHB)" formulierten einheitlichen Verdingungsmustern (EVM) dargestellt. Die EVM BVB gliedern sich mit Bezug zu den §§ der VOB/B in:

1. Objekt-/Bauüberwachung (§ 4 Nr. 1),

2. Benennung der/des mit der Bauüberwachung Beauftragten,

3. Angaben zur unentgeltlichen Benutzung bzw. Überlassung von Lager- und Arbeitsplätzen, zu Verkehrswegen sowie zu Wasser-, Strom- und sonstigen Anschlüssen,

4. Ausführungsfristen (§ 5),

5. Angaben zum Beginn der Ausführung und zur Fertigstellung der Leistung,

6. Vertragsstrafen (§ 11),

7. Festlegung der für jeden Tag der Verspätung zu zahlenden Vertragsstrafe,

8. Rechnungen (§ 14),

9. wem sind wievielfach Rechnungen einzureichen,

10. Sicherheitsleistung (§ 17),

11. Sicherheitsleistungen/Bürgschaften für die Vertragserfüllung und Gewährleistung,

12. weitere Besondere Vertragsbedingungen.

Etwaige Zusätzliche Vertragsbedingungen (ZVB)

Auch für Zusätzliche Vertragsbedingungen enthält das VHB einheitliche Verdingungsmuster, die die in VOB/A § 10 Nr. 4 geforderten Regelungen enthalten und insgesamt 37 Ziffern umfassen. Im folgenden werden diese als Beispiel zusammengefaßt wiedergegeben:

Zu § 1 VOB/B wird ergänzt, daß die in den Verdingungsunterlagen genannten technischen Regelwerke Zusätzliche Technische Vertragsbedingungen im Sinne von § 1 Nr. 2d sind und daß die genannten DIN-Normen sowie die ATV in der drei Monate vor dem Eröffnungstermin gültigen Fassung maßgebend sind. Hinsichtlich der Preisermittlung bei Vereinbarung neuer Preise sowie Regelungen zur Vergütung bei Änderungsvorschlägen, Änderung des Mengenansatzes oder beim Anfall von Mehrkosten erfolgen Ergänzungen zu § 2 VOB/B. Es werden Regelungen zur Führung von Bautagesberichten, zur Durchführung von Kontrollprüfungen und zu den Bedingungen genannt, zu denen Nachunternehmer eingeschaltet werden dürfen (zu § 4 VOB/B). Die Behinderung und Unterbrechung der Ausführung (§ 6 VOB/B) ist dem Auftraggeber unverzüglich schriftlich mitzuteilen. Zur Abrechnung (§ 14 VOB/B) wird die Form, der Umfang und das Abrechnungsverfahren definiert. Bei Stundenlohnarbeiten (§ 15 VOB/B) sind arbeitstäglich Stundenlohnzettel mit vorgeschriebenen Angaben einzureichen. Zu § 16 wird ergänzend geregelt, daß im Falle der Feststellung einer Überzahlung durch Rechnungsprüfungsbehörden sich der Auftragnehmer nicht auf Wegfall der Bereicherung berufen kann. Ferner werden zu § 16 und 17 Details zu Abtretungen, Sicherheitsleistungen und Bürgschaften festgelegt. Zu Geschäftsbedingungen des Auftragnehmers wird klargestellt, daß diese, wenn sie insbesondere Zahlungs- und Lieferbedingungen betreffen, nur dann gelten, wenn sie vom Auftraggeber ausdrücklich und schriftlich angenommen wurden (zu § 18).

Etwaige zusätzliche Technische Vertragsbedingungen (ZTV)

Hierunter könnten z. B. Vorgaben zum Ausbau von Grundwassermeßstellen fallen.

Allgemeine Technische Vertragsbedingungen für Bauleistungen (VOB/C) ATV

In den ATV (DIN 18300 bis 18421 und 18451) wird näher beschrieben, in welcher Art und Weise die Bauleistungen zu erbringen sind.

Allgemeine Vertragsbedingungen für die Ausführung von Bauleistungen (VOB/B)

Die Vereinbarung von VOB/B ist immer notwendig für die Regelung der rechtlichen Bedingungen zur Vertragsabwicklung der Bauausführung.

6.1.1.3 Sonstige Leistungen (VOL-Vertrag)

Die Struktur und die Inhalte der Zusätzlichen, Ergänzenden und Besonderen Vertragsbedingungen nach VOL sind mit denen der VOB-Verträge vergleichbar.

6.1.2 Gliederung eines Vertrages

6.1.2.1 Ingenieurleistungen

Grundsätzlich bedarf der Abschluß eines Ingenieurvertrages keiner Form. Öffentliche Auftraggeber stellen jedoch für den gesamten Vertrag einschließlich der Änderungen und Ergänzungen (s. § 14 AVB) das Gebot der Schriftlichkeit. Die Struktur der vorformulierten Verträge wird nachfolgend anhand des Ingenieurvertragsmusters für den Bereich der Wasserwirtschaft (Herausgeber LAWA) und des für die Finanzbauverwaltungen der Länder geltenden, vom BMBau in seinen „Richtlinien für die Durchführung von Bauaufgaben des Bundes im Zuständigkeitsbereich der Finanzverwaltungen (RBBau)" eingeführten Vertragsmusters dargestellt:

RBBau-Vertragmuster Inhaltsübersicht:	ING-WAS-Muster (LAWA) Inhaltsübersicht:
§ 1 - Gegenstand des Vertrages	§ 1 - Gegenstand des Vertrages
§ 2 - Grundlagen des Vertrages	§ 2 - Bestandteile des Vertrages
§ 3 - Leistungen des Ingenieurs	§ 3 - Leistungen des Ingenieurs
	§ 4 - Leistungen des Auftraggebers
§ 4 - Fachlich Beteiligte	§ 5 - Leistungen anderer fachlich Beteilig ter und Beteiligung von Fachbehörden
§ 5 - Termine und Fristen	§ 6 - Termine und Fristen
§ 6 - Vergütung	§ 7 - Vergütung
§ 7 - Haftpflichtversicherung des AN	§ 8 - Haftpflichtversicherung des Ingenieurs
§ 8 - Ergänzende Vereinbarungen	§ 9 - Ergänzende Vereinbarungen

Den Vertragsmustern sind Hinweise vorangestellt, die den Anwendern als verwaltungsinterne Dienstanweisung dienen. Sie erläutern im wesentlichen die Umsetzung der HOAI in einen Vertrag unter Berücksichtigung weiterer zu beachtender Dienstanweisungen und Vorschriften. Die Gliederung der Verträge beschränkt sich auf das wesentliche, da z. B. die RBBau-Vertragsmuster das gesamte in der HOAI erfaßte Leistungsspektrum abdecken. Soweit nicht alle zur Maßnahme erforderlichen Leistungen vom Auftragnehmer erbracht werden sollen, ist es notwendig, vertraglich festzulegen, welche Leistungsanteile vom Auftraggeber oder anderen fachlich Beteiligten erbracht werden.

Gegenstand des Vertrages

Die übliche Formulierung lautet: Gegenstand des Vertrages sind Planungs-/Gutachterleistungen für ... (Bezeichnung der Liegenschaft, des Objektes, der zu untersuchenden Fläche). Außerdem ist es bei einer stufenweisen Bearbeitung einer Planungsaufgabe erforderlich, die zu bearbeitende Stufe oder das Planungsziel zu beschreiben.

Grundlagen des Vertrages

Zuerst werden die Allgemeinen Vertragsbedingungen (AVB) zum Vertragsbestandteil erklärt. Zu den Grundlagen des Vertrages sind diejenigen Unterlagen zu rechnen, die vom Auftragnehmer bei der Durchführung der Leistungen zu berücksichtigen sind. Dazu gehören alle vom Auftraggeber zur Verfügung gestellten Unterlagen, die z. B. aus einer vorgeschalteten Bearbeitungsstufe stammen. Im ING-WAS-Muster (LAWA) werden die hier aufgezählten, dem AN zur Verfügung gestellten Unterlagen unter § 4 - Leistungen des Auftraggebers- genannt. Im RBBau-Vertragsmuster gibt der AG an dieser Stelle Anregungen und stellt Forderungen (ggf. als Anlage), die der AN zu berücksichtigen hat. Ferner werden hier technische, baurechtliche und sonstige auch öffentlich-rechtliche Vorschriften aufgezählt, die vom Auftragnehmer über § 1 AVB hinaus zu beachten sind.

Leistungen des Auftragnehmers

In diesem wichtigen und in der Regel umfangreichsten Teil des Vertrages werden

- die stufen- bzw. abschnittsweise Beauftragung,

- die allgemeinen Leistungsanforderungen und

- der Umfang der Leistungen (Leistungsbeschreibung) geregelt.

Im ersten Abschnitt wird der *konkrete Auftrag (Stufe)* definiert und die Absicht erklärt, weitere Leistungen zu übertragen, wenn die Maßnahme weitergeführt wird. Ferner behält sich der AG vor, die Übertragung weiterer Leistungen auf einzelne Abschnitte einer Maßnahme zu beschränken und klärt die Anspruchsgrundlage der Vergütung aus diesem Vorgehen.

Die *allgemeinen Leistungsanforderungen* sind Regelungen im Sinne besonderer bzw. zusätzlicher Vertragsbedingungen. Übliche Anforderungen betreffen Anzahl, Ausführung und Qualität (normgerecht) der vom AN vorzulegenden Unterlagen, Zeichnungen, Beschreibungen und Berechnungen sowie die Regelung, daß der AN die von ihm angefertigten Unterlagen als Verfasser rechtsverbindlich zu unterzeichnen hat.

Die *Leistungsbeschreibung* sollte entweder Leistungsbilder der HOAI oder einen Leistungskatalog enthalten, mit dem objektspezifisch der Umfang der Leistungen beschrieben wird. Diese Thematik wird ausführlich im Kap. 6.2 behandelt.

Fachlich Beteiligte/Leistungen anderer fachlich Beteiligter und Beteiligung von Fachbehörden

Im ING-WAS-Muster (LAWA) werden die von anderen fachlich Beteiligten erbrachten Leistungen sowohl aus dem HOAI-Leistungsbild Objektplanung und auch außerhalb des Leistungsbildes aufgelistet, mit denen sich der Ingenieur abzustimmen und die er in seiner Planung zu berücksichtigen hat. Ferner werden die Fachbehörden genannt, die er zu beteiligen hat.

Das RBBau Vertragmuster beschränkt sich hier auf die Feststellung, daß alle Grundleistungen, die nicht beauftragt werden, vom AG erbracht werden, sowie welche Leistungen von weiteren namentlich genannten Beteiligten erbracht werden. Die Abstimmung mit den Fach- und Vollzugsbehörden wird von der Finanzbauverwaltung nicht dem AN überlassen; sie ist Sache des AG.

Termine und Fristen

Hier werden Kalenderdaten oder Bearbeitungszeiten für den konkret beauftragten Leistungsumfang festgeschrieben.

Vergütung

Für Leistungen nach HOAI werden die honorarbestimmenden Kriterien wie Honorarzone und Teilleistungssätze für die Leistungsphasen sowie Regelungen zu den anrechenbaren Kosten festgelegt. Bei freien Honorarvereinbarungen werden das Angebot des AN und weitere nachträgliche im Rahmen der Vertragsverhandlung getroffene Vereinbarungen zugrunde gelegt. Es folgen Regelungen zur Umsatzsteuer und zu den Nebenkosten.

Haftpflichtversicherung des Ingenieurs

Die Deckungssummen werden entsprechend den Ausführungen zu den AVB festgelegt. Im Bd. 11 der Materialien zur Ermittlung und Sanierung von Altlasten (Anforderungen an Gutachter, Untersuchungsstellen und Gutachten bei der Altlastenbearbeitung) des Landes Nordrhein-Westfalen werden folgende Mindest-Deckungssummen gefordert:

- für Personenschäden   2,0 Mio DM,

- für sonstige Schäden   2,0 Mio DM.

6.1.2.2 Bauleistungen

Da der öffentliche Auftraggeber zur Anwendung der VOB verpflichtet ist, ist damit auch die Gliederung des Bauvertrages nach VOB vorgeschrieben. Nach § 10 VOB/A bestehen die Vergabeunterlagen aus dem Anschreiben und den Verdingungsunterlagen. Die Verdingungsunterlagen setzen sich zusammen aus der Leistungsbeschreibung und weiteren Besonderen oder Zusätzlichen, Allgemeinen oder Technischen Vertragsbedingungen für die Vergabe von Bauleistungen:

Anschreiben (Aufforderung zur Angebotsabgabe)

Das Anschreiben (s. § 10 Nr. 5) enthält die Aufforderung zur Abgabe eines Angebotes und eventuelle Bewerbungsbedingungen, die z. B. in den Einheitlichen Verdingungsmustern des VHB vorformuliert sind. In solchen Bedingungen können Erläuterungen oder Ergänzungen zu den „Allgemeinen Bestimmungen für die Vergabe von Bauleistungen" (VOB/A) erfolgen.

Besondere Vertragsbedingungen

Hierbei handelt es sich um objektbezogene Regelungen (s. § 10 Nr. 4 Abs. 1 und 2 VOB/A; oder EVM BVB oder StLB LB 099).

Zusätzliche Vertragsbedingungen (ZVB)

In den Vergabeunterlagen wird in der Regel in den ZVB die Geltung der VOB Teil B und Teil C als Vertragsbestandteil vereinbart. Öffentliche AG ergänzen an dieser Stelle VOB/A, die grundsätzlich unverändert bleibt (s. § 10 Nr. 1 Abs. 2, Nr. 4 Abs. 1 und 2 VOB/A; EVM ZVB; StLB LB 099 Allgemeine Standardbeschreibungen).

Zusätzliche Technische Vertragsbedingungen

Öffentliche AG ergänzen an dieser Stelle in der Regel VOB/C, die grundsätzlich unverändert bleibt.

Leistungsbeschreibung

Die Leistungsbeschreibung besteht in der Regel aus:

- Vorbemerkungen/Baubeschreibung/örtliche Bedingungen (Topographie /Geologie usw.),

- Leistungsverzeichnis mit Beschreibung der Teilleistungen,

- Anlagen für Bietereintragungen (Bieterangaben-Verzeichnis),

- sonstige Anlagen (Pläne, Zeichnungen, Gutachten).

6.1.2.3 Sonstige Leistungen (VOL-Vertrag)

Wegen der mit VOB-Verträgen vergleichbaren Gliederung eines VOL-Vertrages wird an dieser Stelle auf eine ausführliche Abhandlung verzichtet und auf die Ausführungen zu Bauleistungen verwiesen. Dort werden analog zu § 9 VOL/A die Zusätzlichen, Ergänzenden und Besonderen Vertragsbedingungen dargestellt, die als Bestandteil eines Vertrages einzubeziehen sind.

6.2 Leistungsbeschreibungen

6.2.1 Leistungsbilder und Leistungsbeschreibungen für Ingenieurleistungen

6.2.1.1 Leistungsbilder und -kataloge der HOAI

Für die meisten in der HOAI erfaßten Leistungen werden auch Leistungsbilder angeboten, die in Leistungsbeschreibungen einzelne Planungsabschnitte detaillieren. Solche Leistungsbilder, die in Leistungsphasen und Grundleistungen untergliedert sind, können jedoch nicht als abhakbare Arbeitsprogramme betrachtet werden, sondern sie stellen in der Regel die zu durchlaufenden Planungsschritte dar. Zwar müssen die Grundleistungen i. allg. berücksichtigt werden, um zu einer mangelfreien Leistung zu gelangen; einen Anspruch auf die Erbringung bestimmter Grundleistungen aus den Leistungsphasen kann der AG daraus jedoch nicht ableiten. Wie der Ingenieur die Leistungen erbringt, um zu einer mangelfreien Leistung zu gelangen, bestimmt er selbst. Dabei hat er seine vertragliche Verpflichtung zu berücksichtigen, die objektspezifischen sowie die grundlegenden Qualitätsanforderungen (z. B. nach AVB § 1) zu erfüllen. Hiernach müssen die Leistungen dem allgemeinen Stand der einschlägigen Wissenschaft, den allgemein anerkannten Regeln der Technik, dem Grundsatz der Wirtschaftlichkeit und den öffentlich-rechtlichen Bestimmungen entsprechen.

Aufgrund dieser Bedingungen übernimmt der Ingenieur eine umfassende Verantwortung für die Qualität seiner Leistungen, für die er bis zu 30 Jahren haften muß.

Der Untergrunderkundung von Deponien und Altlasten können folgende, in der HOAI erfaßte, Leistungen zugeordnet werden:

HOAI, Teil VII Leistungen bei Ingenieurbauwerken und Verkehrsanlagen
§ 52 Abs. 9 enthält die Anmerkung: „Das Honorar für Leistungen bei Deponien für unbelasteten Erdaushub, beim Ausräumen oder bei hydraulischer Sanierung von Altablagerungen und bei kontaminierten Standorten.....kann frei vereinbart werden." Ein Leistungsbild für die Erkundung von kontaminierten Standorten enthält Teil VII nicht.

HOAI, Teil XII Leistungen für Bodenmechanik, Erd- und Grundbau:
Die im Teil XII erfaßten und dargestellten Leistungen für Bodenmechanik, Erd- und Grundbau werden insbesondere für die Gründung von Gebäuden und baulichen Anlagen, zu denen auch Deponiekörper gehören können, benötigt, um die Wechselwirkung zwischen Baugrund und Bauwerk sowie seiner Umgebung zu bewerten. Zu diesen Leistungen rechnen insbesondere die Baugrundbeurteilung und Gründungsberatung, für deren Beschreibung in § 92 ein Leistungskatalog verfügbar ist.
In § 91 wird ferner darauf hingewiesen, daß das

- Ausschreiben und Überwachen der Aufschlußarbeiten und

- das Durchführen von Labor- und Feldversuchen

den Leistungen für Bodenmechanik, Erd- und Grundbau zuzurechnen sind. Leistungen zur Erkundung des Untergrundes von Deponien und Altlasten hinsichtlich einer Schadstoffbelastung und deren Verhalten sind nicht erfaßt.

HOAI, Teil XIII Vermessungstechnische Leistungen:
Von dem in § 96 definierten Anwendungsbereich treffen für die Untergrunderkundung von Deponien und Altlasten nur die unter Abs. (2) Nr. 3 genannten Leistungen zu:

- Vermessung an Objekten außerhalb der Entwurfs- und Bauphase, Leistungen für nicht objektgebundene Vermessungen, Fernerkundung und geographisch-geometrische Datenbasen sowie andere sonstige vermessungstechnische Leistungen.

Bei Erkundung des Untergrundes wird es überwiegend um Vermessungsarbeiten für das Einmessen von Sondier-, Probenahme- und Grundwassermeßstellen sowie um die Geofernerkundung gehen. In § 100 werden diese Leistungen als „Sonstige Vermessungstechnische Leistungen" erfaßt. In Abs. 1 werden die nicht objektgebundenen Vermessungsleistungen näher dargestellt. Ein Leistungsbild oder weitergehende Leistungsbeschreibungen enthält die HOAI nicht.

6.2.1.2 Vorschlag eines Leistungsbildes für den Planungsbereich „Altlasten" der AHO-Fachkommission

Die AHO-Fachkommission „Kontaminierte und kontaminationsverdächtige Standorte - Altlasten" hat einen Vorschlag zum Leistungsbild für Planer- und Gutachterleistungen bei der Altlastensanierung erarbeitet, der nach Vorstellung des AHO Bestandteil der HOAI werden soll. Das Leistungsbild wird in sechs Stufen gegliedert:

I.   Historische Erkundung,
II.   Technische Erkundung,
III.   Sanierungsuntersuchung,
IV.   Sanierungsplanung- und Überwachung,
V.   Fachgutachterliche Begleitung,
VI.   Oberleitung und Dokumentation.

Für den Bereich der Untergrunderkundung von Deponie- und Altlastenstandorten sind insbesondere die ersten beiden Leistungsstufen relevant:

I. Historische Erkundung:

1.   Grundlagenermittlung für die Historische Erkundung,
2.   Aufstellen eines Erkundungsprogramms,
3.   Material- und Datenrecherche,
4.   Auswertung und Erstbewertung,
5.   Dokumentation und Präsentation der Ergebnisse der Historischen Erkundung.

II. Technische Erkundung:

1.   Grundlagenermittlung für die Technische Erkundung,
2.   Aufstellen des Untersuchungsprogramms,
3.   Vorbereiten der Vergabe,
4.   Mitwirken bei der Vergabe,
5.   Untersuchungsüberwachung,
6.   Oberleitung,
7.   Auswertung, Dokumentation und Präsentation.

Die Leistungsstufe II kann für die orientierende und detaillierte Erkundung mehrfach durchlaufen werden.

In diesem Vorschlag werden die Leistungsstufen in Anlehnung an die Struktur und Terminologie der HOAI in Leistungsphasen unterteilt, die aus Grundleistungen und Besonderen Leistungen bestehen.

Darüber hinaus stehen jedoch für den Planungsbereich „Altlasten" DIN-Vorschriften und Planungsrichtlinien als allgemein anerkannte Regeln der Technik nicht in dem Umfang wie bei klassischen Ingenieurplanungen zur Verfügung, denen sich der Ingenieur als Fachnormen zur Vereinheitlichung technischer Planungskonzepte bedienen kann. Insofern fehlen dem Auftraggeber z. T. Maßstäbe der allgemein gültigen Richtlinien und technischer

Regeln, nach denen er zum einen die Qualität der Ingenieur- und Gutachterleistung und zum anderen die Angemessenheit einer Honorarforderung prüfen und bewerten kann.

6.2.1.3 Qualitätsanforderungen an Leistungsbeschreibungen

Da für den Bereich der Erkundungs- und Gutachterleistungen bei Altlasten und Deponien ein allgemeiner Stand der einschlägigen Wissenschaft sowie allgemein anerkannte Regeln der Technik noch nicht so weitgehend festgelegt sind, hat der Auftraggeber die qualitätsbezogenen Erwartungen in jedem Einzelfall mit eindeutig fixierten Anforderungen an Erkundungsart und -ziel zu beschreiben. Dem Auftraggeber wird empfohlen, in den Leistungsbeschreibungen die Qualitätsanforderungen möglichst genau zu definieren.

Vermessungsleistungen

Für Vermessungsleistungen bei der Erkundung des Untergrundes stehen Regelwerke zur Verfügung, mit denen vermessungstechnische Daten in ihrer Struktur so einheitlich anzugeben sind, daß sie ausgetauscht werden können. Ihre Berücksichtigung gewährleistet die notwendige Qualität der Vermessungsleistungen, z. B.:

- Richtlinien für die Anlage von Straßen, Teil Vermessung (RAS-Verm),

- Musterzeichenvorschrift der Arbeitsgemeinschaft der Vermessungsverwaltungen der Länder der Bundesrepublik Deutschland (AdV),

- Landesgesetze über die Landesvermessung und das Liegenschaftskataster sowie dazugehörige Durchführungsverordnungen,

- Baufachliche Richtlinien Vermessung (BMBau):
  Im Vorwort zu den Baufachlichen Richtlinien Vermessung wird darauf hingewiesen, daß sie einen einheitlichen Standard für Vermessungsleistungen auf Liegenschaften des Bundes festlegen; damit wird bundesweit die gleiche Qualität der erfaßten Daten gewährleistet und der Austausch der Daten erleichtert. Die Richtlinien berücksichtigen die RAS-Verm sowie die Musterzeichenvorschrift der AdV. Sie bestehen aus dem Textteil sowie den Systemkatalogen des Digitalen Liegenschaftsmodells.

Gliederung der Baufachlichen Richtlinien Vermessung:

Titel 1   Grundlagen,
Titel 2   Liegenschaftsbezogene Festpunktfelder,
Titel 3   Objektvermessung,
Titel 4   Objektvermessung mit Meßverfahren der Satellitengeodäsie,
Titel 5   Aerophotogrammetrische Objektvermessung,
Titel 6   Digitalisierung,

Titel 7   Vermessungsleistungen zur Planung und Durchführung von Baumaßnahmen,
Titel 8   Datenaustausch,
Titel 9   Aufbewahrung der Unterlagen,
Titel 10   Verzeichnis der Abkürzungen.

Die 15 Anlagen befassen sich mit der Kalibrierung der Meßgeräte, der Korrektion wegen systematischer Meßabweichungen, den Lagebezugssystemen der Landesnetze sowie mit Vermarkungsarten und Zeichenvorschriften.

- Richtlinien für die Durchführung von Bauaufgaben des Bundes im Zuständigkeitsbereich der Finanzbauverwaltungen (RBBau), Anhang 15 (Vertragsmuster sowie Hinweise zur Beauftragung von Vermessungsleistungen).

Qualitätsanforderungen und Leistungsbeschreibungen in den „Arbeitshilfen Altlasten" des BMBau/BMVg

Zur Sicherstellung einer einheitlichen Vorgehensweise und als Arbeitshilfe für die Bauverwaltungen sind von der OFD Hannover im Auftrag des BMBau und BMVg und in Abstimmung mit BMU und UBA die *Arbeitshilfen Altlasten zur Anwendung der baufachlichen Richtlinien für die Planung und Ausführung der Sicherung und Sanierung belasteter Böden des BMBau für Liegenschaften des Bundes* erarbeitet worden. Grundlagen der Arbeitshilfen sind das Sondergutachten „Altlasten" des Rates von Sachverständigen für Umweltfragen, die „Richtlinien für die Planung und Ausführung der Sicherung und Sanierung belasteter Böden" des BMBau und das „Vorläufige Handlungskonzept zur Erfassung und Erstbewertung von Altlastverdachtsflächen auf Bundeswehrliegenschaften" des BMVg.

Die Arbeitshilfen dokumentieren das Qualitätsmanagement für Erkundungs- und Sanierungsmaßnahmen auf Liegenschaften des Bundes. Es werden sowohl Verfahrensabläufe zur Bearbeitung von kontaminationsverdächtigen Flächen von der Erfassung bis zur Sicherung /Sanierung beschrieben als auch Hinweise zu speziellen Untersuchungsmethoden gegeben. Weitere Schwerpunkte sind neben der Erläuterung von Projekt- und Informationsstrukturen auch die Darstellung der zur Verfügung stehenden Datenbanksysteme zur Erfassung, Bewertung und Weiterverarbeitung altlastenrelevanter Liegenschaftsdaten.

Der Anhang enthält unter anderem *Leistungskataloge, Vertragsmuster* und *Vertragsbedingungen* zur Bearbeitung von kontaminationsverdächtigen und kontaminierten Flächen für folgende Ingenieurleistungen:

1. Erfassung und Erstbewertung (Phase I) von kontaminationsverdächtigen Flächen (KVF),

2. Gefährdungsabschätzung (Phase II) von kontaminierten Flächen (KF),

3. Auswertung von Luftbildern,

4. geophysikalische Untersuchungen von Bohrlöchern und Grundwassermeßstellen.

Die Leistungskataloge enthalten jeweils umfassende Zusammenstellungen
von Leistungsbeschreibungen, die der Anwender für seine objektspezifische
Leistungsbeschreibung als Checkliste nutzen kann. Zu den Leistungskatalogen gehören jeweils:

- Vorbemerkungen und Hinweise zur Leistungsbeschreibung für jede
  Leistungsphase,

- Merkblätter zur Dokumentation der Ingenieurleistungen (Bericht/Gutachten),

- Ingenieurvertragsmuster.

Die Qualitätsanforderungen sind sowohl in den Leistungskatalogen als auch
in den Merkblättern (Standardgliederung für Berichte/Gutachten) formuliert.

Grobstruktur des Leistungskataloges für Phase I (Historische Erkundung):

Titel 1   Kontaktaufnahme und Befragung,
Titel 2   Erfassung von kontaminationsverdächtigen Flächen (KVF),
Titel 3   Erfassung der Geologie, Hydrogeologie, Hydrologie der Oberflächengewässer
           und Biologie durch Begehungen in Zusammenhang mit evtl. vorhandenen
           Unterlagen,
Titel 4   Bericht und Dokumentation,
Titel 5   Ortstermine,
Titel 6   Honorarstundensätze.

Grobstruktur des Leistungskataloges für Phase II (Technische Erkundung)

Ingenieurleistungen:
Titel 1   Auswerten von Daten aus früheren Untersuchungen,
Titel 2   Vorbereitung der Geländearbeiten,
Titel 3   Geländearbeiten,
Titel 4   Dokumentation (Bericht/Datenerfassung),
Titel 5   Sonstiges (Bohrbetreuung, Ortstermine, Stundensätze).

Analytik:
Titel 6   Untersuchung von Boden-, Sediment - und Klärschlammproben,
Titel 7   Untersuchung von Eluaten,
Titel 8   Untersuchung von Trink-, Grund- und Oberflächenwasser,
Titel 9   Untersuchung von Bodenluftproben,
Titel 10   Vor-Ort-Analytik.

Grobstruktur des Leistungskataloges für Luftbildauswertung:

Titel 1   Sichtung/Selektierung des zur Verfügung gestellten Materials,
Titel 2   Auswertung vorhandener historischer Erkundungen,

Titel 3   Auswertung und Kartierung 1:10.000, Detailkartierung 1:5.000, inklusive Photoarbeiten,

Titel 4   Sonderauswertungen (z. B. CIR-, Farbaufnahme),

Titel 5   Bericht,

Titel 6   Honorarstundensätze (z. B. für den Groundcheck).

Grobstruktur der Standardgliederung für den Bericht/Gutachten (Phase II):

Die nachfolgend beispielhaft dargestellten Anforderungen zur Standardgliederung eines Berichtes/Gutachtens aus der „Arbeitshilfe Altlasten" stimmen inhaltlich mit den Anforderungen an Gutachten überein, die von Nordrhein-Westfalen für die LAGA - Arbeitsgruppe „Qualitätssicherung" erarbeitet wurden.

1. Auftrag, Anlaß:
  • Auftraggeber, Auftragnehmer, Datum des Auftrags,
  • Inhalt der Beauftragung, Aufgabenstellung,
  • Grundlagen des Auftrags (Angebote, Verträge).

2. Fragestellung und Zielsetzung:
  • Beschreibung vorliegender Untersuchungsergebnisse,
  • Beschreibung des Standortes,
  • Ziel der beauftragten Untersuchungen,
  • Untersuchungsprogramm.

3. Durchführung der Feldarbeiten, Dokumentation:
  • Beschreibung der Feldarbeiten,
  • Beschreibung der Untersuchungsmethoden,
  • Dokumentation der Probenahme, Messungen, Feldversuche.

4. Durchführung der Laborarbeiten, Analysendurchführung:
  • Qualitätskontrolle (Laborprotokolle, Verfahren, Nachweisgrenzen),
  • Erfassung der Analysenergebnisse auf Datenträger.

5. Ergebnisse und Gefährdungsabschätzung:
  • Auswertung und Darstellung der Untersuchungsergebnisse (Geologie, Hydrogeologie, Umfeld),
  • Auswertung und Darstellung der Kontaminationssituation,
  • Gefahrenbeurteilung/Gefährdungsabschätzung.

6. Empfehlungen für das weitere Vorgehen:
  • Kategorisierung der Verdachtsflächen nach weiterem Handlungsbedarf

7. Zusammenfassung

8. Literaturverzeichnis:
  • Verzeichnis der verwendeten Unterlagen

9. Anlagen:
Auf eine übersichtliche und umfassende Darstellung der Ergebnisse in Graphiken, Tabellen, Profilen, Plänen und Karten wird in den „Arbeitshilfen Altlasten" besonderer Wert gelegt. Alle graphischen Darstellungen sind, soweit es Zeichnungsnormen gibt, nach diesen abzufassen (z. B. DIN 824, DIN ISO 5455, DIN 6774, DIN 6776, DIN 6771, etc.).

6.2.2 Leistungsbeschreibungen für Bauleistungen

6.2.2.1 Gliederung einer Leistungsbeschreibung

Die Leistungsbeschreibung ist der wesentliche Teil der Verdingungsunterlagen, die durch die bereits im Abschnitt 6.1.2.2 vorgestellten Besonderen oder Zusätzlichen, Allgemeinen oder Technischen Vertragsbedingungen ergänzt werden. In den §§ 9 bis 15 der VOB/A wird detailliert dargelegt, wie die Gesamtleistung auszuschreiben ist. Für die Beschreibung von Bauleistungen gibt VOB/A § 9 Nr. 3 bis 9 vor, daß sie in der Regel aus einer allgemeinen Darstellung der Bauaufgabe (*Baubeschreibung*) und aus einem in Teilleistungen gegliedertem *Leistungsverzeichnis* bestehen soll. Eine gute Leistungsbeschreibung bestimmt die Qualität der Bauleistung. Durch die konsequente Anwendung der *Allgemeinen Technischen Vertragsbedingungen für Bauleistungen (ATV) in VOB Teil C* sowie der Verwendung von eingeführten *Standardleistungsbeschreibungen* wird dies sichergestellt sowie vermieden, daß es Unstimmigkeiten bei der Abrechnung und Vergütung der Leistungen gibt.

Der Teil C der VOB ist in jeweils abgeschlossene Leistungsbereiche aufgegliedert. Für Untergrunderkundungsarbeiten sind die nachfolgenden Bereiche von Bedeutung:

DIN 18299   Allgemeine Regelungen für Bauarbeiten jeder Art
Geltungsbereich: Für alle Bauarbeiten

DIN 18300   Erdarbeiten
Geltungsbereich: Lösen, Laden, Fördern, Einbauen und Verdichten von Boden und Fels auch im Grundwasser und im Uferbereich unter Wasser

DIN 18301   Bohrarbeiten
Geltungsbereich: Untersuchung des Baugrundes, Wassergewinnung und -einleitung, Grundwasserabsenkung

DIN 18302   Brunnenbauarbeiten
Geltungsbereich: Ausbau von Bohrungen zu Brunnen, Bohrbrunnen und Herstellen von Schachtbrunnen und Einsteigschächten

DIN 18303   Verbauarbeiten
Geltungsbereich: Herstellung und Sicherung von Schürfgruben und Gräben.

Die ATV sind einheitlich nach folgendem System gegliedert:

Abschnitt 0   Hinweise für das Aufstellen der Leistungsbeschreibung

Abschnitt 1   Geltungsbereich

Abschnitt 2   Stoffe, Bauteile

Abschnitt 3   Ausführung

Abschnitt 4   Nebenleistungen, Besondere Leistungen

Abschnitt 5   Abrechnung.

Abschnitt 0 mit den Hinweisen für das Aufstellen der Leistungsbeschreibung wird nicht Vertragsbestandteil, weil die Hinweise objektspezifisch zu berücksichtigen sind. Sie erleichtern dem Anwender die ordnungsgemäße Aufstellung der Leistungsbeschreibung, indem er prüfen kann, welche Angaben objektbezogen erforderlich sind.

Bei der systematischen Anwendung der ATVen ist grundsätzlich immer zuerst die DIN 18299 zu berücksichtigen, da hier diejenigen technischen Vertragsbedingungen zusammengefaßt werden, die auch für den überwiegenden Teil der übrigen Leistungsbereiche gelten. Die ATV DIN 18300 ff ergänzen die DIN 18299 mit leistungsspezifischen Regelungen entsprechend den fachlichen Anforderungen.

Zur Formulierung der *Vorbemerkungen/Baubeschreibung* zum Leistungsverzeichnis sind besonders die Hinweise in *Ziffer 0.1 Angaben zur Baustelle* zu beachten. Ergänzend sind bei Arbeiten in kontaminierten Bereichen Angaben erforderlich

- zu Art, Zusammensetzung und Menge der zu entsorgenden Böden, Stoffe und Bauteile,

- zum Entsorgungsweg,

- zu Anforderungen an Nachweise über Transporte, Entsorgung,

- zu den vom Auftraggeber zu tragenden Entsorgungskosten.

Im *Leistungsverzeichnis (LV)* wird die Leistung konkret unter Angabe der zu beachtenden anerkannten Regeln der Technik beschrieben. In der VOB-Ausgabe 1992 sind die Regelungen zu technischen Spezifikationen den EG-Bestimmungen angepaßt worden.

6.2.2.2 Hinweise zur Struktur und zur Erarbeitung eines Leistungsverzeichnisses

Allgemeine Bauleistungen /Baustelleneinrichtung

Die Baustelleneinrichtung ist grundsätzlich eine Nebenleistung, wenn sie nicht besonders ausgeschrieben ist. Allgemeine Bauleistungen können in Form von Vorbereitungen des Baufeldes, zum Transport und Einsatz der Geräte, Errichten von Bauzäunen oder Baumschutzvorrichtungen anfallen.

Ausführung der Erkundung/Bohrung/Probenahme

Aus Voruntersuchungen sollte beurteilt werden, ob Schwierigkeiten oder Hindernisse (z. B. Versiegelung der Oberfläche) bei der Erkundung zu erwarten sind, die die Auswahl der Erkundungsverfahren einschränken. Bei der Wahl der Ausführung der Bohrung/des Aufschlusses sowie des Probenahmeverfahrens sind alle Anforderungen an die Untersuchung zu berücksichtigen:

- Geländebeschaffenheit,

- geländebedingte Behinderungen,

- Verteilung der Bohr- und Probenahmepunkte,

- voraussichtliche Bodenklassen (DIN 18300) und Bohrhindernisse (Meißelarbeiten u. a.),

- Größe und Art der Probe (gestörte/ungestörte Probe),

- Anforderungen an Probenahme und Messungen (Boden, Wasser, Gas).

In kontaminierten Flächen:

- Maßnahmen zur Vermeidung jeglicher Kontamination der Probe,

- Schutz des Probenehmers und beteiligten Personals durch Verhinderung bzw. Minimierung von Gefahrstoffreisetzungen (technische Schutzmaßnahmen),

- Minimierung des kontaminierten Aushubmaterials, falls eine Entsorgung gefordert wird.

Bei Berücksichtigung aller Aspekte ist es möglich, aufgrund der erarbeiteten Erkundungsstrategie die am besten geeigneten Leistungsarten festzulegen.

Bestehende Normen müssen bei der Erstellung des Leistungsverzeichnisses berücksichtigt werden (z. B. DIN 4021 bei Bohrungen zur Erkundung des Baugrundes). Andere Richtlinien können ergänzend zu bestehenden Regelwerken und Normen verwendet werden, z. B.:

- Die Internationale Organisation für Normung hat inzwischen den Entwurf der DIN ISO-Norm *DIN ISO 10381 Bodenbeschaffenheit-Probenahme* vorgelegt:

Teil 1: Richtlinien zur Aufstellung von Probenahmeprogrammen,

Teil 2: Anleitung für Probenahmeverfahren,

Teil 3: Anleitung zur Sicherheit,

Teil 4: Anleitung für das Vorgehen bei der Untersuchung von natürlichen, naturnahen und Kulturstandorten,

Teil 5: Anleitung zur Probenahme, Behandlung und Lagerung von Boden für die Bestimmung aerober mikrobieller Prozesse unter Laborbedingungen.

- Der ITVA Ausschuß FA-F2 bietet die Arbeitshilfe *„Aufschlußverfahren zur Probengewinnung für die Untersuchung von Verdachtsflächen und Altlasten"* an, die ergänzend zu bestehenden Regelwerken und Normen verwendet werden kann.

Die Beschreibung der Erkundungsleistungen nach Art und Menge kann mit Hilfe von Standardleistungsbeschreibungen aus Standardleistungsbüchern und -katalogen erfolgen (s. Kap. 6.2.2.3).

Arbeitsschutz/Emissionsschutz

DIN 18299 fordert im Leistungsverzeichnis Aussagen zu Art und Umfang der Schadstoffbelastungen, z. B. des Bodens, der Gewässer, der Luft, der Stoffe und Bauteile sowie zu vorliegenden Gutachten. Es sind ggf. besondere Anforderungen für Arbeiten in kontaminierten Bereichen zu formulieren. Der Bauherr (AG) hat dabei die *„Richtlinien für Arbeiten in kontaminierten Bereichen (ZH 1/183)"* der Tiefbauberufsgenossenschaft zu beachten (s. Kap. 7). Danach sind im Vorfeld der Geländearbeiten durch den Auftraggeber Erkundigungen hinsichtlich einer Gefahrensituation durchzuführen und evtl. ein Sicherheitsplan, der Bestandteil der Ausschreibungsunterlagen sein muß, aufzustellen.

Analytik /Auswertung/Messungen/Meßergebnisse

Dies sind entsprechend Abs. 4.2 VOB/C Besondere Leistungen.

Allgemeine technische Bearbeitung

Dies sind entsprechend Abs. 4.2 VOB/C Besondere Leistungen, z. B.:
- Schichtenverzeichnisse,
- zeichnerische Darstellung nach DIN 4023,
- Lageplan und Untersuchungsbericht zur Probenahme.
  Der Untersuchungsbericht sollte folgende Angaben enthalten: Ort und Name des Probenahmestandorts mit Koordinaten, Probenahmepunkte mit Koordinaten; Datum der Probenahme; Probenahmeverfahren; Zeitpunkt der Probenahme; Name des Probenehmers; Witterungsbedingungen; Art jeglicher Vorbehandlungen und weitere Informationen, die bezüglich der Probenahme von Bedeutung sind. Für die Leistungsbeschreibung kann der Standardleistungskatalog für den Wasserbau Leistungsbereich 202 - Technische Beabeitung - verwendet werden.

Stundenlohnarbeiten/Maschinensätze

Stundenlohnarbeiten sind nur auf besondere Anordnung des AG auszu-
führen. Der Verrechnungssatz für die jeweilige Arbeitskraft sollte sämtliche
Aufwendungen, insbesondere den tatsächlichen Lohn einschließlich vermö-
genswirksamer Leistungen mit den Zuschlägen für Gemeinkosten (Sozial-
kassenbeiträge, und dergleichen) sowie Lohn- und Gehaltsnebenkosten und
Zuschläge für Überstunden umfassen. Zuschläge für Nacht-, Sonntags- und
Feiertagsarbeit werden gesondert vergütet.

Verechnungssätze für Baugeräte sollten sämtliche Aufwendungen für den
Einsatz, insbesondere Gerätevorhalte und Betriebsstoffkosten sowie
sämtliche Zuschläge einschließlich der Kosten für das Bedienungspersonal
beinhalten.

6.2.2.3 Standardleistungskataloge / Standardleistungsbücher

Im Vorwort zu den *Standardleistungsbüchern für das Bauwesen (StLB)* wird
darauf hingewiesen, daß sie die Aufstellung einwandfreier Leistungsbeschreibungen im Sinne von § 9 VOB/A und auch Liefer- und Ingenieurleistungen (z. B. Rammkernsondierungen) erlauben. Darüber hinaus
ermöglichen sie den Einsatz der automatisierten Datenverarbeitung. Standardleistungsbücher werden vom Gemeinsamen Ausschuß Elektronik im Bauwesen
(GAEB) in Verbindung mit dem Deutschen Verdingungsausschuß für
Bauleistungen (DVA) aufgestellt und vom Deutschen Institut für Normung
e. V. (DIN) herausgegeben.

Den Standardleistungsbeschreibungen sind jeweils im Abschnitt 0
Standardbeschreibungen mit leistungsbereichsspezifischen Anforderungen vorangestellt, die als Vorbemerkungen zum Leistungsverzeichnis zu verwenden
sind. Darüber hinaus enthält das StLB 099 (Allgemeinbereich) weitere
Standardbeschreibungen für Vorbemerkungen zu Leistungsverzeichnissen, die
auf alle Bereiche des Standardleistungsbuches für das Bauwesen zutreffen. Die
nachfolgende Tabelle bezieht sich auf die Standardleistungsbücher:

- StLB Leistungsbereich 000 - Baustelleneinrichtung,

- StLB Leistungsbereich 005 - Brunnenbauarbeiten und Aufschlußbohrungen,

- StLB Leistungsbereich 099 - Allgemeine Standardbeschreibungen.

Die *Standardleistungskataloge für den Straßen- und Brückenbau/Wasserbau
(STLK)* werden von den Straßenbauverwaltungen des Bundes und der Länder
in Abstimmung mit den kommunalen Spitzenverbänden im „Arbeitsausschuß
Verdingungswesen im Straßen- und Brückenbau (AV-StB)" sowie von der
Arbeitsgruppe „Standardleistungsbeschreibungen im Wasserbau" und weiterer
Beteiligter aufgestellt und vom Bundesministerium für Verkehr herausgegeben.
Auch sie stellen sicher, daß die Leistungstexte VOB-konform sind, Sie dienen

ebenfalls der Rationalisierung bei der Vergabe und Vertragsabwicklung, da sie auch als DV-Programmsystem zur Verfügung stehen. Die nachfolgende Tabelle bezieht sich auf die Standardleistungskataloge:

- STLK Straßenbau Leistungsbereich 101 - Einrichtung, Hilfsleistungen, Stundenlohn,

- STLK Straßenbau Leistungsbereich 103 - Bodenerkundung,

- STLK Wasserbau Leistungsbereich 202 - Technische Bearbeitung,

- STLK Wasserbau Leistungsbereich 203 - Baugrunderschließung und Bohrarbeiten.

Leistungstexte	StLB-Bauwesen Leistungsbereich	STLK-Straßenbau Leistungsbereich	STLK-Wasser Leistungsbereich
Standardbeschreibungen/ Vorbemerkungen	LB 005 / 099		
Baustelleneinrichtung	LB 005 / 000	LB 101	
Geräteeinsatz	LB 005	LB 103	LB 203
Schürfen		LB 103	LB 203
Sondieren		LB 103	LB 203
Sondierbohren		LB 103	LB 203
Bohrarbeiten, Bohrungen, Bohren	LB 005	LB 103	LB 203
Ausbau des Bohrlochs	LB 005	LB 103	LB 203
Probenahme	LB 005	LB 103	LB 203
Bohrlochuntersuchungen/ -versuche	LB 005		LB 203
Pumpversuche	LB 005		
Vorhalten (Rohre, Pumpen)	LB 005	LB 103	
Grundwassermeßstellen, Beobachtungsbrunnen/- Brunnenausbau	LB 005	LB 103	LB 203
Brunnenvorschächte	LB 005		
Sonstige Leistungen (Messungen, Kontrollen)	LB 005		
Technische Bearbeitung			LB 202
Stundenlohnarbeiten		LB 101	

6.3 Hinweise zu Honorar- und Preisvereinbarungen

Öffentliches Auftragswesen

Öffentliche AG haben im Gegensatz zu privaten AG bei der Vergabe von Leistungen und Lieferungen die Rahmenbedingungen der entsprechenden Gesetze (EG-Recht, Haushaltsrecht des Bundes, der Länder und der Gemeinden), Rechtsverordnungen (z. B. VO PR 30/53 über die Preise bei öffentlichen Aufträgen) und Verwaltungsanweisungen (z. B. VOL, VOB und VOF) zu berücksichtigen, durch die die Auswahl der Vertragspartner sowie die Gestaltung und Abwicklung der Verträge reglementiert werden. VOB, VOL und VOF sind aufgrund des Vergaberechtsänderungsgesetzes, das mit Wirkung vom 01.01.1999 in Kraft tritt, einklagbare gesetzliche Vorschriften. Bieter können Nachprüfungsverfahren bei den Vergabeprüfstellen und Vergabekammern des Bundes und der Länder beantragen. Der öffentliche Auftraggeber darf nach Zustellung eines Antrags auf Nachprüfung den Zuschlag nicht vor einer Entscheidung der Vergabekammer erteilen.

Gemäß der Bundeshaushaltsordnung (BHO § 7), den entsprechenden Vorschriften der Landes- und Gemeindehaushaltsverordnungen sind die Haushaltsmittel wirtschaftlich und sparsam einzusetzen. Wegen der Pflicht zur sparsamen Verwendung der Haushaltsmittel ist darauf zu achten, daß Leistungen von der öffentlichen Hand zu einem angemessenen Preis vergeben werden. Angemessen sind solche Preise, die dem Grundsatz der Wirtschaftlichkeit entsprechen. Es soll der Preis gezahlt werden, der sich im Wettbewerb am Markt bildet (*Marktpreis*). Marktpreise, die im offenbaren Mißverhältnis zur Leistung stehen, dürfen nicht gezahlt werden. Daraus darf jedoch ein Kosten-/Preis-Denken, wonach der Preis das exakte Äquivalent für die zur Erstellung der betreffenden Leistung angefallenen Kosten darstellen müsse, nicht abgeleitet werden. Ein solches Kosten-Preis-Denken ist nach EBERLEIN (Kommentar zur VOL) mit einer Wettbewerbswirtschaft „unvereinbar." In einer Marktwirtschaft gibt es demnach, abgesehen von den Ausnahmefällen des Selbstkostenpreises, keinen Anspruch auf Kostenersatz.

Das beste und wirksamste Mittel, angemessene Preise zu ermitteln, ist ein der öffentlichen Kontrolle unterworfener Wettbewerb. Mit der öffentlichen Auftragsvergabe soll in einem wettbewerblichen Vergabeverfahren das wirtschaftlichste Angebot ermittelt werden. Dem Abschluß von Verträgen über alle Leistungen und Lieferungen muß nach § 55 BHO im Regelfall eine Öffentliche Ausschreibung vorausgehen, sofern nicht besondere Umstände die Ausnahme einer Beschränkten Ausschreibung oder Freihändigen Vergabe rechtfertigen. Dies soll nur unter sehr eingeschränkten Bedingungen möglich sein, sofern nicht mit der Natur des Geschäfts oder besonderen Umständen die Ausnahme begründet ist. Es kann davon ausgegangen werden, daß der Ausnahmesachverhalt bei freiberuflichen Leistungen in der

Regel erfüllt ist. Es handelt sich hierbei um geistig-schöpferische Leisungen, die sich für einen Preiswettbewerb nicht eignen und daher grundsätzlich freihändig vergeben werden können.

6.3.1 Vergabe von Ingenieurleistungen

Wenngleich Leistungen freiberuflich Tätiger grundsätzlich freihändig vergeben werden, ist damit nicht das Vergabeverfahren festgelegt. Unter Berücksichtigung der hier insbesondere zu beachtenden §§ 7 und 55 BHO (bzw. der entsprechenden landes- und kommunalrechtlichen Bestimmungen) dürfen beim Verfahren zur Vergabe freiberuflicher Leistungen die Faktoren Qualifikation und Chancengleichheit der Bieter sowie der Wettbewerb nicht vernachlässigt werden. Die RBBau z. B. verlangt von den Finanzbauverwaltungen, daß die Aufträge möglichst zu streuen sind.

6.3.1.1 Auswahlkriterien für freiberufliche Tätigkeit und Untersuchungsstellen

Gutachter („Sachverständiger" nach BBodSchG)

Einheitliche Grundsätze für die Vergabe freiberuflicher Leistungen sind nicht vorhanden. Grundsätzlich sind Aufträge an solche freiberuflich Tätige zu vergeben, deren Fachkunde, Leistungsfähigkeit und Zuverlässigkeit feststeht, die über ausreichende Erfahrung verfügen und die Gewähr für eine wirtschaftliche Planung und Ausführung bieten. § 18 des Bundes-Bodenschutzgesetzes (BBodSchG) fordert hierzu ergänzend, daß der „Sachverständige" außerdem über eine erforderliche gerätetechnische Ausstattung verfügen muß.

Die nach §§ 11 und 12 der VOF zu beachtenden Auswahlkriterien betreffen außer der Beurteilung der fachlichen Eignung der Bewerber, d. h. ihrer Fachkunde, Leistungsfähigkeit, Zuverlässigkeit und Erfahrung auch den Nachweis der finanziellen und wirtschaftlichen Leistungsfähigkeit als erstes Ausschlußkriterium.

Nach § 18 des zum 1. März 1999 in Kraft tretenden BBodSchG kann die zuständige Behörde des Landes zukünftig verlangen, daß Aufgaben nach diesem Gesetz zukünftig von „Sachverständigen" wahrgenommen werden. Offen ist bisher, wie dieser Ermessensspielraum von den Fach- und Vollzugsbehörden künftig ausgelegt wird. Wird ein Sachkundenachweis nur, wie es sachgerecht wäre, bei speziellen Fällen oder, wie es Ingenieurbüros fürchten, grundsätzlich gefordert? Der Titel „Sachverständiger" kann frei verwendet werden, soweit nicht gegen die Bestimmungen des Gesetzes gegen den unlauteren Wettbewerb verstoßen wird. Das BBodSchG ermächtigt jedoch die Länder darüberhinaus Einzelheiten der an Sachverständige und Untersuchungsstellen zu stellenden Anforderungen, Art und Umfang der von ihnen wahrzunehmenden Aufgaben, die Vorlage der Ergebnisse ihrer Tätigkeit und die Bekanntgabe von Sachverständigen zu regeln. Danach wird der *Sachverständige nach BBodSchG* als eine natürliche Person zu verstehen sein, die ihre Eignung nachgewiesen hat, an einem Standort vorhandene Verhältnisse umfassend beschreiben, bewerten und erforderliche Maßnahmen ableiten und planen zu können.

Der Ingenieurtechnische Verband Altlasten e. V. (ITVA, Fachausschuß C3 „Sachverständigenwesen") hat in Kooperation mit dem Bundesverband Boden (BVB) auf der Grundlage bereits früher erarbeiteter Anforderungen und damit gemachter Erfahrungen Empfehlungen zu den Anforderungen an Sachverständige und Untersuchungsstellen i. S. des BBodSchG erarbeitet (Entwurf, Gelbdruck Stand: Juli 1998). Der ITVA strebt mit diesen Empfehlungen einen Konsens mit anderen Verbänden, Bund und Ländern für ein bundesweit einheitliches und pragmatisch durchzuführendes Anerkennungsverfahren zum Nachweis der Sachkunde an.

Der anerkannte Sachverständige nach BBodSchG muß nicht, kann jedoch öffentlich bestellt und vereidigt sein. Im Gegensatz zu dem Titel „Sachverständiger", ist der Titel „öffentlich bestellter und vereidigter Sachverständiger" gesetzlich geschützt. Er wird von dazu von den Landesregierungen ermächtigten Stellen (z. B. IHK, Ingenieurkammer) verliehen. Die Bestellung erfolgt aufgrund schriftlicher und mündlicher Prüfungen an Personen, die eine *besondere Sachkunde* nachweisen können. Sie verpflichten die ö. b. u. v. Sachverständigen auf gewissenhafte und unparteiische Erfüllung ihrer Aufgaben. Sie müssen unabhängig sein sowie Objektivität, Neutralität und Verschwiegenheit wahren.

Untersuchungsstellen

Da von der Richtigkeit der Ergebnisse chemischer und physikalischer Analysen weitreichende Entscheidungen für die Umwelt und die Gesundheit des Menschen sowie finanzieller Art abhängen, fordert der Sachverständigenrat für Umweltfragen in seinem Sondergutachten Altlasten II von 1995, der Qualitätssicherung bei Probenahme, Probenaufbewahrung und -aufbereitung sowie bei der Analytik besondere Aufmerksamkeit zu widmen. Es wird eine Überwachung von Laboratorien, ein Akkreditierungsverfahren für Probenahmestellen, eine auf Bundesebene tätige altlastenspezifische Kalibrierungsund Referenzstelle sowie Leitlinien für die Probenahmeplanung und Probenahme gefordert.

Ergänzend zu den „Arbeitshilfen Altlasten" des BMBau/BMVg wurde zwischen der OFD Hannover - in ihrer Funktion als Leit-OFD für Altlastenmaßnahmen auf Bundesliegenschaften - und der Bundesanstalt für Materialforschung und -prüfung (BAM) - in ihrer Funktion als chemisch-technische Bundesanstalt - am 15.09.1995 eine Verwaltungsvereinbarung zum Aufbau eines projektspezifischen Systems zur Qualitätssicherung getroffen. Hiernach sollen die Finanzbauverwaltungen Aufträge im Rahmen der Altlastenuntersuchungen nur an Laboratorien vergeben, die von der BAM für diesen Bereich anerkannt sind. Im Zuge der Anerkennung

- definiert die BAM in fachlicher Abstimmung mit der OFD-Hannover die erforderlichen Richtlinien für Probenahme und analytische Bestimmungsmethoden,
- überprüft die BAM auf Antrag von Laboratorien erteilte Akkreditierungen,
- interpretiert die BAM den neuesten Stand der Technik bei Untersuchungs- und Analyseverfahren und
- überwacht die BAM anerkannte Laboratorien durch Ringversuche, Laborbegehungen, Informationsaustausch.

Auf diese Weise sollen Zuverlässigkeit und Vergleichbarkeit der Ergebnisse bei altlastenrelevanten Untersuchungen sichergestellt, die Zuverlässigkeit von Probenahmeverfahren verbessert sowie Präzision und Richtigkeit laboranalytischer Bestimmungsverfahren gewährleistet werden.

6.3.1.2 Verdingungsordnung für freiberufliche Leistungen (VOF)

Mit der VOF wird die *Dienstleistungsrichtlinie (DLR) 92/50/EWG* vom 18.06.1992 von der Bundesrepublik Deutschland in nationales Recht umgesetzt. Sie erfaßt sowohl Ingenieurleistungen als auch sonstige Leistungen, z. B. für Laboranalytik. Sie ist anzuwenden, wenn die Planungs-/Honorarkosten bzw. Laboranalytikkosten *bei öffentlichen Aufträgen* den Schwellenwert von 200.000 ECU (ca. 380 TDM) überschreiten. Die VOF schreibt u. a. vor, daß

- die Absicht der Auftragsvergabe im Amtsblatt der Europäischen Gemeinschaft bekanntzugeben ist,
- bestimmte Grundsätze der Vergabeverfahren und Verfahrensregeln zu beachten sind,
- Berichtspflichten gegenüber der EG-Kommission bestehen.

Bei *Ingenieurleistungen* ist im Rahmen des Vertragsanbahnungsverfahrens grundsätzlich erst ein Vorinformationsverfahren (Bekanntmachung) durchzuführen. Aufgrund der für das Objekt festgelegten Auswahlkriterien erfolgt aus den eingegangenen Bewerbungen die Auswahl der geeigneten Bewerber, aus deren Kreis wiederum im weitergehenden Verhandlungsverfahren (für in der HOAI erfaßte Leistungen) oder über eine Honoraranfrage (für nicht in der HOAI erfaßte Leistungen) der Ingenieur/Gutachter ausgewählt wird, an den aufgrund seiner besonderen Fachkunde, Leistungsfähigkeit, Erfahrung und Zuverlässigkeit die spezielle Planungsaufgabe vergeben wird.

Leistungen der chemischen und physikalischen Analytik sind bei Überschreitung einer geschätzten Gesamtvergütung von 200 000 ECU (ca. 380 TDM) entsprechend der a-Paragraphen der VOL/A grundsätzlich EG-weit im offenen oder nicht offenen Verfahren auszuschreiben und zu vergeben.

6.3.1.3 Honorierung von Planer- und Gutachterleistungen nach HOAI

Für Ingenieurleistungen, die in der HOAI erfaßt sind, können die Honorare nur im preisrechtlichen Rahmen der Honorarvorschriften vereinbart und berechnet werden. Die HOAI stellt zwingendes Recht dar, wenn nicht in einzelnen Bestimmungen Abweichungen zugelassen sind. Die HOAI gilt also kraft Gesetzes; sie wird nicht etwa zwischen den Vertragsparteien vereinbart. Insofern schränkt das Preisrecht der HOAI das Vertragsrecht ein.

Die HOAI beschränkt sich auf die Berechnung des Entgelts. Sie sagt nichts darüber aus, welche Leistungen vereinbart werden sollen. Dies regeln die Vertragsparteien ggf. unter Berücksichtigung des § 5 HOAI. Die HOAI schafft insbesondere keinen Anspruch auf Zahlung eines Entgelts, sondern sie begrenzt bestehende Ansprüche durch Mindest- und Höchstsätze. Ob ein Anspruch überhaupt besteht, richtet sich dagegen nach den allgemeinen Bestimmungen des Bürgerlichen Rechts. Bei Fehlen einer Vereinbarung gilt die übliche Vergütung als vereinbart (§ 632 Abs. 2 BGB). Aus § 4 Abs. 4 HOAI folgt in diesen Fällen eine Berechnung des Honorars zum Mindeststundensatz nach § 6 HOAI.

Im Rahmen des Anwendungsbereichs der HOAI kann die Geltung ihrer Bestimmungen nicht eingeschränkt werden, wenn es in der HOAI nicht ausdrücklich vorbehalten ist. Es ist jedoch den Vertragsparteien gestattet, die Geltung der HOAI für von ihr nicht erfaßte Bereiche durch Vereinbarung auszudehnen. Bei diesem nur *vertraglichen Einsatz der HOAI* besteht die Freiheit, die Anwendung von Bestimmungen der HOAI nach den allgemeinen Regeln des Vertragsrechts aufzuheben oder zu modifizieren. Die Bestimmungen der HOAI sind in diesen Fällen nicht mehr zwingendes Preisrecht. Die Anwendung der HOAI beruht dann nicht mehr auf der Normsetzungsbefugnis des Verordnungsgebers, sondern auf der vertraglichen Vereinbarung der Parteien.

Die HOAI ist jedoch grundsätzlich für die Leistungen anzuwenden, die in ihr erfaßt sind. Im § 1 der HOAI wird der Anwendungsbereich geregelt. Die in § 33 der HOAI angesprochenen gutachterlichen Leistungen betreffen nicht Gutachten, die im Rahmen der Erkundung von Deponie- und Altlastenstandorten erstellt werden, sondern Gutachten über Leistungen, die in der HOAI erfaßt sind.

Für die in der HOAI erfaßten Leistungen, die im Rahmen der Erkundung des Untergrundes von Deponien und Altlasten anfallen können, gibt die HOAI folgenden Vergütungsrahmen vor:

HOAI Teil I Allgemeine Vorschriften

HOAI § 7 Nebenkosten

Auf Erstattung der Nebenkosten besteht nach § 7 HOAI ein Anspruch unmittelbar aus der Verordnung, so daß eine Vereinbarung hierüber nicht unbedingt getroffen zu werden braucht. Die Vertragsparteien können jedoch die Erstattung ganz oder teilweise ausschließen. Dies muß allerdings schriftlich bei Auftragserteilung vereinbart worden sein (§ 7 Abs. 1 S.2). Bei Pauschalvereinbarungen über das Honorar könnte jedoch im Einzelfall Streit darüber aufkommen, ob mit der Pauschale gleichzeitig auch die Nebenkosten vergütet sind. Zur Klarstellung ist es daher anzuraten, im Vertrag die Erstattung/ Nichterstattung der Nebenkosten ausdrücklich zu vereinbaren. Ist eine pauschale Abgeltung der Nebenkosten beabsichtigt, muß dies gleichermaßen schriftlich bei Auftragserteilung vereinbart werden (§ 7 Abs. 2 S. 2), da anderenfalls ein Einzelnachweis zu führen ist (§ 7 Abs. 3). Bei Arbeiten mit ausgeprägter Außentätigkeit spielen Nebenkosten eine erhebliche Rolle.

HOAI § 6 Zeithonorar

Die Entscheidung, ob eine Festbetrags-, Höchstbetrags- oder Stundensatzvereinbarung auf Nachweis zu treffen ist, steht nicht zur freien Disposition der Vertragsparteien. Nach dem Wortlaut des § 6 kann von einem Fest- oder Höchstbetrag nur abgesehen werden, wenn eine Vorausschätzung des Zeitbedarfs nicht möglich ist. Ist der Zeitbedarf objektiv nicht vorausschätzbar, steht den Vertragsparteien die Vereinbarung eines Stundensatzes im Rahmen der Mindest- und Höchstsätze des § 6 Abs. 2 zur Verfügung.

Sowohl der Festbetrag und der Höchstbetrag als auch der Stundensatz auf Nachweis bedarf einer Vereinbarung, die schriftlich bei Auftragserteilung getroffen werden muß. Wird dies versäumt, darf der Auftragnehmer lediglich den Mindestsatz nach ausgewiesenem Zeitaufwand seiner Rechnung zugrunde legen und nicht etwa von sich aus eine Pauschalsumme einsetzen. Es ist darauf zu achten, daß die Grundlagen der Vereinbarung wie z. B. die Höhe des gewählten Stundensatzes und der zugrundegelegte Zeitaufwand erkennbar werden.

Für den Fall, daß Besondere Leistungen oder Isolierte Besondere Leistungen nicht mit Grundleistungen verglichen werden können, gibt § 5 Abs. 4 vor, daß ausschließlich die Vereinbarung eines Zeithonorars in

Betracht kommt. Die Vertragspartner haben dennoch ausreichende Möglichkeiten im Rahmen von Mindest- und Höchstsätzen der Stundensätze des § 6 Abs. 2 den Vertrag angemessen zu gestalten. Diese Lösung hat den Vorzug, daß die Grundsätze und die Systematik der HOAI beibehalten werden.

HOAI Teil XII Leistungen für Bodenmechanik, Erd- und Grundbau:

Die im Teil XII erfaßten und dargestellten Leistungen für Bodenmechanik, Erd- und Grundbau betreffen auch die Gründung von Deponiekörpern. Zu den Leistungen der Baugrundbeurteilung und Gründungsberatung ist in § 92 ein Leistungskatalog verfügbar. § 92 regelt ferner die Ermittlung der anrechenbaren Kosten, die in Verbindung mit den in § 93 definierten Honorarzonen die Ermittlung des Honorars aus der Honorartafel in § 94 ermöglichen.

Weitere Leistungen zur Erkundung des Untergrundes von Deponien und Altlasten sind im Teil XII der HOAI nicht erfaßt. Eine Anlehnung an § 91 Abs. (2) Nr. 2 (Ausschreiben und Überwachen der Aufschlußarbeiten) und Abs. (2) Nr. 3 (Durchführen von Labor - und Feldversuchen) gibt für die Honorarermittlung und vertragliche Vereinbarung keine Unterstützung, da § 95 für die in Frage kommenden Leistungen nur die freie Vereinbarung zuläßt, da derzeit noch keine geeigneten Maßstäbe für eine spezielle Honorarregelung vorliegen.

HOAI Teil XIII Vermessungstechnische Leistungen

Leistungen für das Einmessen von Sondier-, Probenahme- und Grundwassergütemeßstellen sowie für die Geofernerkundung werden in § 100 als Sonstige Vermessungstechnische Leistungen erfaßt. Nach § 100 Abs. 2 ist die freie Honorarvereinbarung für sonstige vermessungstechnische Leistungen vorgesehen.

6.3.1.4 Freie Honorarvereinbarung für HOAI-Leistungen

Die HOAI läßt in den vorgenannten, bestimmten Fällen, in denen sie keine Mindest- und Höchstsätze festsetzt, eine freie Honorarvereinbarung zu. Die freie Honorarvereinbarung unterliegt keiner preisrechtlichen Beschränkung; sie ist an keine Mindest- und Höchstsätze gebunden, selbst nicht an den Rahmen der Stundensätze des § 6 Abs. 2. Der Verordnungsgeber hat jedoch zum Schutz des Auftraggebers und im Interesse der Rechtssicherheit den Formzwang der schriftlichen Honorarvereinbarung bei Auftragserteilung (Vertragsabschluß) festgelegt. Das Honorar muß deshalb schriftlich bei Auftragserteilung vereinbart werden, da anderenfalls das Honorar als

Zeithonorar mit jeweils nur dem Mindestsatz (75 DM/Stunde für den Auftragnehmer; 70 DM/Stunde für den Mitarbeiter) als vereinbart gilt.

Aber auch bei dieser freien Honorarvereinbarung finden die allgemeinen Vorschriften (Teil I) Anwendung. Dies ist besonders für die Abrechnung von Nebenkosten (§ 7), der Fälligkeit (§ 8) sowie der Umsatzsteuer (§ 9) von Bedeutung.

Als Grundlage einer freien Honorarvereinbarung können Kosten von vergleichbaren Objekten oder aber der ermittelte Zeitaufwand und die Nebenkosten für die Bearbeitung eines Objektes herangezogen werden. Wenn die Vergütung nach dem vorauszuschätzenden Zeitbedarf berechnet wird, soweit die Leistungsbeschreibung und Erfahrung es zuläßt, empfiehlt sich die Vereinbarung eines Fest- oder Höchstbetrages.

Für Leistungen, deren Zeitaufwand nicht vorhersehbar ist, darf die Honorarberechnung auf der Grundlage von § 6 Abs. 2 HOAI nach dem nachgewiesenen Zeitbedarf vereinbart werden. Hiervon ist nur in Ausnahmefällen Gebrauch zu machen; die Abrechnung ist außerdem für den AN und den AG sehr aufwendig.

Das Zeithonorar sollte sich an den Mindest- und Höchstsätzen des § 6 Abs. 2 orientieren. Überschreitungen der Höchstsätze sind unter Beachtung der preisrechtlichen Vorschriften zu begründen. Bei der Vergütung nach Zeitaufwand ist zu beachten, daß auch hier eine Vereinbarung über eine beabsichtigte Honorierung über den Mindestsatz hinaus in schriftlicher Form und bei Auftragserteilung getroffen werden muß, da anderenfalls jeweils nur der Mindestsatz als vereinbart gilt.

Wendet man in diesem Sinne § 6 an, so ist mit dem *Auftragnehmer* im Sinne der HOAI der Inhaber des Büros gemeint, der die Verantwortung für die ordnungsgemäße Erledigung des Auftrags trägt. Bei größeren Büros kann auch der Geschäftsführer einer Niederlassung oder ein Abteilungsleiter als Auftragnehmer angesehen werden. Seine Tätigkeit wird sich auf Besprechungen und kontrollierende Tätigkeiten beschränken. Der verantwortliche Projektleiter/Meßtruppleiter - in der Regel ein Ingenieur oder Naturwissenschaftler - ist nur als *Mitarbeiter* im Sinne des § 6 zu sehen.

6.3.1.5 Honorierung nach dem Vorschlag der AHO

Die *AHO-Fachkommission für den Planungsbereich Altlasten* hat für den Bereich der Erkundung und Sanierung von Altlasten ein Honorarmodell zur Honorierung der Leistungsstufen I und II entwickelt. Dieses unter Verwendung der Ergebnisse einer Fragebogenaktion erarbeitete Modell soll unter Berücksichtigung der den Bearbeitungsaufwand bestimmenden Einflußfaktoren die Ermittlung eines angemessenen Honorars erlauben. Diesen Anspruch erfüllt das Honorarmodell nach Ansicht des Verfassers nicht.

6.3.1.6 Leistungen ohne HOAI-Bindung

Wird eine Leistung übertragen, die weder von ihrem Gegenstand in den Leistungsbildern noch in einer anderen Bestimmung der HOAI erfaßt ist, können die Vertragsparteien diese Leistung vereinbaren ohne § 2 Abs. 3 HOAI zu berücksichtigen. Die Berechnung der Entgelte für diese *sonstigen Ingenieurleistungen* sind auch preisrechtlich nicht mehr an die HOAI gebunden. Den öffentlichen Auftraggeber bindet jedoch das Preisrecht bei der Vergabe von Leistungen und der Ermittlung der Vergütung.

6.3.1.7 Vergabe unter Berücksichtigung der Verordnung PR Nr. 30/53 über die Preise bei öffentlichen Aufträgen

Der Vergabe von Leistungen an Freiberufliche muß nach Haushalts- und Vergaberecht grundsätzlich ein Wettbewerb vorausgehen. (vgl. § 55 Abs. 1 BHO/LHO und § 1 Nr. 2 Satz 2 VOL/A). Nach der für Preisvereinbarungen bei öffentlichen Aufträgen maßgeblichen *Verordnung PR Nr. 30/53 über die Preise bei öffentlichen Aufträgen* vom 21. 11. 1953 hat die marktwirtschaftliche Preisbildung den Vorrang vor den nur ausnahmsweise zulässigen Selbstkostenpreisen (vgl. § 1 Abs. 1,§ 4 Abs. 1, § 5 Abs. 1 VO PR 30/53). Da eine öffentliche oder beschränkte Ausschreibung für Planungsleistungen wegen der Natur des Geschäfts nicht in Betracht kommt, kann zur Ermittlung des Marktpreises eine Honoraranfrage für die Vorbereitung der freihändigen Vergabe durchgeführt werden. Hierzu sollten mindestens drei geeignete Bewerber zur Angebotsabgabe aufgefordert werden. Die Bewerber erhalten ein formloses Aufforderungsschreiben mit der Bitte, nach einem vorgegebenen Konzept oder Leistungsrahmen eine Honorarvorstellung zu unterbreiten.

Die Vereinbarung von festen Preisen ohne Preisvorbehalte (z. B. für Lohn- oder Materialpreissteigerungen) ist zu bevorzugen. Der mit Honoraranfragen ermittelte Preis wird als ein im Wettbewerb ermittelter Preis im Sinne § 4 VO PR Nr. 30/53 festgelegt.

Es gibt Ausnahmefälle, bei denen für die Planungsaufgabe kein Marktpreis festgestellt werden kann, weil eine wettbewerbliche Vergabe ausgeschlossen ist, da z. B. nur ein bestimmtes Ingenieurbüro/ein bestimmter Gutachter für die objektspezifischen Leistungen in Frage kommt. In diesen Fällen darf ein Selbstkostenpreis gem. §§ 5 ff VO PR Nr. 30/53 (Selbstkostenfestpreis, -richtpreis, -erstattungspreis) möglichst als Selbstkostenfestpreis vereinbart werden.

Seibstkostenpreise werden im wesentlichen aus Stundensatz mal Stundenzahl zuzüglich Reisekosten gebildet. Für die Errechnung der Selbstkostenpreise sind die der Preisverordnung beigefügten *Leitsätze für die Preisermittlung aufgrund von Selbstkosten* (vgl. § 8 VO PR Nr. 30/53) zugrundezulegen. Für die Preisermittlung nach den Leitsätzen werden nur die bei wirtschaftlicher Betriebsführung entstehenden Kosten betrachtet. Die Leitsätze verlangen die Festlegung von mindestens zwei Kalkulationsansätzen (kalkulatorische Zinsen und Gewinn). Darüber hinaus können auch für einzelne Kalkulationsbereiche feste Sätze vereinbart werden, mit denen das in § 1 der VO PR verankerte Festpreisprinzip eine Erweiterung erfährt. Dies ist z. B. beim Abschluß von Selbstkostenerstattungspreisen für einzelne Kalkulationsbereiche, nämlich für Stundenlohnverrechnungssätze, Reisekosten, Fahrtkosten usw. denkbar, da der Auftragnehmer hier in der Regel „Marktpreise" nachweisen kann, die der Vergütung nach Aufwand als fester Preisbestandteil zugrunde gelegt werden. Durch die Vereinbarung fester Sätze entsteht ein gemischter bzw. kombinierter Selbstkostenpreis, der teils die Eigenschaft eines Selbstkostenfestpreises und teils die Eigenschaft eines Selbstkostenerstattungspreises hat, insgesamt aber einen Selbstkostenerstattungspreis darstellt. Für die Preisermittlung des gemischten Selbstkostenpreises sind zum einen die Preisvorschriften für den Selbstkostenfestpreis und zum anderen die für den Selbstkostenerstattungspreis anzuwenden.

Die Vereinbarung fester Sätze kann sich aber auch auf den Gewinn, die kalkulatorische Verzinsung wie aber auch auf Kostenbereiche, wie Stoff- und Fertigungsgemeinkosten, Verwaltungskosten oder sonstige einzelne Preisbestandteile, beziehen. Soweit für kalkulatorische Zinsen kein niedrigerer Satz vereinbart wird, gilt der preisrechtliche Höchstsatz von 6,5 v.H. gem. VO PR Nr. 4/72. Auf diese Angaben kann verzichtet werden, wenn der Stundensatz als Marktpreis vereinbart wird.

Der Selbstkostenfestpreis ist nach § 6 der Preisverordnung dort anzuwenden, wo z. B. der voraussichtliche Zeitaufwand mit einer Vorkalkulation zur Preisvereinbarung zugrunde gelegt werden kann. Soweit eine Vorkalkulation für eine Preisvereinbarung nicht durchführbar ist, kann eine vorläufige Aufwandsvergütung (Selbstkostenrichtpreis) mit dem Ziel einer späteren Umwandlung in einen Selbstkostenfestpreis vereinbart werden. Nur wenn die o. g. vorgelagerten Stufen der Preisermittlung sich als ungeeignet erwiesen haben, darf ein Selbstkostenerstattungspreis vereinbart werden (vgl. § 7 Abs. 1 Satz 1). Grundlage für einen Selbstkostenerstattungspreis sind die nach Beendigung der Leistung nachgewiesenen Kosten. Bei einem Selbstkostenerstattungspreis sollte möglichst die Höhe der erstattungsfähigen Kosten ganz oder teilweise begrenzt werden.

Preistypen und Vergütung nach VO PR 30/53

Preistyp Marktpreis (Einholung mehrerer Angebote)
Den Bewerbern wird mitgeteilt, daß mehrere Angebote eingeholt werden und der Auftraggeber davon ausgeht, daß der im Wettbewerb ermittelte Preis gem. § 4 VO PR Nr. 30/53 ein Marktpreis ist. Der Bieter hat neben seinem Angebot eine möglichst detaillierte Darstellung seiner Kalkulation abzugeben, damit sie auf Plausibilität geprüft werden kann.

Preistyp Selbstkostenfestpreis (nur ein Festpreisangebot)
Der Bewerber wird aufgefordert, einen Festpreis gem. § 6 Abs. 2 VO PR Nr. 30/53 anzubieten. Er kann später von der Preisprüfungsbehörde auf sachgerechte Kalkulation überprüft werden. Der Spielraum des Auftragnehmers ist bei diesem Preistyp sehr groß. Es ist keine Kalkulation im üblichen Sinne, sondern eine Schätzung des Aufwandes.
Der Selbstkostenfestpreis wird aufgrund des vorab kalkulierten Aufwandes vereinbart. Dabei hat der Bieter den der Kalkulation zugrunde gelegten Stundensatz und die Nebenkosten anzugeben. Wenn diese vom AN (mindestens) laufend erzielt werden, handelt es sich um marktgängige Preisbestandteile, die der Preisprüfungsstelle keine Veranlassung für Korrekturen geben. Dann braucht der AN keine Angaben zur Vereinbarung von Sätzen für kalkulatorische Zinsen und kalkulatorischen Gewinn zu machen. Reisezeiten und -kosten sind mit Selbstkostenfestpreisen abgegolten, falls nicht entsprechende Vereinbarungen über ihre Vergütung (z. B. nach dem Bundesreisekostengesetz, BRKG) getroffen werden.

Preistyp Selbstkostenerstattungspreis mit Obergrenze (ein Angebot)
Der Bewerber wird aufgefordert einen Selbstkostenerstattungspreis gem. § 7 VO PR Nr. 30/53 (Vergütung nach Aufwand) mit einer Obergrenze anzubieten. In der Regel wird als kleinste Berechnungseinheit der Stundensatz vereinbart. Bei Tagessätzen sollte angegeben werden, wieviel Stunden durch den Tagessatz abgedeckt werden. Bei Selbstkostenerstattungspreisen sind Tätigkeitsnachweise zu führen. Soweit der Bieter im Rahmen des Selbstkostenerstattungspreises marktgängige Stundensätze gem. § 4 VO PR Nr. 30/53 angibt, wie er diese (mindestens) laufend erzielt, handelt es sich um marktgängige Preisbestandteile. Angaben zur Vereinbarung von Sätzen für kalkulatorische Zinsen und kalkulatorischen Gewinn entfallen dann. Weiterhin sollte die Behandlung von Überstunden und Reisezeiten geregelt werden. Bei den Nebenkosten geht es v. a. um Reisekosten. Hierzu sind entweder Vereinbarungen z. B. nach BRKG oder als eine Pauschale für Reisezeiten und -kosten je Reise festzulegen.

Preistyp Selbstkostenerstattungspreis ohne Obergrenze
Der Auftragnehmer wird aufgefordert, einen Selbstkostenerstattungspreis gem. § 7 VO PR Nr. 30/53 (Vergütung nach Aufwand) anzubieten. Die Angabe einer Obergrenze ist nicht erforderlich. Hinsichtlich der Vereinbarung fester Sätze gelten die vorgenannten Regeln.

Marktpreisvorbehalt
Es ist nicht auszuschließen, daß der Auftraggeber zum Zeitpunkt der Vergabe nicht in der Lage ist, die Zulässigkeit der vom Auftragnehmer angebotenen „Marktpreise" zu überprüfen. Er kann sich mit der Auftragserteilung dann durch einen Vorbehalt absichern, der die Preisprüfung des

Marktpreises nach Auftragserteilung mit folgender Formulierung ermöglicht:

„Die Preise gelten in der vereinbarten Höhe als Marktpreise nach § 4 VO PR 30/53 unter dem Vorbehalt der preisrechtlichen Überprüfung durch die für die Preisbildung und Preisüberwachung zuständige Behörde. Kann die Marktgängigkeit des Ergebnisses der Preisprüfung nicht festgestellt werden, gelten die vereinbarten Preise als vorläufige Selbstkostenpreise (Selbstkostenrichtpreise) nach § 6 VO PR 30/53. Nach der Preisprüfung erfolgt eine Umwandlung der Selbstkostenricht- in Selbstkostenfestpreise."

Preisprüfung
Die Preisprüfung ist vom Auftraggeber bei dem für den Firmensitz des Auftragnehmers (Hauptsitz) zuständigen Regierungspräsidiums zu beantragen.

6.3.2 Vergabe von Leistungen nach VOL und VOB

VOL und VOB sind weder Gesetze noch Rechtsverordnungen. Dem öffentlichen AG ist ihre Anwendung vorgeschrieben, da sie als Dienst- oder Verwaltungsanweisungen bzw. als Ausführungbestimmungen zu den Haushaltsvorschriften zu betrachten sind. Natürlich kann auch ein nichtöffentlicher Bedarfsträger für seinen Bereich die VOB/A bzw. VOL/A ebenfalls als Arbeitseinweisung einführen.

Im „Vergabehandbuch für die Durchführung von Bauaufgaben des Bundes im Zuständigkeitsbereich der Finanzbauverwaltung" (VHB) wird darauf hingewiesen, daß bei der Vergabe von Bauleistungen und sonstigen Leistungen nach Teil A der VOB bzw. VOL zu verfahren ist. VOB und VOL enthalten die einheitlichen Richtlinien, nach denen beim Abschluß von Verträgen gem. § 55 Abs. 2 der Bundeshaushaltsordnung (BHO) zu verfahren ist.

6.3.3 Vergabe von Bauleistungen

An die mit Durchführung von altlastentypischen Bauleistungen beauftragten Auftragnehmer sind hohe Anforderungen an ihre Qualifikation zu stellen. Der Auftraggeber hat deshalb - wie es VOB/A § 2 und 8 erfordern - bei der Ausschreibung und Vergabe öffentlicher Aufträge darauf zu achten, daß die Bauleistungen an fachkundige, leistungsfähige und zuverlässige Unternehmer zu angemessenen Preisen vergeben werden.

Die Vergabe der Bauleistungen erfolgt grundsätzlich unter Beachtung der VOB/A aufgrund einer öffentlichen Ausschreibung, wenn nicht die Eigenart der Leistung und/oder die Ausführungsbedingungen für eine Beschränkte Ausschreibung sprechen. Eine Freihändige Vergabe wird die Ausnahme sein. In den „Allgemeinen Bestimmungen für die Vergabe von Bauleistungen" der VOB/A sind hierzu die Abschn. 1 (Basisparagraphen) und 2 (Basisparagraphen mit den zusätzlichen Bestimmungen (a-Paragraphen) nach der EG- Baukoordinierungsrichtlinie) zu berücksichtigen.

Ob eine EG-weite Ausschreibung oder Vergabe nach den Bestimmungen der Baukoordinierungsrichtlinie erfolgen muß, hängt von der Höhe des geschätzten Gesamtauftragswertes ab. Wenn der geschätzte Gesamtauftragswert einer Baumaßnahme den Schwellenwert von 5 Mio ECU (ca. 10 Mio DM) übersteigt, sind mindestens 80 % dieses geschätzten Gesamtauftragswertes EG-weit auszuschreiben. Die restlichen Bauleistungen können national ausgeschrieben werden. EG-weit durchzuführende Ausschreibungs- und Vergabeverfahren unterscheiden sich von den nationalen Verfahren durch andere Bezeichnungen der Vergabearten, strengere Bedingungen für die Ausnahme vom Offenen Verfahren (öffentliche Ausschreibung) und einer Vielzahl von Verpflichtungen zu Bekanntmachungen im Amtsblatt der EG, beginnend mit der Vorinformation und endend mit der Erteilung des Auftrages.

Bei Bauarbeiten zur Erkundung des Untergrundes ist in der Regel nicht damit zu rechnen, daß sie den Schwellenwert von 5 Mio ECU erreichen. Deshalb wird hier auf EG-spezifische Verfahrenserläuterungen zum Offenen und Nichtoffenen Verfahren sowie zum Verhandlungsverfahren verzichtet.

6.3.3.1 Vertragsformen

Bauleistungen sollen durch Öffentliche und Beschränkte Ausschreibungen und Freihändige Vergaben so vergeben werden, daß die Vergütung mit einem Einheitspreisvertrag oder Pauschalvertrag nach Leistung bemessen wird (Leistungsvertrag). Bauleistungen geringen Umfangs dürfen im Stundenlohn vergeben werden. Ist keine eindeutige Leistungsbeschreibung möglich, dürfen auch ausnahmsweise Bauleistungen größeren Umfangs nach Aufwand zu Selbstkosten vergeben werden.

Leistungsvertrag §§ 9, 17 VOB/A
Nach § 5 VOB/A Nr. 1 sollen Bauleistungen grundsätzlich nach Leistung vergütet werden (Leistungsvertrag). Die Regel sollte der Einheitspreisvertrag sein, mit dem für technisch und wirtschaftlich einheitliche Teilleistungen Einheitspreise vereinbart werden. In anderen Fällen kann auch ein Pauschalvertrag geschlossen werden, wenn die Leistung nach Art und Umfang genau bestimmt ist und mit einer Änderung der Ausführung nicht zu rechnen ist.

Stundenlohnvertrag

§ 5 VOB/A Nr. 2 läßt den Stundenlohnvertrag für Bauleistungen geringen Umfangs zu, die überwiegend Lohnkosten verursachen. In § 15 VOB/B werden Abrechnungsregelungen getroffen. Weitergehende Regelungen sollten in den ZVB getroffen werden (s. hierzu z. B. EVM (B) ZVB Ziffer 29 im VHB).

Selbstkostenerstattungsvertrag

Nach § 5 Nr. 3 VOB/A dürfen auch Bauleistungen größeren Umfangs ausnahmsweise nach Selbstkosten vergeben werden, wenn sie vor Vergabe nicht eindeutig und so erschöpfend bestimmt werden können, daß eine einwandfreie Preisermittlung möglich ist. Bei der Vergabe von Leistungen zum Selbstkostenpreis ist gem. § 5 Abs. 3 VOB/A „festzulegen, wie Löhne, Stoffe, Gerätevorhaltung und andere Kosten einschließlich der Gemeinkosten zu vergüten sind und der Gewinn zu bemessen ist." Es ist zu berücksichtigen, daß die preisrechtlichen Vorschriften als hoheitliches Recht Vorrang vor der VOB haben.

Es gelten die „Leitsätze für die Ermittlung von Bauleistungen aufgrund von Selbstkosten (LSP- Bau)" aus der Verordnung PR Nr. 1/72 über die Preise für Bauleistungen bei öffentlichen oder mit öffentlichen Mitteln finanzierten Aufträgen (VOPR 1/72), zuletzt geändert durch VO PR Nr. 1/89 vom 13.06.1989 (BGBl. I S.435). Die verschiedenen Kategorien der Selbstkostenpreise werden in §§ 8 bis 11 beschriebenen, wovon Selbstkostenfestpreise (Preisermittlung durch Vorkalkulation) sowie auch kombinierte Selbstkostenpreise, die sich aus Preisbestandteilen der Vor- und Nachkalkulation zusammensetzen, hier nicht näher betrachtet werden.

Bei *Selbstkostenerstattungspreisen* hat der Auftragnehmer nach Abs. 3 § 10 VO PR 1/72 dem Auftraggeber eine Abrechnung nach den für diesen Preistyp geltenden Vorschriften vorzulegen. Die Abrechnung besteht aus einer durch Belege und Unterlagen begründeten Nachkalkulation.

Mit den in der Preisverordnung angesprochenen *Stundenlohnabrechnungspreisen* sind nicht die Stundenlohnarbeiten gemeint, die in Verbindung mit einer Leistungsbeschreibung im Wettbewerb ermittelt werden, sondern die „Selbständigen Stundenlohnarbeiten", für die ein besonderer Auftrag erteilt wird. Sie sind als eine vereinfachte Form des Selbstkostenerstattungspreises anzusehen, bei denen die Abrechnung auch durch die Nachkalkulation erfolgt. Die Ermittlung der Stundenlohnabrechnungspreise ist in Abschnitt IV LSP-Bau vorgeschrieben.

Die *Preisprüfung* ist vom Auftrageber bei dem für den Firmensitz des Auftragnehmers (Hauptsitz) zuständigen Regierungspräsidium zu beantragen.

6.3.3.2 Vergabeformen und -regelungen

Öffentliche Ausschreibung

Durch die Veröffentlichung der Ausschreibung in der regionalen/ überregionalen Presse, amtlichen Veröffentlichungsblättern oder Fachzeitschriften wird eine unbegrenzte Zahl von Unternehmern, die sich gewerbsmäßig mit der Ausführung von Leistungen der ausgeschriebenen Art befassen, aufgefordert, Angebotsunterlagen anzufordern. Eine Vorauswahl ist nicht zulässig. Von den Bietern werden in der Regel Nachweise zu ihrer Eignung (Fachkunde, Leistungsfähigkeit und Zuverlässigkeit) mit der Angebotsabgabe verlangt, insbesondere solche, die der Überprüfung der Fachkunde dienen. Art und Umfang dieser Nachweise sind in der Aufforderung zur Angebotsabgabe anzugeben.

In § 25 VOB/ A Nr. 1 werden die Anforderungen aufgezeigt, die an die Angebote gestellt werden. Die Eignung der Bieter ist anhand der eingereichten Nachweise zu prüfen. Es sind nur Bieter zu berücksichtigen, deren Eignung die Erfüllung der ausgeschriebenen Anforderungen erwarten läßt und die über ausreichende technische und wirtschaftliche Mittel verfügen.

Beschränkte Ausschreibung

Bei der Beschränkten Ausschreibung für Bauleistungen werden 3 - 8 fachkundige, leistungsfähige und zuverlässige Bewerber aufgefordert, ein Angebot abzugeben. Die Eignung der Bewerber ist vor der Aufforderung zur Angebotsabgabe zu prüfen, d.h., daß bei einem Teilnahmewettbewerb die Nachweise bereits mit dem Teilnahmeantrag vorzulegen sind. Eine Beschränkte Ausschreibung soll nur dann erfolgen,

- wenn die Öffentliche Ausschreibung wegen der Eigenart der Bauleistung oder wegen eines nicht vertretbaren Aufwandes nicht in Betracht kommt oder
- wenn eine Öffentliche Ausschreibung zu keinem annehmbaren Ergebnis geführt hat oder aus anderen Gründen, z. B aus Dringlichkeit, unzweckmäßig ist.

Eine Beschränkte Ausschreibung nach öffentlichem Teilnahmewettbewerb kommt besonders dann in Frage,

- wenn eine besondere Qualifikation (Erfahrung, technische Einrichtungen oder fachkundige Arbeitskräfte, z. B. Qualifikation für Arbeiten in kontaminierten Bereichen) erforderlich ist, die nur bei einer begrenzten Zahl von Bietern vorliegt.

Angebotsfrist, Bewerbungsfrist
Der den Bietern für die Bearbeitung und Einreichung der Angebote verfügbare
Zeitraum darf auch bei dringenden Fällen 10 Kalendertage nicht unterschreiten.
Auch die Bewerbungsfrist für die Einreichung von Teilnahmeanträgen bei
Beschränkter Ausschreibung nach öffentlichem Teilnahmewettbewerb ist
ausreichend zu bemessen.

Zuschlags- und Bindefrist
Die Zuschlagsfrist sollte nicht mehr als 30 Kalendertage betragen; sie beginnt
mit dem Eröffnungstermin und endet mit einem anzugebenen Kalendertag.

Eröffnungstermin
Am Eröffnungstermin werden bei Ausschreibungen die vorliegenden Angebote
geöffnet, die Namen der Bieter und die Endbeträge der Angebote und weitere
den Preis betreffende Angaben verlesen. Ab Öffnung des ersten Angebotes
sind keine neuen Angebote mehr zulässig und es kann kein Angebot mehr zu-
rückgenommen werden. Bei Ausschreibungen nach VOB/A dürfen die Bieter
und ihre bevollmächtigten Vertreter anwesend sein. Bei Ausschreibungen nach
VOL/A sind Bieter nicht zugelassen. Im Rahmen von Freihändigen Vergaben
finden keine Eröffnungstermine statt. Hier ist nur der Einreichungstermin für
die Vorlage der Angebote anzugeben.

Freihändige Vergabe

Auch bei der Freihändigen Vergabe ist der Wettbewerb die Regel; sie
beschränkt sich nicht nur auf die Einholung eines Angebotes. Der Auftraggeber kann sich von mehreren Bietern - es werden gern mindestens drei Bieter
ausgewählt -, evtl. nach Durchführung eines Teilnahmewettbewerbs, Angebote
geben lassen. Da hier nicht die förmlichen Ausschreibungsvorschriften gelten,
kann der Auftraggeber mit dem Bieter über Änderung der Angebote oder
Preise verhandeln.

Eine Freihändige Vergabe von Bauleistungen ist nach § 3 VOB/A der
Ausnahmefall und z. B. zulässig,

- wenn die Leistung vor der Vergabe nicht eindeutig und erschöpfend
  beschrieben werden kann,

- weil für die Leistung aus besonderen Gründen (z. B. Patentschutz,
  besondere Erfahrungen oder Einsatz spezieller Geräte) nur *ein* bestimmter
  Unternehmer in Betracht kommt.

In beiden Fällen kann unter Umständen die Freihändige Vergabe mit der
Vereinbarung eines Selbstkostenfestpreises verbunden werden.

6.3.3.3 Prüfung und Wertung der Angebote

In einer ersten Wertungsstufe erfolgt nach § 23 VOB/A die sachliche Prüfung in rechnerischer, technischer und wirtschaftlicher Hinsicht. Es wird hierbei zunächst nur das einzelne Angebot betrachtet. Erst in den folgenden Schritten werden die Angebote untereinander verglichen. Die Prüfung der Eignung der Bieter (Fachkunde, Leistungsfähigkeit, Zuverlässigkeit) in der zweiten Wertungsstufe ist nach § 25 VOB/A nur bei der Öffentlichen Ausschreibung notwendig; bei der Beschränkten Ausschreibung und Freihändigen Vergabe erfolgte diese Prüfung nach § 8 Nr. 4 VOB/A bereits früher mit der Auswahl der Bewerber. Wenn Bieter nicht die erforderliche Eignung aufweisen, werden ihre Angebote ausgeschlossen. In der dritten Wertungsstufe werden die Angebotspreise geprüft. Nur Angebote, die zu angemessenen Preisen bei rationeller und sparsamer Betriebs- und Wirtschaftsführung eine einwandfreie Ausführung einschließlich Gewährleistung erwarten lassen, kommen in die engere Wahl. In der letzten Wertungsstufe wird das annehmbarste Angebot ausgewählt. Hierbei werden Inhalte und Preise der Angebote gegenübergestellt, um das Angebot zu ermitteln, das nach § 25 Nr. 3 (3) VOB/A unter Berücksichtigung aller technischen, wirtschaftlichen und funktionsbedingten Gesichtspunkte als das annehmbarste erscheint.

6.3.4 Vergabe von sonstigen Leistungen

Leistungen für Probenahme und Laboranalytik

Bei Leistungen für Probenahme und Analytik geringen Umfangs, d. h., wenn der zu erwartende wirtschaftliche Vorteil den Aufwand der Ausschreibung nicht aufwiegt, gibt der Auftraggeber entweder einen Leistungsrahmen vor oder er läßt sich die voraussichtlich zu erwartenden Versuchskosten zusammen mit den weiteren Ingenieur- und Gutachterleistungen vorab nennen (Kostenrahmen). Die Durchführung erfolgt nach Einheitspreisen. Die Preise für die einzelnen Leistungen werden aufgrund einer gedruckt vorliegenden Preisliste des AN beauftragt. In diesen Fällen findet die VOL keine Anwendung, da die Leistung von einem Freiberuflichen angeboten wird.

Bei Aufträgen größeren Umfangs wird der AG die Leistungen für Probenahme und Laboranalytik getrennt von den übrigen Ingenieur- und Gutachterleistungen unter Gewerbebetrieben ausschreiben. Die Preise werden dann im Rahmen einer Ausschreibung ermittelt. Auch bei der Vergabe von Leistungen, die dem Geltungsbereich der VOL zuzuordnen sind, muß nach Haushalts- und Vergaberecht grundsätzlich ein Wettbewerb vorausgehen (vgl. § 55 BHO/LHO, § 2 Nr. 1 Abs. 1 VOL/A). Wenn von einer öffentlichen oder beschränkten Ausschreibung abgesehen wird, sind die Gründe aktenkundig zu machen (vgl. § 3 Nr. 5 VOL/A). § 3 VOL/A sieht drei Formen der Vergabe vor:

- die Öffentliche Ausschreibung,

- die Beschränkte Ausschreibung,

- die Freihändige Vergabe.

Damit ist auch in absteigender Reihenfolge angegeben, in welcher Form vorgegangen werden soll. Soll freihändig vergeben werden, so ist dies nach § 3 Nr. 5 VOL/A besonders zu begründen. Wegen der Eigenart von altlastentypischen Leistungen der Laboranalytik kann es wegen der besonderen Anforderungen an die Qualifikation (s. Ziffer 6.4.1.1), außergewöhnliche Fachkunde und Zuverlässigkeit, die nur von einem beschränkten Kreise von Laboratorien erfüllt wird, begründet sein, eine Beschränkte Ausschreibung mit öffentlichem Teilnahmewettbewerb durchzuführen.

Bei größerem Auftragsvolumen oder besonderen Anforderungen ist ggf. ein europäischer Wettbewerb vorzuschalten. Hierbei sind die in den „Allgemeine Bestimmungen für die Vergabe von Leistungen" der VOL Teil A enthaltenen zusätzlichen Bestimmungen (Abschn. 1 und 2) nach den EG-Richtlinien relevant. Sobald der im § 1a genannte Schwellenwert von 200 ECU (ca. 380 TDM) geschätzte Gesamtvergütung überschritten wird, finden die EG-Bestimmungen Anwendung. Die dann EG-weit durchzuführenden Ausschreibungs- und Vergabeverfahren unterscheiden sich von nationalen Ausschreibungs- und Vergabeverfahren durch:

- andere Bezeichnungen der Vergabearten (vgl. VOL/A § 3a),

- strengere Voraussetzungen für ein Verhandlungsverfahren - freihändige Vergabe - (vgl. VOL/A § 3a Nr. 2 und 3),

- keine Vorgabe von Mindestteilnehmerzahlen bei Nichtoffenen Verfahren - beschränkte Ausschreibungen - und Verhandlungsverfahren - freihändigen Vergaben- (vgl. VOL/A § 7a Nr. 2),

- die Verpflichtung, technische Spezifikationen unter Bezug auf europäische Normen (insbesondere CEN- und CENELEC-Normen, Harmonisierungsdokumente (HD)) festzulegen (vgl. VOL/A § 8a),

- die Verpflichtung, bei den eigentlichen Ausschreibungen bzw. Verhandlungsverfahren mit Vergabebekanntmachung zusätzlich zu den Veröffentlichungen im nationalen Bereich (Bundesausschreibungsblatt, Tageszeitungen usw.) eine Bekanntmachung im Amtsblatt der EG zu veröffentlichen (vgl. VOL/A § 17a Nr. 1),

- die Verpflichtung, die genau vorgeschriebenen Mindestangebots- und -bewerbungsfristen einzuhalten (vgl. VOL/A § 18 a Nr. 1 und 2),

- die Verpflichtung, bei der Wertung von Angeboten, deren Preise ungewöhnlich niedrig sind, vom Bieter Belege anzufordern (s. VOL/A § 25a),

- die Verpflichtung, die Erteilung des Auftrags im Amtsblatt der EG bekanntzumachen, sofern dort zuvor im Rahmen einer Ausschreibung oder eines Verhandlungsverfahrens eine Veröffentlichung erfolgt ist (vgl. VOL/A § 27a),

- die Verpflichtung, der EG-Kommission auf Verlangen Angaben zu dem Vergabeverfahren zu übermitteln (vgl. VOL/A § 30 a).

Hinsichtlich der Verfahren bei der Ausschreibung und Regelungen zur Angebots- und Bewerbungsfrist, zur Zuschlags- und Bindefrist und zum Eröffnungstermin gibt es keine gravierenden Unterschiede zur VOB. Deshalb gelten für die nach VOL auszuschreibenden und zu vergebenden Leistungen ebenso wie für die die Prüfung und Wertung der Angebote auch die zu VOB-Verträgen dargelegten Grundsätze. Der Zuschlag ist unter Beachtung der Wirtschaftlichkeit und Sparsamkeit auf das wirtschaftlichste Angebot zu erteilen. Das wirtschaftlichste Angebot ist dasjenige Angebot, bei dem das günstigste Verhältnis zwischen der gewünschten Leistung und dem angebotenen Preis erzielt wird (§§ 25 und 25 a VOL/A).

Literatur

EBISCH, H. & GOTTSCHALK, I. (1994): Preise und Preisprüfungen bei öffentlichen Aufträgen einschließlich Bauaufträge: Kommentar, 6. neubearb. Aufl., fortgef. von KNAUSS, W. & SCHMIDT, J. K.,Vahlen, München.

DAUB, W. & EBERSTEIN, H. H. (1998): Kommentar zur VOL, Verdingungsverordnung für Leistungen - ausgenommen Bauleistungen. 4. Aufl., Werner, Düsseldorf.

MOTZKE, G. & WOLFF, R. (1995): Praxis der HOAI - ein Leitfaden für Architekten und Ingenieure, Sachverständige, Bauherren und deren Berater. 2. Aufl., Beck, München.

HARTMANN, R. (ab 1982): Die neue Honorarordnung für Architekten und Ingenieure (HOAI) Handbuch des neuen Honorarrechts. Loseblattsammlung, WEKA, Augsburg.

Arbeitshilfen Altlasten zur Anwendung der baufachlichen ''Richtlinien für die Planung und Ausführung der Sicherung und Sanierung belasteter Böden'' des BMBau für Liegenschaften des Bundes: Herausgeber Bundesministerium für Raumordnung, Bauwesen und Städtebau und Bundesministerium der Verteidigung Vertrieb: OFD Hannover - Landesbauabteilung- Waterloostr. 4, 30169 Hannover.

Baufachliche Richtlinien Vermessung: Herausgeber Bundesministerium für Raumordnung, Bauwesen und Städtebau.

Richtlinien für die Durchführung von Bauaufgaben des Bundes im Zuständigkeitsbereich der Finanzbauverwaltungen (RBBau): Herausgeber Bundesministerium für Raumordnung, Bauwesen und Städtebau: Verlag und Vertrieb: Deutscher Bundes - Verlag G.m.b.H., Bonn, Südstraße 119, 53175 Bonn.

Vergabehandbuch für die Durchführung von Bauaufgaben des Bundes im Zuständigkeitsbereich der Finanzbauverwaltungen (VHB): Herausgeber Bundesministerium für Raumordnung, Bauwesen und Städtebau: Verlag und Vertrieb: Deutscher Bundes-Verlag G.m.b.H., Bonn, Südstraße 119, 53175 Bonn.

Entwurf Leistungs- und Honorarordnung "Altlasten" AHO Fachkommission "Kontaminierte und kontaminationsverdächtige Standorte - Altlasten" DIEDERICHS; FOLLMANN: Vorstellung des Entwurfs; Terra Tech 1/96.

Handbuch für Ingenieurverträge in der Wasserwirtschaft (HIV-WAS) - LAWA - .

Anforderungen an Gutachter, Untersuchungsstellen und Gutachten bei der Altlastenbearbeitung; Materialien zur Ermittlung und Sanierung von Altlasten Band 11 Herausgeber und Bezugsquelle: Landesumweltamt NRW, Wallneyer Str. 6, 45133 Essen.

Abkürzung	Bedeutung
AdV	Arbeitsgemeinschaft der Vermessungsverwaltungen der Länder der Bundesrepublik Deutschland
AG	Auftraggeber
AGB	Allgemeine Geschäftsbedingungen
AGB-Gesetz	Gesetz zur Regelung des Rechts der Allgemeinen Geschäftsbedingungen
AHO	Ausschuß der Ingenieurverbände und Ingenieurkammern für die Honorarordnung e.V.
AN	Auftragnehmer
ATV	Allgemeine Technische Vertragsbedingungen für Bauleistungen (VOB Teil C)
AV - StB	Arbeitsausschuß Verdingungswesen im Straßen- und Brückenbau
AVB	Allgemeine Vertragsbestimmungen
AVB ING-WAS	Allgemeine Vertragsbestimmungen für Ingenieurleistungen im Bereich der Wasserwirtschaft
BAM	Bundesanstalt für Materialforschung und -prüfung
BGB	Bürgerliches Gesetzbuch
BGBl.	Bundesgesetzblatt
BHO	Bundeshaushaltsordnung
BMBau	Bundesministerium für Raumordnung, Bauwesen und Städtebau
BMU	Bundesministerium für Umwelt, Naturschutz und Reaktorsicherheit
BMVg	Bundesministerium der Verteidigung
BRKG	Bundesreisekostengesetz
BVB	Besondere Vertragsbedingungen
CEN	Europäisches Komitee für Normung
CENELEC	Europäisches Komitee für Elektronische Normung
CIR	Color - Infrarot
DIN ISO	DIN International Standardisation Organisation

DLR	Dienstleistungsrichtlinie 92/50/EWG vom 18.06.1992
DVA	Deutscher Verdingungsausschuß für Bauleistungen
EFA	Erfassungsprogramm Altlasten
EVM	Einheitliche Verdingungsmuster
GAEB	Gemeinsamer Ausschuß Elektronik im Bauwesen
GWMS	Grundwassermeßstelle
HD	Harmonisierungsdokumente
HOAI	Honorarordnung für Architekten und Ingenieure
IHK	Industrie- und Handelskammer
ITVA	Ingenieurtechnischer Verband Altlasten e.V.
KF	Kontaminierte Fläche
KRB	Kleinrammbohrungen
KVF	Kontaminationsverdächtige Fläche
LAGA	Länderarbeitsgemeinschaft Abfall
LAWA	Länderarbeitsgemeinschaft Wasser
LHO	Landeshaushaltsordnung
LSP-Bau	Leitsätze für die Ermittlung von Preisen für Bauleistungen aufgrund von Selbstkosten
LUA NW	Landesumweltamt von Nordrhein - Westfalen
LV	Leistungsverzeichnis
RAS -Verm	Richtlinien für die Anlage von Straßen, Teil Vermessung
RBBau	Richtlinien für die Durchführung von Bauaufgaben des Bundes im Zuständigkeitsbereich der Finanzbauverwaltungen
SHBau	Sicherheitshandbuch für die Durchführung von Bauaufgaben des Bundes im Zuständigkeitsbereich der Finanzbauverwaltungen
StLB	Standardleistungsbücher für das Bauwesen
STLK	Standardleistungskataloge für den Straßen- und Brückenbau/-Wasserbau
UBA	Umweltbundesamt
VHB	Vergabehandbuch für die Durchführung von Bauaufgaben des Bundes im Zuständigkeitsbereich der Finanzbauverwaltungen
VO PR	Rechtsverordnung über die Preise bei öffentlichen Aufträgen
VOB	Verdingungsordnung für Bauleistungen
VOF	Verdingungsordnung für Freiberufliche Leistungen
VOL	Verdingungsordnung für Leistungen
ZH 1/183	Richtlinie für Arbeiten in kontaminierten Bereichen der Bauberufsgenossenschaft
ZTV	Zusätzliche Technische Vertragsbedingungen
ZVB	Zusätzliche Vertragsbedingungen

7 Arbeitsschutz

HARALD BURMEIER

Zur Beurteilung der von Altlasten oder sonstigen kontaminierten Bereichen ausgehenden Gefährdungen und im Rahmen von Sanierungen sind in der Regel umfangreiche Feldarbeiten, insbesondere Bohr- und Sondierungsarbeiten erforderlich. Die an den Feldarbeiten Beteiligten stehen häufig vor dem großen Problem, für das Personal und die Umgebung möglicherweise drohende Gefährdungen im Vorwege der Arbeiten zu beurteilen und geeignete Schutzvorkehrungen zu treffen. Häufig ist zu beobachten, daß sich Bohrmannschaften auf kontaminiertem Gelände in der gleichen Weise verhalten, wie sie es aus nicht gefahrstoffbelasteten Bereichen gewohnt sind. Es werden damit bewußt oder unbewußt erhebliche Risiken in Kauf genommen. Zu diesen Risiken zählen:

- Aufnahme von Gefahrstoffen in den Körper mit den damit verbundenen Auswirkungen auf die Gesundheit,

- Gefahr von Bränden, Verpuffungen und Explosionen,

- Verschleppung von Gefahrstoffen,

  - die an der Ausrüstung gebunden sind, in nicht belastete Bereiche (z. B. bei einem Baustellenwechsel),

  - die an der Kleidung gebunden sind, von der Baustelle in den häuslichen Bereich,

- Gefährdung der Nachbarschaft einer Baustelle durch entstehende Ausgasungen, Flüssigkeitsaustritte oder Staubverfrachtungen,

- Gefährdung der Nachbarschaft des Standortes durch ungesichertes, kontaminiertes Material.

Die vorrangige Aufgabe aller an derartigen Erkundungsmaßnahmen Beteiligten muß sein, die bestehenden Risiken zu minimieren und Personal wie auch die Umgebung wirksam zu schützen.

Unter Berücksichtigung der aktuellen europäischen Gesetzgebung zum Arbeitsschutz und der Bestimmungen der „Regeln für Sicherheit und Gesundheitsschutz bei der Arbeit in kontaminierten Bereichen" (ZH 1/183) sind Auftraggeber genauso in der Pflicht, sicherheitstechnische Maßnahmen zu planen und umzusetzen, wie die Auftragnehmer, die die geplanten Maßnahmen zum Arbeits-, Gesundheits- wie auch zum Nachbarschafts- schutz eigenverantwortlich umzusetzen haben.

7.1 Rechtliche Grundlagen / Zuständigkeiten

7.1.1 Vorschriften

Der Rangfolge der gesetzlichen und berufsgenossenschaftlichen Regeln folgend, wird zuerst auf das Chemikaliengesetz mit der Gefahrstoffver- ordnung sowie die damit verbundenen Technischen Regeln für Gefahrstoffe (TRGS) verwiesen. Diese regeln den Umgang mit Gefahrstoffen (Chemikalien), die in der gewerblichen Wirtschaft vorkommen.

In der Gefahrstoffverordnung nimmt die Altlastenbearbeitung bzw. die Behandlung kontaminierter Medien keinen eigenständigen Platz ein. Den- noch ist eine Vielzahl von Bestimmungen und Anhängen mit den dazuge- hörigen technischen Regeln für gefährliche Arbeitsstoffe/Gefahrstoffe (TRGS) für Arbeiten in kontaminierten Bereichen geeignet und eine Vielzahl von Bestimmungen der Gefahrstoffverordnung sinngemäß anzuwenden. Die TRGS 524 „Sanierung und Arbeiten in kontaminierten Bereichen" befaßt sich vertieft mit den erforderlichen sicherheitstechnischen Maßnahmen bei derartigen Arbeiten. Treten bestimmte Stoffe, die im Anhang zur Gefahrstoffverordnung explizit aufgeführt sind, z. B. Dioxine und Furane, in relevanten Konzentrationen auf, sind die Bestimmungen auch für Arbeiten auf Altlasten verbindlich.

Das berufsgenossenschaftliche Regelwerk ist mit seinen Unfallver- hütungsvorschriften, Sicherheitsregeln, Richtlinien und Merkblättern im Einzelfall zusätzlich heranzuziehen. Am 01. 04. 1992 sind die *Richtlinien für Arbeiten in kontaminierten Bereichen (ZH 1/183)* in Kraft getreten, die mit der Überarbeitung im Jahr 1997 nunmehr als „Regeln für Sicherheit und Gesundheitsschutz bei der Arbeit in kontaminierten Bereichen" bezeichnet werden. Diese Regeln enthalten alle wesentlichen Bestimmungen, die aus der Sicht des Arbeits- und Nachbarschaftsschutzes zu berücksichtigen sind. Einzelne Regelungen anderer staatlicher Vorschriften, wie z. B. der Gefahr- stoffverordnung oder des berufsgenossenschaftlichen Vorschriftenwerks (z. B. der Unfallverhütungsvorschrift „Allgemeine Vorschriften") sowie technischer Regelwerke (z. B. DIN-Normen, VDI-Bestimmungen), sind sie in diesen Richtlinien zusammengefaßt dargestellt. Für Bereiche, für die es noch keine Regelungen gab, enthalten die Richtlinien ZH 1/183 die erforderlichen sicherheitstechnischen Bestimmungen. Soweit erforderlich, wurden Bestimmungen aus EG-Richtlinien zum Arbeitsschutz in diese

Richtlinien eingearbeitet. Feldarbeiten, wie Sondierungen, Bohrungen und die Anlage von Schürfen sind in einem eigenständigen Kapitel erfaßt.

Die „Regeln für Sicherheit und Gesundheitsschutz bei der Arbeit in kontaminierten Bereichen" wenden sich an Unternehmer und Beschäftigte der gewerblichen Wirtschaft sowie an Arbeitgeber und Arbeitnehmer des öffentlichen Dienstes. Angesprochen wird jedoch nicht nur der Unternehmer, der immer Normadressat des berufsgenossenschaftlichen Vorschriftenwerks ist, sondern auch der Auftraggeber, der z. B. als Eigentümer eines kontaminierten Bereiches oder als der zur Erkundung und Sanierung eines kontaminierten Bereiches Verpflichtete die entsprechenden Feldarbeiten zu veranlassen hat. Eine vergleichbare Verpflichtung des Auftraggebers zur Planung und Umsetzung von Arbeitsschutzmaßnahmen findet sich in der „Baukoordinierungsrichtlinie" (Richtlinie 92/57/EWG des Rates vom 24. 06. 1992), die mit Verabschiedung des Arbeitsschutzgesetzes und der Baustellenverordnung im Juni 1998 in nationales Recht umgesetzt wurde. Die „Regeln für Sicherheit und Gesundheitsschutz bei der Arbeit in kontaminierten Bereichen" stellen somit die Basisvorschrift für eine sicherheitsgerechte Ausgestaltung von Arbeitsplätzen in den verschiedenen Bearbeitungsphasen einer Altlastenbehandlung dar.

7.1.2 Auftraggeber- und Auftragnehmerpflichten

Die Pflichtenverteilung für die Belange des Arbeitsschutzes zwischen Auftraggeber und Auftragnehmer ist in den Phasen

- Planung mit Ausschreibung der Leistungen,

- Vergabe und

- Ausführung

unterschiedlich gewichtet.

In der Planungsphase ist der Auftraggeber gefordert, die Erkundungs- und Sanierungsmaßnahmen hinsichtlich der Belange des Arbeitsschutzes zu überprüfen. So sind im Vorfeld der Feldarbeiten bei Deponien und Altlasten Erkundungen hinsichtlich der Gaszusammensetzung, der Gasbildung, der Art der eingelagerten Abfälle bzw. der relevanten Gefahrstoffe und besonders problematischer Bestandteile (z. B. Asbest) vorzunehmen und die Ergebnisse zu dokumentieren. In einem weiteren Schritt ist ein Sicherheitsplan zu erstellen, der alle wesentlichen Angaben zum Arbeits- und Gesundheitsschutz enthält. Besondere Maßnahmen des Arbeitsschutzes sind dann in die Ausschreibungsunterlagen aufzunehmen, damit die Bieter die erforderlichen Maßnahmen vorsehen und kalkulieren können.

Hinsichtlich der Auftragsvergabe sind die Auftraggeber gehalten, lediglich fachlich geeignete und qualifizierte Unternehmungen für die

Ausführung zu berücksichtigen. Mit der Auftragsvergabe setzen die ersten Auftragnehmer- (Unternehmer-)Pflichten ein: Die Angaben des Auftraggebers hinsichtlich der sicherheitstechnischen Belange (Sicherheitsplan) sind auf Plausibilität zu prüfen. Auf etwaige Mißstände, Defizite und Mängel ist hinzuweisen. Im Vergabeverfahren hat der Auftragnehmer nachzuweisen, daß er sowohl von seiner personellen als auch technischen Ausstattung in der Lage ist, die ausgeschriebenen Tätigkeiten fachgerecht durchzuführen. Sofern es sich um Feldarbeiten größeren Umfangs handelt, hat der Auftragnehmer mit Vertragsabschluß die geplanten Arbeiten der für ihn zuständigen Berufsgenossenschaft schriftlich anzuzeigen.

In der Ausführungsphase werden Auftragnehmer und Auftraggeber gleichermaßen in die Pflicht genommen. So hat der Auftragnehmer folgende arbeitsvorbereitende Maßnahmen zu ergreifen:

- Veranlassung erforderlicher arbeitsmedizinischer Untersuchungen,

- Erarbeitung einer Betriebsanweisung nach § 20 Gefahrstoffverordnung,

- Information und Unterweisung der Beschäftigten,

- Beschaffung der erforderlichen persönlichen Schutzausrüstungen.

Seitens des Auftraggebers ist ein Koordinator zur lückenlosen sicherheitstechnischen Überwachung der verschiedenen Arbeiten schriftlich zu bestellen. Dieser hat den Auftraggeber bei den weiteren Planungen und der Umsetzung von Maßnahmen des Arbeits- und Nachbarschaftsschutzes zu unterstützen. Während der Ausführungsphase kommt dem Koordinator die Aufgabe zu, die Vorgaben zum Arbeitsschutz zu überwachen, den Sicherheitsplan fortzuschreiben, die Kontakte zu den für den Arbeitsschutz zuständigen Fachbehörden zu koordinieren und ggf. erforderliche meßtechnische Überwachungen durchzuführen oder zu veranlassen. Bei Feldarbeiten geringen Umfangs oder auch bei der Durchführung der Arbeiten durch nur einen Unternehmer kann auf die Bestellung des Koordinators verzichtet werden. Die lückenlose sicherheitstechnische Überwachung der Feldarbeiten ist dann durch den Leiter der Feldarbeiten zu gewährleisten.

Der Auftragnehmer muß die vorgegebenen sicherheitstechnischen Maßnahmen eigenverantwortlich umsetzen und seine Beschäftigten entsprechend anweisen. Die durchgeführten Messungen sowie besondere Vorkommnisse müssen sowohl Auftraggeber als auch Auftragnehmer dokumentieren.

7.2 Gefährdungen

7.2.1 Gefahrstoffpotentiale

Das Gefahrenpotential bei Arbeiten an Deponien und Altlasten ist insbesondere aufgrund der stofflichen Vielfalt sehr vielschichtig. Es ist abhängig von der Art der vorliegenden Gefahrstoffe und ihres physikalischen und chemischen Verhaltens sowie der durchzuführenden Tätigkeiten. Bei den Gesundheitsbeeinträchtigungen sind sowohl akute Effekte, hervorgerufen z. B. durch Explosionen, Sauerstoffmangel oder Stich- und Schnittverletzungen, als auch Langzeiteffekte, wie z. B. der Aufnahme kanzerogen wirkender Stoffe, zu berücksichtigen.

Im folgenden werden als gefährdende Stoffe das Deponiegas, die Mikroorganismen und die Inhaltsstoffe der Deponie bzw. Altlast einschließlich des Sickerwassers unterschieden. Neben den Hauptbestandteilen Methan und Kohlendioxid enthält das Deponiegas eine Vielzahl im Spurenbereich nachweisbare toxische Komponenten. Hierzu zählen neben den chlorierten Kohlenwasserstoffen eine Vielzahl von schwefeligen Verbindungen etc. Die Wirkung der Einzelkomponenten des Deponiegases ist dabei sehr unterschiedlich. Nach den Auswirkungen kann folgende Unterscheidung getroffen werden:

- Vergiftungspotential (z. B. durch die Komponenten Schwefelwasserstoff, Benzol, Vinylchlorid etc.),

- Erstickungspotential (CO_2 als Inertgas),

- Brand- und Explosionspotential (Methan sowie bestimmte Einzelkomponenten des Deponiegases, bei diesen jedoch nur in hohen Konzentrationen),

- Belästigungspotential (Merkaptane, verschiedene Ester).

Die geschilderten Gefahrenpotentiale durch Deponiegas können unterschiedlich wirksam werden. Bei Arbeiten in Schächten und anderen unterirdisch gelegenen Bauwerken ist grundsätzlich mit dem Auftreten einer explosionsfähigen Atmosphäre, Sauerstoffmangel oder luftgetragener toxischer Gasbestandteile zu rechnen. In Gruben und Gräben kann je nach Wetterlage eine Brandgefahr oder toxische Atmosphäre gegeben sein. Dagegen spielen bei oberirdischen Umlagerungsarbeiten Explosionsgefahr und Sauerstoffmangel keine Rolle.

Jüngere Untersuchungen, besonders im Zusammenhang mit der Bewertung von Gesundheitsrisiken bei der Entsorgung kommunaler Abfälle und der meßtechnischen Begleitung von Umlagerungs- und Bohrarbeiten auf Deponien, belegen die Existenz einer Vielzahl von Mikroorganismen in Form von Pilzen, Sporen von Pilzen, bakteriell belasteten Sporen der Pilze, Bakterien und Viren. Viren können durch kontaminierten Hausmüll aus „erkrankten" Haushalten oder dem Hausmüll zugeordneten Abfällen aus

Kliniken und Praxen auf eine Deponie gelangen. Bakterien treten in verschiedenen Erscheinungsformen im Müllkörper auf. Sie tragen zur Keimbelastung der Umgebungsluft, z. B. bei Umlagerungsarbeiten, bei. Zur Zeit befindet sich ein Handlungswert von 10^4 KBE (Koloniebildende Einheiten)/m^3 Luft als Summenwert von bakteriellen Pilzen und Pilzsporen für Arbeitsplätze auf Deponien in der Diskussion. Arbeitsplatzbegleitende Messungen bei verschiedenen Umlagerungen und Eingriffen in Deponiekörper ergaben Gesamtkeimbelastungen von durchschnittlich weniger als 10^3 KBE/m^3 Luft, d. h. nach jetzigem Kenntnisstand keine gesundheitsbedrohenden Konzentrationen. Das Gefahrenpotential durch Mikroorganismen, z. B. bei der Anlegung von Schürfen, muß trotzdem sowohl in der meßtechnischen Begleitung als auch in der arbeitsmedizinischen Vorsorge berücksichtigt werden.

Ein wesentliches Gefahrenmerkmal ergibt sich aus den Inhaltsstoffen der Deponie oder Altlast selbst. Bei toxischen Inhaltsstoffen genügt häufig schon Hautkontakt, um beträchtliche Gesundheitsschäden zu verursachen. Über die Ausbreitungspfade Wasser und Luft können sich diese Stoffe auch sehr schnell in die Nachbarschaft der Arbeitsstelle verteilen. Auslaugbare Bestandteile des Deponats bzw. eines kontaminierten Bodenbereiches finden sich im Sickerwasser wieder, so daß hier von vergleichbaren Gefahrenpotentialen ausgegangen werden muß.

7.2.2 Gefahrenermittlung

Existieren noch keinerlei Untersuchungsergebnisse, kann eine Gefahrstoffermittlung lediglich durch eine sorgfältige Recherche der Standortgeschichte, durch Befragung von Zeitzeugen und Erfahrungen aus vergleichbaren Fällen erfolgen. Branchentypische Inventarisierungen von Bodenkontaminationen und ggf. Luftbildauswertungen sind eine zusätzliche wertvolle Informationsquelle.

Für den Fall, daß Informationen zum Gefahrstoffpotential vorliegen, wird zweckmäßigerweise zwischen Standorten unterschieden, an denen mit gasförmigen Schadstoffen zu rechnen ist, und denjenigen, bei denen kein Gas zu erwarten ist. Wenn bei einem Eingriff in die kontaminierten Medien von einer Gasentwicklung auszugehen ist, sind Untersuchungen mittels Gaschromatograph und Massenspektrometer (GC-MS-Screening) durchzuführen, um einen möglichst umfassenden Überblick über die luftgetragenen Stoffe zu bekommen. Als Meßpunkte bieten sich Schächte, ausgebaute Bohrungen, Brunnen, Rohrleitungssysteme, aber auch Schürfgruben oder bekanntermaßen gaswegige Bereiche an. Zur Erfassung und Ermittlung von Gasentwicklungen auf Deponien hat sich die Begehung des Deponiekörpers mit portablen Flammenionisationsdetektoren (FID), die Methangehalte auch in geringen Konzentrationen zu orten vermögen, bewährt.

In denjenigen Fällen, in denen kein Gas zu erwarten ist, z. B. bei den meisten Schwermetallkontaminationen, sind alle verfügbaren Gefahrstoffdaten aus vergleichbaren Fällen heranzuziehen. Die wichtigste und zugleich schwierigste Aufgabe liegt darin, die erforderliche Stoffeingrenzung auf Leitkomponenten vorzunehmen. Entscheidungskriterien dafür sind sowohl das physikalisch-chemische Verhalten als auch die biologischen und toxikologischen Stoffeigenschaften. Hierzu zählen:

- Konzentration und Menge,

- Brand- und Explosionsverhalten,

- Verfügbarkeit (Flüchtigkeit, Adhäsionsvermögen an Staub),

- Toxizität (Kurzzeit-/Langzeiteffekte),

- Kanzerogenität sowie

- Aufnahmevermögen (Hautresorption).

Die Auflistung verdeutlicht die Notwendigkeit, bei diesem Schritt erfahrene Fachleute aus der Chemie, Toxikologie und Arbeitsmedizin (Dienststellen der Berufsgenossenschaften) einzubeziehen. Gemeinsam mit diesen Fachleuten kann dann in einem weiteren Arbeitsschritt eine Festlegung von Alarm- und Handlungswerten unter Berücksichtigung der Grenzwerte des Arbeitsschutzes (MAK-, TRK-Werte) sowie fundierter toxikologischer Größen - ADI (Acceptable Daily Intake), LD50-Werte (berechnete Dosis, die auf einem Expositionsweg (außerhalb Inhalation) bei 50 % einer Gruppe von Labortieren tödlich wirkt) - erfolgen.

Unter Berücksichtigung der ausgewählten Leitkomponenten und der durchzuführenden Tätigkeiten können in der Folge das arbeitsmedizinische Begleitprogramm, die meßtechnische Überwachung der Arbeitsplätze sowie die weiteren technischen, organisatorischen und persönlichen Schutzmaß-nahmen festgelegt werden.

7.3 Schutzmaßnahmen

Art und Umfang der Tätigkeiten vor dem Hintergrund der Gefahrstoff-situation am Standort bestimmen die Schutzmaßnahmen. So macht es für eine Kurzzeittätigkeit, z. B. den Einsatz eines Bohrgeräts für eine Woche, wenig Sinn, eine Gerätedekontaminationsanlage zu errichten. (Trotzdem muß das Gerät dekontaminiert werden.) Aus diesem Grunde werden die Mindestanforderungen der technischen, organisatorischen und persönlichen Maßnahmen aufgezeigt. Bei allen zu treffenden Maßnahmen des Arbeits- und Gesundheitsschutzes sowie des Nachbarschaftsschutzes sind analog zum § 19 der Gefahrstoffverordnung die Grundsätze anzuwenden, daß

- Erkundungsverfahren angewendet werden, die möglichst geringe Gefahrstofffreisetzungen erwarten lassen bzw. diese verhindern,

- mittels technischer Maßnahmen sichergestellt wird, daß Schadstoffe nicht freigesetzt werden können,

- mittels organisatorischer Maßnahmen sichergestellt wird, daß Beschäftigte durch freigesetzte Gefahrstoffe nicht gefährdet werden können,

- mittels persönlicher Schutzausrüstungen die Beschäftigten beim Umgang mit Gefahrstoffen zuverlässig geschützt werden.

Technische Schutzmaßnahmen haben dabei immer den Vorrang vor organisatorischen und persönlichen Schutzmaßnahmen.

7.3.1 Organisatorische Schutzmaßnahmen

7.3.1.1 Arbeitsmedizinische Untersuchungen

Arbeitsmedizinische Vorsorgeuntersuchungen sind dann erforderlich, wenn trotz technischer Maßnahmen ein erhöhtes Krankheitsrisiko für den Beschäftigten besteht. Dieses kann für Arbeiten an Altlasten und Deponien grundsätzlich unterstellt werden, sobald Kontakt zur Kontamination oder zum Deponat möglich ist. Die Untersuchungen dienen dazu, die Entstehung einer Krankheit oder ein Risiko zum Entstehen einer Krankheit rechtzeitig zu erkennen. Gleichzeitig ist es erforderlich, bestehende gesundheitliche Beeinträchtigungen zu diagnostizieren, die den Organismus bereits belasten und somit ggf. als Ausschlußkriterium für eine Beschäftigung an derartigen Standorten angesehen werden müssen.

Im arbeitsmedizinischen Dienst der Tiefbau-Berufsgenossenschaft (TBG) wurde ein Untersuchungsprogramm für Beschäftigte, die bei Arbeiten in kontaminierten Bereichen eingesetzt werden, entwickelt. Das Untersuchungsprogramm berücksichtigt die durchzuführenden Tätigkeiten mit den dazugehörigen Schutzmaßnahmen und die vorliegenden Gefahrstoffe. Dieses Programm sieht vor:

- eine Erstuntersuchung vor Antritt der Tätigkeit (*Abb. 7.1*),

- eine begleitende Untersuchung für Projekte mit einer Laufzeit von mehr als einem Jahr sowie

- eine Abschlußuntersuchung nach Beendigung der Tätigkeiten.

Die Untersuchungen bestehen aus je einem gefahrstoffunspezifischen Teil, der standortunabhängig immer zur Anwendung gelangt, und einer projektabhängigen Erweiterung, die dem vorhandenen Gefahrstoffprofil angepaßt ist. Grundsätzlich empfiehlt es sich, den Arbeitsmediziner bereits frühzeitig in die Entscheidungsprozesse einzubeziehen, damit dessen Vorstellungen zu den Schutzmaßnahmen rechtzeitig berücksichtigt werden können.

Ob überhaupt und wenn ja, bei welchen Expositionszeiten arbeitsmedizinische Untersuchungen durchzuführen sind, läßt sich allgemeingültig nicht beantworten. In den „Regeln für Sicherheit und Gesundheitsschutz bei der Arbeit in kontaminierten Bereichen" wird lediglich auf die Notwendigkeit der Durchführung derartiger Untersuchungen verwiesen. In der Praxis hat es sich als sinnvoll erwiesen, nur denjenigen Personenkreis zu untersuchen, der sich regelmäßig z. B. für mehr als 8 h je Woche bei insgesamt mehr als 12 Wochen pro Jahr am Standort aufhält oder der regelmäßig an unterschiedlichen Standorten mit verschiedenen Kontaminationen in Berührung kommt. Der Verfasser hält eine jährlich wiederkehrende arbeitsmedizinische Grunduntersuchung für alle mit der Bearbeitung von Altlasten beschäftigten Personen, ungeachtet der Diskussion der Expositionsdauer, für sinnvoll und notwendig.

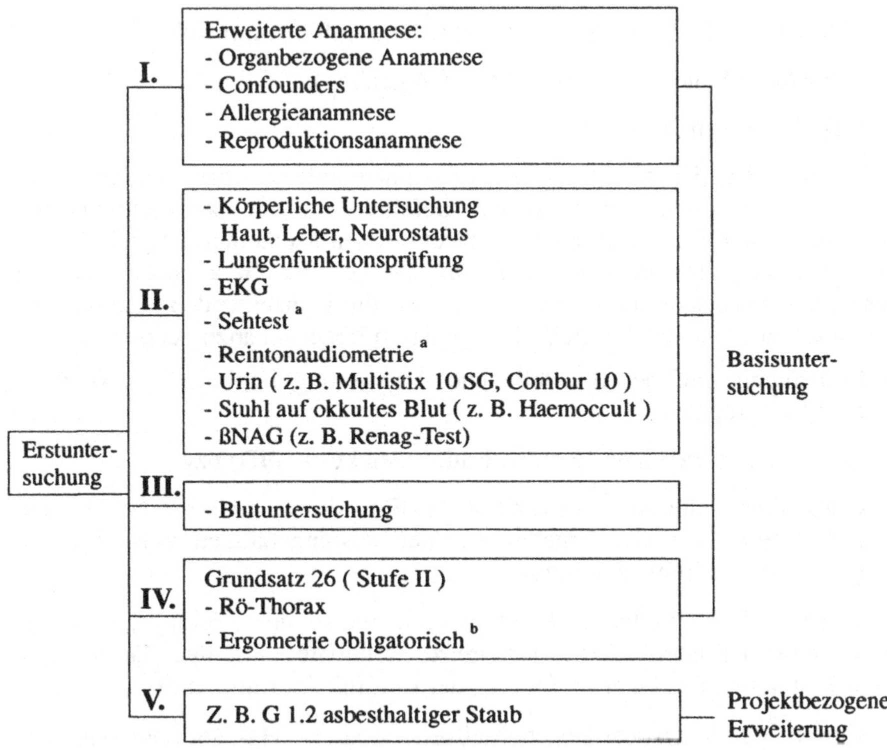

a Alle 3 Jahre

b Ist eine luftdurchlässige Schutzkleidung in Verbindung mit Atemschutz vorgesehen, sollte die W 150 mindestens 2,1 Watt/kg Körpergewicht betragen

Abb. 7.1: Arbeitsmedizinisches Untersuchungsprogramm (Erstuntersuchung) für Arbeiten auf Altlasten. (Aus BURMEIER et al. 1995)

7.3.1.2 Meßtechnische Überwachung der Arbeitsplätze

Die meßtechnische Überwachung der Arbeitsplätze und bei Bedarf der unmittelbaren Umgebung des Standortes ist fester Bestandteil der im Vorwege zu planenden und arbeitsbegleitend umzusetzenden organisatorischen Schutzmaßnahmen. Sie dient einerseits zur ersten Beurteilung des Gefährdungspotentials eines kontaminierten Bereiches und andererseits der Überwachung der Arbeitsplätze hinsichtlich der Wirksamkeit und Angemessenheit der getroffenen Schutzmaßnahmen sowie der Überwachung der Schadstoffausbreitung in die Nachbarschaft.

Dabei sind diejenigen Stoffparameter zu überwachen, die zu kritischen Arbeitsbedingungen führen können, wie

- entflammbare oder explosive Gase, Dämpfe oder Aerosole (explosive Atmosphäre),

- Verdrängung von Sauerstoff (sauerstoffarme Atmosphäre),

- giftige Gase, Dämpfe, Aerosole und Stäube (giftige Atmosphäre),

- radioaktive Materialien (radioaktive Umgebung),

- Mikroorganismen.

Die zuverlässige Überwachung der Atmosphäre auf das Vorliegen einer oder mehrerer der zuvor beschriebenen Gefahren ist nur bei Kenntnis der beteiligten Stoffe mit geeigneten meßtechnischen Methoden möglich. Es hat sich bewährt, die Umgebungsluft auf die bei der Gefahrstoffermittlung festgelegten Leitparameter möglichst mit direktanzeigenden Geräten zu überwachen. Folgende Vorgehensweise ist im Regelfall anzuwenden:

- Probenahme auf der Baustelle und Auswertung im Labor (z. B. Gaschromatographie),

- Einsatz eines tragbaren Photoionisationsdetektors (PID) bzw.

- eines Flammenionisationsdetektors (FID), dessen Alarmfunktion und Kalibrierung auf die Ergebnisse einer leistungsfähigen Gaschromatographie abgestimmt sein muß,

- Einsatz eines tragbaren kontinuierlich messenden Geräts zur Überwachung der unteren Explosionsgrenze brennbarer Gase und Dämpfe und, soweit nötig, des Sauerstoffgehalts der Luft mit Alarmfunktion,

- Einsatz von stoffspezifischen Meßgeräten, z. B. Hg-Monitore oder CO -Monitore,

- Einsatz von Prüfröhrchen zur schnellen Erfassung bestimmter Stoffe sowie

- Einsatz von Keimsammelgeräten zur Erfassung der Summe der koloniebildenden Einheiten (KBE).

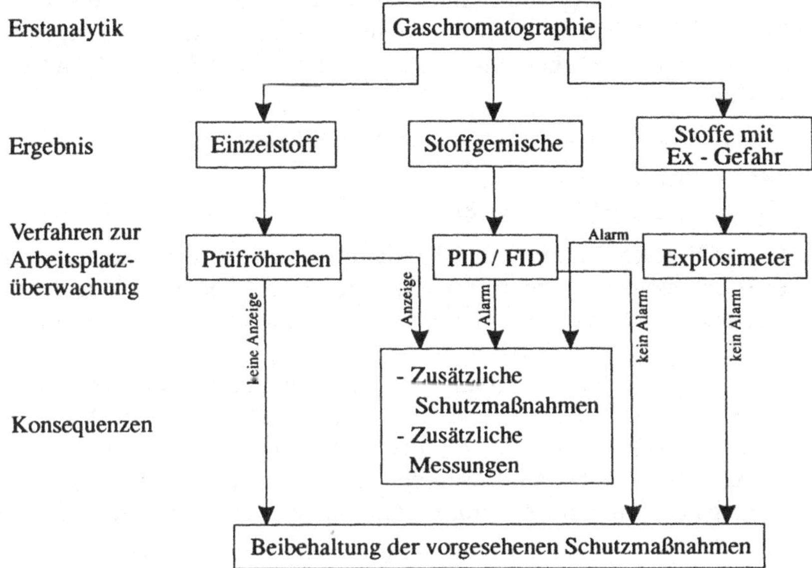

Abb. 7.2: Meßtechnische Arbeitsbereichsüberwachung für organische Gefahrstoffe

Welches Meßverfahren anzuwenden ist, läßt sich nur im Einzelfall festlegen (*Abb. 7.2*). Dennoch kann grundsätzlich festgestellt werden, daß Arbeiten an Altablagerungen mit einem direktanzeigenden Meßverfahren zur Überwachung der unteren Explosionsgrenze brennbarer Gase und Dämpfe, des Sauerstoffgehalts in der Luft und ggf. der zusätzlichen Komponenten Schwefelwasserstoff (H_2S) und/oder Kohlendioxid (CO_2) zu begleiten sind. Im Einzelfall ist die Erfassung der Mikroorganismen nötig. Bei ehemaligen Sonderabfalldeponien ist der zusätzliche Einsatz eines Photoionisationsdetektors angezeigt. Dieses Gerät wiederum gehört zur Standardausrüstung einer meßtechnischen Begleitung, wenn es darum geht, einen Standort zu erkunden, bei dem leichtflüchtige Gefahrstoffe zu erwarten sind.

Die Überwachung luftgetragener, an Staubpartikel gebundener Gefahrstoffe mit direktanzeigenden Meßverfahren bereitet nach wie vor große Probleme, v. a. bei Messungen mit ständig und sehr stark wechselnden Witterungsbedingungen. In Einzelfällen kann eine derartige Meßtechnik dann von Nutzen sein, wenn es darum geht, Schadstoffverfrachtungen in das Umfeld des Standortes zu überwachen.

7.3.1.3 Zonierung der Baustelle

Gegen die Verschleppung von Gefahrstoffen in die Umgebung, zur besseren Kontrolle und Absicherung der Baustelle gegen den Zutritt Dritter, zur Trennung von Arbeitsbereichen unterschiedlichen Gefährdungspotentials sowie zur Differenzierung von Schutzmaßnahmen hat sich die Einrichtung von Schutz- /Sicherheitszonen auf kontaminierten Standorten bewährt. Dabei wird in der Regel zwischen drei Schutzzonen innerhalb des Standortes unterschieden:

I.   Belasteter Bereich (schwarz) - Arbeitsbereich,

II.   Reinigungsbereich (grau),

III.   Unterstützungsbereich (weiß).

Der belastete Bereich I umfaßt den Kontaminationsherd und darf nur unter besonderen Schutzvorkehrungen betreten werden. Er ist einzuzäunen und mit einer zentralen Personen- und Materialschleuse zu versehen, über die ein kontrollierter Zugang zum Reinigungsbereich erfolgt.

Im Reinigungsbereich II werden alle Einrichtungen vorgehalten, die zur Dekontamination von Geräten und Personal erforderlich sind. Weiterhin werden hier alle Ausrüstungsgegenstände zwischengelagert, die regelmäßig im belasteten Bereich benötigt werden. Zwischen dem Reinigungs- und Unterstützungsbereich muß ebenfalls eine Barriere mit zentralem Zugang eingerichtet werden.

Der Unterstützungsbereich III gilt als sauberer, unbelasteter Bereich, in dem die Leitung, die Überwachung und sonstige Einrichtungen, wie Werkstätten, Parkplätze usw. untergebracht sind. Dieser Bereich bildet die Verbindungszone zum Umfeld des Altlastenstandortes, in der keine besonderen Schutzmaßnahmen erforderlich sind. Der Unterstützungsbereich sollte grundsätzlich auf der der Hauptwindrichtung zugewandten Seite angeordnet sein, damit Gefährdungen durch luftgetragene Schadstoffe aus dem belasteten Bereich weitgehend ausgeschlossen sind. Diese Forderung muß selbstverständlich die örtlichen Platzverhältnisse sowie die Lage vorhandener Infrastrukturen berücksichtigen.

Die Dreiteilung der Schutzzonen (*Abb.7.3*) mit entsprechenden Zugangskontrollen bietet einen zuverlässigen Schutz gegen die Gefahr der Verfrachtung von Schadstoffen in unbelastete Bereiche, muß jedoch nicht als ausschließliche und einzige Möglichkeit gesehen werden. So ist es durchaus möglich, den belasteten Bereich und den Reinigungsbereich zusammenzufassen. In diesem Fall würden die zur Dekontamination der Geräte und des Personals erforderlichen Einrichtungen im Randbereich des eigentlichen Kontaminationszentrums innerhalb der Einzäunung dieses Bereiches angeordnet werden. Bei Arbeiten geringen Umfangs, wie Begehungen und Sondierungen kann auf die Zonierung der Baustelle verzichtet werden. Für diese Arbeiten gilt jedoch auch, daß die verwendeten Ausrüstungen nach Beendigung der Tätigkeit sicher verwahrt und an geeigneter Stelle (Werkstatt, Labor etc.) dekontaminiert werden müssen.

Aufgrund der Verkehrssicherungspflicht des Grundstückseigentümers ist es immer erforderlich, freigelegte kontaminierte Bereiche einschließlich der erforderlichen Infrastruktur (Bereiche I-III) mit einer permanenten Einzäunung (z. B. mittels Mobilzäunen) abzusichern. Innerhalb dieser äußeren

Umzäunung kann z. B. mit temporären Absperrmaßnahmen flexibel auf die jeweils in Arbeit befindlichen Bereiche eingegangen bzw. die beschriebene Zonendreiteilung vorgenommen werden.

7.3.1.4 Baustelleneinrichtung

In vielen Fällen ist aus Hygienegründen für Arbeiten in kontaminierten Bereichen die Einrichtung einer Personenschleuse in Form einer Schwarz-Weiß-Anlage (*Abb. 7.4*) notwendig. Dabei ist zu beachten, daß die Umkleide-, Aufenthalts- und Waschbereiche direkt miteinander verbunden sind und die Gesamtabmessung der Anlage auf die maximal am Standort beschäftigte Personenzahl abgestimmt ist. Raumklima, Versorgung und Ausstattung sind möglichst angenehm zu gestalten, damit diese Einrichtungen von den Beschäftigten auch angenommen werden.

Zur Reinigung der auf dem Standort benutzten Gummistiefel ist vor dem Eingang zum Schwarz-Bereich eine Stiefelwascheinrichtung zu installieren. Alternativ kann eine Stiefelwechseleinrichtung vorgesehen werden. Es empfiehlt sich, die Personenschleuse bereits zu Beginn einer Tätigkeit zu errichten und kontinuierlich bis zum Abschluß der Maßnahme zu betreiben. Bei Maßnahmen geringen Umfangs kann eine Kompaktanlage ausreichend sein.

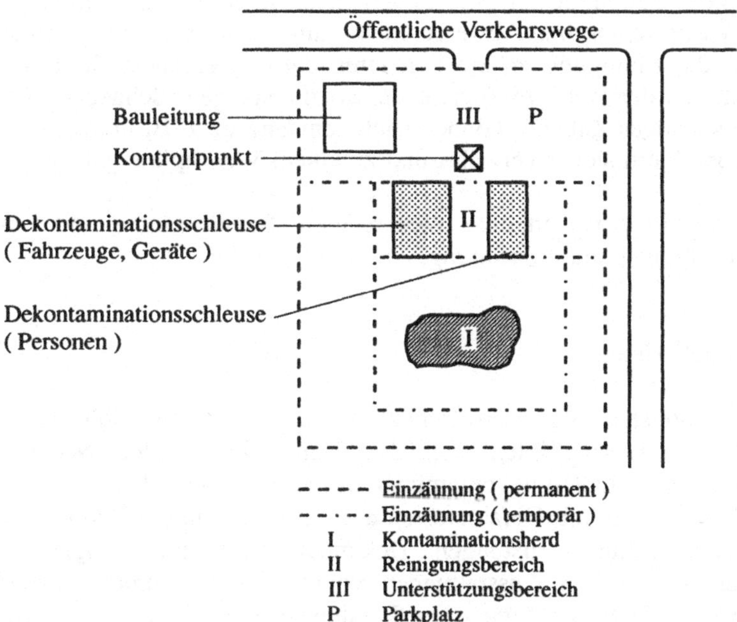

Abb. 7.3: Dreiteilung der Schutzzonen

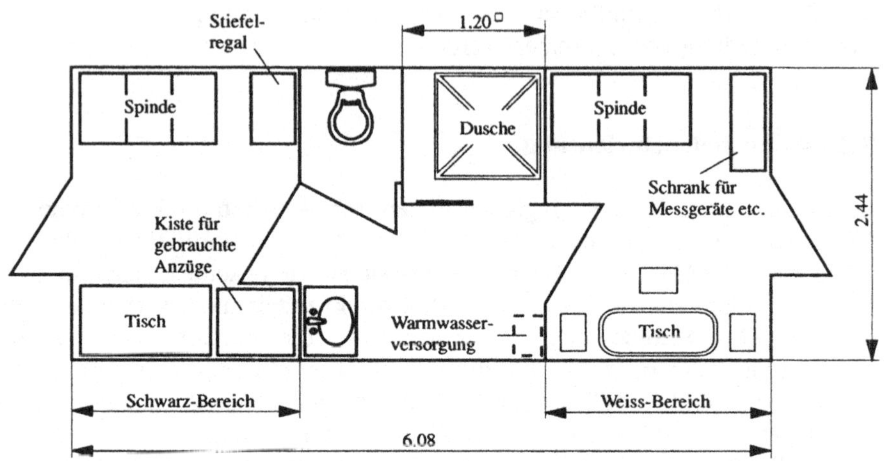

Abb. 7.4: Schwarz-Weiß-Anlage

Neben den Einrichtungen zur Personendekontamination werden Anlagen
benötigt, mit denen Geräte und Ausrüstungen, die im kontaminierten Bereich
eingesetzt wurden, vor dem Abtransport, vor Reparatur- und Wartungs-
arbeiten sowie in regelmäßigen Abständen gereinigt werden können. Für den
Fall, daß zum Zeitpunkt der Feldarbeiten noch keine geeigneten Möglichkeiten (Wasserversorgung/Abwasserentsorgung) am Standort vorhanden
sind, muß die Reinigung an einer anderen dafür geeigneten Stelle (z. B.
Waschplatz bei der Bohrfirma) erfolgen. Sondierstangen, Schnecken, Bohr-
rohre und sonstiges Zubehör können nach dem Einsatz z. B. in abdeckbaren
Wechselcontainern sicher verwahrt und zu einem Waschplatz gebracht werden.

Im Einzelfall ergänzen eine Wetterstation, Sanitätsräume und Brand-
schutzeinrichtungen die Ausstattung.

7.3.1.5 Unterweisung

Zu den wichtigsten organisatorischen Schutzmaßnahmen zählt die Vorbereitung der Beschäftigten auf die Durchführung der Maßnahme.
Arbeitssicheres Verhalten in kontaminierten Bereichen setzt Problembewußt-
sein für den Umgang mit Gefahrstoffen und Erfahrung in der Benutzung der
erforderlichen Schutzausrüstungen, Dekontaminationseinrichtungen sowie
besonderen technischen Ausstattungen voraus. Dieses kann nur erreicht
werden, wenn die Beschäftigten bei Schulungsveranstaltungen, die sowohl
Maßnahmen der Rettung und Ersten Hilfe als auch die Benutzung der
persönlichen Schutzausrüstung vermitteln, einzelfallbezogen unterwiesen

werden. Diese Unterweisungen sind durch praktische Übungen zu unterstützen.

Unterweisungen und praktische Übungen sind in regelmäßigen Abständen, z. B. alle 3 Monate, oder aber, wenn neue Randbedingungen dieses erfordern, zu wiederholen. Das für die Leitung und Aufsicht vorgesehene Personal hat die auf die sicherheitstechnischen und gefahrstoffspezifischen Belange hin ausgerichteten Sachkundeausbildungen der Tiefbau -BG oder anderer Ausbildungsträger zu besuchen.

7.3.2 Technische Schutzmaßnahmen

Der § 19 der Gefahrstoffverordnung schreibt vor, daß technische Schutzmaßnahmen immer den Vorrang vor organisatorischen und persönlichen Schutzmaßnahmen haben müssen. Unter technischen Schutzmaßnahmen sind zum einen Anforderungen hinsichtlich Bau und Ausrüstung von Geräten, Werkzeugen und Maschinen zu verstehen, die z. B. in Bereichen eingesetzt werden, in denen eine explosionsfähige Atmosphäre nicht auszuschließen ist. Zum anderen handelt es sich um Ausrüstungen für die technische Lüftung, die erforderlich sind, um Gefahrstoffkonzentrationen zu verdünnen bzw. Gefahrstoffe an ihrer Entstehungsstelle abzusaugen.

Zur Vermeidung unnötiger Betriebsstörungen und den damit verbundenen Gefahrensituationen ist der Einsatz von technisch einwandfreiem Gerät in kontaminierten Bereichen unerläßlich. Auf die für jedes Gerät erforderliche jährliche Sachkundigenprüfung mit zugehörigem Nachweis sei an dieser Stelle nochmals hingewiesen.

Der Einsatz einer Belüftung ist dann vorzusehen, wenn die Messungen zur Arbeitsplatzüberwachung ergeben, daß Schadstoffe in gesundheitsgefährlicher Konzentration vorhanden sind und die natürliche Luftzirkulation für eine ausreichende Verdünnung dieser gefährlichen Atmosphäre nicht ausreicht. Bei gasförmigen Gefahrstoffen sind für die Lüftung Einrichtungen zu bevorzugen, die Frischluft zur Arbeitsstelle hinführen (blasende Belüftung). Die Ansaugstelle für die Luftzuführung sollte unter Beachtung der Windrichtung in ausreichender Entfernung von der Emissionsquelle in ca. 1,50 m Höhe angeordnet sein, um das Ansaugen von Gasen aus den oberflächennahen Bereichen zu vermeiden. Dagegen erreicht eine saugende Lüftung nicht die schnelle Vermischung und Verdünnung sowie Abführung schädlicher Gase einer blasenden Belüftung. Außerdem besteht die Gefahr, daß gesundheitsgefährliche oder explosionsfähige Gase und Dämpfe in verstärktem Maße austreten und dadurch im ungünstigen Fall auch zur Arbeitsstelle und zum Ventilator als möglicher Zündquelle hingeführt werden. In einigen Fällen hat sich die Anordnung von Absauganlagen zur Erfassung gas- und dampfförmiger Emissionen am Bohrlochmund und an der Spülwanne bewährt. Der Aufbau einer derartigen Absauganlage ist der Prinzipskizze in *Abb. 7.5* zu entnehmen.

Die Weiterbehandlung von Bohrkernen und Proben sollte, wenn kritische gas- oder dampfförmige Emissionen zu erwarten sind, unter einem Abzug stattfinden. Probenahmetische im Freien können auch durch eine geeignete Bewetterungsanlage, die in unmittelbarer Nähe des Tisches aufgebaut ist, gezielt belüftet werden.

Die Dimensionierung der Lüfterleistung wie auch die Festlegung der Art der einzusetzenden Lüftung bedürfen einer sorgfältigen Planung für den Einzelfall durch entsprechend ausgewiesene Fachleute. Zur Feststellung, ob die Lüftungsmaßnahmen ausreichend sind, müssen wiederholte Einzelmessungen der Gefahrstoffkonzentrationen und des Sauerstoffgehalts sowie zusätzliche kontinuierliche Messungen zur Überprüfung der explosionsfähigen Atmosphäre durchgeführt werden.

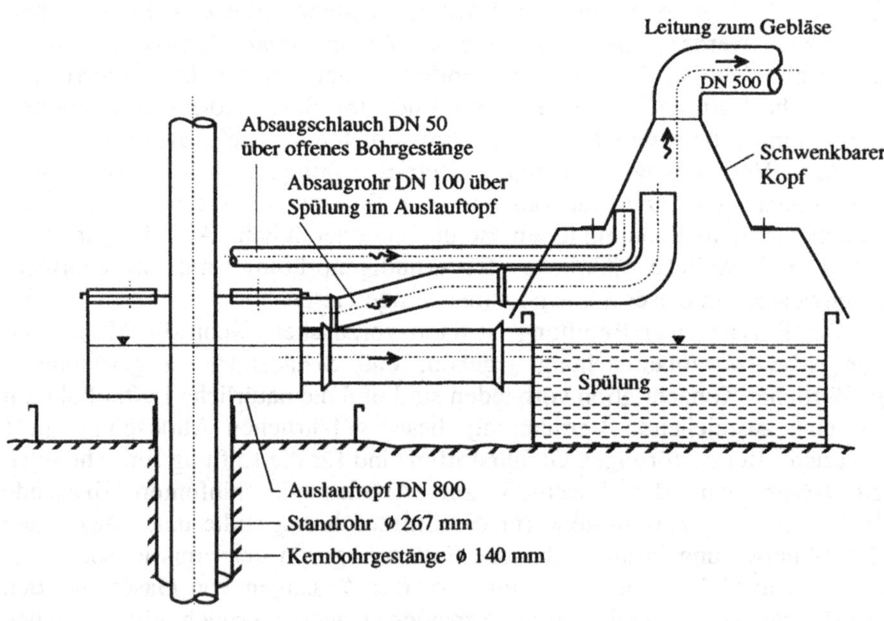

Abb. 7.5: Belüftung eines Bohrlochmundes

Der Einsatz von Bohrgeräten mit Steuerständen, die mit einer Kabine mit Filteranlage, einer umgebungsunabhängigen Luftversorgung aus Druckluftflaschen oder Kompressoren ausgestattet sind, ist nur in wenigen Fällen notwendig. Hier ist jeweils zu prüfen, wie die restliche Bohrmannschaft geschützt werden kann. Bei derartigen Systemen ist für eine sichere Sprechverbindung zwischen dem Geräteführer und der übrigen Bohrmannschaft zu sorgen.

Sind bei verrohrten Bohrungen brennbare Gase und Dämpfe zu erwarten und besteht die Gefahr der Zündung (durch Schweißarbeiten zur Verbindung von Rohrstrecken oder Funkenbildung durch Metall/Metall-Reibung beim Befahren der Verrohrung mit einem Greiferwerkzeug), sind weitergehende Maßnahmen zu treffen. Dazu zählen:

- der Einbau von zusätzlichen Stand- und Hilfsverrohrungen zur Inertgasführung und Gasabschottung,

- der Einbau von Inertgaszuführungsleitungen,

- zusätzliche Abdichtungsmaßnahmen der Ringräume zwischen Hilfs- und Standverrohrungen bzw. alter und neuer Standverrohrung,

- die Belegung der Außenflächen des Greiferwerkszeugs mit geeigneten Beschichtungen,

- die Verwendung von Werkzeug in nicht funkenreißender Ausführung.

Grundsätzlich sind zur Planung und Umsetzung derartiger Maßnahmen Fachleute zu Rate zu ziehen, die sich mit den anzuwendenden Explosionsschutzrichtlinien (Ex-RL, ZH/10) auskennen.

7.3.3 Persönliche Schutzausrüstungen

Bei Bohrarbeiten handelt es sich in der Regel um schmutzintensive Arbeitsplätze. Ohne Schutzmaßnahmen ist deshalb mit einer Kontamination der Haut, mit der Verschleppung der Schadstoffe über die Aufnahme von Nahrungs- und Genußmitteln in den Körper sowie mit inhalativer Schadstoffaufnahme zu rechnen. Weiterhin besteht die Gefahr, daß auf der Baustelle aufgenommene Schadstoffe in den häuslichen Bereich getragen werden. Die Benutzung geeigneter persönlicher Schutzausrüstungen neben einer sorgfältig durchzuführenden Körperhygiene ist deshalb immer erforderlich.

Die Auswahl der für den Einzelfall zu beschaffenden persönlichen Schutzausrüstung ist dabei abhängig zu machen von:

- der Art und Menge der Gefahrstoffe,

- der Konzentration und Mobilität der Gefahrstoffe und

- der geplanten Tätigkeit der Beschäftigten.

Die einschlägigen technischen Regeln hinsichtlich der Beschaffenheit der Ausrüstungen sowie die fachlichen und gesundheitlichen Anforderungen an die Benutzer sind dabei unbedingt zu beachten. Zur Vermeidung von Fehleinkäufen sollten möglichst nur nach dem Gerätesicherheitsgesetz bzw. nach den einschlägigen europäischen Normen (GS/CE-Prüfzeichen) geprüfte Schutzausrüstungen beschafft werden. Im Zweifelsfall sind bei der Beschaffung der Schutzausrüstungen die jeweils zuständigen Gewerbeaufsichtsämter oder Berufsgenossenschaften zu Rate zu ziehen.

Zur Gewährleistung eines optimalen Haut- und Körperschutzes ist die Benutzung folgender Grundausrüstung erforderlich:

- Bausicherheitsgummistiefel,

- Einweg-Chemikalien-Schutzanzüge,

- Chemikalienbeständige, reißfeste Schutzhandschuhe (stulpenform) mit unterzuziehenden Baumwollhandschuhen,

- Schutzhelme und

- Schutzbrillen bzw. Gesichtsschutzschirme beim Auftreten von Spritzwasser.

Einweg-Chemikalien-Schutzanzüge sind in unterschiedlichen Qualitätsstufen lieferbar. Die Entscheidung, ob atmungsaktives oder PE-beschichtetes Material zu beschaffen ist, hängt von den Gefahrstoffen sowie dem Feuchteanfall ab. Dem Hersteller oder Vertreiber derartiger Schutzkleidung ist mitzuteilen, gegen welche Stoffe geschützt werden muß und welche Randbedingungen am Arbeitsplatz herrschen. Weiterhin ist zu beachten, daß wegen der mechanischen Beanspruchung der Anzüge möglichst reißfestes Material verwendet wird. Bei geringeren Verschmutzungen kann der Anzug, soweit er nicht Beschädigungen aufweist, mehrfach genutzt werden.

Sind intensive Hautkontakte mit Gefahrstoffen zu erwarten oder können hochtoxische Stoffe an der Arbeitsstelle auftreten, ist ein Vollschutzanzug aus gummiertem oder PVC-beschichtetem Material mit integriertem Atemschutzsystem zu verwenden. Dabei sind die Tragezeitbegrenzungen gemäß der „Regeln für den Einsatz von Atemschutzgeräten" (ZH1/701) - ehemals TRgA 415 - zu beachten.

Ist die Freisetzung von Gasen, Dämpfen, Aerosolen und Stäuben nicht durch technische Maßnahmen zu verhindern, sind geeignete Atemschutzgeräte vorzuhalten. Ergeben die in jedem Fall erforderlichen Arbeitsplatzmessungen Überschreitungen der maximalen Arbeitsplatzkonzentrations-(MAK-)/ technischen Richtkonzentrations-(TRK-) Werte um mehr als 10% dieser Werte, sind von den Beschäftigten geeignete Atemschutzgeräte zu benutzen. Dabei sind die Bestimmungen der Regeln für den Einsatz von Atemschutzgeräten (ZH 1/701) zu beachten. Auch die dort festgelegten Tragezeitbegrenzungen sind einzuhalten. Bei hohen Lufttemperaturen und schwerer körperlicher Arbeit sollten Einsätze unter Atemschutz möglichst unterbleiben. Gebläseatemschutzsysteme, bei deren Benutzung keine

Atemwiderstände bestehen, und belüftete Vollschutzanzüge sind zur Verminderung der physischen und psychischen Belastung der Atemschutzgeräteträger anderen Systemen vorzuziehen. Bei Temperaturen um oder unter dem Gefrierpunkt sollten keine gebläseunterstützten Atemschutzsysteme verwendet werden. Hier hat es sich als sinnvoll erwiesen, die Beschäftigten mit vorgewärmter Atemluft aus Druckbehältern oder Kompressoren zu versorgen.

Bei Arbeiten auf Deponien für Siedlungsabfälle sollten, sofern keine Informationen zur Existenz gesundheitsschädlicher Mikroorganismen vorliegen, filtrierende Halbmasken der Filterstufe P2 getragen werden.

Bei allen persönlichen Schutzausrüstungen ist immer wieder die Angemessenheit der festgelegten Maßnahmen zu überprüfen. Hierzu ist ein arbeitsbegleitendes meßtechnisches Monitoring der Arbeitsplätze vorzusehen.

7.4 Checkliste für Arbeiten in kontaminierten Bereichen

Feldarbeiten in kontaminierten Bereichen sind als gefährliche Arbeiten anzusehen. Die Quantifizierung der Gefährdungssituation für die Beschäftigten, aber auch für die Nachbarschaft der Baustelle ist außerordentlich schwierig, weil mit unbekannten Stoffen bzw. Stoffgemischen, rasch schwankenden Stoffkonzentrationen und unvorhergesehenen Ereignissen gerechnet werden muß. Auch ist die Wirkung von Stoffgemischen auf den menschlichen Organismus z. T. noch wenig erforscht.

Maßnahmen des Arbeits- und Nachbarschaftsschutzes, die immer im Zusammenhang betrachtet werden müssen, sind Präventivmaßnahmen, die bei entsprechender Sachkenntnis einzelfallbezogen angewendet, zu einem störungsfreien Ablauf der Feldarbeit führen sollen. Dabei gilt für die Festlegung der Schutzmaßnahmen immer der Grundsatz, daß bei der Abschätzung der zu erwartenden Risiken zunächst der jeweils ungünstigste Fall als Maßstab für die zu treffenden Schutzmaßnahmen heranzuziehen ist.

Bei Arbeiten in kontaminierten Bereichen ist eine Vielzahl sicherheitstechnischer und abfallrechtlicher Erfordernisse zu berücksichtigen. Umfangreiche Kenntnisse des sicherheitstechnischen Regelwerks und dessen Umsetzung in die Praxis sind erforderlich, um die Menschen auf der Baustelle und der Nachbarschaft wirkungsvoll zu schützen.

Eine erfolgreiche und störungsfreie Erkundungsarbeit ist nur gewährleistet, wenn seitens des Auftraggebers eine sorgfältige, die Belange des Arbeits- und Emissionsschutzes berücksichtigende Planung durchgeführt wird, die Arbeiten sorgfältig überwacht werden und der Auftragnehmer über eine sachliche und personelle Ausstattung verfügt, die den hohen Anforderungen des Arbeits- und Emissionschutzes gerecht wird.

Die *Checkliste für Arbeiten in kontaminierten Bereichen* aus BURMEIER (1995) soll für Praktiker eine zusätzliche Hilfestellung zur Umsetzung der vielschichtigen Maßnahmen und deren sicherheitsgerechte und gesetzeskonforme Abwicklung sein. Die Praxis hat gezeigt, daß bei konsequenter Umsetzung der beschriebenen sicherheitstechnischen Maßnahmen keine gesundheitlichen Beeinträchtigungen für die Mannschaft und die Nachbarschaft der Altlast zu besorgen sind.

I. Gefährdungsermittlung

1. Welche Gefahrstoffe wurden nachgewiesen?

2. Welche Gefahrstoffe sind zu erwarten?

3. Gibt es Hinweise auf luftgetragene Gefahrstoffe?

4. Liegen Angaben vor zu:

- Konzentration,

- Aggregatzustand,

- Toxizität,

- Brandverhalten,

- Ausbreitungspfaden,

- Grenzwerten?

5. Wurde eine Deklarationsanalytik durchgeführt?

II. Schutzkonzept

Wenn die Angaben zu I.4. Hinweise auf relevante Gefahrstoffmengen ergeben, ist ein Sicherheitsplan mit folgenden Inhalten zu erstellen:

1. Beschreibung der vorgesehenen Arbeitsverfahren,

2. Festlegung der Arbeitszonen,

3. Festlegung der einzelnen Tätigkeiten,

4. Festlegung erforderlicher Schutzmaßnahmen,

5. Arbeitsmedizinisches Untersuchungsprogramm.

Als relevante Gefahrstoffmengen werden in einer ersten Betrachtung angesehen:

- im Boden und Wasser: - Hollandliste > Interventionswerte
                                     - Bodenschutz- und Altlastenverordnung

                         > Maßnahmenwerte bzw. 2-fachen Prüfwert

- in der Luft: > 1/10 MAK oder TRK.

Diejenigen Stoffe, die nach den o. g. Richtlinien keinen Grenzwert besitzen, sind einer Einzelfallbetrachtung zu unterziehen.

III. Unterweisung des Personals

1. Liegt eine Betriebsanweisung vor?

2. Wurde das Personal unterwiesen?

- Gefahrensituation allgemein,

- Schutzmaßnahmen,

- Maßnahmen zur Rettung und Ersten Hilfe (Übung),

- Verhaltensweise beim Antreffen unerwarteter Ereignisse,

- Tragen von Atemschutzgeräten (Übung),

- Warten von persönlichen Schutzausrüstungen?

IV. Arbeitsmedizinische Betreuung des Personals

1. Sind die Beschäftigten arbeitsmedizinisch betreut?

2. Wenn ja, sind dem Arbeitsmediziner die Gefahrstoffe und die verwendeten persönlichen Schutzausrüstungen bekannt?

3. Sind die Beschäftigten mit einem Notfallausweis ausgestattet?

V. Meßtechnische Überwachung

1. Liegt ein meßtechnisches Überwachungskonzept vor? (Wer mißt? Mit welcher Ausrüstung wird gemessen? Welche Stoffe werden gemessen?)

2. Sind die vorgesehenen Meßgeräte geeignet und sind die Benutzer eingewiesen?

3. Wer dokumentiert die Ergebnisse und wo werden diese verwahrt?

VI. Baustelleneinrichtung

1. Verfügt die Baustelle über eine ausreichend groß bemessene Schwarz -Weiß-Anlage?

2. Welche Dekontaminationsmaßnahmen sind vorgesehen?

3. Sind Hautreinigungs- und Hautpflegemittel vorhanden?

VII. Technische Schutzmaßnahmen

1. Welche technischen Lüftungsmaßnahmen sind vorgesehen?

2. Sind Fahrerkabinen mit Filteranlagen oder einer Druckluftversorgung ausgestattet? Wenn ja, welche Filter sind eingesetzt oder vorgesehen (A-Kohle/Feinstaubfilter P 3)?

3. Liegt das Filterbuch mit den erforderlichen Eintragungen vor?

VIII. Organisatorische Schutzmaßnahmen

1. Welche Rettungsausrüstung ist vorgesehen?

2. Ist ein Koordinator bestellt?

3. Sind geeignete Meldeeinrichtungen vorhanden?

4. Ist Alleinarbeit ausgeschlossen?

IX. Persönliche Schutzausrüstung

1. Welche persönliche Schutzausrüstung ist vorgesehen?

2. Bei der Verwendung von Atemschutzgeräten:
   - Welche Filter?
   - Standzeiten der Filter?
   - Welche Atemanschlüsse?
   - Beachtung von Tragezeitbegrenzungen?
   - Ausbildung von Atemschutzgeräteträgern?
   - Wartung der Atemschutzgeräte?

3. Bei der Verwendung von chemikalienbeständigen Schutzanzügen:

- Welcher Anzugtyp?

- Bei der Verwendung von Einweg-Schutzkleidung:
  atmungsaktives Material oder PE-beschichtetes Material oder höher-
  wertig?

- Hinweise zum Ablegen / Wechseln?

- Hinweise zum Reinigen?

- Hinweise zur Tragezeitbegrenzung bei isolierenden Schutzanzügen?

X. Erste Hilfe

1. Ist geeignetes Erste-Hilfe-Material vorhanden? (Ergänzung durch Augen-
   duschen, ggf. Notduschen, Hautschutzpräparate)

2. Ist mindestens ein ausgebildeter Ersthelfer pro Arbeitskolonne vorhanden?

3. Sind Anschriften von Krankenhäusern oder Entgiftungszentren bekannt
   und ausgelegt?

XI. Brandschutz

Sind geeignete Brandbekämpfungsmittel vorhanden?

XII. Abfallentsorgung

1. Wurde ein zuverlässiger Entsorger recherchiert?

2. Ist die Errichtung eines Zwischenlagers oder einer Bereitstellungsfläche
   notwendig?

3. Liegen die erforderlichen Entsorgungs- und Verwertungsnachweise
   (EVN) vor?

4. Liegen die erforderlichen Transportgenehmigungen vor?

Literatur

BURMEIER, H., DRESCHMANN, P., EGERMANN, R., GANSE J. & RUMLER, R. (1995):
Handlungsanleitungen für Aufsichtsbehörden, Planer und Ausführende: Sicheres
Arbeiten auf Altlasten, 2. Auflage, focon, Aachen.

BURMEIER, H. (1995): Beiträge in Franzius-Wolf-Brand: Handbuch Altlastensanierung.

BURMEIER, H. (1989): Bohrarbeiten in kontaminierten Bereichen - Risiken und Schutzmaßnahmen; bbr, Heft 8/1989.

Gefahrstoffverordnung (GefStoffV) (1993): Verordnung zum Schutz von gefährlichen Stoffen in der Fassung vom 26.10.1993.

Hauptverband der gewerblichen Berufsgenossenschaften (1992): Richtlinien für Arbeiten in kontaminierten Bereichen, jetzt: „Regeln für Sicherheit und Gesundheitsschutz bei der Arbeit in kontaminierten Bereichen" (ZH 1/183).

Landesanstalt für Umweltschutz Baden-Württemberg (1994): Abeitsschutz bei der Erkundung von Altlasten, Handbuch Altlasten und Grundwasserschadensfälle; Materialien zur Altlastenbearbeitung, Band 14.

RUMLER, R., KÖNIG, K. & GEORGS L. (1992): Leitfaden der arbeitsmedizinischen Betreuung von Arbeitnehmern in kontaminierten Bereichen, Sonderdruck der Tiefbau-BG.

WCI Umwelttechnik, Leitfaden Arbeitssicherheit im Rahmen der Planung und Ausführung der Sicherung und Sanierung belasteter Böden In: Arbeitshilfen Altlasten, Anlage 8, BMBau/BMVg.

Abkürzungsverzeichnis

TRGS	Technische Regeln für Gefahrstoffe
TRgA	Technische Regeln für gefährliche Arbeitsstoffe
ZH	1/..Zentrale Schriftenreihe des Hauptverbandes der gewerblichen Berufsgenossenschaften
VOB	Verdingungsordnung für Bauleistungen
ATV	Allgemeine Technische Vertragsbedingungen für Bauleistungen
ADI	Acceptable Daily Intake
LD	Letale Dosis
PID	Photoionisationsdetektor
FID	Flammenionisationsdetektor
GC-MS	Gaschromatographie-Massenspektrometrie
GS	Gerätesicherheitsgesetz

Sachverzeichnis

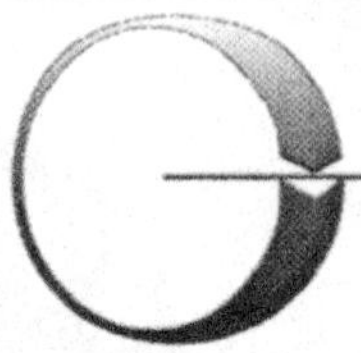 GeoUm Büro Geowissenschaften & Umwelt GbR

Beratende Geologen und Chemiker

Ihr Partner für geowissenschaftliche Beratung und Dienstleistungen

☐ **Hydrogeologie und Wasserwirtschaft**
Hydrogeologische, hydrochemische Erkundung und Beweissicherung, Pumpversuche, hydraulische Tests, Markierungsversuche, Grundwassermodelle, Grundwasserschutz

☐ **Altlasten und kontaminierte Standorte**
Standorterkundung, Simulation und Prognose des Stofftransportverhaltens, Gefährdungsabschätzung, Sanierungs-/Sicherungs-/Überwachungskonzepte

☐ **Abfallwirtschaft, Umwelt- und Raumplanung**
Standortanalysen, Beweissicherung und Monitoring, Wasserhaushaltsberechnungen, GIS-Anwendungen

J. Maier & Dr. H. Wilken, Lauenauer Allee 8, 30890 Barsinghausen
Tel.: 05105-521130, Fax: 05105-521133, e-mail: geoum@t-online.de

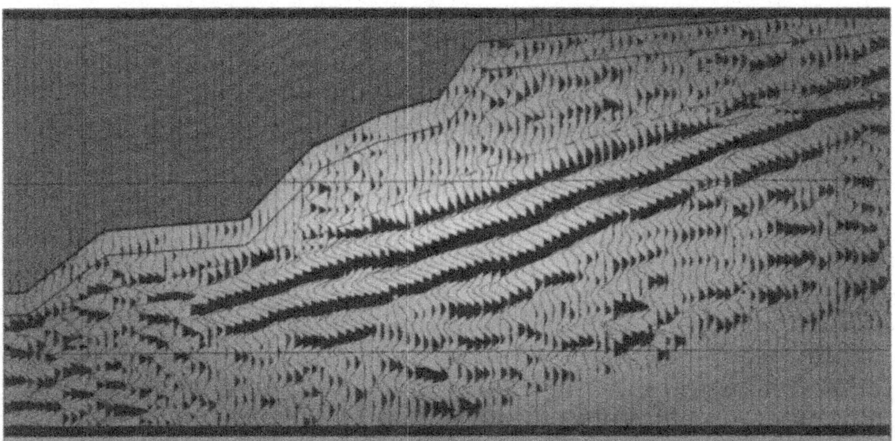

Geophysikalische Erkundung

Exploration · Baugrund · Umweltschutz

- Seismik
- Geoelektrik, Georadar
- Gravimetrie, Magnetik
- Aerogeophysik, Radiometrie
- Geotechnik, Petrophysik

Geophysik GGD

Gesellschaft für Geowissenschaftliche Dienste m.b.H.

Bautzner Straße 67   Postfach 24 12 16   D-04332 Leipzig
Telefon   +49·341–24 21·180 / ·412
Telfax   +49·341–24 21·231 / ·260
E-mail: ‹name›@geophysikggd.l.uunet.de
Internet: www.geophysik-ggd.com

Ihr Partner für geophysikalische Dienstleistungen

Datenerfassung
Datenauswertung
Dateninterpretation

Seismische Exploration

Erdöl-/Erdgaslagerstätten, Untergrundspeicher, Endlager etc.

Ingenieur- und Umweltgeophysik

Industriebrachen, Rüstungs- und Militärstandorte, Altablagerungen, Deponien, Grundwasser, Baugrund, Verkehrswege, Kampfmittel, Fässer, Tanks, Hohlräume etc.

Prospektion auf Massenrohstoffe

Kies, Sand, Ton, Gips, Erze etc.

Grundwasserprospektion / Hydrogeologie

Trinkwasser, Mineral- und Thermalwasser etc.

Archäologische Erkundung

Mauern, Fundamente, Gräben, Gruben, Gräber, Hohlräume Metallobjekte etc.

2D-/3D-Seismik, Geoelektrik, Magnetik, Elektromagnetik, Georadar etc.

THOR Geophysikalische Prospektion GmbH

Büro Bonn:

Im Saal 5
24145 Kiel

Reichsstr. 19 b
53125 Bonn

Tel.: (0431) 719 14 - 0
Fax.: (0431) 719 17 -11
eMail: info@thorde.com

Tel.: (0228)   25 71 02
Fax.: (0228) 925 83 16
eMail: thor-ndl-bonn@t-online.de

Kochstr. 60-61
10969 Berlin
Tel.: (030) 2517901
Fax: (030 2518933

Papenstr. 47
27472 Cuxhaven
Tel.: (04721) 22558

Ingenieur- und Umweltgeophysik

Baugrund
Grundwasser
Umwelt
Archäologie
Rohstoffe
Munition
Objektsuche

Geomagnetik
Geoelektrik
IP
Elektromagnetik
Radar
Seismik
Spezialmethoden

mail@geophysik-lorenz.de
http://www.geophysik-lorenz.de

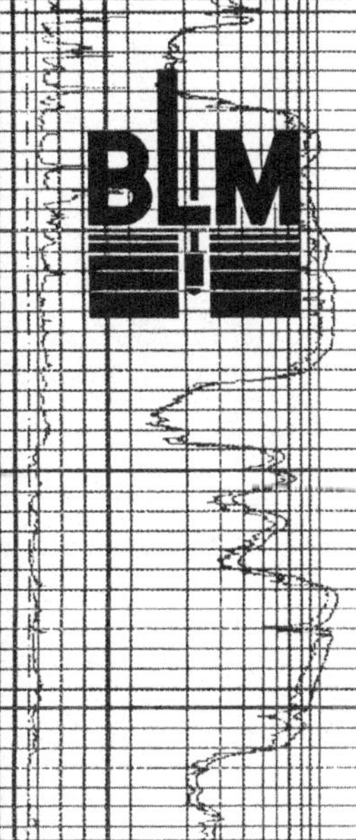